科学技術史で読み解く
人間の地質時代

人新世

平 朝彦 著

東海大学出版部

The Anthropocene: Deciphering the Geological Age of Humankind through Evolving Science and Technology

Asahiko Taira
Tokai University Press, 2022
ISBN978-4-486-02200-8

はじめに──本書執筆の経緯──

　この本の執筆を開始したのは2019年10月だった．構想は長い間あったし，書き溜めていた文章も図表もあったので，12月には粗稿を書き上げ，数人の方々に見てもらった．原稿の全体目標についてはおおむね良い感想をいただいたが，社会・経済分野からの見方が弱いともいわれた．原稿の手直しを始めようと思っていた頃，中国で新型コロナウィルス感染症（COVID-19）の拡大が始まっていた．2020年になってからの恐るべき展開，パンデミックの発生は予想を遥かに超えたものだった．世界の感染者数は2.4億人（実に世界で30人に１人が感染した），死者は485万人以上（2021年10月初旬の統計），世界各地でワクチンの投与が開始されたが，変異株が次々と出現し今後どうなるのか予断を許さない．この世界史的な大事件がなぜ起こったのか．そのことは，この本が描き出そうとしていた問題と実は大きく重なっていた．

　この10年ほどの世界，そして日本の経済政策は，科学技術のイノベーションをベースに成長を増大させようとするものであった．これは，インターネット，電子デバイス，人工知能などの機械（サイバー空間）と人間との融合をさらに高度なものに進化させ，社会・経済活動を発展させようとするものである．この政策は，ヨーロッパではインダストリー4.0とよばれ，日本ではソサエティ5.0とよばれた．私にはこの政策は，あまりに人間本位であり，私たちの住む星である地球，そしてそこに同居している地球生命との共生という考え方に大きく欠けている，と思っていた．人間は地球生命の１つであり，地球との共生なくしては未来を開くことはできない，と考えていた．

　パンデミックの前まで，地球生態系の一部であるコロナウイルスのことなど，ほとんどの人は気にもしていなかった．私自身もそうである．私たちは，地球と生命のことをいかに知らなかったのか，そして新型コロナウイルス感染症の照らし出した世界の実相は，私が考えていたものより，遥かに格差に分断され弱者が苦しむものだった．パンデミックに対峙して，私は，この世界の実相を広く深く理解することが改めて必要だということを確信した．すなわち，人間，社会，地球そして地球生命の歴史と今を知るということだ．

　小学生の頃，父（歴史学者だった）に連れられて，大学が行った宮城県東松島市宮戸島の里浜貝塚[1]の発掘現場に泊まりがけで見学に行った．畑一面に貝殻，魚の骨，土器の破片，矢尻などが散在しており，その一角で発掘が行われ，トレンチ

の断面に地層が表れた．いくつもの貝層があり，上の層から順序良く発掘し，遺物を整理して行く作業に感激した．下の貝層が上の貝層より古いこと（地層累重の法則！），貝の構成が層によって異なること（これは不思議であった）などを教えてもらった．総員は20名ほどが参加しており，夜は成果を語りながら皆んなで酒宴となった（実は私も一口だけいただいた）．何かとても楽しそうだった．その時食べた巨大なネウ（アイナメ）の煮付けが美味しく，一生の思い出になった．

　私は，その後，地層から地球の歴史を読み取る地質学者となったが，貝塚発掘の思い出は心の中に残っていて，外国も含めて旅行に行った時には，博物館を訪問し，現地の考古学や文化史について学んだり，本や資料を買ったりするのが常であった．また，"巨大アイナメ"（あるいは代わりになる美味しいもの）を探すのも楽しみになった．2001年〜07年にかけて地質学の教科書を3冊書き上げたが，その後，地球深部探査船「ちきゅう」と国立研究開発法人・海洋研究開発機構（JAMSTEC）の運営を担当することになった．そのため，軸足が研究・教育から経営・管理に移り，直接の研究からは距離を置かざるを得なくなったが，その分，全体を見るという視点ができた．特にJAMSTECにおいては，「海洋・地球・生命の統合的理解への挑戦」というモットーを掲げ，組織一体となった取り組みを推進した．その間，統合的理解とはどういうもので，それがどのように社会に貢献できるのか，ということは研究者それぞれが自ら考えるべきこととしてきたが，私自身もまた問い続けてきた．

　2019年に顧問の立場となり，また，2020年から静岡市清水にある東海大学海洋研究所で研究・教育の現場に戻ることとなった．これを期に，念願であった地質学のフィールド観察録画と図表，説明を合体させた『カラー図説 地球科学入門』（講談社刊）を刊行した．同時に，ここ10年ほどの間，考え続けてきたこと，海洋・地球・生命・人間社会の相互関係とその全体像を，自分の生きてきた時代の経験を中心にまとめて出版したいと思った．自分の生きてきた時代とは，異常な速度で人間活動が活発化・拡大化した時代である．すなわち，地質時代の区分では，人新世（じんしんせい）と定義される．人間活動が地球の地質学的過程（大地を削り，海を埋め立て，地層を作り，化石を残す）に直接関与している時代である．なぜ，人間の活動がこれほど大きくなったのか，それが何を地球にもたらしたのか，人間自体がどのように変わったのか，そして，これからの社会のあり方について，一貫したストーリーとして描こうとした．同時に今回（本の出版の時点で今も続いている）のパンデミックに関し，世界が途方もない困難に直面していること，そして文明の衰退に至るような道筋の手前にいるかもしれない危機感を共有し，これからの社会がリスクに対応できるレジリエンス（抵抗力）を持たなければならないこと，それは

人々が描く未来像には十分に想定されていないこと，についても指摘し未来創造へ向けたストーリーの中に組み込んだ．

　近年，宇宙の始まりから地球史，そして人類の歴史までを包括的に記述したり，多くのイラストでそれを魅力的に伝える著作が世界的に出版されている[2]．また，人類の歴史に関しても，その全体像を描いた力作が出されている[3]．一方，第2次世界大戦後の世界，すなわち人新世を定義付けるグローバルな人間活動の原動力とは何であったのか，科学技術史を中心として描き，その根底にあるダイナミックスを読み解こうとした著作はあまりないように思える．したがって，この試みが多少とも野心的であると自負している．

　同時に，この本にはきわめて広範な知識のエッセンスが取り入れられている．理学・工学・医学・歴史学・経済学などの分野である．私自身，これらを十全に理解しているとは思っていない．しかし，ある目的を持ってこれらの知識を組み立て直すことは可能ではないかと思い，その挑戦の結果として本書がある．したがって，読者はそれを追体験をすることにより，私より遥かに深く，様々な事象について理解し，さらに検討を重ね，自らの知的体系を作り上げて行くことができると思っている．複雑に織りなす世界の様相を解き明かす知的体系を，一般にはリベラルアーツ（教養）とよんでいる．人新世を生き抜き，未来を拓くためには，リベラルアーツの力を養うことが必須であると私は確信している．この本が，高校生や大学生そして一般読者の皆さんが，その力を養うための一助として活用されることを強く望んでいる．

　本書は，本文，BOX（コラム欄），注釈と参考文献，用語・人名索引から構成される．本文の流れを重視するため，やや専門的な知識や関連する興味深い事項についての補足的な説明は，BOXとして外出し，また本文と関連する引用文献・参考文献・インターネットのサイトと注釈・コメントについては，章ごとに番号を付けて記述した．また，私の個人的な見解を述べる時には，そのことを明記した．文献はさらに著者名順に和文と英文で別途リストアップした．人名はカタカナあるいは漢字で表し，人名索引には，その原語表記を入れた．その他の地名，組織名，プロジェクト名などで必要と思われるものについても同様とした．また簡単にインターネットで検索できるような用語や名称については説明を省いた．図と表については，それらを分けずにすべて図表として番号を統一した．本書ではアメリカ合衆国を米国と記している．それは，地域として南北アメリカ大陸とアメリカ合衆国を分けて記述する必要があるためである．本文の最後に「Google Earthから見た人新世」という付録を付けた．Google Earthでは，1985年頃の画像から最近の画像まで，解像度にムラはあるもののその場所の約35年間の時間経過を観察することがで

きる．これこそ人新世における地表の変化を見ることに他ならない．Google Earth は地球と人間社会を理解する上での必須のツールであるので，それらの画像解読に付いて例示し，読者の体験への一助としたい．

注
（1）　東松島市の宮戸島里浜貝塚は，日本最大規模の縄文時代遺跡の１つであり，国指定の史跡となっており，奥松島縄文村歴史資料館で見学ができる．
　　http://www.satohama-jomon.jp/satohama/
　　　　著者が同行した里浜貝塚の発掘については，次の本にまとめてある．
　　宮城教育大学歴史研究会編（1968）仙台湾周辺の考古学的研究（宮城県の地理と歴史　第3集）．宝文堂．
（2）　いわゆる "全史" といわれるような大きな時間スケールでの本には，
　　クリストファー・ロイド（野中香方子訳）（2012）137億年の物語——宇宙が始まってから今日までの全歴史——．文藝春秋（ジャーナリストだからできた大胆な試み．同じ著者の村田綾子訳（2013）生物45億年の物語——ビジュアル大年表，朝日新聞出版というのも出版されている）．
　　デビッド・クリスチャンセンほか（長沼毅監修・石井克哉ほか翻訳）（2016）ビッグヒストリー——われわれはどこから来て，どこへ行くのか——宇宙開闢から138億年の「人間」史．明石書店（ビル・ゲイツ財団が出資したというプロジェクト）．
（3）　人類の歴史を体系化しようとした試みには，
　　ジャレド・ダイヤモンド（倉骨彰訳）（2000）銃・病原菌・鉄——1万3000年にわたる人類史の謎（上，下巻）．草思社（著者の視点は，同一気候帯にて東西に伸びた大陸ユーラシアでは交流が容易で文明が発達したが，一方，南北に長いアメリカ大陸では文明発達は遅れたという．牧畜業の発達に関しての著者の指摘については，第6章のコロンブスの交換の所で引用した）．
　　ユヴァ・ノア・ハラリ（柴田裕之訳）（2016）サピエンス全史——文明の構造と人類の幸福——（上，下巻）．河出書房新社（同じ著者の「ホモ・デウス」の考えを私は本書で取り入れている）．
　　ユヴァ・ノア・ハラリ（柴田裕之訳）（2018）ホモ・デウス——テクノロジーとサピエンスの未来——（上，下巻）．河出書房新社．

目　次

地球・人間・機械
―俯瞰的見方の重要性―

　私たちを取り巻く世界が急速に変化している．地球温暖化，環境変化が加速しており，人流の世界的拡大による外来生物の移住は，生態系を大きく変化させ，新たな生物進化が起こっている．所得格差の広がり，新型コロナウイルス感染症パンデミックなど大きなリスクの存在も顕著となった．スマホ，インターネット，人工知能などのデジタル技術やゲノム編集・再生医療などの医学・生物科学の進歩によって人間と社会も大きく変わった．今，地球，人間そして機械（スマホ，センサー，インターネットなど）に何が起こっているのか，誰もその全体像について明確な答えを持っていない．まして，未来がどうなるのか，大きな不安がよぎるだけである．

　本書では，私たちの生きている時代，地質学の用語で「人新世」という，を科学技術史から読み解き，そこに流れる一貫したストーリーを包括的視点から組み立て，課題を洗い出し，それに対しどのように対応して行くべきなのか，共に考えることを目的としている．

急速に変化する人間と地球

　今，人間[1]とそれを取り巻く世界は，異様なスピードで変わっている．スピードが早すぎて，その真只中にいる自分自身が気付かないほどだ．というより，変化への耐性ができて変化と思わなくなったのかもしれない．通勤電車の中では，ほぼ全員がスマートフォン（スマホ）を見ている．スマホの普及は約十年前から始まった．それ以前は，"ガラケー"の世界だった．ガラパゴス諸島で生物が独自に進化したように，日本の携帯電話は，世界最高レベルまで独自進化していた．これをガラパゴス・ケータイ（ガラケー）というらしい．ガラケーからスマホへの変化は，日本国内で見るならば，技術はすばらしかったが内向きで世界戦略に弱かった，というような感想で終わる．

　しかし，世界的には，その間にインターネットの中身が様変わりしていた．情報量が爆発的に増加し，また，スマホで撮影した動画を誰にでも送ることができるようになり，オンデマンドで高画質の映画やVR映像（ヴァーチャル・リアリティ）がダウンロードできる．買い物もまったく変わった．注文すればほとんど何でも翌

日にはデリバリーしてくれる．決済や乗り物の利用もスマホでできる．こんなこと
は，数年前まではなかったが，今では当たり前になった．これが，先進国だけでな
く，発展途上国の社会経済を激変させている．まさに21世紀のディジタル革命が進
行中だ．

　遺伝子研究・分子生物学とその応用分野や医学の発展もすさまじい．ジェームス
・ワトソンとフランシス・クリックによるDNA構造の解読から50年目を目指して
ヒトゲノム解読計画が実施された．米国の主導のもと世界が協力して数千億円をか
けて，ヒトのゲノム全体の塩基配列が解読された．2001年のことである．この計画
には，途中から民間企業が競争に参入，国際共同プロジェクトより安く早く解読す
ることに成功した．それからの進歩は本当に速かった．あっという間に，遺伝子解
読はルーチンの技術となり，今や個人のヒトゲノム全体を数万円で解読できる．そ
の方法から進展したPCR（ポリメラーゼ連鎖反応）技術は，ウイルスの遺伝子検
査にも応用されている（新型コロナウイルス感染症COVID-19で世界の人が知るこ
ととなった）．遺伝子そのものを編集して細胞に戻したり（ゲノム編集），新しい生
命を作ること（合成生物学）などが行われてきた．さらに，ゲノム編集のためにキ
ットが売り出され，個人が自分のガレージで（日本では大きなガレージは少ないが，
米国では何か工作をしたりするためのシンボリックな場所）細胞の実験ができ，こ
の世に存在しない生物を作ることができるという．このような遺伝子オタクをバイ
オハッカーというらしい．技術が暴走し，多く人々は取り残されており，きわめて
危険な事態が生じているのに，もう何が起こっているのか私たちの理解を超えた時
代となった．

　2007年に，私は岩波書店から『地質学』（全3巻）[2]というシリーズの3巻目
『地球史の探求』を執筆し出版にこぎつけた．全3巻の単著ということで，結構，
達成感はあった．『地球史の探求』は，地球環境変動史が主要な内容であり，光合
成生物など独立栄養生物の進化と発展が，地球環境を作り変える上で重要な役割を
果たしたというのが基本的視点であった．

　一方，心残りもあった．『地球史の探求』の最終章「地質学的思考——地球史の中
の人間——」において，急速に変貌しつつある地球と私たち人間の持続的未来のた
めには，地質学のような総合的な視野を持つことが重要であり，未来の選択につい
て個々が自ら考えること（誰かが決めた路線に乗るのではなく）が大切である，と
いうメッセージを書いた．この章を書くにあたって，アメリカの発明家・未来学者
レイ・カーツワイルの著作『ポスト・ヒューマン誕生』[3]を参照した．そこに掲載
されている近年の科学技術[4]の指数関数的な発展（たとえば，年ごとに2乗で性
能や売り上げが増加する）については大いに参考になったが，これをどう捉えるべ

きなのか，考えをまとめられずにいたからである．

　それから15年が過ぎた．その間，通信技術，コンピュータやスマートフォン，遺伝子解読，ゲノム編集，ディープ・ラーニングと人工知能そして再生可能エネルギーなどなど，まさに驚くべき速さで科学技術が発展してきた．カーツワイルの予言，「電脳[5]の能力が，人間の生物学的脳の能力を超える特異な時点，シンギュラリティー（Singularity）が近い」ということが現実のものとなりそうだ．インターネットにアクセスする人の数も指数函数的に伸びており，世界のほとんどの人がネットで繋がるという空前のサイバー環境が出現している．

　テレビで，池の水を全部抜いたり，田んぼや用水路にトラップを仕掛けてかかった生物を食べるといった番組を見ると，外来生物がワンサカと捕れることがわかる．50年前に米国フロリダ州エバーグレース国立公園で，アリゲータガー（口先の尖った古代魚とされる）を見て，でっかい！　と感激したが，今や，日本各地の湖沼に棲息している．鑑賞用に持ち込まれたものが繁殖したらしい．昔，お祭りでミドリガメを売っていた．かわいらしい小型のカメだが，大きさが25cmになるミシシッピアカミミガメの子供だ．大きくなって飼えなくなった個体が野外で繁殖し日本に800万匹いるという[6]．ヒトの移動とともに，世界から外来種がやって来て，生態系はグジャグジャ状態，もう元に戻ることはない．現在，地球史における第6番目の生物絶滅イベントが起こっているという説[7]，あるいは外来種の混合による新たな生物進化と多様性が拡大しているという考え方[8]がある．まさに私たちの周りがどんどん変化しているが，何が起こっているのかよく理解できないままに推移している．そして，それが当たり前のことになってきた．

　私たちの周りの出来事だけではない．地球についてはどうだろうか．今や，大気のCO_2（二酸化炭素）濃度は，417ppm（パーツ・パー・ミリオン，すなわち1/100万．大気1m^3当たり417mℓ含まれる．容積比率で0.0417％）を超し，毎年上昇が続いている．その結果，地球温暖化が明らかに進んでおり，四季折々の気候変化の不順や極端気象現象そして山火事などの気候災害が各地で顕著になってきた．海面も徐々に上昇，また，海水の酸性化の傾向も明らかである．

　世界の人口は75億人を超え，人々の生活圏は都市に集中していった．その結果，地震・津波・台風などへの被災頻度と災害規模が大きくなり[9]，残留性有機汚染物質（POPs: ダイオキシンなど），プラスチックゴミ，大気中の微小粒子PM2.5などの環境問題が深刻化し，汚染はまさにグローバルに広がった．世界には8億人を超す人々が，飢えに苦しめられており[10]，また電力や衛生的な水の供給は十分ではない．アマゾンの森林はトウモロコシ畑に開墾され，マレーシアの熱帯雨林はアブラヤシのプランテーションに変化した．増える人口を養うために大規模な農畜産

業による地表改変が加速，そして莫大な量の地下水が消費されている．世界の漁獲高は頭打ちであり，カナダ沖の大西洋マダラは実質上絶滅し，日本近海のサンマ，スルメイカなどの漁船漁獲高は激減しており，マーケットには遠方から輸入された見なれない魚が並んでいる．世界の生態系そして生物多様性に危機が訪れようとしている．

　この地球生態系の変化の中には，目に見えぬ微生物やウイルスも含まれている．人間の腸内共生菌も，あるいは水鳥の腸内に共生しているインフルエンザウイルスもまた，環境の激変に対応しようとしている．最近，数十年間に，新興感染症とよばれる新たな脅威が誕生した．薬剤が環境に散布され，私たちは，生活の中で除菌・滅菌した清潔な空間が健康に良いと錯覚し，その結果，今までと異なった耐性の細菌やウイルスが変異・発生し，社会のグローバリゼーションと共に一瞬にして全世界に拡散するようになった．2020年に起こった新型コロナウイルスによる恐るべきパンデミックは，その象徴のような出来事である．

新しい地質時代

　このような急速な地球環境，地球生態系，人間とその社会の変化に関して，地球はまったく新しい地質時代，すなわち，未来の地質学者がこの時代の地層記録を読んだとして，明らかに時代が大きく変わったと認識できるとの考えが近年広まった．たとえば，まさに現代文明の滅亡後を描いた SF 映画によく出てくるような，朽ち落ちた巨大摩天楼や工場の遺跡，埋もれた電子部品の数々などが発掘される時代が来るかもしれない[11]．パンデミックの時に埋葬された人骨や，疫病流行時に殺処分されたブタやニワトリの骨が大量に出土する場所もあるだろう．またイヌやネコが都市部に数多く住んでいたことも立証されるだろう．沿岸部では，埋め立てに使ったゴミや廃棄物の地層が存在し，深海底でも，プラチック堆積物が見つかるだろう．古代における人間の活動を示す証拠としては，すでにエジプトのピラミッドや万里の長城などの遺跡がある．しかし，ここ数十年の，現代文明の広がりと地球改造の程度は，以前の歴史とはまったく異なっている．そして，2020年に地表の人工物の総量が，生物の総量を超えたという[12]．

　私たちが今生きている地質時代を人新世（「じんしんせい」，あるいは「ひとしんせい」ともいう．英語でアントロポセン：the Anthropocene）という．現在の地球，生命，人間の状態を，地球の歴史という大きな枠組みの中で捉え，それがきわめて特異な時代である，と位置付けることは，私たちの認識を変え，世界観を変え，そして人生感も変えうる．人新世という言葉は，そのようなインパクトを持つと考え

る．すなわち，この定義を行うことは，ある時代の特徴を俯瞰的に捉えることの重要性を意味している．私は，人新世の始まりは，人類が恐るべき殺戮パワーである原子爆弾を出現させた年，西暦1945年であると定義するのが良いと考えている．

　本書は，人新世とはいかなる時代なのか，ということを，著者の考え方で解説することを目的としている．私は人新世という時代は，次のように俯瞰・要約できると考える．

① 人新世を作り出した最も本質的な原動力は，科学技術の急速な（指数関数的な）発展である．それは，米国を中心として起こった．

② 科学技術の発展は，機械（スマホ，インターネットも人工知能も機械である）を生み出し，経済活動・食料生産を大規模に発展させ，その結果，人口の爆発とグローバル化が起こり，人間社会と地球が変貌した．

③ 地球と人間社会の変貌は，気候変動，環境汚染，そして感染症パンデミックに代表されるような困難を引き起こした．今後，私たちは，バイオテロリズムさらにコンピュータウイルスの暴走のような恐ろしいリスクと隣り合わせで生きて行かねばならない．

④ 人新世という時代を生き，さらに新しい時代を作るためには，地球・人間・機械の関係の全体像を俯瞰的・統合的に把握し，歴史に学び，未来を考え，そして新たな叡知を養うことが必要である．

　この４つの点に対して，本書では，次の全体的なアプローチを用いている．

１）本書を構成している骨組みは，科学技術史であり，個々の現場で起こってきたことをできるだけ簡潔に，しかし，有機的に繋がるようにした．

２）人新世の変化を明確に捉えるために，パラダイムシフト[13]に基づき人新世をフェーズに区分して考えることを試みた．さらに，より長い人類史の中でそれを位置付けることも試みた．その主要な舞台として南北アメリカ大陸を選んだ．

３）俯瞰的な考え方として，地球・人間・機械にまたがる複雑系ネットワークの科学に基本を置いて，絡み合ったシステム間の相互作用の理解へと導くように努力した．

４）本書は未来の予測や提言を必ずしも目的とはしていない．しかし，私たちが今後，より幸せに持続性ある地球の上で生存してゆくために解決すべき課題については，できるだけ具体的に記した．

　この解決すべき課題とは，

Ａ）エネルギー供給をより持続性のある，安全で安定したものに変換してゆくこと．

Ｂ）農業，畜産業，水産業を抜本的に変革し，食料生産にパラダイムシフトを起こすこと．

C）地球と共存するためには，都市機能のイノベーション（創新）[14] を行うこと.

D）社会格差の拡大にストップをかけ，巨大リスクに対応できる社会を作るため，人間力の復活に皆で取り組むこと.

　本書は，これらの課題を考える上での手がかりを提供し，豊かな未来社会を築いて行くための教養（リベラルアーツ）書である.

俯瞰的・統合的な見方

　「機械と生命の共生・共存において，様々な情報の通信・制御は，統一して理解すべきものである」という考え方は，人新世の初期に生まれた．ノーバート・ウィーナーのサイバネティックス（Cybernetics）[15] である．これはギリシャ語で，「舵手」を意味する言葉から作られたもので，今では，広くコンピュータやインターネットなどの計算・通信システムを意味する言葉，たとえばサイバー空間，サイバー攻撃，サイバーセキュリティーなどとして用いられる．ウィーナーは，1948年に，計算機と神経系，情報，言語，社会，学習し増殖する機械，自己組織化といった言葉が並んだ書物を著した．科学技術の統合に向けた知的活動が，今から70年前に起こっていた．それは，ジョン・フォン・ノイマン [16] のオートマトン（自動機械）の理論とも繋がり，人工知能・人工生命という分野を開いていった.

　自然界の様々な非線形現象（解析的に線形方程式から解を得られない現象），特に生物の活動，発生，進化といった問題と，社会経済の発展，そして精神・文化などの人間の活動を統一的に説明しようとする分野もまた発展していった．その1つが複雑系ネットワークの科学である．地球圏と人間圏の相互作用として全体を把握しようとするガイア理論や地球・人間圏システム科学 [17] も同様な目的を持っていた.

　社会科学から始まったネットワーク科学は，インターネットの発達により，ビッグデータ科学として台頭し，さらに深層学習の発展，スマホの爆発的普及によって，今まで見ることのできなかった地球・人間・機械の関係が見え始めてきた．本書では，社会，生物，人間，人工生命，コンピューターウイルス，人工知能の間に境界を設けず，情報とネットワークという観点から全体を統合・俯瞰した.

　第1章で人新世における人間社会と地球の加速度的変化の原動力となった科学技術の発達，特にそれを主導した米国での発展について見てみよう．さらに人新世の特徴を理解するために複雑系ネットワークの成長と挙動について学ぶ.

　第2章では，日本産業界の盛衰（少し厳しい見方を示した）と中国の脅威の発展について俯瞰し，世界経済のグローバル化の流れを見る．そして，科学技術イノベ

ーションの光と影，特に経済格差の課題について考える．

第3章では地球変化の最も顕著な傾向，温暖化と気候変動についてその実態を探り，第4章では，さらに海洋の変容，地球環境，災害，感染症流行などについて学ぶ．人間と地球の新しい関係の構築（パラダイムシフト：それを**アース・ソサエティ3.0**とよぶ）を目指すことの重要性について言及する．

第5章では，私たちの居住地，地球とそこに生きる地球生命の進化，そして地球生命としてのヒト（ホモ・サピエンス）について学ぶ．母親の体内からの驚くべき発生と生物進化の関係，外界との共生の仕組み，そして脳の働きと人工知能・人工生命への発展と繋いでゆく．発生の仕組みを理解することが，人間の絆，共感のベースとなることを理解する．

第6章では，南北アメリカ大陸のおける1万年の人類・自然史を俯瞰し，食をめぐる壮絶な人間と自然，人間と人間の歴史的葛藤，そして近代農業の発展に関して記述する．

第7章では，東日本大震災がエネルギー転換への新しい潮流が作られた人類史的事件であったこと，そして食，都市をめぐるイノベーションについて述べる．人間は今や機械と共生しており，その関係はさらなる融合へと進むだろう．アース・ソサエティ3.0では，人間はグローバルな課題（エネルギー，食料，水，都市）を改善・解決し，新しく住みやすい，人間の幸せと生命の溢れる星へと地球を変え，それを持続・管理してゆくことが目標だ．

終章では，人新世の歴史を俯瞰し，今後の私たちに課せられたフロンティアへの果敢な挑戦をまとめる．そこでは，新たな知の体系の創成と同時に，人間と自然への共感に満ちた人間力の復活，すなわち日本の伝統と叡智がこれから重要となることを強調してある．

付録として「Google Earth から見た人新世」という画像解説集を追加してある．第1章からまず読んで欲しいが，その後はどの章から読んでも良いだろう．

注
（1）本書では，現生人類を示す言葉として「人間，ヒト，人類，私たち」が使われている．人間を基本の言葉として使い，ヒトは生物種として意識した場合，すなわち，ホモ・サピエンスという意味で使う．人類は，ネアンデルタール人など他の種も含めたホモ属を意識した場合や地球上の人間の総体に対して使う．私たち，とは自分も含めて仲間を主体的に述べる場合に用いる．
　　また，本書で使う年代についても記述しておく．歴史時代は，西暦を用いる．また，それ以前は，断らない限りは，現在からの年代（放射性炭素年代測定法を用いた年代）を使う．たとえば，7500年前ということは，紀元前7500年前ではなく，現在からの年代（BP: Before Present）である．地質時代の年代もまた現在からの年代である．歴史的に年代が明確にわかっていることについては，紀元前と年代の前に入れている場合がある．

（2） 次の3冊のことである.

平　朝彦（2001）地球のダイナミックス──地質学1──. 岩波書店.

平　朝彦（2004）地層の解読──地質学2──. 岩波書店.

平　朝彦（2007）地球史の探究──地質学3──. 岩波書店.

（3） Kurzweil,R. (2005) The Singularity Is Near ── When Humans Transcend Biology. Penguin Books. New York.

和訳は,

レイ・カーツワイル（井上健監訳）（2007）ポスト・ヒューマン誕生──コンピュータが人類の知性を超えるとき──. NHK出版（カーツワイルの情熱が溢れ出ている著作. シンギュラリティーの原典. データが多いので眺めるだけでもおもしろい）.

　　シンギュラリティー（Singularity）は, 特異な時期, あるいは特異な状態を指す一般的な概念として用いられる. その基になったのは特異点（Singular Point）という数学や物理学の用語で, 一般解にならない点を指す. レイ・カーツワイルの著書の副題は, 彼のいうシンギュラリティーを明瞭に定義している. すなわち,「人間が生物学的存在であることを超越する時」, である.

（4） 本書で, 科学技術（Science and Technology）とは, 科学と技術の全体を包含したものを意味する. 科学と技術は, 目的や考え方がまったく異なっているので, 一緒にはできないという指摘がある. 一言でいえば, 科学は好奇心によって動かされ, 技術は向上心によって発展する. 私は, この指摘に, 基本的には同意しているが, それらが相互に刺激し合い, 互いに発展した歴史がある. それこそが人新世の特徴であると考え, あえて科学技術という言葉を使った.

（5） 電脳という言葉は1980年代に盛んに使われた. それを広めたのは計算機を基礎とした社会創成ヴィジョンのパイオニアである坂村健だ. 彼による SF 小説の次の技術解説本はおもしろい.

坂村健（張仁誠イラストレーション）（1985）電脳都市──SF と未来コンピュータ──. 冬樹社（SF のエッセンスとイラストを交えながら21世紀の電脳世界を描く）.

（6） アカミミガメ（ミシシッピアカミミガメはその一種）は, 1990年代に米国より年間100万匹くらい輸入され, お祭りの縁日などで売られていた. やがて野外で育つようになり, 本州では, 平野が広く温暖な関東, 中部, 西日本にかけて広く分布, 2016年の推計では800万匹が生息している. 環境省の調べによる：https://www.env.go.jp/press/102422.html

（7） 現在進行中といわれる生物絶滅に関しての著作としては,

エリザベス・コルバート（鍛原多恵子訳）（2015）The SIXTH EXTINCTION 6度目の大絶滅. NHK出版.（過去5度の大絶滅（大量絶滅）とは, オルドビス紀末, デボン紀末, ペルム紀末, 三畳紀末, 白亜紀末である（図表1.2を参照））.

（8） 確かに生物は多数絶滅している. しかし, 同時に人間社会の作り上げた新たな環境の中で多様性が増加し, 生物進化の新時代が始まっていると考える研究者もいる. 原始の自然, 手つかずの自然というのは幻想であり, 過去, 1万年に渡りホモ・サピエンスは自然の大改造を行ってきた. このようなスケールで考えると, 環境省などが推奨している外来生物の駆除が, 何の意味があるのか, はなはだ疑問である. 駆除より, 現在進行中の進化の研究をすべきである. 次の著作がある.

クリス・D・トマス（上原ゆうこ訳）（2018）なぜわれわれは外来生物を受け入れる必要があるのか. 原書房（著者はヨーク大学の生態学者. 新しい生態系の変化, 生物進化が始まっている！）.

エマ・マリス（岸由二・小宮繁訳）（2018）自然という幻想──多自然ガーデニングによる新しい自然保護──. 草思社（マリスはサイエンス・ライター. ヒトは, 完新世における動物大量狩猟など自然を大きく変えた. 原始の森は存在しない）.

フレッド・ピアス（藤井留美訳）（2019）外来種は本当に悪者か？──新しい野生 THE NEW WILD ──. 草思社文庫（著者はサイエンス・ライター. 手つかずの自然は存在しないし, 外来種によって新たな生物進化が起こっている）.

メノ・スヒルトハウゼン（岸由二・小宮繁訳）（2020）都市で進化する生物たち──〝ダーウ

ィン"が街にやってくる――. 草思社（生物進化は都市でも急速に起こっている）.

（9） 世界の自然災害の被害は，最近10年は，1970年代に比べて発生件数，被害者数とも３倍となっている．その理由としては，沿岸都市における人口の増加や内戦による難民などによって災害を受けやすい場所に人間が住み始めていること，その多くが貧困層であること，そして気候災害の規模が大きくなっていることなどが考えられる．内閣府防災情報のページより：http://www.bousai.go.jp/kokusai/kyoryoku/world.html

（10） 世界の飢餓人口は増加しており2018年で8.2億人と推定されている．さらに20億人の人が安全で栄養ある食料に定期的アクセスができないとされている．ユニセフ（UNICEF），国連世界食糧計画（WFP），国連食料農業機関（FAO），世界保健機関（WHO）などが支援を行っている．ユニセフのサイトより：https://www.unicef.or.jp/news/2019/0105.html

（11） SF映画では朽ち果てた摩天楼が未来の光景として度々登場するが，地層となって行く過程を実感させるのは，「メイズ・ランナー２――砂漠の迷宮――」（2015）の埋もれた橋のシーンが秀逸である．
　　次の本には，長江デルタの上に作られた上海の未来について述べられている．１億年後には薄い地層になって残ると.
デイビッド・ファリアー（東郷えりか訳）（2021）FOOTPRINTS 未来から見た私たちの痕跡.東洋経済新報社.

（12） Elhacham, E. et al., (2020) Global human-made mass exceeds all living biomass. *Nature* 588, 442-444. https://www.nature.com/articles/s41586-020-3010-5
　　2020年に人為物質の総量は１兆1000億トンを超え生物の総量を凌駕したらしい．人為物質としては建築や道路の材料（セメント，砕石，レンガ，アスファルトなど）がほとんどで，これらが地表を覆い尽くし，新しい地殻の表層を作ったと考えられる．これに関して雑誌 WIRED に良い記事がある．https://wired.jp/2020/12/25/all-the-stuff-humans-make-now-outweighs-earths-organisms/

（13） パラダイム（Paradigm）は，「範型」や「モデル」を意味する言葉であるが，1962年に米国の科学史家，トーマス・クーン（Thomas Samuel Kuhn）によって著作『科学革命の構造』（The Structure of Scientific Revolution）の中で提唱された「一定の期間，研究者の共同体においてモデルとなる問題や解法を提供する一般的に認められた科学的業績」と定義された（野家，2008）．クーンは科学の歴史を，知識の累積による連続的進歩の過程としてではなく，パラダイムの交代（パラダイムシフト）による断続的転換の過程として捉えた．後に，より一般化され，ある時代のものの見方，考え方などの根本を規定している枠組みなどを指す．科学においては，天動説から地動説への転換が有名なパラダイムシフトであり，技術では，アナログ技術からデジタル技術への転換がそうであろう．そのような広い意味でのパラダイムシフトに対して，番号をふって明示するのが流行している．ドイツの産業政策，Industry4.0などがよく知られている．この本では，この流行にしっかり"便乗"して，地球と人間社会の新しい関係構築をアース・ソサイエティ3.0（Earth-Soceity3.0）として提案している.
野家啓一（2008）パラダイムとは何か――クーンの科学史革命――. 講談社学術文庫（クーンを取り巻く論争を解説したもの．キーワード解説を引用した）.
　　天動説から地動説へのパラダイムシフトは，ニコラウス・コペルニクスが提唱し，ガリレオ・ガリレイが観測で証明した．それは宗教の教えと社会体制を変える大きな出来事だった．宗教的な迫害（異端審問や軟禁）だけでなく，真理探究への妨害とそれらに対する抵抗を描いた次のコミックは，パラダイムシフト誕生の苦悩を問うている.
魚豊（2020より刊行）チ.――地球の運動について――. ビッグコミックスピリッツ. 小学館.

（14） イノベーション（Innovation）は，技術革新という意味で使われることが多いが，この本では，技術革新だけでなく，広く社会変革，経営革新，生産革命など，社会に新しい価値をもたらす創造的かつ革新的な行為とその結果と定義している．中国語では，「創新」という．これが優れているので，本書ではその言葉も使っている.

（15） ノーバート・ウィーナー（池原止戈夫ほか訳）（2011）サイバネティックス――動物と機械における制御と通信――. 岩波文庫. Norbert Wiener の原本は，1948年に出版され，その

後改訂され，岩波文庫では1961年版が再録された．本文の数学を扱う部分は難解なので，序章だけでも有意義．

(16) 20世紀の天才の1人として科学史に名を残しているジョン・フォン・ノイマンについては，次の伝記が最近出版されている．

高橋昌一郎（2021）フォン・ノイマンの哲学——人間のフリをした悪魔——．講談社現代新書（何といっても副題が強烈である）．

　　　次の著作は，小説風に仕立てた天才たちの人間味溢れるストーリーが展開される．フォン・ノイマンがENIAC建設に向けて研究所の支援を受けるため，そしてクルト・ゲーデルを教授に推挙するための根回しや，飄々としたアルベルト・アインシュタイン，それから所長のロバート・オッペンハイマーなどが"活躍"する．非常におもしろい本だ．それにしてもこのような時間が流れる場所が，日本には存在していなかった（今でもない）．

ジョン・L・カスティ（寺嶋英志訳）（2004）プリンストン高等研究所物語．青土社．

　　　プリンストン高等研究所（Institute of Advanced Study）で起きたことには，科学史上最も劇的な出会いの1つもあった．フリーマン・ダイソンは，理論物理学・宇宙物理学だけでなく，宇宙旅行や原子力発電などの分野でも気宇壮大なアイデアを発信した好奇心旺盛な科学者であり，オッペンハイマーの招きによってプリンストン高等研究所に在籍していた．研究所では，午後に所員やゲストが一緒に楽しむティータイムがあり（これは欧米の研究所・大学などでは，普通に行われている），1972年の春，ティータイムにおいて，ダイソンは数論の若手研究者ヒュー・モンゴメリーと出会った．プリンストン高等研究所には数論の研究者が何人か在籍しており，モンゴメリーもまた過去に1年間いたことがあったので，数論について議論をするためにたち寄ったのだった．彼らは，まったく偶然に出会ったが，ダイソンの「君はどんなことを研究しているの？」という質問に，モンゴメリーは「リーマン予想の研究で，素数の現れ方の間隔に関してです」と言いつつ，あるグラフと数式について説明を始めた．その時，ダイソンの目が急に輝き，「それは，量子物理学において原子核に中性子が衝突した時に起こるエネルギー準位の間隔を表す式と同じじゃないか！」．この瞬間に，今まで，何の関係もないと思われていた分野が結び付いて，まったく新しい知の地平が開かれた．その内容については，次の本とTV番組に紹介されているが，私がここで強調したいのは，科学のみならず，すべての知的行為におけるこのような異分野の出会いの重要性である．私の場合は，肴と大吟醸の場がアイデアの源泉になってきた（これは余計ですが）．

マーカス・デュ・ソートイ（冨永星訳）（2013）素数の音楽．新潮文庫（最も難しく，かつ，最も数学の根本に関係するというリーマン予想をめぐる数学史）．

　　　また，次の番組がリーマン予想をめぐる数学者の挑戦を扱っている．

NHKスペシャル（2014）．「魔性の難問」．

　　　次の映画は，ケンブリッジ大学のゴッドフレイ・ハロルド・ハーディそしてインドから突然現れた天才，シュリンヴァーサ・アイヤンガル・ラマヌジャンの出会いを描いている．

奇蹟がくれた数式（2015）

(17) 地球・社会システム科学については．

鳥海光広ほか（1996）地球システム科学．岩波講座地球惑星科学2，岩波書店．

鳥海光広・松井孝典・住明正・平朝彦ほか（1998）社会地球科学．岩波講座地球惑星科学14，岩波書店（20年以上前，地球システム科学に基礎をおいた地球管理を提案している）．

松井孝典（2017）文明は〈見えない世界〉がつくる．岩波新書（人間圏を俯瞰的に見る視点．文明は，科学哲学によって発展した）．

　　　ジェームス・ラブロックによる地球（生態系を含む）を1つの自己調整機能を持つ生命体と見なす「ガイア理論（仮説）」については，たくさんの著作や評論があるので，ここでは省略する．しかし，本書で取り上げる複雑系ネットワークの最適化という考え方は，ガイア仮説のいう自己調整機能に近いということは指摘できる．次の論文は地球システム科学の最近のレビュー．

Steffen, W. et al., (2020) The emergence and evolution of Earth System Science. *Nature Reviews Earth and Environment* 1, 54–63. https://www.nature.com/natrevearthenviron

第1章

人新世
―人間の地質時代―

　1945年7月16日，米国・ニューメキシコ州で人類初の核爆発実験が行われ，その後，8月6日，そして8月9日には，広島，長崎に原子爆弾が投下された．人間が自らをも破壊できるパワーを手に入れ，それが戦争で使われた悲惨な出来事であった．地球の歴史の中で，生物が，これほどのエネルギーを瞬時に行使することはあり得なかった．この年をもって人間の地質時代，人新世が始まった．人新世に，人口は25億から75億人に増加，化石燃料を消費して経済活動を大発展させた．それを主導したのは米国の科学技術であり，自動車，原子力，宇宙，そして農業生産の革命であった．シリコンバレーを中心に起こった電子技術のパラダイムシフトによって，国家や巨大企業が独占していたコンピュータが個人のものとして普及し始めた．パソコンなどの電子端末はさらにインターネットに繋がり，膨大な情報が世界を流通する新しい社会が誕生していった．この社会の特徴は，少数のハブに情報や資産が集中するスケール・フリーの「べき乗則」にしたがって創発的に作られるネットワーク構造からなり，その成長はS字曲線で表すことができる．このような現象は，複雑系ネットワークの科学で説明することが可能である．人新世においては科学技術のイノベーションが連続して起こり，指数関数的な経済成長が維持されてきた．

1.1　"アントロポセン"と叫んだ

IGBP での出来事

　2000年の2月，メキシコのクウェルナヴァカ市において，地球圏－生物圏国際協同研究計画（IGBP）[1] の会議が行われ，そこでは，人間活動の地球環境への影響が討議されていた．オランダの大気化学者，パウル・クルッツェンも副議長としてそれに参加していた．クルッツェン（図表1.1）は，成層圏オゾン層の生成メカニズムとオゾンホールの原因解明によって，1985年のノーベル化学賞をマリオ・モリーナ，シャーウッド・ローランドとともに受賞している．その会議の様子は，オーストラリアの気候学者ウィル・ステッフェンによって次のように記憶されている[2]．

　「その時，古環境変動の研究者の発表が行われていた．報告と議論の中で，ホロ

図表1.1 パウル・クルッツェン（左）とウィル・ステッフェン（右）.
　地球圏 – 生物圏国際協同研究計画（IGBP）の活動を通じて人新世の概念を確立し，また，大加速時代の実態を明らかにした.

セン（Holocene 完新世：最終氷期以降の最も新しい地質時代を指す）という言葉が何回も使われていた．その場にいたクルッツェンは，明らかにイライラし，落ち着かない様子だった．再びホロセンという言葉が使われた時，クルッツェンは議論を止め叫んだ．「ホロセンという言葉を使うのは止めたまえ．我々は，今，ホロセンに生きているのではない，我々はアントロポセン（Anthropocene）に生きているのだ！」．アントロポセンという言葉は，時限爆弾のように会場に舞い降りた．討論後のコーヒーブレークでは，参加者は，一斉にアントロポセンという言葉について議論を始めたのであった」．

　地質時代[3]は，主に化石によって定義されており，たとえば，古生代は三葉虫や巨大なシダ植物の時代であり，中生代は，恐竜やアンモナイトの時代，そして新生代は，哺乳類や人類の時代である（図表1.2）.

　地質時代は，長年に渡る地層と化石の研究，そして，岩石の年代測定の知識を総合して定義されてきた．新生代の後半は，第三紀と第四紀に区分されている．第三，第四紀という番号が付いた用語は，地質時代の定義が始まった18世紀中頃の概念を踏襲している．第四紀は，氷河時代として知られており，260万年前から始まった．第四紀は，さらに更新世（プライストセン：Pleistocene）と完新世に区分されている．第四紀には，北半球の大陸氷床が大きく成長した時代（氷期）と後退した時代（間氷期）が数万年から10万年の時間スケールで繰り返し訪れた（第3章を参照）．現在から見て最後の氷河期（最終氷期という）は1万5000年前に終わり，氷河は後退，一時的な“寒の戻り”の時期（ヤンガードリアス期という：1万3000～1万1700年前）があり，それ以降は，氷河は急速に後退し，海水準が上昇してきた．最終氷期には，海水の一部は大陸氷床として閉じ込められたので，海面は今より120m低かった．この1万1700年前から始まった氷河後退，海面上昇，温暖化の時

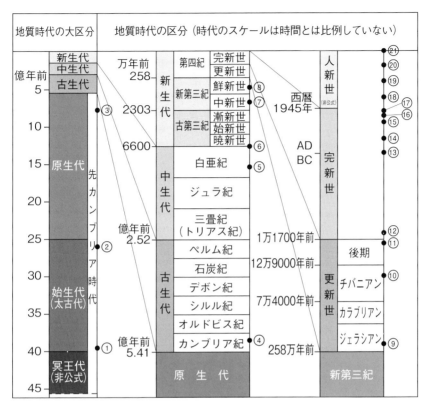

●(数字) は本文で取り上げた主要な事象の起こった時期を示す

① 隕石の重爆撃期　② 大酸化イベント　③ 全球凍結

④ バージェス頁岩　⑤ 海洋無酸素事件　⑥ K-P境界の隕石衝突

⑦ 最初の人類化石　⑧ 鮮新世温暖期　⑨ 更新世は氷河時代

⑩ ホモ・サピエンスの出現　⑪ ヤンガードリアス期　⑫ 農耕文明の始まり

⑬ アメリカ大陸の古代文明(インカ・マヤ・アステカ・ミシシッピなど)

⑭ コロンブスのアメリカ発見(1492)　⑮ 産業革命

⑯ 第一次世界大戦・スペイン風邪　⑰ 第二次世界大戦

⑱ 核実験のピーク(1960)　⑲ 1978年 AppleⅡ発売

⑳ 2011年 東日本大震災　㉑ 2020年 COVID-19パンデミック

図表1.2　地質時代年表.
2020年に採択されたチバニアンを入れてある. 人新世(非公式)は最も新しい地質時代であり, 現在まで続いている. その始まりは, 1945年とこの本では定義する. 本書で取り上げた主なイベントを数字で示してある. 更新世, 完新世, 人新世の英語表記のカタカナでの読み方には, 統一した基準はないので, この本ではより一般的に適用している表記を採用した(国際層序委員会, 2014をベースに著者加筆).

代を完新世という．第四紀は，また，人類が発展を遂げた時代である．ホモ・サピエンスは，20万年〜15万年前にアフリカで誕生し，世界中に移動・移住し，やがて農耕，工業を発達させ，近代文明を作っていった．

　現在，我々の活動は，地球を大きく変えている．また，その活動の影響，そして地球の変化も加速的に大きくなっている．地球圏–生物圏国際協同研究計画（IGBP）は，そのような人間活動の実態と地球環境の変化の関係を解明するために誕生したプロジェクトであった．その中では，完新世の環境変動と人間の活動がどのような関係にあったのか，どの変動が自然の変動であり，どの変化が人間活動によるものであるか，研究が続けられていた．そのような過去の環境変動を研究する分野を古環境学という．しかし，古環境学の議論では，ここ数十年の人間と地球の急変化と，それが地球史始まって以来の大きな転換である，という時代の捉え方が明確ではなかった．

　クルッツェンが『アントロポセン！』と叫んだ時に，私たちが地球史の大変化の時代に生きており，また，それを引き起こしている原因そのものが私たち自身に由来するという大局的な時代観を持つことができるようになった．地質時代という概念が，その固有の定義を超えて地球と人間の関係を俯瞰的に捉え，かつ，私たち自身を理解するための共通用語として人々に広まり始めた瞬間だったのである．

　Anthropogenic という言葉は，「人間が引き起こした」という意味であり，「人為活動による」，あるいは「人為起源の」，と言い表す．Anthropology は人類学を指す．-cene というのは，第三紀や第四紀の中での時代区分に使われる接尾語である．Anthropocene は「人間が引き起こした新しい地質時代」ということで人新世（じんしんせい）と訳されている．本書では，以後，人新世という言葉を使う．では，人新世とはどのような時代で，何時から始まったと考えるべきなのだろうか．

大加速の時代

　人間の活動の大きさを表す明瞭な指標は人口である．人口が大きくなれば，それだけ経済活動の規模は大きくなり，また，人口が急増する時期は経済活動もまた加速している．図表1.3a は，古代からの人口推移である．古代，中世の人口は，様々な遺跡の分布，文献資料などから行ったものであり，あくまで推定の域を出ない．紀元後，ゆっくりとした人口の増加が1000年に渡って続いた後，1600年代は5億人程度，1700〜1800年頃に人口の急な増加があり10億人を超えたと推定される．これは，産業革命による経済活動の発展によるものである．次の増加は，1930年頃から始まり，第二次世界大戦後に急増し，その傾向は現在まで続いており，現在（2020年）の人口は，76億人と推定されている（図表1.3b）．

14 ●

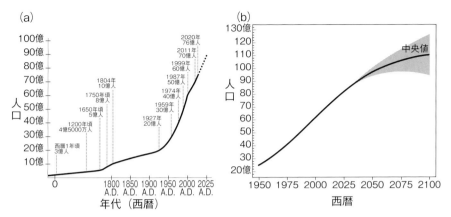

図表1.3 世界の人口の推移.
(a) 西暦1年からの世界の人口推定

西暦1年は，3億人，13世紀に4億5000万人，17世紀で5億人，18〜19世紀で10億人（産業革命），1927年の人口統計では20億人となっている．1945年から人口の急増が起こった．（世界人口基金，2018を再編集）
https://www.unic.or.jp/files/8dddc40715a7446dae4f070a4554c3e0.pdf
(b) 1950年からの世界の人口と2100年までの予測．国際連合統計（2019）より．
https://www.unic.or.jp/files/8dddc40715a7446dae4f070a4554c3e0.pdf

　国連（2019）によれば，これからは人口の増加率が低下し，2100年の推定は125億から95億人までの幅があり，110億人が中央値である．一方，2050年の90億人程度が人口のピークであり，その後，減少に転じるとする考えも出されている．このことについては，第2章で考えることにしよう．

　まず，重要な事実は，第二次大戦後，世界の人口が25億から75億人まで50億人急激に増加したということだ．さらに，現在，世界人口の60％が都市人口であるから，この間に都市の急激な膨張が起こった．特にアジア，中南米，アフリカでは，人口が5倍以上増えた都市も珍しくない．2050年には，世界の70％以上の人口が都市に住むと推定されている．

　第二次世界大戦後の人口急増のインパクトは，他の様々な指標でも示すことができる．最も劇的な現象は，大気 CO_2（二酸化炭素）濃度の増加だ．更新世の間，地球には氷期と間氷期が繰り返し訪れていた．過去の大気 CO_2 濃度は南極やグリーンランド大陸氷床をボーリングして，氷の柱状試料（コア）を採取，その中に含まれる大気のサンプルからデータが集められてきた．そのデータを図表1.4に示す．これは過去80万年間の変動であり，大気 CO_2 濃度が高い時期（250〜300ppm）が間氷期，低い時期（170〜180ppm）が氷期に相当し，10万年程度の周期で繰り返している（第3章で詳しく取り上げる）．ここで注目するのは1958年以降，米国スクリップス海洋研究所のマウナ・ロア観測所で得られた大気 CO_2 濃度測定値である．

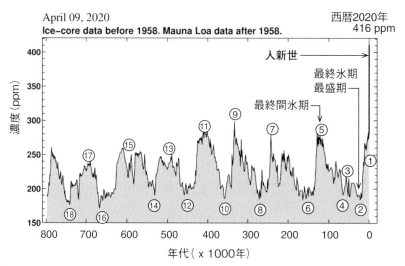

図表1.4 過去80万年間の大気 CO_2 濃度の変動（スクリップス海洋研究所キーリング・カーブ）より.
https://keelingcurve.ucsd.edu
1958年以前は，南極やグリーンランドなどの氷河をボーリングで掘り出し，氷に閉じ込められていた過去の大気の気泡サンプルを測定して復元した．1958年からは，マウナ・ロア観測所での実測データを用いている．①〜⑱までの番号は，氷期‐間氷期サイクルにつけられたステージ番号（第3章で詳しく扱う）．①は完新世，②は最終氷期で最も寒冷であった時期（最終氷期最盛期），⑤は最終間氷期にあたる.

このグラフの時間スケールで見れば，ほぼ一瞬で濃度が130ppm上昇している．過去の数十万年の自然変動周期とはまったく異なることが現在起こっていることがわかる．この上昇カーブを，ホッケースティック曲線とよぶことがある．アイスホッケー競技に使われるスティックのような形という意味である．大気 CO_2 濃度上昇は地球温暖化の原因の1つと考えられる.

　IGBPのリーダーであったウィル・ステッフェンは，2015年にパウル・クルッツェンらと共に，その研究成果を「大加速時代（Great Acceleration）」[4] としてまとめた．そこでは，人間の活動を示す「社会・経済トレンド」と，それに対する地球の応答を示す「地球システムトレンド」の2つに分けて大加速の様相を示した．そのうち代表的なものを図表1.5に示す．社会・経済トレンドとは，人間活動のレベルを示すもので，ここでは，第一次エネルギー（化石燃料，原子力，再生可能エネルギーなど天然に存在し，人類が利用しうるエネルギーを指す）の消費，水の利用，肥料消費，国際旅行人数を図示する．いずれもが，1950年前後から加速している．人々は，工業・食料生産，物流，都市生活にエネルギーと水を使い，農畜産業で肥料を大量に消費し，世界中を移動するようになった.

　一方，地球システムトレンドとして，大気メタン濃度の増加，成層圏オゾン層

1）社会・経済トレンド

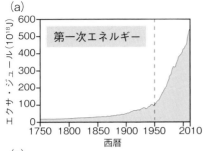

(a) 第一次エネルギー

(b) 水利用量

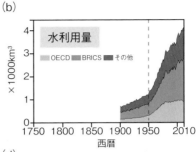

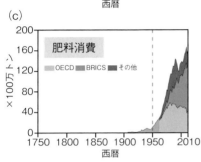

(c) 肥料消費

(d) 国際旅行者数

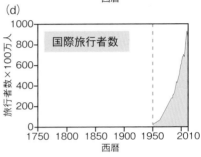

2）地球システムトレンド

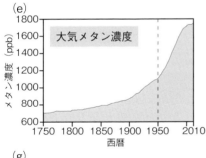

(e) 大気メタン濃度

(f) 成層圏のオゾン層減少

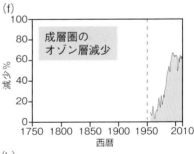

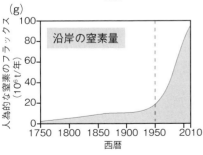

(g) 沿岸の窒素量

(h) 熱帯雨林の喪失

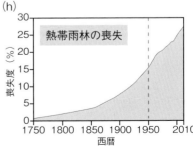

図表1.5　大加速の時代．1950年に破線を入れてある．人間の活動に関する指標（社会・経済トレンド）と，地球環境・地球資源に関する指標（地球システムトレンド）を示す（IGBP Great Acceleration: http://www.igbp.net/globalchange/greatacceleration.4.1b8ae20512db692f2a680001630.html）.
1）社会・経済トレンド
　(a)　一次エネルギー利用（石油，石炭，天然ガス，原子力，再生可能エネルギー）
　(b)　水の消費量（OECD 加盟国，BRICS＝Brazil・Russia・India・China・SouthAfrica，その他の国々に分けて示した）
　(c)　肥料の消費量
　(d)　国際旅行人数
2）地球システムトレンド
　(e)　大気メタン濃度
　(f)　成層圏オゾン層の減少
　(g)　沿岸の窒素量
　(h)　熱帯雨林の喪失

の減少，沿岸の窒素量，熱帯雨林の喪失を示した．温暖化を引き起こす大気のメタン（CH_4）は，家畜の増加や湿地・凍土層の破壊喪失によって増加している．成層圏のオゾン層は，大気の酸素分子が紫外線に吸収によって生成される．オゾン（O_3）は，さらに紫外線を吸収し，酸素分子と酸素原子に解離する．したがって，オゾン層は，太陽光から私たちにとって有害な紫外線を吸収する重要な役割がある．1985年に南極においてオゾン層が破壊されていること（オゾンホールの存在）が発見され，その原因の１つが，エアコン・冷蔵庫などに使う冷却材フロン（クロロフルオロカーボン類）であるとわかった．これに対して世界的な規制が行われ，1990年半ばから減少傾向は止まったが，以前より少ない状態は今も続いている．

　農業生産のために使われた窒素肥料はその一部が流失し沿岸に流れ込み，また，都市の生活排水により沿岸の海洋において富栄養化が起っており，赤潮の発生など漁業に大きなダメージを与えている．アマゾン，アフリカ，東南アジアの熱帯雨林はバイオ燃料のためのトウモロコシ畑やパームオイルの生産畑へと改変されている．このように地球を構成する大気，海洋，環境，生態系の激変が同時期に起ってきた（詳しくは第3章と第4章で見てゆく）．

　それでは戦後なぜそのような大加速（指数函数的変化）が起こったのだろうか．戦争の間に欧州，アジア，北アフリカの各地は戦場となり国土は荒廃したが，米国本土は戦火に見舞われることはなかった．

　戦後，米国では戦争中に開発されていた様々な科学技術が一斉に開花し，人間活動・経済活動は拡大し超大国への道を突き進んでいった．それは，鉱工業の分野だけでなく，農業における革命（緑の革命）を起こし食料生産が増大し，その技術を発展途上国に輸出し人口爆発を引き起こした．この米国主導の資本主義経済の大発展，そして科学技術の大加速時代こそが人新世のルーツそのものである．「成長を続けなければならないというのは，資本主義というシステムが必然的に持たざるを

得ない1つの宿命だからである（長沼，2020)[5]」ということは，まったくその通りである．

米国における科学技術発展の要因は，第二次世界大戦の間に社会の本質を変えるような驚くべき研究の萌芽・蓄積があり，戦後発展のための体制作りが着々と進んでいたからである．

米国における科学技術の発展

第二次世界大戦以前，米国では連邦政府の科学技術予算の規模がまだ小さく，大学などの研究機関が主に頼っていたのは，民間企業とロックフェラー財団，カーネギー財団などの民間財団であった．1939年に戦争が始まると，連邦政府は軍事研究を強力に支援し，その予算を集中管理して効率的に使うシステムを整備していった．その責任者となったのが，マサチューセッツ工科大学（MIT）工学部長やカーネギー研究所長を歴任したヴァネヴァー・ブッシュであった[6]．ブッシュは，大統領直轄の科学研究開発局長となり，その組織は850人のスタッフを抱え，年予算は5億ドルを超えていた．彼はレーダーの開発，ペニシリンの大量生産などを推進したが，その中でも最も大きな仕事が原子爆弾の開発である．後にマンハッタン計画とよばれるこのプロジェクトは，その規模からみても空前絶後の兵器開発事業である．その目的については，人道上非難されるべきものであるが，開発の推進によって得られた米国の科学技術の進歩は著しいものがあった．

さらにブッシュは，戦後の米国の科学技術政策に関しての提言作成をルーズベルト大統領より命じられ，1945年7月，「科学——果てしなきフロンティア」（Science —— The Endless Frontier）という報告書をまとめた．この中でブッシュは，米国において国家の科学技術の推進は1つの部署が統一して行うべきである，というビジョンを出している．米国は世界大戦を戦いながら，戦後の科学技術政策をしっかりと作り上げていた．これが人新世の起点となったといって良い．

ブッシュの提案したことは，次のようにまとめられるだろう．

① 大規模な研究開発は国主導で行う．その実施については，多数の大学，研究機関や企業と委託契約を結んで実施する．これが産学複合体，あるいは軍産学複合体と呼ばれる推進組織を生み出していった．

② 科学技術を，大きく軍事科学，衛生・医療科学，自然科学に区分し，国の関与する研究開発予算は，効率性を考慮し一箇所で管理する（この構想は，実現できなかったが，それぞれの3分野で予算管理をする部局の役割が明確となった．国防高等研究計画局（DARPA），国立衛生研究所（NIH），国立科学財団（NSF）である）．

③ 基礎研究こそが新しい知識をもたらし，その蓄積から実用的な応用が生まれる．したがって基礎研究を持続的にサポートしなければならない．この基礎研究が現実的なイノベーションを生み出す，というブッシュの考え方を「イノベーションのリニアモデル」という．

　ここで，ブッシュが関わった米国の国家主導のプロジェクトである原子爆弾の開発について見てみよう．これが，まさに人新世の象徴的な技術開発だからである．

マンハッタン計画

　2016年5月27日，オバマ大統領は，被爆地・広島を訪問，スピーチを行った．その冒頭に，

　「71年前，雲ひとつない明るい朝，空から死が舞い降り，世界が変わりました．凄まじい閃光と火炎の壁は街を破壊し尽くし，それは人類が自らをも破滅させる手段を手に入れたことを明確に示したのです」と述べた．

　人間が手にした恐るべきパワー，それが原子力である．1945年，広島，長崎に落とされた原子爆弾は，人類が自らを破滅させうることを示した悲惨な出来事であった．さらにオバマ大統領の立場に立てば，世界を破滅に導くことができる核のスイッチを押すことができる人物でもある．個人が人類を滅亡に導くことができる恐るべき時代の到来，まさに「世界が変わった」のである．

　原子爆弾[7]は，核分裂の連鎖反応を人工的に起こすことに他ならない．その物理学的基礎は，長岡半太郎，アーネスト・ラザフォード，マリー・キュリーなどによる原子模型および原子核の性質そして放射能の発見に遡るが，より直接的には，1938年，ドイツの研究者オットー・ハーンとリーゼ・マイトナーらによるウラン原子の核分裂の発見である．彼らはウラン原子に中性子を衝突させる実験を行った．その結果，原子核が改変され，バリウム原子などの分裂生成物と中性子が生じることを発見，さらにその際に大きなエネルギーが放出されることを示した．マイトナーによるウラン核分裂計算のモデルとなったのは，ニールス・ボーアの理論であった．マイトナーは，ボーア研究所に所属していた甥のオットー・フリッシュにこの研究を相談しており，ボーアもそれについて知ることとなった．

　1939年1月，ボーアはマイトナーらの論文原稿を手にニューヨークに渡ったが，コロンビア大学にはイタリアからエンリコ・フェルミも逃れて来ていた．フェルミは加速器（サイクロトロン）を使って，ウラン原子が中性子衝突で核分裂をすることを確かめた．この話はボーア，フェルミらの発表によってあっという間に広まり，カリフォルニア大学バークレー校のアーネスト・ローレンス（サイクロトロンを発明した），ロバート・オッペンハイマーらは，この反応が連鎖反応を起こすことに

すぐに気が付いた．核分裂の生成物は，中性子が過剰となり，それが他のウラン原子核に吸収され，さらに分裂を起こす，という反応である．この連鎖反応は，人間の想像を超える莫大なエネルギーを一瞬にして放出するので爆弾になりうる．第二次世界大戦の始まった頃（1940年頃）に，原子爆弾の考えは，米国，イギリス，ドイツ，フランス，ソ連そして日本でも持っていた．しかし，それを最初に完成させたのは米国（イギリス，カナダも協力した）であった．

　1941年，米国では原爆の開発にあたって，大統領，副大統領，陸軍長官，陸軍参謀総長，科学開発局長であるブッシュ，そしてハーバード大学学長で化学者のジェームス・コナントからなるトップグループを作った．政治的，軍事的，科学技術的な面を密接に統合した意思決定体制が敷かれたのである．当初は，ブッシュの率いる科学研究開発局がプロジェクトを主導，3人のノーベル賞科学者が参画した（ハロルド・ユーリー，アーネスト・ローレンス，アーサー・コンプトン）．その後，陸軍の関与が強化され，レズリー・グローヴス准将の指揮下，ニューメキシコ州のロスアラモス研究所（オッペンハイマーが所長となった）が中心となり開発が進められて，マンハッタン計画とよばれるようになった．この計画には，少年時代をハンガリーのブタペストで過ごした科学者が参加していた．レオ・シラード（連鎖反応の研究），ユージン・ウィグナー（理論物理学・米国政府の関与を強く進めた．大統領宛のアインシュタインの手紙をプロモート），エドワード・テラー（物理学者・米国政府の関与を強く進めた，後に水爆の父とよばれるようになった），ジョン・フォン・ノイマン（原爆の起爆装置の開発，人工知能の父とよばれる）である．欧州から追われてきた移民の研究者が，ナチスが最初に原爆を作ることを恐れ協力したのだ．そして1945年7月16日，世界初の核実験がニューメキシコ州アラモゴード近くのトリニティ爆破試験場で行われた（ドイツは5月7日に無条件降伏していた）．そして広島・長崎への投下と進んでいったのである．

　ここで注目すべきは，この開発における科学者の役割の大きさである．大統領と直接に交渉し，軍とも対等な立場で議論できる．この仕組みは，米国大統領府の科学技術政策局（OSTP）として今でも位置付けられており，その局長は科学技術担当大統領補佐官（科学技術顧問ともいう）[8]として任命される．ヴァネヴァー・ブッシュはその初代補佐官ということになる．さらにブッシュ，コナント，コンプトン，ローレンス，オッペンハイマーなどは，戦後，アイゼンハワー大統領による原子力発電推進の意思決定に関わったのである．

　さて，1945年の広島・長崎の悲劇の後も，核開発の競争は激化した．東西冷戦時代のキューバ危機においては，世界は核戦争勃発の一歩手前に直面した．現在まで核実験（核爆弾実験というのが正しい）を実施した国は，アメリカ，ソ連，イギリ

図表1.6　第二次世界大戦当時，アメリカの科学技術を指導した科学者たち（1940年3月），カリフォルニア大学バークレー校での会合にて．
　左より：アーネスト・ローレンス（加速器サイクロトロン発明者，マンハッタン計画に関与，ノーベル物理学賞，ローレンスリバモア国立研究所の創始者），アーサー・コンプトン（X線が粒子性を持つことを示すコンプトン効果の発見者，マンハッタン計画に関与，ノーベル物理学賞），ヴァネヴァー・ブッシュ（本文参照），ジェームス・コナント（1933〜53年の間ハーバード大学学長，マンハッタン計画に関与，化学者），カール・コンプトン（1930〜48年の間 MIT 学長，トルーマン大統領への原子爆弾試験評価委員会次長，実験物理学者，アーサー・コンプトンの兄），アルフレッド・ルーミス（レーダーとロラン航行装置の開発に参画，マンハッタン計画にも関与，弁護士，銀行家，技術者）．（佐藤靖『科学技術の現代史──システム，リスク，イノベーション』，中公新書，2017）に引用されている（U.S Department of Energy, The Manhattan Project）より．
https://www.osti.gov/opennet/manhattan-project-history/Resources/photo_gallery/berkeley_meeting.htm

ス，フランス，中国，パキスタン，インド，北朝鮮である．核実験は1945年から始まったが，1963年に部分的核実験禁止条約が締結されるまでは，大気圏核実験が行われていた．特に1952年には，アメリカによって初の水素爆弾核実験が太平洋核実験上で行われた．1954年，実に48メガトン（TNT 火薬に換算した総量）の水爆実験が行われ，想定領域外に放射性降下物が散り第5福竜丸の被曝事件が起こった．人類史上最大の核爆弾は，ソ連の開発した100メガトン級の水素爆弾ツァーリ・ボンバ（爆弾の皇帝の意味）である．その威力は広島型原子爆弾の3300倍に相当し，50メガトンに制御された状態で，北極圏の島，ノヴァセゼムリャにて実験がなされた．部分的核実験禁止条約が発効した以降では，地下核実験が主流となった．核実

験は1945～2014年の50年間に約2400回（そのうち大気圏核実験は約500回）行われた．これは，総量で530メガトン，広島型原子爆弾の3万5000発以上とされている．実験回数の最大のピークは，1961年であり，キューバ危機の前年，まさに冷戦の緊張状態が頂点に達した時であった．

　現在でも，核兵器不拡散，核兵器禁止に向けた国際的な取り組みがなされているにもかかわらず，人類の保有する核兵器は約1万5000基であり，その総威力は7000メガトンといわれている．世界の人口は約75億人なので，1人当たり相当の核兵器の威力は，TNT火薬に換算して約1トンとなる．火薬1トンは手榴弾5000発に相当し，これが何を意味するのか明瞭である．

　核実験の影響は堆積物の中に記録として残っている．核実験で大気中に放出された放射性核種のうち，^{137}CS（半減期30.2年）や^{90}Sr（半減期28.79年）は，いまだに海洋中や堆積物中に残っており，堆積物中ではマーカー水準としてトレースできる．すなわち，地質記録として残っているのである．

　炭素には，炭素12（^{12}C）と炭素13（^{13}C）という2種の安定同位体が存在する．大気上層では宇宙線の中性子が窒素原子と衝突して，放射性の炭素14（^{14}C）が生成される．放射性炭素14は半減期が5730年であり，炭素を含む物質，たとえば炭酸カルシウムの殻や結晶（貝殻，有孔虫，鍾乳洞の石筍など）や有機物，木材・布などの年代測定に利用されている（BOX. 1参照）．

　大気核実験においては，核爆発時に生じる大量の中性子と大気の窒素が衝突し，放射性炭素14が生成される．1963年の部分的核実験禁止条約が発効する前には，大気核実験が盛んに行われており，ピーク時に大気中の炭素14の量は通常時の2倍に達した．この核実験起源の炭素14は年輪に取り込まれたり，あるいは食事を通して人体にも取り込まれた．この炭素14のピークを用いて，生態系における物質循環や人体細胞の更新速度の研究などがなされた．人新世の年代で，この炭素14生成ピークは年代基準の1つの重要な指標となる．

　1945年は，ニューメキシコ州における最初の核実験が行われ，さらに広島・長崎に原子爆弾が投下されたという人類史上初めての恐るべき出来事によって世界が変わった時である．地上における核実験は，地球史上，自然現象とは本質的に異なる人為的な出来事であり，そのインパクトの大きさと地球規模の記録のスパイクを考え，本書においては1945年を持って人新世の始まりと定義する．

1.2 電子・通信革命

コンピュータの発明

　人新世が，人間の歴史の中での際立ったもう１つの特徴は，コンピュータそしてネットワークを中心とする電子・通信技術の発展である．

　ヴァネヴァー・ブッシュは，２つの大きな研究業績を上げた（研究の他に軍と密接に関連したレイシオン社を創立した）．１つはアナログ電気機械式計算機の開発で，これはデジタル計算機以前の最後のバージョンであり，戦争中は弾道計算に利用された．もう１つは，メメックスとよばれる現在のハイパーテキストに繋がるアイデアである．これは様々な記録，メモ，出版物などを相互に関連した形で保存し，いつでも自らが思うような形で取り出し利用できるシステムである．これはまさにWWW（ワールド・ワイド・ウェッブ），そしてGoogleなどの検索エンジンへと繋がってゆく．デジタルコンピュータの数理的モデルや，基本アーキテクチャーについては，すでに戦前から考えられていた．

　第二次世界大戦の間，ナチス・ドイツは，エニグマとよばれるローター式暗号機を秘密通信に利用していた．非常に高度な暗号製造システムであり，連合軍を大いに悩ませた．その仕組みを解き明かし，解読機を発明，連合軍勝利に貢献した天才科学者がいた．イギリスのアラン・チューリング[9]である．

　チューリングは，1936年に「チューリング・マシン」という現在のコンピュータの考え方の基礎となる仮想マシンを考案した．この機械は，理論上無限の長さを持つグラフ用紙（テープ）と，読み取りや書き込みができるヘッド，ヘッドの振る舞いを制御するモデルからなる．ヘッドはあるモデルに基づき，あらかじめテープに書き込まれた記号列を読み，ヘッドを移動し，テープに新しい記号を書き込んだり，読み出したりする．新しい記号をベースに，制御モデルを次の状態へと移行させ，次の読み込みや書き込みを行う．今日，コンピュータのできるすべてのことは，理論上，チューリング・マシンでも実行可能であり，この想像上の機械は多様なあらゆる計算問題を解くことができるとされている．チューリングは機械と知性という問題についても考察を行い，「チューリング・テスト」という機械の知性を判断する試験を考案している．

　ハードウェアとしてのコンピュータの原点は，アナログの機械式（初期は手回し，のちに電動式）計算機であった．その最も高度なものは，ブッシュによって作られた．ブッシュは，「微分解析機」と名付けた複数の電気機械式アナログ計算機を組み合わせたシステムを発明，陸軍や大学において弾道計算表を作ることに使わ

れていた．アナログ計算機は，同時に，次世代コンピュータ技術の開発にも役立った．ブッシュのもとで，クロード・シャノンという若者が，微分解析機の手伝いをしていた．シャノンは計算機に魅了され，1937年にベル研究所で研究する機会を得た．当時のベル研究所は，様々な才能が交差する特異な場所であり，まさにイノベーションを生み出す聖地のような場所だった．そこでシャノンは，電話交換回路の能力を目の当たりにし，19世紀中頃に英国の数学者ジョージ・ブールが定式化した論理的な命題（ブール代数）の解法を電気スウィッチで行うことができると考えた．たとえば，AND関数は両方のスイッチをオンにすればよく，OR関数は一方をオンにすればよい．電磁石を用いるリレースイッチによって論理回路を作るという画期的な論文を書いた．これが2進法を用いたコンピュータ計算方式の基礎となった．

　チューリングはベル研究所を訪ねたことがあり，シャノンと意見交換をしている．ベル研究所は電話というアナログ通信を主要な業務としていたが，当時からデジタル技術の重要性に気が付いていたことは驚きである．これが後のトランジスタの発明に繋がった．

　この頃，真空管を使ったデジタル式のコンピュータを作ろうとしていたグループがいくつかあった．その中でペンシルバニア大学のジョン・モークリーとジョン・プレスパー・エッカードのペアが，汎用性のあるシステムを開発しようとしていた [10]．第二次世界大戦が始まり，弾道計算そしてマンハッタン計画にも応用することを視野に，1943年，モークリーとエッカードに予算が付き，電子式数値積分計算機（Electronic Numerical Integrator and Computer：ENIAC）の開発が始まった．この計算機には，プログラミング装置がついており，多種の計算も可能な汎用計算機であった．ただし，2進法ではなく10進法が採用されていた．戦時の運用には間に合わなかったが，1945年11月に世界最初の真空管デジタル計算機が完成，大きさは，延長30m，高さ2.5m，重さは30トン，真空管1万7468本が使われた（図表1.7）．そして特筆すべきは，ENIACを運用することやプログラミングをすることに関して，多くの女性が活躍していたことだ（たとえば，ベティ・ホルバートン，ジーン・バーティク）．この伝統は，アポロ計画時の計算機の活用に，マーガレット・ハミルトンなど女性が大きな貢献をしたことに繋がった [11]．

　ENIACは，さらに2進法とプログラム内蔵方式を採用したEDVAC（Electric Discrete Variable Automatic Computer）に進化し，その論理設計は，1945年，ペンシルバニア大学のチームに加わったジョン・フォン・ノイマンによる報告書として出版され，それが現在のコンピュータのアーキテクチャーの基礎となった．

　フォン・ノイマンは，多くの理学・工学の分野で貢献をした巨人である（高橋，2021）．1940年代に数学，物理学，数理生物学，複雑系などの計算に有効なセル・

図表1.7　世界最初の真空管デジタル計算機　ENIAC.
　フィラデルフィアの弾道研究所において，撮影は1947年頃．ENIAC のプログラミングには 6 人の女性が活躍したが，その 1 人が写真の右側に写っているベティー・ホルバートン（Wikipedia）より．
https://ja.wikipedia.org/wiki/ENIAC#/

　オートマトン（自動機械）の概念を作り上げており，それから発展した自己増殖オートマトンは，人工生命の理論として重要とされ，フォン・ノイマンは「人工生命の父」ともよばれている．さらに彼は，気象現象を数理的に解くことにおいても先駆けとなる仕事をしている．

　真空管コンピュータは，サイズが巨大であり，また故障も多く能力の限界が見えていた．一方，数理計算の重要性はますます高まり，技術的なパラダイムのシフトが求められていた．

ベル研究所・イノベーションのホットスポット

　アレクサンダー・グラハム・ベルは，1847年スコットランドに生まれた．父は弁論，発音や読唇術などの専門家であり，母は難聴を患っていた．そのため，他人にどのように言葉を伝えるのか，ということに子供の頃から傾倒していたらしい．ロンドン大学で言語学や弁論術を学んだ後，カナダに移住し，聾学校を開校してろう

あ者の教育に尽力し，ボストン大学の教授となった．この音声を伝えたいという思いが，電話の発明に繋がった．1877年にベル電話会社を設立，これが後のAT&T（American Telephone & Telegraph Company）となった．AT&Tは，1925年にベル研究所[12]を設立，戦時中から戦後にかけてイノベーションの黄金時代を築き上げた．輩出したノーベル賞研究は実に7つ，民間の研究所でこれほどの実績を持つところは見当たらない．

　真空管は内部を真空にした管球に電極を封入，陰極から陽極への電子流を制御し，増幅，検波，整流，発信などを行うことができる．1906年の三極真空管の発明がその始まりであり，これによって電子制御技術は革命的に変わった．AT&Tは，真空管を用いた増幅器とケーブル技術によって，全米に8万kmにおよぶ市外電話回線を張り巡らせ，世界の通信技術をリードしていった（日本の技術についてはBOX1.2を参照）．しかし，真空管には熱を発することや耐久性の問題があり，また，大量に使えばENIACのように装置が巨大になるという欠点があった．1930年代，ベル研究所は大陸横断通信網を使った信頼の高い音声信号の電送のため，真空管に変わる電子デバイスを作ろうと考えた．このプロジェクトの責任者マービン・ケリーは，応用的な工学の他に基礎科学や理論研究も重視する立場をとり，豊かな個々の才能とチームの協調がイノベーションを生み出すと考えていた．研究所には英才が続々と集結していた．

　さて，地球を構成する元素は，鉄，マグネシウム，酸素，珪素で98%を占めている．鉄は，ほとんどが核（コア）に存在しており，マグネシウム，酸素，珪素は，マントルを作るカンラン石という鉱物を構成する．地殻は珪酸塩鉱物とよばれる多様な鉱物，たとえば，長石，雲母，石英などから構成される．このうち石英は，大陸地殻の主要な岩石である花崗岩に多く含まれ，花崗岩が風化・浸食されると，風化に強い石英が海岸などに砂粒として集積する．これが固結して石英に富んだ砂岩である珪岩になる．珪岩は大陸地域に広く大量に分布している．石英は二酸化珪素（珪素と酸素の2つが結び付いた物質 SiO_2）の結晶からなり，これを炭素とともに電気炉で融解すると金属状珪素（シリコン）が遊離してくる．シリコンは，電気的には導体と絶縁体の中間，すなわち半導体（セミコンダクター）の性質を持つ．シリコンに不純物を入れると，伝導現象に変化が起こり，リンを入れた時のように伝導現象が電子の移動によって起こるものをn型半導体，ホウ素を入れた時のように電子が不足した孔（正孔という）の移動によって起こるものをp型半導体という．これは，シリコンの代わりにゲルマニウムを用いても同様な現象が起こる．n型とp型の半導体を接触（NPN型，PNP型がある）させて電圧をかけると，電流を増幅させたり，あるいは電流をオン，オフすることができる．この性質を利用して電子制御を行うデバイスをトランジスタ[13]という．

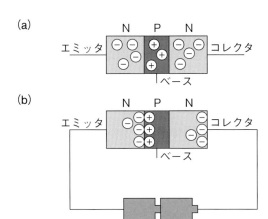

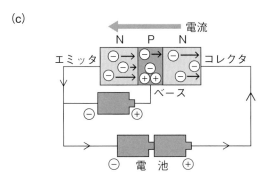

図表1.8　トランジスタの原理（村田製作所技術記事より：https://article.murata.com/ja-jp/article/what-is-transistor）.
（a）NPN 型トランジスタにおいては n 型半導体で電子が過剰に存在し，サンドイッチされた p 型半導体では，電子が不足している（正孔がある）．（b）今，コレクタ側からエミッタ側に電圧をかけると，コレクタ側では電子が引き寄せられ，また，エミッタとベースの境界では電子と正孔が結合し，電流が流れなくなる．（c）ここで，ベースに小さい電圧をかけてやると正孔がベースに流入し電子を引きつけ，コレクタ側からエミッタ側に電流が流れる（スイッチ効果）．この電流の大きさは，ベースからエミッタへの電流の大きさに比例して変化する（増幅効果）．

　マービン・ケリーのもと，新しい電子デバイスの開発チームを率いたのはウィリアム・ショックレーであった．彼は天才的なひらめきと，一方，激しい欠点の多い人格を有していた．そのチームに実験家のウォルター・ブラッデンと量子論の専門家であるジョン・バーディーンが加わった（図表1.9）．ブラッデンは優れた実験手腕を持ち外向的であり，バーディーンは優秀な頭脳を有するが内向的であり，最高のコンビを作り出した．1938年から始まった研究は，戦争で一時中断したが，彼ら

図表1.9 トランジスタの発明者たち.
　左から，ベル研究所のジョン・バーディーン，ウィリアム・ショックレー，ウォルター・ブラッデン．バーディーンは，その後，イリノイ大学に移り，超伝導理論で2回目のノーベル物理学賞を受けた．史上2回ノーベル物理学賞を受賞したのは今のところバーディーンだけである．1948年の写真（Wikipedia）による．
https://en.wikipedia.org/wiki/Transistor#/media/File:Bardeen_Shockley_Brattain_1948.JPG

の参加によって一挙に加速し，ゲルマニウム半導体を用いて最初の点接触型トランジスタが完成，1947年に発表された．しかし，この発明はブラッデンとバーディーンによって実質的に行われたもので，ショックレーのプライドをいたく傷付けることになった．その後，ショックレーは秘密のうちに（これはベル研究所の規範に反していたが），実用トランジスタの原型となる接合型トランジスタを考案し，その特許は1951年に発効した．**トランジスタは「産業の米」といわれることがあるが，まさに産業を変える大発明だった**．

　このケリーの率いるチームにジェラルド・ピアソンがいた．ピアソンそしてダリル・シャピンは，トランジスタの開発だけでなく，トランジスタを用いた独立型の通信システムの開発，特に電源の開発を行おうとしていた．当時，チームにいたカルビン・フラーは，シリコンやゲルマニウムの半導体基板にガス状の不純物を拡散添加させる方法を開発し，これがトランジスタの製法を格段と進歩させた．ピアソ

ン，シャピン，フラーの３人は，砒素を添加した n 型シリコン基板の表面に薄い
ボロンを拡散した p 層を作り，太陽光変換効率で６％の起電力が発生することを
発見した．1954年に論文と特許が出願され，太陽電池もまたベル研究所が生み出
したものだった．

ショックレー半導体研究所

　1954年，ウィリアム・ショックレーはベル研究所を去り，母親の住むカリフォル
ニア州パロアルトに研究所を設立した．当時，パロアルト付近には，ロッキード社，
ウェスティングハウス社などの軍需産業の研究所，エレクトロニクスのベンチャー
企業として最先端を走っていたヒューレット・パッカード社（ビル・ヒューレット
とデビット・パッカードが立ち上げた）があった．それ以上に，ここには MIT で
あのヴァネヴァー・ブッシュの指導を受けスタンフォード大学の工学部長となっ
たフレデリック・ターマンが，1953年に工業団地（スタンフォード・リサーチパ
ーク）を作っていた．ヒューレットとパッカードもターマンの教え子であり，リサ
ーチパーク・テナントの第１期企業であった．ターマン（その後，学長となる）は，
大学とリサーチパークの共生的関係を促進し，数多くの企業がスタートアップして
いった．
　ターマンは，ショックレーの計画を聞き，ぜひとも良い関係を持ちたいとメッセ
ージを送った．ショックレーは，全国から有能な才能を集めることとし，その中に
ロバート・ノイス，ゴードン・ムーアなどがいた．しかし，リーダーとしてのショ
ックレーは性格的に破綻していた．彼は４層ダイオードの発明にこだわり，周りの
意見や忠告を聞かないようになり，会社には協調精神が失われ不満が爆発しそうな
状況となった．その時にショックレーにノーベル賞受賞（ブラッデン，バーディー
ンと共同受賞）の知らせが届いたが，それは，さらに彼のうぬぼれを強くし，つい
に1957年，会社から８人の辞職者が出た．その中にノイスとムーアがおり，彼らは
フェアチャイルド・カメラ・アンド・インスツルメント社のトランジスタ部門（フ
ェアチャイルド・セミコンダクター社）として独立することになった．ショックレ
ー半導体研究所はやがて破綻し，ショックレーはスタンフォード大学に職を得るが，
人格破綻を示す奇妙な行動が目立ち，再び輝くことはなかった．

インテルに吹く自由の風

　トランジスタは真空管よりはずっと小さいが，急速に発達するエレクトロニクス
の要求に応えるには，何万，何十万の素子が必要であり，それをハンダ付けすると
製品精度の落ちる回路となった．素子数の限界がきていた．フェアチャイルド・セ

ミコンダクター社は，それを克服しようとロバート・ノイスをリーダーとして開発を開始した．同じ頃，ベル研究所からトランジスタのライセンス権を得て，トランジスタ・ラジオで売り上げを伸ばしていたテキサス州ダラスのテキサス・インスツルメント社が，トランジスタをシリコン板の上に“貼り付ける”方法を考え出した．集積回路（マイクロチップス）の誕生である．その発明で，テキサス・インスツルメント社のジャック・キルビーは，2000年にノーベル賞を受賞した．一方，フェアチャイルド・セミコンダクター社でも，ほぼ同時にその開発に成功していた．

集積回路の生産は，軍そして宇宙開発の需要によって大きく飛躍した．アポロ計画では，100万個の集積回路が使われたといわれている．フェアチャイルド・セミコンダクター社は，創立時の契約通りフェアチャイルド社に買われ，8人は裕福になったが，やがて東海岸の本社の意向が強くなり，組織が硬直化し，エンジニアが流出していった．8人の中から後のテレダイン社を作ったジャン・ホーニーが抜け，ノイスとムーアもやめることになり，彼らはベンチャー資本から融資を受けて1957年に新しい会社，インテル社を設立した．

ノイスもムーアも反権威主義的であり，階級を嫌い，自由に仕事を進めるタイプであったので，インテルには独特の社風が形成されていった．オフィスでもまったく平等かつ闊達に話し合いが行われる企業文化が育った．これが気軽なカリフォルニアのライフスタイルと結び付き，金曜日のビールパーティー（TGIF：Thanks God It's Friday）やフレックス勤務体制などの勤務習慣が生まれていった．しかし，その中で，しっかりした企業としての経営（放漫経営ではなく）を行うアンディー・グローブが参加，管理・経理をフォローし会社は急速に成長していった．

集積回路はすばらしい発明であったが，クライアントの要求ごとにデザインし，カスタマイズして制作するのは，いかにも不効率であった．1969年，日本のビジコン社が高性能の卓上計算機を発注してきた．インテルのテッド・ホフは，この仕様に応えるには，汎用のチップを作ることが必要と考え，プログラミングが可能な汎用論理チップを完成させた．これには，ビジコン社のエンジニア嶋正利[14]が協力した．こうして，**最初のマイクロプロセッサー（インテル4004）が発明され，個人にコンピュータが行き渡る時代が始まった．インテルは，最先端エレクトロニクス技術を切り開いたのみならず，ベンチャー資本がスタートアップを育てる，そしてストックオプション（自社株を決められた価格で購入できる権利）によって裕福になる，という文化を育成した．サンタクララ・バレーの一帯は，のどかな果樹園地帯から「シリコン・バレー」と名付けられ，人新世を象徴するイノベーションはそこから発展していった．**

パーソナル・コンピュータの開花

1969年に奇妙な出版物が，カリフォルニア州メンロパークから出された．"Whole Earth Catalogue" という謄写版刷りの大型冊子は，1967年に NASA の ATS-3衛星で撮影された地球全景のカラー写真を表紙に載せていた．

この衛星写真は，全球を始めてカラーで撮影したものであり，アフリカ大陸，雲，そして青い海と地球のすべての姿が映し出されたすばらしいものであった．このような写真が人間の考え方に大きなインパクトを持つと考えた人がいた（おそらくたくさんの人が考えたであろうが）．その1人がスチュアート・ブランドであった．

ブランドはスタンフォード大学で生物学を学び，アメリカ陸軍落下傘部隊に所属した経験を持ち，ケン・キージーを信奉するようになった．キージーは「カッコーの巣の上で」の作者であり（ロボトミー手術を告発した映画，ジャック・ニコルソン主演でアカデミー賞を受賞した），ヒッピー・コンミューン「メリー・プランクターズ」を主宰していた．ブランドはこのコンミューンにも参加していた．ブランドは，「宇宙船地球号（Spaceship Earth）」[15] という概念に大いに影響を受け，「どうすれば，地球を守れるのか」，そして「今，大地に帰り，農業や新しい生活を始めようとする人々をどうすれば支援できるのか」，について考えていた．

1950年代は米国の絶頂期ともいえる時代であり，工業生産・農業生産は急激に拡大，家庭には家電製品が溢れ，高速道路網が張りめぐらされ，大型自家用車が普及し人々は生活を大いに楽しんでいた．しかし，そこに大きな時代の流れが忍びよっていた．1960年までに世界で脱植民地化が進み，独立国家が増えていったが，社会主義国家であるソ連は，軍事的に強大な国家となっており，これら新たな独立国が社会・共産主義に連鎖的に傾倒してゆくドミノ論への警戒が強くなっていった．その象徴的なケースがベトナム戦争である（米国の戦争史については山崎，2004）．一方，国内では，黒人市民の人権を獲得するために公民権運動が活発化し，それがベトナム反戦運動とも連動し，大きな社会問題となっていった．反権威主義，平和への希求，反物質主義，自由と平等，解き放たれた心，などを求め，1960年代後半に歴史上最大規模のコンミューン（共同体）運動が起こり，1000万人ともいわれる人々が都市生活を捨てて大地に帰って行った．これは，ベトナム戦争や環境問題（物量依存社会）に対してのカウンター・カルチャー運動[16] であった．この運動には，少なからずアメリカ先住民族の自由で独立した生き方，仏教やヒンズー教の思想などが影響を与えていた．ブランドの考えには，この運動をどのようにサポートしてゆくのか，ということがあった．

ブランドは，この課題に対して，リベラルな社会的価値，新しいテクノロジーについてのアイデア，地球システム全体を考えるという概念や教育などの融合を目指

したカタログを出版することを考えた．その根底には，これらの人々は，"自立"していかなければならない．すなわち，Do It Yourself（DIY）の精神をサポートすることであり，そのために必要なツールのカタログが必要である，というのが結論だった．

　このツールの中で，ブランドが特に注目したのが，パーソナル・コンピュータ（パソコン）であった．ブランドの出版所があるメンロパークは，スタンフォード研究所がそばにあり，ブラントはそこを度々訪問していた．後に Whole Earth Catalogue の出版を継承したケヴィン・ケリー（雑誌ワイアード WIRED の創刊者）は，「パソコンが米国の文化に受け入れられたのは，ブランドのおかげだ」といっている．**コンピュータは当時，軍や巨大企業の持ち物であり，国家権力の象徴であり，個人が所有するものとはまったく考えられていなかった．しかし，ツールとして個人が持てば，とてつもない可能性を開くことにブランドら多くの人が気付き始めていた．この考えに賛同した人々がメンロパークに集まり，電子回路・通信技術・そしてパソコンについてのアイデアを持ち寄り，まさに，DIY による新しい世界を作っていった．**このような集まりの1つに，ホームブリュー・コンピュータ・クラブ（Homebrew とは自家醸造のこと）がある．1975年のことである．ここから，多くのハッカーや天才たち，そしてスティーブ・ジョブス，スティーブ・ウォズニアックのアップル創業者[17]も育った．

　戦後，アメリカの科学技術と経済の推進は，ヴァネヴァー・ブッシュに代表されるように国主導で行われてきた．1970年代に個人とそれを繋ぐネットワークによって，新たな科学技術と経済活動のイノベーションを起こす時代が訪れた．1977年に世界で初めてのキーボードとディスプレイ一体型パソコン Apple II が発売された．この年を持って人新世は第二のフェーズに入ったと考えてよいであろう．

　Whole Earth Catalogue の最終版（1974）の裏表紙は印象的である（図表1.10）．左上に皆既日食から一点の光が差し込む構図と下半分は，おそらくカリフォルニアの田舎道，そしてスティーブ・ジョブスの2006年スタンフォード大学卒業式辞で有名になった"Stay Hungry, Stay Foolish."の言葉がある．

ソフトウェアで世界を変える

　インテルによるマイクロプロセッサの発明は，パソコンの発展を促し，アップル，PC などが一挙に開花した．1987年，私は友人の玉木賢策（故人）に勧められてマッキントッシュを使ってみることにした．どちらかというとデジタル音痴（大学院生の時は IBM360を使っていて，Fortran 言語でプログラムを大量に書いたが）で，面倒くさがりや（マニュアルを読む根気がない！）の私にとってはマウスとアイコ

図表1.10 The Last Whole Earth Catalog（1974）の表（左：1969の初版が使われている）と裏（右）の表紙.
2006年のスティーブ・ジョブスによるスタンフォード大学卒業式辞で有名な Stay Hungry Stay Foolishのメッセージは，私には人生の応援歌で，カントリーミュージックや演歌の詞を思い出させる.
https://criterya.files.wordpress.com/2014/06/wholeearth.jpg

ンでほとんどの操作を行うグラフィック・ユーザー・インターフェイス（GUI）に感激した. 簡単！ 早い！ それから私はずっとマックファンとなった（図表1.11）. それ以降，パソコンにおいてソフトがいかに大切であるかは十分に理解した.

　アップルがパソコンの製作を始めていた頃，西海岸の北，シアトルでは，1人の天才がまったく別なことを考えていた. コンピュータを使いこなすには，ソフトウェアが必要である. 特に全体を統制するオペレーション・システム（OS）こそが，コンピュータに命を吹き込むものである，と. 当時，ソフトウェアは誰もが共有すべきものであり，それを商品にするという考え方はほとんどなかった. ビル・ゲーツとポール・アレンは，マイクロソフト社を立ち上げ，その後，ウィンドウズ（Windows）は，スタンダードな OS として広がっていった.

　しかし，パソコンを本当に皆が使える汎用な道具としたのは，グラフィック・ユーザー・インターフェイスの開発だったともいえる. それはゼロックスのパロアルト研究所（PARC）において行われた. そこはニューヨークの本社から目の届かない技術者の天国でもあり，自由な発想のもと現在のパソコンの基礎となる多数

図表1.11　マッキントッシュ・プラス.
当時の愛猫，マリモちゃんと一緒（著者撮影，1992）.

の開発がなされた．そのキーパーソンは，アラン・ケイであり，彼は，紙ででき
ることは何でもできるノート版の大きさのパソコンを提唱（それをダイナブック
Dynabook とよんだ），1973年にその原型としてパソコン・アルト（Alto）を作り出
した（大きさは Apple II より大きいが）．マウスと多数のアプリが同時に展開でき
るウィンドウ，音楽演奏，回路設計ツール，プログラミング言語などが使えるよう
になっていた．

　ゼロックスがアップル社の株を買おうとした時，ジョブスは，その引き換えに
PARC で開発している技術を開示することを要求，そこでジョブスは驚愕したので
ある．ケイがはるか先を行っていたからである．しかし，ゼロックス社は PARC
の成果に興味を持っていなかった．アップル社は，GUI をマッキントッシュに導入，
マイクロソフト社もそれをまねて，GUI はパソコンのスタンダードとなっていった．
PARC では夢のパソコンの他に，ワープロソフト，イーサネットの原型，カラーマ
ネジメント・ツール，グラフィック・ツール（後のアドビーシステム）などが開発
されていた．驚くべき研究所であった．

インターネットの巨大なインパクト

　戦後，ヴァネヴァー・ブッシュの作った国による奨励金とその契約システムによ
り，民間に半官半民のハイブリッドな研究所が多数生まれた．その中からインター
ネットを作り出す萌芽が生まれていった．たとえば，航空産業から生まれたランド
研究所，スタンフォード研究所，MIT 系のリンカーン研究所などである．

　1957年，ソ連は人工衛星スプートニクの打ち上げに成功し，1961年には，宇宙飛
行士ユーリイ・ガガーリンが地球周回を行った．その直後，ユタ州で謎の爆発事故

があり，3つの大陸横断電話中継基地が破壊され，国防の通信命令系統が機能不全に陥った．この事故は，もしソ連が通信網を攻撃したら，国家機能が失われることを意味していた．就任直後のケネディ大統領が，危機感を抱いたであろうことは想像に難くない．

1961年，米国防省はソ連の攻撃に耐えうる通信ネットワークの研究に着手し，それをランド研究所（RAND Corporation：RAND=Research And Development，ジョン・フォン・ノイマンもコンサルタントとして参加していた）に委託した．当時，ランド研究所にはロシア生まれのポーランド人であるポール・バランが，核戦争が起こった時の通信ネットワークへの影響について自主的研究を行っていた．バランは1962～64年にかけて，分散型通信ネットワークについて，いくつかの報告書を提出した．当時の通信ネットワークは電話が中心だった．電話通信システムでは中央の交換機に個々の電話が繋がっており，交換機のある電話局が破壊されれば，通信はストップする．そこでバランは電話以前の通信方法である電信の方式に戻り，コンピュータを使ってデジタル化・自動化することを考えた．この中で彼は，送るメッセージをブロックに分け，どのルートを通るかは問題とはせず，最終的に目的地でもとに戻すパケット交換方式 [18] を考え出した．しかし，この方式の採用にAT&Tは頑なに反発し，実現は困難だった．

一方，戦後，マサチューセッツ工科大学（MIT）では，人間と機械の協調についての研究が盛んになっていった．エンジニア，心理学者，人文学者が入り混じったサークルが作られ，その中心にいたのがノーバート・ウィーナーであった．彼はフォン・ノイマンと親交があり，また，ヴァネヴァー・ブッシュの同僚であり，微分計算機の設計にも貢献していた．その後に「サイバネティックス」（序章を参照）という用語を作り出した．サイバネティックスは，人間の脳や機械などの様々なシステムが，情報をいかに学習するのかを論じる総合科学である．サークルの中にジョセフ・リックライダーがいた．リックライダーは，コンピュータのタイムシェアリング，人間‐機械インターフェイス（対話型コンピュータ）などの研究を行い「人間とコンピュータの共生」ということを考えていた．当時のMITには，ジョン・マッカーシーなど人工知能という考えを追求していた学派もいて（第5章を参照），コンピュータの科学が発展期を迎えていた．

スプートニクショックの後，アイゼンハワー大統領は，1958年，国防に関する研究開発を実施する場所としてペンタゴンに高等研究計画局（ARPA：Advanced Research Project Agency，のちのDARPA）を立ち上げた．1962年，リックライダーは，ARPAの情報処理部門のヘッドとして招聘された．そこで彼は様々な施設が網のように繋がったネットワークの構想を立ち上げた．米国のコンピュータをネッ

トワークで繋ぐというプロジェクト（ARPA Net）が発足，その中で，ポール・バランの提案していたパケット通信のアイデアがついに復活した．さらに各コンピュータに接続するネットワーク管理用のミニコンピュータ，今でいうルーター方式も採用された．

　1969年，カリフォルニア大学バークレー校（UCLA）とスタンフォード研究所がネット通信で結ばれた．その後，ネットに繋がるコンピュータは増え，さらに別なネットも続々誕生し，学術目的だけでなく商用のネットワークも増え，ネットワーク全体を繋ぐインターネットとなって普及していった．

　1980年代後半から1990年代になり，テキスト，画像，映像，音楽などを扱える高性能なパソコンが普及してきた．1989年，欧州素粒子物理研究所（CERN）のプログラマーだったティム・バーナーズ・リーがネットで繋がったコンピュータが情報を共有するためのプログラムを書いた．これがWWW（ワールド・ワイド・ウェッブ）となり，世界中に広まっていった．1990年代には，されにそれを閲覧するブラウザや検索エンジンが作られていった．ブログ，ウィキペディア，ヤフー！が育っていった．

　1995年，ラリー・ペイジはスタンフォード大学の大学院に入学，そこでセルゲイ・ブリンに出会った．彼らは，ウェッブの問題点を理解していた．リンクが双方向ではないので，コラボレーション・システムとしては貧弱であるというものだ．ペイジはリンクをすべて集めて，巨大なデータベースを作り，各ページにどのサイトからリンクが張られているか確かめようとした．これは，途方もないアイデアであることは確かである．1996年時点でも，サイトの数は10万，文書の総数は1000万，その間のリンクは10億もあった．このプロジェクトを進めながら，2人は，各ページのランク付けができないか考えるようになった．リンクの数と質，そして，そのページに対して張られている逆リンクの数と質を吟味して，ランキングする数学モデルを考え出した．これが，きわめて有用な検索エンジンになることは明らかだった．Googleの誕生である．

　Googleなどの検索エンジンの充実により，WWWの情報すべてがアクセス可能となり，人間とコンピュータの共生が実現されていった．さらに2010年代には，スマートフォンが急速に普及，それこそ，大人から子供まで，世界中が繋がる時代が訪れた（これについては第7章で取り上げる）．人間と機械のフレンドリーな関係を目指したパソコンの発明から始まった新しい時代が，個人が誰とでもネットワークで繋がるまったく新しい情報社会の地平を開いたことになる．

1.3　ネットワークの世界

スモールワールドの発見

　人間社会，企業経済，生態系，地球環境などは，ネットワークを形成し，変化し，そして成長が行われてきた．インターネットによって形成されたネットワーク世界は，実はこのような複雑な相互作用を理解する上でも非常に重要なデータを提供し，また研究の対象にもなってきた．次に，このネットワークの世界とはどのようなものか見てみよう．それは，人新世とはそもそもどのような時代かを理解する上で，きわめて重要だからである．

　この世界に存在する様々な物質や生物そして人間社会の状態は，複雑であり，多くの場合，個々の相互作用を還元的に解析し，それから事象を組み立てて，系全体を表すことが難しい．このような系を複雑系という．複雑系は，古典的な力学の決定論的な解析では理解ができないような挙動を示す．それは，初期条件のわずかな差がまったく異なる結果をもたらしたり，無秩序な状態からある組織だった構造や秩序が生まれたりする．そのような系は，物質やエネルギーの流れが開放されている開放系からなり，要素の状態は非平衡であることが特徴である．**複雑系の最も大きな特徴は，周囲からの物質，エネルギー，情報の変化（環境の変化）に対して，時に，全体としてある秩序だった応答を示すことである．すなわち，環境適応性・最適化性という特徴を持つ．**

　複雑系は，個々の単位（これをノードあるいは端末とよぶ）がネットワークで繋がった集合体から成り立っていることが多い．ネットワークとしてすぐに思いつくのは，生物の食物連鎖（食物網）であろう．植物は草食動物に食べられ，草食動物は肉食動物の餌となり，動物は死ねば腐肉を食べる動物によって食べられ，最後には，微生物によって分解され，土壌に生元素（生体を作るのに必要な元素，たとえば炭素，窒素，リンなど）が戻され，再び植物が育つ．ある環境には，微生物を含めれば，何十万という種類の生物がネットワークを作りこの食物連鎖を構成している．地球環境の変化に対応して食物連鎖はダイナミックに応答し，その中から生物の進化も起こる．人間社会も同様に，ある個人は，家族のネットワークの一員だし，会社，趣味のサークル，自分のブログでのやり取り，そしてインターネットで世界とも繋がっている．その中には，非常に多くの人々が関係する巨大ネットワークも存在し，インターネットが新しい社会の複雑系を作り出している．**このようなネットワークの構造や挙動（ダイナミックス）の研究は，1990年代後半から発展し，しばしば複雑系ネットワークの科学ともよばれる．**複雑系ネットワークの科学はグ

ローバルに繋がった人新世の世界を理解する上での１つのキーポイントになる[19].

　ネットワークの考え方を最初に示したのは，史上最高の数学者の１人，レオンハルト・オイラー[20]である．スイス生まれのオイラーは，ベルリンとサンクトペテルベルグで研究を行い，数学，物理学，工学の分野で偉大な功績を残した．人生の後半には視力を失ったが，膨大な著作を口述で残し，「オイラー全集」は76巻（１巻600ページ）まで刊行されたが，今日なお未完である．サンクトペテルベルグの近郊の町，ケーニヒスブルグは繁栄する商都であり，プレーゲル川とその中洲のクナイプホフ島には，７つの橋がかかっていた．ケーニヒスブルグの人々は，平和と繁栄を謳歌しており，様々なクイズを出し合っては，楽しんでいた．その中に次のようなものがあった．「どの橋も二度渡ることなく，すべての橋を渡ることができるか？」．1736年，オイラーは，この７つの橋に関して与えられた条件を満たす経路は存在しないことを数学的に証明した．

　オイラーは，この問題に関して，次のような証明をした．７つの橋に関連したケーニヒスブルグの地点を４つのノード（頂点）とし，それを繋ぐ７つの橋のルートをリンク（次数）として表し，この問題をシンプルな図形として表現した（図表1.12）．このように表現すると，問題は非常に簡単になる．というのもこのクイズは一筆書きの問題なので，

（１）すべてのノードのリンクは偶数である．

（２）２つのノードのリンクが奇数で，その他のすべてのノードのリンクは偶数である．

の２つのうち，少なくとも１つの条件が成立することが必要であることを証明した[21]．この問題では，４つのノードすべてが奇数リンクなので条件に合うルートは存在しないと証明できる．ここでのオイラーの最大の功績は，この問題の証明ではなく，ノードとリンクという形（グラフ）で，ネットワークを表現するという手法を生み出したことである．ちなみに，1875年，図表1.12bに示したようにＢとＣを繋ぐ新しい橋ｈができて，条件を満たすルートができあがった．

　オイラーの後，ネットワークの研究は，主に数学，社会科学，生態学などの分野で扱われた．そこで，問題となったのは，考えられる様々なネットワークにおいて，ノード間のリンク数や距離（あるノードから別なノードへ至るまで通るノードの数）がどのようなものか，ということであった．ノードは，扱う問題によって色々と変化する．たとえば，人的なネットワークではノードは人でありリンクは親交関係，交通網であれば空港・鉄道駅がノードであり路線がリンクとなる．

　まず考えられたのが，リンク数はランダムである，というランダム・ネットワークである．これは，ハンガリーの数学者ポール・エルディシュとアルフレッド・レ

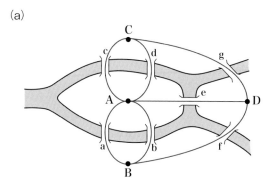

(a)

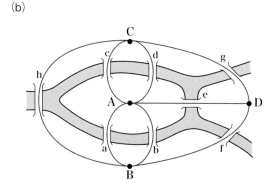

(b)

図表1.12 ケーニヒスブルグの橋（オイラーのグラフ）.
　どの橋も一度しか通らずに町を一巡りする経路を見出すという問題（バラバシ，2002：青木薫訳『新
ネットワーク思考——世界のしくみを読み解く——』．NHK出版）に加筆.
（a）オイラーは A，B，C，D の4つのノードとそれを結ぶ7つのリンクでネットワークのグラフを作っ
て問題をシンプルにした．この場合，すべてのノードが奇数リンクなので解はない．
（b）新しい橋 h が建設されて，C と D の間にリンクができ，奇数リンクは，A と D になり，条件が満
たされた．

ーニの1950年代末から60年代の仕事が基礎となっている．ランダムなリンクを数学
的に扱うと，平均的なリンク数を有する正規分布（厳密にはポアソン分布）を示す
ことがわかる．これはランダム・ネットワークのノードは，大部分がある平均的な
リンク数を持ち，小さい，あるいは大きなリンク数を持つノードは少ないというこ
とである．人間社会で見れば，多くの人（ノード）においてリンクの数（友人・知
人などとの関係）はほぼ同等である，ということになる．しかし，これは現実の社
会を表しているだろうか．私たちの周りには，超有名人もいるし，社交に明け暮れ
ている人も多くいる．また，孤独で人嫌いな人物も相当にいる．ランダム・ネット

ワークは有用な数学的なモデルであっても，必ずしも現実を表しているとは思えない．

　それでは，現実社会における人と人の繋がりの実態はどうなっているのだろうか．1967年，社会学者であるハーバート大学スタンレー・ミリグラムは，「ランダムに選ばれた2人の人物と他人との距離を測る」実験によって，この実態を明らかにしようとした．アメリカ東海岸に住む2人の人物（大学院生の妻，株式仲買人）を選び，そこから遠く離れたカンザス州とネブラス州の町に住む人々にこれら2人を知っているか（写真と住所を知らせ，彼らがファーストネームでよぶような知人かどうかを聞いた：もちろん社会実験であることを知らせて），もし，そうでないなら，ファーストネームでよぶような自分の知人で，2人を知っている可能性の強そうな人を選んで欲しい，と手紙を送った．選ばれた人はまた，同じことを行い，目標の2人にたどり着くのに，どれくらいの人数が必要かを調べた．結果は驚くべきことであった．160通の手紙の中，42通が目標人物に届き，その仲介に当たった人の数（ノードの数）は，驚くほど少なく平均5.5だった．「この世界の人と人の繋がりは，"世間は狭い"，すなわちスモールワールドから成り立っている」というのがミリグラムの結論だった．

　図表1.13のような12ノードの円形配置を考えてみよう．この図の左では，すべてのノードはある規則を持って結ばれている．1つのノードは，他の4つのノードと直接リンクされている（これを次数1という）．ノードAの人がメッセージを発信したとして最初の次数（次数1）で4人，2つ目のリンク（次数2）でさらに4人のノードにリンクするが，全部のノードに行き渡るには，次数は3が必要である．一方，右のように対面に1つのリンクがあれば，次数2ですべてのノードにメッセージが行き渡る．このように遠距離を繋ぐ1つのリンクが情報伝達の効率化に大きな役割を果たすということがスモールワールドの性質であり，低い次数で多くのノードが繋がっている状態をクラスターという．

　スモールワールド性を持つネットワークには，

① 　システム内で迅速に情報を伝達する

② 　遠距離の結合を維持する

という2つの機能が働いていると仮定されている．このような機能は，ネットワークでは，情報を最も効率良くさらに遠方まで伝達する仕組みが創発的に生まれ，あるノードとあるノードの結合によって全体が"相転移"を起こすことを示唆している．

　しかし，手紙によるこの社会実験では，十分な立証がなされたとはいえない．実際には，手紙の多くは届かなかったし，おそらく途中で，ゴミ箱に捨てられたであ

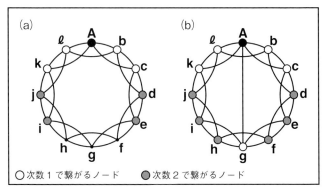

(a) Aより次数2で到達できないノードがある

(b) Aより次数2ですべてのノードに行ける

図表1.13 クラスター化されたスモールワールド（バラバシ，2002；青木薫訳『新ネットワーク思考
　　──世界のしくみを読み解く──』，NHK出版）を改変．
(a) 円形に並んだノードを考える．たとえば，Aから情報を発信したとして，次数1（1回のリンク
　　利用）で伝わるノードは，b，c，l，k である．次数2では，さらに，d，e，i，jに伝わる．次数3で
　　すべてのノードに伝達される．
(b) 今，同じネットワークにおいて，aとgにリンクが1つ張られている場合には，すべてのノード
　　に次数2で情報が伝わる．
　　このように長距離のリンクが1つあると，リンクの繋がる次数が減り，スモールワールドが出現する．

ろう．ネットワーク構造の研究には，手紙に替わる広域な情報ネットワークの発達
が必要であった．

ネットワークの構造

　インターネットの普及によって，世界は情報社会という新たな段階に入り，それ
が人新世の最も特色ある状況を作り出した．と同時に，インターネットを巨大な社
会実験と見れば，この世界の様々なものの間の繋がりを調べる最高のツールを手に
入れたことになる．インターネットのおかげでネットワーク研究の分野は急速に発
展した．

　インターネットのノードであるWWWのウェッブ・ページには非常に大きいリ
ンク数を持つものがあり，これはハブとよばれている．インターネットにおける
ノード数とリンク数の関係を取ってみると両対数グラフでほぼ直線となることを
アルバート・バラバシらは発見した（図表1.14b）．この関係を「べき乗則」という
（BOX1.3を参照）．すなわち，現実のネットワークは，莫大なリンク数を持つ一握
りのノード（ハブノード）とわずかなリンクしか持たない大多数のノードから成り
立っていることがわかった．

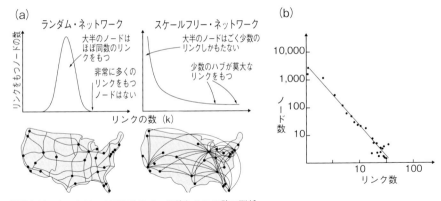

図表1.14 ネットワークにおけるノード数とリンク数の関係.
(a) ランダム・ネットワークとスケールフリー・ネットワーク

　左はランダム・ネットワーク：ランダム・ネットワークでは平均的なリンク数を持つノードが多数存在している．平均リンク数に比べて少数や多数のリンク数を持つノードは少ない．この様子は，都市（ノード）を繋ぐ高速道路（リンク）の数と似ている．ほとんどの都市は，ほぼ同数の高速道路で繋がっている．右は，スケールフリー・ネットワーク：べき乗則に従い，少数のノードが莫大な数のリンクを持っている（ハブ）．一方，多くのノードは少数のリンクしか持っていない．これは，航空路線網に似ている．たとえば，米国であれば，ロサンゼルスやシカゴなどのハブ空港には多数の路線が乗り入れている．一方，大多数の地方空港は，数路線がハブ空港と繋がっているだけである（バラバシ，2002）より．

(b) インターネットでのノード数と1つのノードが繋がるリンク数の関係

　両対数グラフで直線となり，「べき乗則」が成り立ち，スケールフリー・ネットワークであることがわかる．ハブと呼ばれる少数のノードが多数のリンクと結び付いており，平均的なリンク数を持つノードは存在していない．このデータは古いものであり，現在では，ノード数，リンク数ともに莫大なものになっているが，傾向は変わらない．べき乗則に関してはBOX1.3を参照（ブキャナン，2005；阪本芳久訳『複雑な世界，単純な法則──ネットワーク科学の最前線』，草思社）より．

　ランダム・ネットワークには，ノードの持つリンク数の分布に平均値などのスケール（尺度）が存在する．一方，「べき乗則」に従うハブを持つネットワークでは，このようなスケールは存在せず，大きなリンクのものから小さいものまで滑らかに移行する．したがって，これをスケールフリー・ネットワークという．

　今，インターネットの中の情報の流通量（トラフィックという）は爆発的に増加しており，その内容も激変している．たとえば，データのダウンロードの大半は，画像であり，また，その端末はスマートフォンが半数以上を占めるようになった．インターネットの巨大ハブの1つであるアマゾンのサイトに入れば，そこには様々な買い物の情報だけでなく，書籍，ビデオ，音楽などからあらゆるサービスの情報に溢れている．スケールフリー・ネットワークの巨大リンクを持つハブは，情報量も桁違いに大きいことがわかる．図表1.15にハブの持つ性質を概念的に示した．図表1.15（a）では，図表1.14で示したように少数のノードが巨大リンクを持つ．そして，この少数のハブノードが莫大な情報量を持っている．すなわち，図表1.15（b）

で示したようにリンクの数に比例して情報量が増えるのではなく，リンク数のべき乗で増加する．巨大ハブが形成されるのは，それが情報流通にとって最も効率が良いからである．このような複雑系ネットワーク構造の成長メカニズムは，ニューメキシコ州サンタフェ研究所で研究が続けられてきた．

　サンタフェは，アメリカ先住民族の文化が色濃く残っているところである．この地から，200kmほど南西にはクロービス（Clovis）とよばれる小さな町があり，そこからは1万年以上前の石器が見つかっている（クロービス文化：第6章参照）．その後，長い間，先住民族が居住しており，1610年にスペイン人によって町が建設された．アメリカ合衆国独立に伴ってメキシコから分離され，第二次世界大戦の時には，日系人の収容キャンプも置かれた．1984年にこの地に複雑系の科学を目的とするサンタフェ研究所が設立された．設立者はサンタフェから50kmほど北西にある国立ロスアラモス研究所のジョージ・コーワンである．このサンタフェ研究所には，生命の起源・進化と複雑系について研究していたスチュアート・カウフマンも参加していた．その中で，ジョフリー・ウェストは2005〜09年に所長を務め，生物，都市，社会などの貫くネットワークの基本的性質について考察を進めてきた（ウェスト，2020）[22]．彼が提唱しているのは，ネットワークの成長には，次の3つの性質が深く関わっているということだ．それは，

① 端末ユニットの不変性
② 空間充填性
③ 最適化

である．そのデザインは，誰かがマスタープランを書いたのではなく，ネットワークの中で創発的に進化したものである．これを，この本では『ウェストの3原理』とよぶことにしよう（ウェストにはことわってはいないのですが，勝手によばせてもらいます）．この考え方に基づいて，インターネットのノード数とリンク数の関係について見てみよう．

　インターネットの基本構造において，端末ユニットはマイクロプロセッサーである．すなわち，スマートフォン，タブレットやパソコンであり，これは性能に変化はあっても端末の電子機能は不変である．この端末は高速回線や無線LANなどの情報伝達網が，空間を充填しながらお互いに連結しあっている．その集合体は，インターネットの上でWWWという情報伝達網を成長させた．WWWでは，ノードはウェッブページであり，そこに個人や企業などの様々なサイトやアカウントがリンクしている．アマゾンは，このような中で超巨大ノードということができる．そして，このようにネットワーク全体では，巨大ノードが最も利するように情報の交換・伝達が最適化・効率化するように組織化が行われてきた．現在の社会で

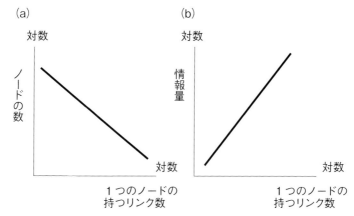

図表1.15 ネットワーク構造の持つ「べき乗則」を概念的に示す両対数グラフ（著者作成）.
（a）ノードの持つリンク数（横軸）とノード数（縦軸）（図表1.14で実例を示した）
（b）ノードの持つリンク数（横軸）と情報量（縦軸）
　リンク数と情報量は「べき乗則」の関係にあり, 巨大なリンクを持つノードは, 膨大な情報を有する.
　ネットワークの成長とともにリンク数はスケールフリー性を獲得していったが, それは膨大な情報の
　流通・伝播にとっての最適な自己組織化プロセスである.

は, WWW のノードは興廃を繰り返しながら, 増え続け成長している. その中で優先的に選択されるものが存在する. "成長" と "優先的選択" という条件があれば, ネットワークの構造は創発的に造られるものであり, これを自己組織化という.

　優先的選択とは, しばしば, 人間の欲望や欲求の選択であり, 人, 物, 金が集中することである. インターネットは, 自由と平等性を人々にもたらすツールではあるが, 同時に富の偏在を加速させてきた. このことは, 人新世の今, 何が起こっていて, そして未来がどうなるのかについて, 多くのことを考えさせる.

ネットワークの崩壊と感染拡大

　スケールフリー・ネットワークを調べると, ある確率で起こるランダムなノードの故障についてはきわめて頑健であることがわかる. というのも, ランダムなノードの故障は, ネットワークに多数存在する小リンク数のノードで起こるからである. これらの小リンク数ノードは, それらが機能を失っても, スケールフリー・ネットワーク全体の機能には大きな影響を与えない.

　しかし, ハブを狙った選択的な攻撃に関しては, スケールフリー・ネットワークはきわめて脆弱である. すなわち, 莫大なリンクを持つノードの機能が破壊されれば, ネットワークは崩壊する. その崩壊も, 一挙に起こることが研究からわかった. このような崩壊の考え方は, 人新世における様々なリスクへの対応において重要で

ある．一方，自然界においても様々な現象が「べき乗則」を示す（BOX1.4を参照）．したがって，地質時代に起こった生態系の激変や生物絶滅などの事象にもネットワークの考え方は適用できると考えられる．

　感染症の流行に関してもネットワークの構造は重要である．スケールフリー・ネットワークでは，ハブに感染が起これば，ネットワーク全体に感染が広まり，さらに感染源を絶滅させることが非常に難しくなる．感染症の流行モデルでは，感染率と回復率の比である基本再生産数（R_0と表す）が重要であり，R_0が1より大きい時は，感染者から次の感染者へ再生産が行われる[23]．ネットワークのハブではリンクが集中しているので，R_0が1より大きい場合には，メガクラスターの生成とよばれる感染爆発状態が生じる．逆に感染症の大流行を防ぐにはハブでの感染を抑え込むのが最も効率が良い．たとえば，ハブにおける集中的なワクチン接種などがその対策になる．感染症の流行については，第4章で述べ，また第6章ではアメリカ先住民に起こった悲劇についても取り上げる．

　このような感染症流行のダイナミックスは，コンピュータ・ウイルスの拡散においても同様なことが指摘できる．スケールフリー・ネットワークでは，ハブがコンピュータ・ウイルスに感染すれば全体に広がってしまう．一方，ハブに集中的にウイルス対策をしておくと，スケールフリー・ネットワークでは感染率は劇的に低下する．このコンピュータ・ウイルスの"生命性"については第5章でさらに述べることとする．

ネットワークの急成長

　図表1.16は，日本におけるインターネット・ユーザー数の変動である．これをみると2000年頃から急速に上昇，2005年にはやや頭打ちとなり，2010年過ぎには，80％程度でほぼ平衡から漸減になる．ユーザー数の増加は，リンク数の増加を示している．インターネットのこのような普及は当初はパソコンの普及からやや遅れて始まり，スマートフォンの普及とともに急増していった．

　この上昇カーブは，S字型の曲線で，ロジスティック方程式（BOX1.5を参照）で表現できる曲線と同じものである．この方程式は1838年，ベルギーの数学者ピエール＝フランソワ・フェルフルストによって考案された．そのもとになったのが，トマス・ロバート・マルサスの「人口論」によって示された人口の指数関数的な増加現象である．マルサスは単位時間での人口増加は，その時の人口と人口の増加率の積で表すことができると考えた．この考えでは，人口増加が人口そのものに比例することになるので指数函数的な増加になる．しかし現実には，地球の土地には限りがあり，食料，資源，環境などの制限要素（環境収容力とよばれる）があり，ブ

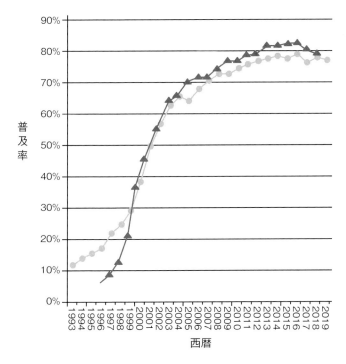

普及率

パソコン普及率（内閣府消費動向調査・2人以上の世帯）
インターネット利用者普及率（6歳以上の個人）

図表1.16　日本におけるインターネット利用普及率（6歳以上個人）とパソコン普及率（2人以上の世帯）．両者とも S 字型の増加を示し，ロジスティック方程式で表すことができる．普及率は，両者とも2000年頃から2005年頃まで急増している．ただし，2015年頃から減少傾向にあり，これは人口の高齢化・減少に伴う利用者減と考えられる．
インターネット利用普及率は https://news.yahoo.co.jp/byline/fuwaraizo/20190804-00135439/
パソコン普及率は https://news.yahoo.co.jp/byline/fuwaraizo/20200525-00179026/
以上2つのグラフを著者が合体させた．元々のデータは総務省発表．

レーキが必ずかかり頭打ちになる．このシンプルな数理モデルは，様々な現象における成長・増加を説明するのに有効である．たとえば，実験室の閉じた系，フラスコに栄養液を入れて酵母群を培養すると，酵母の量は指数関数的に増加するが栄養を使い切ったところで成長を止める（図表1.17）．

　ネットワークの成長（リンク数の増加）がロジスティック方程式に従うということは，ネットワークで繋がっている様々な事象の成長・増加，たとえば，市場における流行品の売り上げ，人気動画の視聴数，噂の拡散数なども S 字曲線を描き，そのピーク時には指数関数的な増加が起こることが予想できる．しかし，このような

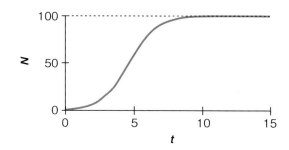

(a)

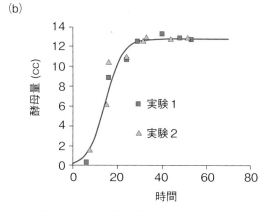

(b)

図表1.17　ロジスティック方程式の解（a）と酵母の増殖曲線（b）.
(a) 時間 t に関して生物個体数（人間であれば人口）N は，時間と共に指数関数的に増えるが，環境収
　容力で許容される数を100とすれば，100に近づくと漸近線となり，100を超えることはない.
(b) 閉じた系における酵母の増殖は，最初のゆっくりとした成長の後，指数関数的に増加し，やがて栄
　養を使い切った所で成長が止む.
　（Wikipedia より．https://ja.wikipedia.org/wiki/ ロジスティック方程式）

成長が何時までも続くわけでない．たとえば，酵母の例においても，細胞量の成長
はやがて死滅・分解の量と平衡状態に達するが，媒体溶液中に有害代謝物質が蓄積
あるいは pH の変化などの成長阻害要因が大きくなり，衰退期に移行することにな
る（図表1.18）.
　図表1.18の意味することは，まず，閉鎖系では成長は有限であるということだ.
地球が閉鎖系であるとしたら，人口もこのような曲線をたどることが予想される.
実際，図表1.3b に示した予想曲線は，成長期から静止期へと移行しているように
見える．それに伴って，指数関数的な生産，消費の伸びもいつかは衰退期を迎える

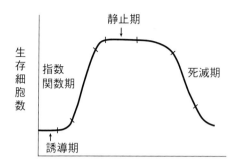

閉鎖系における成長曲線

図表1.18 閉鎖系における微生物細胞数の成長と衰退の概念的な曲線（ウェスト，2020；山形浩生・森本正史訳『スケール——生命，都市，経済をめぐる普遍的法則——（上巻）』，早川書房）による．微生物細胞数の増殖は，誘導期，指数関数的な成長期，静止期，死滅期からなる．このような成長曲線は生物の1個体に関しても成り立つ．

ということになる．図表1.5に示したグラフを見るといくつかの指標（たとえば水利用，肥料消費）は，加速が弱まっているようである．一方，技術革新楽観論者には，人間は地球の持つ制限を克服して，さらに様々な分野で"成長"してゆく，すなわちイノベーションが私たちを導き，新しい未来を開くと説く（イノベーション駆動型の経済成長）．イノベーションの連鎖が何を引き起こしてきたのか，振り返って見ることにしよう．

ムーアの法則

インテル社の創業者の1人であるゴードン・ムーアは，1965年の論文の中で，「集積回路の部品数（トランジスタ数）は，毎年約1.8倍となっており，その傾向は，今後10年ほどは続くであろう」と述べた．この予想は，人々の予想を遥かに裏切り，実に50年以上も続き，現在までほぼ成り立っている．

ムーアの法則の意味について，レイ・カーツワイルは次のような一般化を行っている．**技術の発展は，あるパラダイムから次のパラダイムへと"進化"しながら進歩してきた．あるパラダイムの発展は，ロジスティック方程式で記述されるS字型のカーブを描く．そして，技術的課題の長期的な解決には，複数のパラダイム・シフトが起こり，それが繋がって発展してきた．その場合には，S字曲線が次々と連続して重なり，全体として指数関数的な成長を示すようになる．**図表1.19には，そのようなケースを線形グラフと片対数グラフで示した．指数関数は片対数グラフで直線を示すように，この複合したロジスティック曲線も直線（あるいは複数の直

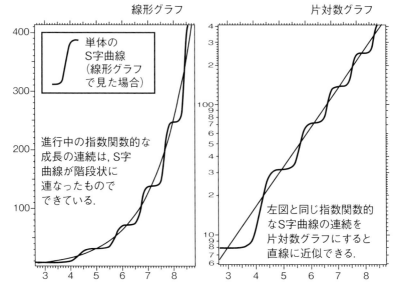

線形グラフ　　　　　　　　　　片対数グラフ

図表1.19　S字曲線（ロジスティク曲線）の重なりによる指数関数的成長を示すグラフ（カーツワイル，2007；井上健監訳『ポスト・ヒューマン誕生——コンピュータが人類の知性を超えるとき——』．NHK出版）より．
(a) は線形グラフによって示す．
(b) は片対数グラフによって示し，全体として直線で近似できる．
　両方のグラフとも，縦軸は成長速度，横軸は時間を表す．

線）に近似できる．
　たとえば，ムーアの法則は，一定の投資によってどれだけの計算ができるのか，という要求に対し，時代とともにどのように技術が発展してきたのか，ということに置き換えることができる．1990年からの1000ドルの投資当たりの計算（FLOPS）／秒の値を片対数グラフにプロットしてみると，まさにムーアの法則が当てはまる（図表1.20）．1945年までの電気機械式・リレー式の時代，真空管の時代，トランジスタの時代，そして集積回路の時代（さらに2010年から超集積回路による高度化）というパラダイムのシフトがあり，その間に実に10^{18}倍という効率化がなされ，現在もそれが加速している．現在は，計算回数／秒／1000ドルは，10^{14}から10^{15}に達している．技術革新は，指数関数的な発展構造を持っており，それも1つのパラダイムから次のパラダイムへのシフトによって，さらにより加速することを示している．この性質を，カーツワイル（2005）は「収益加速の法則」（Law of Accelerating Returns）とよんだ[24]．
　ムーアの法則の示すところは，イノベーション駆動型の経済は，少なくとも現在までは，発展の原動力になってきたということだ．一方，このような経済が，社会

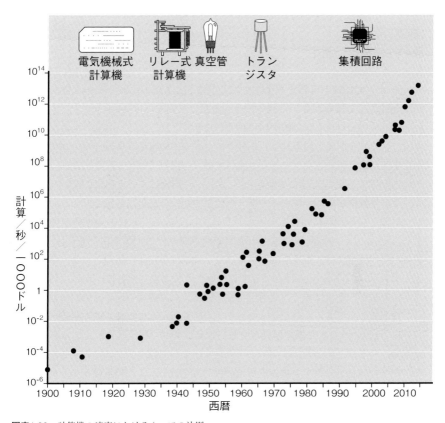

図表1.20　計算機の速度におけるムーアの法則.
縦軸に1000ドルで1秒当たりの浮動小数点演算回数（FLOPS）を対数で示し，横軸に年代を示す．片対数グラフの直線の傾きで見ると，電気機械式—リレー式，真空管—トランジスタ式，集積回路式，超集積回路式での傾きの違いが認められ，これがパラダイムのシフトを示している．特にここ10年は超集積回路における速度の増加が著しい.
（原図はKurzweil，2005．それにテグマーク，2020[7]：水谷淳訳『Life3.0——人工知能時代に人間であるということ——』，紀伊国屋書店を加筆）

のあり方に大きな影響を与えていることも確かである．第2章では，グローバルに起こってきた産業の発展，社会の変容に目を向けてみよう.

放射性炭素年代測定

　炭素14（^{14}C）は宇宙線から生成される中性子と大気の主成分である窒素との核反応によって作られる．全地球でその総量は年間でほぼ7kgである．生成された^{14}Cは，数カ月かけて酸化され^{14}CO$_2$になり，大気，海洋，生物，土壌などの環境に広く分布する．炭素14は，炭酸カルシウム生物組織（貝殻，サンゴなど）や化学沈殿物（鍾乳石など）そして生体組織（有機物）などに取り込まれ，時間の経過ともに初期の^{14}C/^{12}Cの値から^{14}Cがベータ崩壊によって窒素に変わって行く．その半減期が5730年であるので，変化量がわかると年代が測定できる．しかし，対象となる試料について，それが形成された後に，^{14}Cについて閉鎖系が保たれている（^{14}Cの放射壊変以外の濃度変動がない）ことが条件となる．^{14}Cを使った年代測定には，もう1つ，クリアしなければならない問題がある．それは，過去の大気における^{14}C濃度が一定ではないことである．それは，地球に到達する宇宙線量が一定ではなく，銀河宇宙線の強度，太陽活動や地球磁場の変動によって変わるからである．したがって，多くの研究者が木の年輪や湖の年縞堆積物（日本では福井県の水月湖の研究が有名）などに基づく暦年代に較正する方法を研究し，今では，約2万5000年前まで較正する標準的な手法がほぼ確立した．また，微量な試料を分析する加速器質量分析計も発達し，ここ10年ほどで，民間の分析会社に測定を依頼することも可能となった．次の文献が詳しい．
　中村俊夫（2001）放射性炭素年代とその高精度化．第四紀研究，40，445-449．

日本におけるケーブル通信技術の発展

　1877年に立ち上がったベル電話会社（Bell Telephone Company）は，電信会社のウェスタン・ユニオンとの特許権争いに勝利して成長を遂げ，さらに多数の独立系電話会社との互換性を認めることで全米をカバーする巨大企業AT&Tとなった．1914年，ニューヨーク-サンフランシスコ間の大陸横断ケーブル回線が開通し，米国に本格的な電話時代が訪れ，加入者はすぐに1000万件を超え世界最大の電話王国を築いた．
　一方，日本は遥かに遅れており，当時の加入件数は数万件程度だった．長距離の通信回線には，ケーブルに使われる銅線の電気抵抗によるエネルギーのロス（電力損）という問題があった．米国では，これを克服するために中継機にコ

イルを入れて電力損を防ぐ装荷（そうか）ケーブル方式と信号を増幅する三極真空管が用いられていた．東北帝国大学で抜山平一教授の指導のもと三極真空管を研究し逓信省に入省していた松前重義は，装荷ケーブルの欠点に気が付き無装荷（むそうか）ケーブルにすることで高周波電流による多重通信が可能であることを篠原登とともに提案した．この提案は逓信省の国策として採用され，東京－ハルピン－北京，台湾縦貫，樺太における基幹ケーブルとして敷設が進められた．通信ケーブルの国産化は，周辺の機器も含めた国産化が必要となり，日本における電子通信技術の進歩に大きな功績を残した．松前重義と篠原登は戦後，科学技術庁の設立に関与，そして東海大学の創立を行った．東北帝国大学では，抜山平一，八木秀次（八木・宇田アンテナの発明者），渡邉寧らが電気通信研究所の基礎を作り，戦後，西澤潤一，岩崎俊一らの活躍によって電気通信技術の発展に大きく貢献した．無装荷ケーブルの発明に関しては，松尾守之（2014）無装荷ケーブル──時代を拓いた先端技術──．東海教育研究所．

BOX1.3

指数関数，べき関数，片対数グラフ，両対数グラフ

　本書では，指数関数（Exponential Function），べき関数（Power Function），片対数グラフ，両対数グラフを使って事象の説明がなされているので，ここでまとめをしておく．

　　　　指数関数は，$f(x) = ak^x$　　　　　　　　　　　　　　　　　　式1

　　　　べき関数は，$f(x) = ax^k$　　　　　　　　　　　　　　　　　　式2

と書く．

　今，$a = 1$，$k = 2$として，$x = 1$，2，3，4，5，6において，

　　　　指数関数（式1）では，　$f(x) = 2$，4，8，16，32，64……，

　　　　べき関数（式2）では，　$f(x) = 1$，4，9，16，25，36……，

であり，xが大きくなると指数関数の方が$f(x)$の値が大きくなる．

　$a = 1$，$k = -2$のときは，xが大きくなるとべき関数は指数関数に比べてゆっくり小さくなる．これをロングテールという．（図表BOX1.3（a），（b））

　両辺の対数（一般には10を底とする常用対数）を取ると，

　　　　式1は　$\log f(x) = \log a + x \log k$　　　　　　　　　　　　　式3

　　　　式2は　$\log f(x) = \log a + k \log x$　　　　　　　　　　　　　式4

となり，式3は，横軸xが実数，縦軸$\log f(x)$とした片対数グラフで傾き$\log k$の直線となる．（図表BOX1.3（c））

　一方，式4は，横軸$\log x$，縦軸$\log f(x)$の両対数グラフで傾きkの直線となる．

（図表 BOX1.3（d））

　べき関数では，a の値が変わっても k が一定であれば，$f(x)$ の値は絶対値は異なっても変化の割合，すなわち両対数における傾きは変わらない．これをスケール不変（スケールフリー）性という．（図表 BOX1.3（e））

　べき乗分布とは，度数分布や累積分布がべき乗関数で表される確率分布を指し，

$$f(x) = C/x^{a+1}$$

が成り立つ確率分布である．この分布では，両辺の対数をとると，

$$\log f(x) = \log C - (a+1)\log x$$

となり，両対数で右肩下がりの直線になる．

（a）指数関数（線形グラフ）（点線はbのべき乗関数を示す）

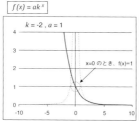
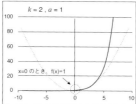

（b）べき乗関数（線形グラフ）

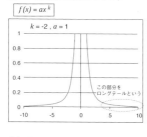
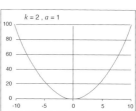

（c）指数関数（片対数グラフ）

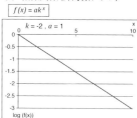
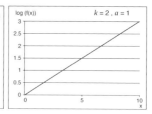

(d) べき乗関数(両対数グラフ)

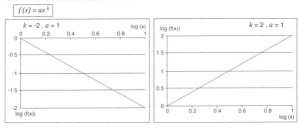

(e) べき関数のスケール不変性(両対数グラフ)

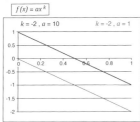

図表 BOX1.3
http://arduinopid.web.fc2.com/N84.html より

BOX1.4
自然現象の「べき乗則」

　1950年代，カリフォルニア工科大学の地震学者チャールズ・リヒターは，地震計の振幅のデータを基礎として，地震の大きさ（放出するエネルギー量）を表す尺度であるマグニチュードを考案した．これはリヒター・スケールとよばれている．マグニチュードは対数のスケールであり，マグニチュードが1増加することは，エネルギーで約31.6倍の増加となる．リヒターはドイツの地震学者ベノー・グーテンベルグとともに，地震のマグニチュードと地震の頻度との関係を調べてみた．すると，対数スケールできれいな直線関係，すなわち「べき乗則」にあることが発見された（図表 BOX1.4）．すなわち，小さい地震は頻繁に起こり，大きな地震は少ない．そして，起こり易い地震の大きさ，というものは存在しない．地震は，地下の断層において，それにかかる応力（ある面に働く力を応力という）が断層の強度より大きくなった場合，断層面で起こる破壊現象である．その現象には，一般的，典型的，異常，例外的というようなものは存在せず，大小すべて同じプロセスであり，スケールによる差異はない（スケールフリー性あるいはスケール不変性），ということを示している．地震についてのこの関係をグ

ーテンベルグ・リヒター則という.

　自然現象では，地すべりの大きさ，火山噴火の規模，月のクレータの大きさ，太陽フレアの規模などが「べき乗則」に従う．コンピュータのファイルサイズ，都市の規模，企業の規模，人々の年間収入，戦争の大きさ，など人間社会が関係する事象もまた「べき乗則」を示す．これらには，共通した特性があることが示唆される.

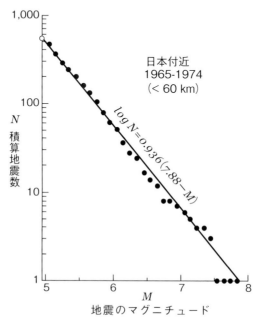

図表 BOX1.4　*グーテンベルグ・リヒター則.*
日本付近の1965～74年の間に起こった地震を例にしてある．横軸は地震のマグニチュード，縦軸はそれより大きい地震を含めた積算地震数．60kmより浅い地震をプロット．傾きがほぼ1なので，マグニチュードが1だけ小さくなると数が10倍増えることを示す．この統計では，マグニチュード7.5以上の地震は，数が十分でなく，直線から外れる．ただし，最大の地震マグニチュードには限界があるので，超巨大地震がこの傾向に従うかどうかは，実はわかっていない．（防災科学研究所のホームページより，宇津徳治（1984）のデータに基づく）

BOX1.5
ロジスティック方程式とS字曲線

　今，閉じた実験容器の中で培養する酵母の増殖を考えてみよう．今，酵母の出生率bと死亡率dが一定だとすると，酵母の個体数をNとして単位時間当たりの酵母の増加は$N(b-d)$となる．今，$m=b-d$とすると，酵母の増加率は，

$$dN/dt = mN \tag{1}$$

となる．この解は指数関数であり，酵母は爆発的に増える．しかし，酵母が増え続けるということはあり得ない．まず，実験容器が有限であり，酵母に与えられる栄養が有限であるので，酵母が増えてゆけば，栄養の奪い合いが起こり，増加にブレーキがかかる．そこで，酵母の数が少ない時には，酵母が内在して持っている増加率で増えるが，個体数があるレベルまで達すると，増加率は m より小さくなってゆくモデルを考えることができる．すなわち，

$$m = r(1 - N/K) \tag{2}$$

ここで r は内的自然増加率，K は環境収容力とよばれている．この式は，N が小さい時には，ほぼ式（1）と同じモデルが成り立つが，N の大きさが K に近くに連れて，m が小さくなることを示す．式（2）を式（1）に代入すれば，

$$dN/dt = rN(1 - N/K) \tag{3}$$

これをロジスティック方程式とよび，生物の個体数増加を示す最もシンプルな方程式である．この解であるロジスティック曲線は，時間 $t = 0$ における初期個体数を N_0 とすると，

$$N = K/(1 + (K/N_0 - 1)e^{-rt}) \tag{4}$$

で表す（ロジスティック関数）ことができる．ここに e は自然対数の底であるネイピア数である．関数は $t \to \infty$ で $N \to K$ となる．この曲線は S 字型（シグモイダル）な形を示し（図表1.17a），酵母の実験で確かめられている（図表1.17b）．ロジスティック方程式は，シンプルであるが，様々な条件に応じて，形を変形したり，連立の方程式にしたりして広く応用されている．

　ロジスティック方程式の考え方は，人口増加，ある製品の流行（売り上げ），感染の拡大，など非常に大きな応用がある．感染症に関連した数理モデルも，ロジスティック方程式の考え方が取り入れられており，r と同様な係数 R_0 が，基本再生産数として病原体の感染力の強さを表すパラメータとなっている．

注
（1）　地球圏‐生物圏国際協同研究計画（International Geosphere-Biosphere Programme：IGBP）．1986年に国際科学会議（ICSU）の決議によって開始された国際プロジェクトである．地球環境変動の全体像を明らかにするために，自然現象と人間活動の相互作用，過去から現在，未来予測を可能とする研究が実施され，2015年まで続いた．プロジェクトの参加者は70カ国，1万人を超えた．
　　　現在は持続可能な地球社会の実現を目指すフューチャー・アース（Future Earth）という国際協働研究プラットフォームが動いている．日本ハブ事務局長は春日文子．
　　https://www.nistep.go.jp/wp/wp-content/uploads/NISTEP-STIH2-3-00034.pdf
（2）　Schwagerl,C. (2014) The Anthropocene —— The Human Era and How It Shapes Our Planet ——. Synergetic Press. Santa Fe and London. には，パウル・クルッツェンが IGBP の会議で叫んだ時の様子を，この本の著者がウィル・ステッフェンの回顧として再録している．それを引用した．

Anthropocene という言葉自体は，クルッツェンのオリジナルではない．1980年代に米国の生態学者ユージン・ストーマーがインフォーマルに学生への講義で使っており，また，ニューヨークタイムスの記者であったアンディ・レヴキンが1992年に彼の気候変動の本で使っている．このような歴史があるにしても，クルッツェンがその言葉と考え方を最初に明確に結び付けたことには変わりない．

人新世について，まとめた本はまだ多くはないが，次のものがある．

日経サイエンス編集部編（2019）アントロポセン――人類の未来――．別冊日経サイエンス．（様々な視点からの考察がされており，大変役に立つ）

ギスリ・パルソン（長谷川真理子監修・梅田智世訳）（2021）図説 人新世――環境破壊と気候変動の人類史――．東京書籍．（写真と図を用いて人類学的視点から人新世を簡潔に俯瞰している）

英文で書かれた本では，次が簡潔で好著である．

Erle C. Ellis (2018) Anthropocene ―― A Very Sort Introduction. Oxford Univ. Press（地質学的内容がしっかり書かれている）．

（3）　地質時代区分は，国際地質科学連合（IUGS）とその組織である国際層序学委員会（ICS）において議論され正式に公認，国際的な基準となる．Anthropocene は，ICS の下部組織である AWG（Anthropocene Working Group）において，地質年代区分として採用するかどうか，2019年3月に投票が行われ，①地質年代区分として新たに採用する，②その始まりは，20世紀中頃の人間活動の大加速が始まったときとする，との提案がなされた．この後は，地質学的に完新世と人新世の境界を示すのに最も適した地層の境界を決め，年代が決定することになる．この境界と地点は「国際境界模式層断面とポイント」（Global Boundary Stratotype Section and Point）とよばれている．決定は，おそらく2022年以降となるだろう．本書で，境界として1945年を採用しているのは，このような議論がベースにあるが，あくまで，著者の個人的な仮の年代認定であり，地層境界については議論をしていない．

2020年1月に国際層序学委員会において，千葉県市原市養老川沿いの露頭が前期――中期更新世境界の国際境界模式層断面と模式地点として認められ，77.4万年前から12.9万年前の地質時代を「チバニアン」（Chibanian）とよばれるようになった（菅沼，2020）．地質学は欧米に起源を持つ古くから始まった学問の1つであり，地層や化石の研究もヨーロッパで始まった．したがって，国際境界模式層断面と模式地点もそのほとんどがヨーロッパにある．房総半島には，日本列島に特有なプレートテクトニクスの作用で，第四紀の深海の地層が隆起・露出しており，世界的にきわめて珍しい地域となっている．この地層に記録されている地球磁場の記録を最初に研究したのは，当時，東北大学の大学院生であった新妻信明（私の先輩であり，私もフィールドの作業を手伝った！）で，その業績はまさに世界の先駆けとなった．その後，岡田誠，菅沼悠介によって詳しい研究が推進され，日本で始めて地質時代の境界が世界認定を受けた．うれしいことである．

新妻信明（1976）房総半島における古地磁気層位学．地質雑，雑誌82，163-181.

菅沼悠介（2020）地球磁場逆転と「チバニアン」――地球の磁場は，なぜ逆転するのか――．講談社ブルーバックス（地質時代の決定がどう行われるのかよくわかる．また，ミランコビッチ・サイクルなど第2章と関連した古気候の解説もある）．

（4）　図1.3で示した大加速の指標は，IGBP のホームページからダウンロードできる．
http://www.igbp.net/globalchange/greatacceleration.4.1b8ae20512db692f2a680001630.html

（5）　長沼伸一郎（2020）現代経済学の直観的方法．講談社（著者は数学者で，「物理数学の直観的方法」，「経済数学の直観的方法」（2巻）（講談社ブルーバックス）などの名著で知られる．本質を突いた簡潔な解説がすばらしい）．

（6）　ヴァネヴァー・ブッシュの役割と戦中から戦後の米国科学技術の動向については，

佐藤靖（2019）科学技術の現代史――システム，リスク，イノベーション――．中公新書（コンパクトだが非常によくまとめてある）．

また，「科学――果てしなきフロンティア」：Science The Endless Frontier -A Report to the President by Vannevar Bush, Director of the Office of Scientific Research and

Development, July 1945は，第二次世界大戦ドイツ降伏直後に発表され，戦後の米国の科学技術政策に大きな影響を与えた.
https://www.nsf.gov/od/lpa/nsf50/vbush1945.htm

（7） 原子爆弾の開発に関しては，

山田克哉（1996）原子爆弾——その理論と歴史——. 講談社ブルーバックス（原子物理学の背景から開発の歴史まで詳しく紹介されている力作）.

　　日本の原子爆弾開発計画は，1940年に陸軍を通じて理化学研究所の大河内正敏所長に「ウラン爆弾製造の可能性について」として依頼されたのが始まりで，仁科芳雄が中心となりフィージビリティ研究がなされた. さらに1943年から二号研究として開発研究に着手した. 一方，1944年に京都大学を中心としたF研究も着手された. 開発は戦時中に中止されたが，終戦後，理研や京都大学のサイクロトロン（加速器）はGHQにより破棄された.

　　マンハッタン計画については，次の映画も作られている.

「シャドウー・メーカーズ（ポール・ニューマン主演）」(2006).

　　Google Earth で東ヨーロッパの地形を見てみると，ルーマニアからスロバキアにかけ屈曲して伸びるカルパチア山脈によって東側を，そしてオーストリア・アルプスに西側を囲まれた平原地帯が存在する. ドナウ川が流れるハンガリー平原である. ここは古来，多民族が興亡を繰り広げた場所であり，古くは，ローマ人，そしてフン族の支配の時期を経て，10世紀にハンガリー王国が成立，12世紀には周辺を統合して大国となった. しかし，1241年にモンゴル軍との戦い（モヒの戦い）に敗れ，その後，オスマン帝国とハプスブルグ家のオーストリアによって分割統治された. オスマン帝国の衰退の後，強大なオーストリア・ハンガリー帝国となったが，1914年，ハプスブルグ家の皇太子がサラエボで暗殺され，第一次世界大戦が始まり帝国は瓦解した. その後，国内は混乱，自由主義的な政権を右派の軍事勢力が掃討して弾圧，外国への移民が急増した.

　　中世の時代，ヨーロッパではユダヤ人は各地に広がっていたが，13世紀にポーランドではユダヤ人移民の受け入れを制度化し，彼らは交易と産業の担い手として活躍していた. 19世紀にポーランドが分割されると，ハンガリーへの移民が増加，1867年にはユダヤ人の身分が保障される決議がなされた. これによって貴族の称号を与えられた人も出てきた. その中には，ゲオルク・ド・ヘヴェシー（ノーベル化学賞），テオドール・フォン・カルマン（流体力学・ロケット工学），ジョン・フォン・ノイマンらの父が含まれていた. その後，オーストリア・ハンガリー帝国では，第一次世界大戦までの50年間，繁栄の時代が訪れた. 王国の小麦生産は世界一で経済成長は著しく，ブタペストはヨーロッパ第6位（ロンドン，パリ，ベルリン，ウィーン，サンクト・ペテルブルクに次ぐ）の大都市となり，世界に類を見ない電気式地下鉄が走っていた. 600を超えるカフェが街並みを彩り，ヨーロッパ最高峰の高等教育で知られるギムナジウムが三校も存在していた. マンハッタン計画に関与したレオ・シラード，ユージン・ウィグナー，エドワード・テラー，ジョン・フォン・ノイマン，さらにヘヴェシーやフォン・カルマンも，これらのギムナジウムの出身である. さらに放浪の数学者ポール・エルディシュ（第1章参照），インテル社のアンディー・グローブ（第1章参照）もハンガリーの出身である.

　　ハンガリーの人材は，第一次大戦後の右派の弾圧によって国外へ移民，さらに，その後，ナチスドイツの圧迫を受けて次々と国外へ逃れた. 第2次世界大戦中は，ハンガリーはナチスの支配を受けて枢軸国として戦った. 戦争の終了とともにソ連の占領体制が強化され，王政は廃止され，共産主義国家が設立された. 共産主義に対する反発から，1956年にハンガリー動乱が起こったが，ソ連軍によって厳しく鎮圧された. この動乱時にも移民は続き，共産主義政権は1980年代後半まで続いたが，1989年にハンガリー共和国憲法が施行され現在に至っている.

　　セント・ジュルジュ・アルベルトは第一次大戦の後，世界を放浪していたが，1937年にビタミンCの発見でノーベル医学・生理学賞を受賞. ハンガリー南部のセゲド大学にロックフェラー財団の支援で設立された生化学研究所の所長として帰国，さらに大学の学長を務めた. 彼は第二次大戦の後，ソ連の圧政の中，友人が拷問を受け，身の危険を感じ

1947年に米国ウッズホール海洋研究所に逃れた．1985年，この生化学において伝統あるセゲド大学で博士号を取ったある研究者が米国へと旅立った．mRNAワクチンで新型コロナウイルス感染症から世界を救いつつあるカタリン・カリコ（第4章参照）である．
　　ハンガリーは歴史の交差点であり，かつ，独特の言語（特に日本語のように姓名を先に呼ぶ）や豊かな土地柄でヨーロッパの孤島とも言われ，科学技術，芸術，ハリウッド（パラマウントやセンチュリー・フォックスもハンガリー人が作った！），金融（投資家ジョージ・ソロス）など多くの分野でユニークかつ天才的な人材を輩出したのである．
　　あのイタリアの物理学者，エンリコ・フェルミは「フェルミ・パラドックス」（BOX5.1参照）で，「異星人がいるとしたら，いったい彼らはどこにいるのだろう」と問うた．レオ・シラードは，これに答えて「彼らは我々の間にいるよ」という．「でも彼らは自らをハンガリー人と称しているのだ」と．人新世は，異星人が作ったともいえる．
　　次の本がハンガリーの天才たちを紹介している．
マルクス・ジョルジュ（森田常夫編訳）（2001）異星人伝説──20世紀を創ったハンガリー人──．日本評論社．
　　ブタペストのギムナジウムについては，フォン・ノイマンを取り上げた次の本にも紹介されている．ちなみに，ノイマンの天才ぶりは10歳にしてギムナジウムの先生がブタペスト大学数学科の教授を教師として紹介したというからすごい．というか，それを進言した先生もすごい！
高橋昌一郎（2021）フォン・ノイマンの哲学──人間のフリをした悪魔──．講談社現代新書．
（8）　2021年に就任したバイデン大統領は，科学技術政策局長を閣僚級に格上げし，エリック・ランダー（Eric Lander）を指名した．ランダーはハーバード大学教授で，ヒトゲノム計画で中心的な役割を果たした科学者である．科学技術を重視し，トランプ大統領の政策を方向転換した．
（9）　アラン・チューリングについては，次の2つの著作が読ませる．
B・ジャック・コープランド（服部桂訳）（2013）チューリング──情報時代のパイオニア──．NTT出版（チューリングは，青白き天才ではない．マラソンのオリンピック候補選手だった．非業の最期については，2009年にイギリス政府は正式に謝罪した）．
サイモン・シン（青木薫訳）（2007）暗号解読（上，下巻）．新潮文庫（チューリングとエニグマ解読についての記述は興味深い）．
　　また，映画「イミテーション・ゲーム／エニグマと天才数学者の秘密（ベネディクト・カンバーバッチ主演）」（2014）もなかなか魅せる．
　　次の著作は，3人の天才の比較である．
高橋昌一郎（2014）ノイマン・ゲーデル・チューリング．筑摩選書（この3人が分野を超えた思考の超人であったことを巧みに比較して描き出している好著）．
（10）　ここからの本章の記述は次の著作を大いに参考とした．
ウォルター・アイザックソン（井口耕二訳）（2019）イノベーターズ（I．II）──天才，ハッカー，ギークがおりなすデジタル革命史──．講談社（アイザックソンの伝記物はおもしろい！　　本章の前半で全体の下敷として活用させてもらった）．
（11）　NASAの宇宙開発における黒人女性数学者やプログラマー（キャサリン・ジョンソンやドロシー・ヴォーン）の活躍は映画「ドリーム」（2017）に描かれている．原作は，マーゴ・リー・シェッタリー（Margot Lee Shetterly）による伝記本「Hidden Figures：The American Dream and the Untold Story of the Black Women Who Helped Win the Space Race」である．映画では，キャサリン・ジョンソンがラングレー研究所（Langley Research Center）で800m離れた黒人専用トイレに通わなければならないことを訴える場面が当時の社会状況をよく表現している．
（12）　ベル研究所の歴史については，次の著作がある．
ジョン・ガートナー（土方奈美訳・成毛眞解説）（2013）世界の技術を支配するベル研究所の興亡．文藝春秋．原書は，Gertner, J. (2012) The Idea Factory ── Bell Labs and the Great Age of American Innovation（マービン・ケリーのリーダーシップによって半導体チームが活躍した様子が描かれている．同時に，1970年代後半から，ベル研究所のような人

材を集中した中央研究開発組織から，ベンチャー企業によるイノベーション創成システムへの変化が起こったことも，この本では述べている）．

（13）　トランジスタ（Transistor）という命名は，ベル研究所のジョン・ピアースがこの素子が伝送（transfer）する性質を持っていることと，素子の命名によく使われていたイスタ（-istor，たとえば，熱素子であるサーミスタなど）を合成し作り，グループで投票して決めたという．この逸話はガートナー（2012）とアイザクソン（2019）による．

（14）　インテル4004マイクロチップでは，日本の電卓メーカーであったビジコン社から派遣された嶋正利が実質的な論理設計を行った．このあたりの事情（そして通産省のネガティブな態度）については，NHKが放送した「電子立国日本の自叙伝」に描かれている．嶋は，1972年にロバート・ノイスにスカウトされてインテルに入社し8080の論理設計も行った．彼はこの業績で，テッド・ホフとともに1997年の京都賞（先端技術部門）を受賞した．

（15）　当時流行した「宇宙船地球号」（Spaceship Earth）という言葉は，バックミンスター・フラーの著書「Operating Manual for Spaceship Earth」（1968）でも使われている．フラーは，米国の建築家，発明家，思想家，詩人であり，その広範な活動で知られている．フラーの提唱した建造物の中で有名なのがジオデシック・ドーム（Geodesic Dome）である．Geodesicとは測地線のことで，球面上ならその上の2点を結ぶ最短距離の線（大円）であり，曲がった空間にも一般化できる．ジオデシック・ドームは3つの大円からなる三角形を単位とした総三角形で作ったドーム構造で，最小表面積で最大空間を作ることができる．宮崎のシーガイア・ドーム，バンテリンドームナゴヤは世界最大級のものである．1985年に発見された炭素原子だけからなるサッカーボールのような構造（炭素の同素体）は，ジオデシック・ドームに似ているので，バックミンスター・フラーレン（今は，簡単にフラーレン：Fullerene）と名付けられた．フラーは「Operating Manual for Spaceship Earth」の第1章「ものごとを包括的にとらえる資質」では次にように語っている．「自分の偏狭な近視眼的専門分野だけに終始して，私たちに共通したジレンマの解決なんか他人まかせ，もっぱら政治家にまかせたほうが社会的に簡単だと考えだす．しかし，こういう，おとなになるにしたがって生まれてくる偏狭さとは反対に，自分たちが抱えているできるだけ多くの問題に対して，できるだけの長距離思考をつかってぶつかっていくということに，私はできれば「子供じみた」最善を尽くしたい」．Stay Hungry, Stay Foolishの言葉とも繋がる．
　バックミンスター・フラー（芹沢高志訳）（2000）宇宙船地球号操縦マニュアル．ちくま学芸文庫．

（16）　カウンターカルチャー（Counterculture）運動とは，その時代の主流の考え方や行動規範（しばしば時の権力体制を反映している）に反する価値観や文化を標榜する運動を指す．米国の1960年代のカウンターカルチャー運動は，大量生産，大量消費時代に対する反旗であり，公民権運動，キューバ危機，ケネディ大統領暗殺，ヴェトナム戦争，宇宙などのフロンティア科学技術，レイチェル・カーソンの『沈黙の春』に代表される環境問題などを背景とした運動であった．この時代を象徴する若者文化としてヒッピー（Hippie）がある．Hipの語源（「腰」ではなく）は「飛んでいる」というような意味があり，感性的に飛び抜けた人を指す．彼らが，米国資本主義社会の伝統的価値観に対抗する運動の中心となっていった．しかし，このカウンターカルチャー運動も世代交代とともにやがて商業主義の中に取り込まれて行き，社会体制の中に「権力の中の反権力」のような形で主流的価値観に方向転換を迫る形で継承されていった（竹林，2014）．
　竹林修一（2019）カウンターカルチャーのアメリカ（第2版）——希望と失望の1960年代——．大学教育出版．（ヒッピー運動，反権力，パソコン，情報はフリーになりたがっている）
　　　　　カウンターカルチャー運動の原因となっていること，また，21世紀になっても深く米国に深刻な影響を与え続けているのが海外での戦争だ．それについては，次の著作がよくまとまっている．
　山崎雅弘，（2004）歴史で読み解くアメリカの戦争．学研プラス．
　山崎雅弘，（2016）［新版］中東戦争全史．朝日文庫（石油危機の至る中東戦争，そしてイスラエル，パレスチナ，中東，欧州，ソ連／ロシア，米国の間の複雑な歴史）．

(17)　スティーブ・ジョブズとスティーブ・ウォズニアックについては，ウォルター・アイザックソン（井口耕二訳）（2011）スティーブ・ジョブズ（上，下巻）．講談社．が定番．この伝記は，ヤマザキマリのコミック版もある．（顔の表情がいい），講談社，全6巻，2017年完．
　　次のコミックもなかなかの傑作．絵はデフォルメされているが雰囲気がある．
　うめ（漫画）・松永肇一（原作）（2017完）スティーブス全6巻．小学館ビックコミックス（ジョブズとウォズニアックが熱く描かれている．ゲイツくんとアレンくんも活躍．コラムのコンピュータの歴史がおもしろく，ゼロックスの研究所 PARC について参考とした）．
　スティーブ・ウォズニアック（井口耕二訳）（2008）アップルを創った怪物—もうひとりの創業者，ウォズニアック自伝．ダイヤモンド社（内容は，純粋そして悪戯ずきな技術者，もう1人のスティーブくんの聞き書きであるが，タイトルの"怪物"は何か違う）．
　　映画では，「スティーブ・ジョブズ」のタイトルで2013年，2016年の2本が作られている．
(18)　中野明（2017）IT 全史—情報技術の250年を読む—．祥伝社（力作である．パケット通信などについて参考とした）．
(19)　複雑系ネットワークの科学については，次の著作があり，本節で大いに参考にした．
　ルパート＝ラズロ・バラバシ（青木薫訳）（2002）新ネットワーク思考—世界のしくみを読み解く—．NHK 出版（インターネットを実験装置としてネットワーク科学が創成された）．
　増田直紀・今野紀雄（2005）複雑系ネットワークの科学．産業図書（後半は難しいが前半に複雑系ネットワークとは何かということがよくわかるように解説されている）．
　マーク・ブキャナン（阪本芳久訳）（2005）複雑な世界，単純な法則—ネットワーク科学の最前線．草思社（複雑系を得意とするサイエンスライターによる自然，社会，経済，そして感染のメカニズム）．
　マーク・ブキャナン（水谷淳訳）（2009）歴史は「べき乗則」で動く．ハヤカワ文庫 NF（自然，生物，人間社会などに，遍く「べき乗則」が存在する）．
(20)　レオンハルト・オイラーが最も有名なのは（少なくとも私のような非数学者の間では），オイラーの等式，
$$e^{i\pi} + 1 = 0$$
による．
　　まったく独立に定義されているネピア数（自然対数の底）e と虚数単位 i そして円周率 π が結び付いて簡潔な式になるというのは，数学の美しさと奥深さにまさに驚嘆する．ゆえに，小川洋子の小説『博士の愛した数式』（新潮文庫）．（寺尾聡主演の映画もある．博士は阪神の江夏豊投手のファンである．私も）にも出てくる．
(21)　一筆書きの証明は，次のサイトに出ている．結構，難しい．
http://www.cc.kyoto-su.ac.jp/~isida/Pdfs/06OC-L.pdf
(22)　ジョフリー・ウェスト（山形浩生・森本正史訳）（2020）スケール—生命，都市，経済をめぐる普遍的法則—（上，下巻）．早川書房（著者はサンタフェ研究所の所長も務めた複雑系ネットワークの専門家．普遍性を作る3つの原理：端末の不変性，空間充填性，最適化は，私の中でも説得力が非常にある説明なので，本書でも人新世を貫く骨格と考えた．その意味では，本書に最大の影響を与えた著作の1つである）．
　　本書の原著は，Geoffrey West (2017) Scale —— The Universal Laws of Growth, Innovation, Sustainability, and the Pace of Life in Organisms, Cities, Economies, and Companies ——である．副題が凄い．森羅万象を貫く法則ということであろう．サンタフェ研究所は，複雑系を解き明かすためにできた研究所であるから，当然ということになる．
　　原文では，3原理とは：
　①The Invariance of Terminal Units
　②Space Filling
　③Optimization
である．

次の動画は，ウェストの講演を収録してある．

https://www.youtube.com/watch?v=ncDE_V5RAQc

（23） 感染流行のモデルもその基本形はロジスティック方程式である．

西浦博・稲葉寿（2006）感染症流行の予測：感染症数理モデルにおける定量的課題．統計数理，54，461-480（COVID-19の感染モデルのベース）．

（24） レイ・カーツワイルの「ポスト・ヒューマン」以降にそれをフォローした著作も現れている．

Kurzweil, Ray (2012) How To Create A Mind ── The Secret of Human Thought Revealed ── . Penguin Books（シンギュラリティーの人工知能版．多数のデータあり）．

ピーター・H・ディアマンディス，スティーヴン・コトラー（熊谷玲美訳）（2014）楽観主義者の未来予測──テクノロジーの爆発的進化が世界を豊かにする──（上，下巻）．早川書房（この著作は，カーツワイル信奉者による指数関数的な成長の拡張版．多数のデータで示してある）．

マックス・テグマーク（水谷淳訳）（2020）Life3.0──人工知能時代に人間であるということ──．紀伊國屋書店（この著作は第5章でも引用しており，かつ，本書のテーマであるアース・ソサエティ3.0の命名に関しては，Life3.0がモデルとなった）．

第2章

イノベーション駆動型経済の光と影

　戦後，日本においてはソニーやホンダなど「モノづくり日本」を代表するような企業が町工場から育ち，製品の優秀さで世界市場を席巻，復興を支えて行った．特に半導体メモリー技術では，1980年代に世界トップの生産高を誇り，まさにジャパン・アズ・ナンバーワンともてはやされた．一方，世界では新自由主義経済のもと，市場原理を重視する経済政策が発動され，この結果，日本では金あまりの状態が発生，それが不動産投資へ向かった．1990年，バブル経済が弾け，日本は長期的な科学技術イノベーション停滞時期へと落ち込んで行った．中国では，毛沢東の失政から徐々に立ち直り，まさに日本と交代するようにアジアの強国として歴史に類を見ない経済発展を遂げた．2010年以降のスマートフォンの世界的な普及により，アフリカやアジアの新興国でも創発的に経済が活発化し，デジタル新時代の幕開けとなった．

　人新世のイノベーション駆動型経済は，同時に所得格差，社会不平等を生み出し，勝ち組と負け組の階級が固定され，不満や憎悪の鬱積が大きなリスクとなりつつある．この格差社会の延長上には，人々が幸福に暮らす世界を描くことは難しい．今までの経済成長のみを求める方向から，私たちを未来へと導く "新しい大きな物語" の創造が求められる．

2.1　モノづくり立国日本の盛衰

ソニーの誕生

　私は「自由闊達にして愉快なる理想研究所の建設」という言葉を，新年の挨拶の時などにおいてよく使ってきた．この言葉は，ソニーの前身，東京通信工業株式会社の設立趣意書を改作したものであり，自由闊達と愉快という2つの大好きな言葉が並ぶ稀有な言い回しが大いに共感できるからだ．この設立趣意書は，1946年1月に井深大[1]によって起草されたものであり，起業家にとっては伝説的な言葉であり，また戦後日本の産業技術の発展を語る上でも象徴的な一文となっている．それは，「真面目なる技術者の技能を，最高度に発揮せしむべき自由闊達にして愉快なる理想工場の建設」から始まり，「国民科学知識の実際的啓蒙活動」で結ぶ7箇条の理想が最初に述べられている．

井深大は，早稲田大学時代の友人らと「日本測定器」という会社の設立に参加し，太平洋戦争の時には長野県須坂市の軍需工場で常務となっていた．1944年，帝国陸軍と海軍は，民間企業と科学技術の一体化を図るために「陸海技術運用委員会」を設置し，その中にケ号爆弾開発部会があった．この爆弾は1万mの高度を飛翔する大型航空機から投下され，赤外線を追尾・自律誘導し，目標（空母や戦艦）を爆撃するスマート爆弾であった．ケ号とは，赤外線検知装置の検知から取った名前である．この部会で井深大は，当時海軍技術中尉だった盛田昭夫と出会った．終戦後，井深は仲間と共に東京通信研究所を設立，新聞記事でその事を知った盛田が参加し，次の年に東京通信工業となった．会社は，テープレコーダー，トランジスタラジオで急成長を遂げ，1958年にはソニー株式会社となり，トリニトロン・カラーテレビ，ウォークマンで世界的企業となった．技術者としての井深大とビジネスマン盛田昭夫の組み合わせが絶妙な両輪となり，まさに町工場を世界的な会社へと導いた．しかし，その背景に，戦時中の軍需企業での経験が，戦後に自由闊達な環境を求めて一挙に開花したことを忘れてはならない．この事情は，戦後の米国におけるイノベーションの開花と同じ背景がある．

　ソニーの発展は，また，本田宗一郎（技術者）と藤沢武夫（ビジネスマン）との組み合わせによる「ホンダ」の成功とも重なる．本田宗一郎[2]は，学歴は小学校卒，しかし根っからの技術好きで，自動車修理工場を立ち上げ，戦後に浜松で二輪車の開発を手がけた．本田宗一郎の名を最初に上げたのは，英国のマン島レースであった．1954年，マン島レースを視察した本田は，海外メーカーの高速マシンに驚愕した．それから，負けじと開発を加速させ，1961年マン島レースの125cc，250ccクラスで1位から5位を独占するという快挙を成し遂げた．ソニーもホンダも世界に冠たる「モノづくり立国日本」という栄光への階段を駆け上がっていった．

　1980年代中頃は，電子立国日本といわれた半導体産業が，その頂点に達していた．その王者はNEC（日本電気株式会社）である．NECは1899年設立というから，まさに老舗であり戦前は電話交換機などの通信機器の製造を行っていたが，戦後に情報・通信を中心とする総合電機メーカーになった．その出自から日本電信電話公社とは深い繋がりがあった．1982年に発売されたパソコンPC-9800は，約15年間に渡って日本一の売り上げ台数を誇った（湯之上，2013では，この間，世界一の時期があったかもしれないと述べている）．その間，NECは1986年には半導体メモリー（DRAM）で世界一の売り上げを記録，携帯電話でも日本一となった．世界のトップを数年に渡って維持した会社はNEC以外には存在しない．しかし，1990年以降，NECの衰退ぶりは目を覆うほどになった．実は，その衰退は，1980年代にはすでに始まっていたのである．「モノづくり立国日本」の栄光は長くは続かなかった[3]．

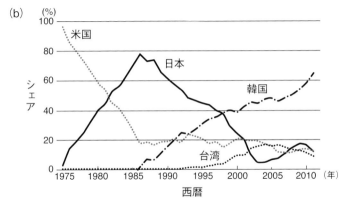

(a)

	1971 年	1981 年	1990 年	2000 年	2012 年
1	TI	TI	NEC	Intel	Intel
2	Motorola	Motorola	東芝	東芝	Samsung
3	Fairchild	NEC	日立	NEC	Qualcomm
4	IR	Philips	Motorola	Samsung	TI
5	National Semicon	日立	Intel	TI	東芝
6	Signetics	東芝	富士通	STMicro	ルネサス
7	AMI	National Semicon	TI	Motorola	SKHynix
8	Unitrode	Intel	三菱	日立	STMicro
9	VARO	松下	Philips	Infineon	Broadcom
10	Siliconix	Fairchild	松下	Micron	Micron

(b)

図表2.1　日本の半導体産業の盛衰.
(a) 世界の企業別半導体売り上げランキングの変遷（グレーは日本企業）
(b) DRAM（Dynamic Random Access Memory）の国・地域別シェアの推移
　1998年に日本は韓国に追い抜かれた（湯之上隆『日本型モノづくりの敗北——零戦・半導体・テレビ——』. 文春新書, 2013）より.

その原因は，国際社会全体で起こっていた経済変革を俯瞰しないと見えてこない.

新自由主義とバブルの崩壊

　1980年代は，先進国の経済成長においては，新自由主義とよばれる政策が導入・実施された. 当時，たとえば英国の戦後経済において，国営企業は，大きな財政赤字をもたらす存在となっていた. 1979年，英国首相に就任したマーガレット・サッチャーは，英国経済力の回復をモットーに電話・ガス・航空・自動車・水道などの国有企業の民営化，規制緩和，労働組合の弱体化，法人税の大幅引き下げ，消

費税の引き上げなど，大胆な財政改革と市場原理による競争の導入，そして，物価の安定を目指した．一方，この政策は劇薬でもあり失業率の増加を招いたが，やがて，英国経済は回復していった．また，政府機関の整理統合，大学や教育改革など痛みを伴う政策も導入された．さらに，大学の中から企業と連携してイノベーションを起こそうとする動きはすでに起こっていた．ケンブリッジ大学では1970年に「サイエンスパーク」を建設，ハイテク・ベンチャー企業の誘致と共同研究の推進をすでに開始していた．

　同時期にアメリカ大統領となったロナルド・レーガンもまた，小さな政府（規制緩和や民営化）と市場原理の導入を目指した経済政策を実施した．いわゆるレーガノミクスである．この時期，たとえば，AT&T は解体され，あの栄光のベル研究所も衰退していった．そして，米国大企業・公営企業の衰退に伴う輸出競争力の低下が起こっていた．レーガン大統領は，貿易赤字を減らすために，主要5カ国とニューヨークのプラザホテルにてドル安に向けて各国通貨を一律10～12％幅で切り下げるため協調介入を行うことを合意させた（プラザ合意）．日本では，これは円高を容認することを意味する．この強引ともいうべき為替市場の介入策には，経済のグローバル化に向けた米国の産業力復活への強い意志が見える．しかし，すでに米国の大企業の中には，組織の肥大化，官僚主義，リスクを取らない経営など，身動きの取れない状態に陥り，没落しつつあるものも多数存在していた．その1つとして，あの原子力発電所の開発企業であり，総合電機メーカーとして一時代を作ったウェスティングハウス社（WH）も含まれていた．スリーマイル島原発事故の後，30年以上にわたって米国の原発建設は途絶えており企業としての力が失われていたのだ．このことが，後に日本で大問題を引き起こした．

　日本では，中曽根康弘首相のもと，規制緩和が実行に移され，代表的なものとして，国鉄と電電公社の民営化が行われた．しかし，後から述べるように，民営化した後にどのような経済政策を行うのか，明確なビジョンはなかった．当時，絶頂期にあった電子立国日本では，半導体売り上げが世界一となり，日本人の勤勉さや学習意欲，官僚の優秀さ，企業経営のすばらしさ，などを高く評価したエズラ・ヴォーゲルの『ジャパン・アズ・ナンバーワン』[4] がベストセラーになった．当時，「日本は世界トップクラスの経済大国となった．したがって，輸出で儲けるだけでなく，内需を拡大させ，世界に貢献すべきである」という雰囲気が社会に満ちていた．

　このような高揚感の漂う日本社会において，1980年代は，きわめて長期に渡る公定歩合の引き下げが行われていた．1980年の第二次オイルショック時の物価上昇を抑えるために公定歩合を9％まで引き上げたが，その後の物価の安定とともに，

1987年には2.5％まで引き下げられた．これは円高を容認したプラザ合意を受けて，内需拡大のために，金利を下げ続けたのである．要するに銀行は金利を払わなくてよいので，民間に巨大な資金が蓄積された．その資金は，本来なら，新しい産業の創成に投資され，日本の国力をさらに高めることができたはずである．しかし，国営企業を民営化して莫大な株の利益を得ても，既存大企業の中では，これまでの成功路線が行き詰まりつつあることに気がついていた経営者がほとんどおらず，また，鋭敏にこれから個人の時代になることを予測した人もいなかった．まさに投資する新産業を見つけることができなかった，というより，そのような産業の芽を当時絶頂であった産業界がことごとく潰してしまった．そして，民間資金の向かった先は何も生み出さない不動産であった．その結果，「東京の地価でアメリカ全土を買うことができる」，世界一は日本という思い上がり，ニューヨークのエンパイヤー・ステートビルを日本人が買ったという話，ホノルルである不動産王がリムジンから「これ，あれ」と指差しながらコンドや邸宅を買い漁ったとか，まさに狂乱のバブル状態となった．こんなことが長続きするはずもなく，日本銀行の公定歩合引き上げと大蔵省の不動産融資規制によって1990〜91年にバブルは弾け，日本は長く，失われた年月へと突入していった[5]．

イノベーションの喪失

　1980年代後半から業界には不審な噂が立っていた．週末のソウル行き航空便が日本の半導体技術者で満席になるというのだ．その行き先は，サムソン電子，1983年にシャープからの技術移管を受けて DRAM の工場を作り，半導体メーカーに仲間入りした新興企業だった．おそらく当時の高揚感の中で，日本企業や技術者には危機感はほとんどなく，顧問団を形成して，韓国に技術を垂れ流してしまった．形勢の逆転は早かった．バブルが弾けたと同時に半導体の生産は激減，1997年までに韓国が世界のトップになり，2000年には台湾にも抜かれた．このような産業力の衰退は何も電子業界だけで起こったことではなく，産業を支えるはずの科学技術全体でも衰退が起こった．日本全体の科学論文数は，2000年からはほぼ横ばいとなり，中国，ドイツ，イギリスにも抜かれてしまった．2000年以降の政府・企業の科学技術への投資は着実に目減りし，日本の底力が失われていったのである．

　2020年の新型コロナ感染症パンデミック発生時の日本の発表論文数は，WHO 発表では世界で17位であり（2020年5月），ワクチン製造や治療薬に関しても，いまだほとんど貢献していない．このような医薬品における衰退もまた2000年に始まった．その頃から医薬品の輸入が急増，現在，輸出が1000億円に対して輸入は3兆円を超している．国民の健康を輸入医薬品に頼っている国がパンデミックに対して無

力であるのは当然である．バブル経済が弾けてから，日本の産業力と科学技術力は，衰退の一途をたどってきたのだ．

その根本的な原因について，エズラ・ヴォーゲルは，彼のベストセラーの復刻版の前書きで（2004年版），政治的リーダーシップの不在，金融体制の不備，そして知的生産の不足（大学や研究所の衰退）を挙げている．私は，それらと共に企業体質の変化と，それからの脱却ができなかったことも重要と考える．戦後の日本で育ったソニーやホンダなどのベンチャー企業も，また御三家とよばれた東京電力，新日本製鐵，東芝も，そして電電一家であるNECでも，組織の肥大化とともに研究開発が硬直化し，情報の流通が悪くなり，社内の派閥など，自由闊達で愉快なる企業社風が薄れていった．同時に，日本の国内での競争に重きを置くがゆえに，世界の情勢を詳しく分析する気迫が失われていった．**企業の組織変質に伴って中央研究所は機能しなくなり，意思疎通を欠き，セクショナリズムが横行するなどイノベーションを起こすことが難しくなっていった．これは，日本だけでなく世界共通で起こったことである．しかし，欧米では，その中から個人の起業マインドを醸成し，今までにない新産業を作り出すことに成功しつつあった．日本は何も改革ができなかった．というより，ネガティブなスパイラルへ落ち込んでいった．**

日本の老舗大企業の1つ，東芝もまた半導体産業衰退の潮流に巻き込まれていた．さらに，他の企業とは異なり日本のエネルギー政策の誤謬の渦にも巻き込まれていった．米国の名門企業ウェティングハウス（WH）[6]は経営が悪化し，1999年に英国核燃料会社（BNFL）に買収された．しかし，BNFLはすぐにWHを売却することにした．原子力発電には，ジェネラル・エレクトリック（GE）が開発した沸騰水型とWHが開発した加圧水型の2つの系統がある．日本の原発は，東京，東北，中部，北陸電力が沸騰水型，関西，北海道，九州，四国電力が加圧水型であり，沸騰水型に東芝と日立，加圧水型に三菱重工業が参加し，まさに米国主導かつGEとWHの両方で等分した構図となっていた．

WHが売りに出された時，地球温暖化問題に対応するには原発が必要であるとする「原発ルネッサンス」という考え方が世界の一部で流布されていた．これは，今にして見ればまったくのナンセンスであり，もしかすると一部の国を陥れる罠だったかもしれない．というのも米国では1990年代には電力供給が過剰な状態にあり，コストとリスクの面から原発はお荷物になりつつあったからである．日本では「原子力立国」という考え方のもと原発の輸出をするという旗が経済産業省によって振られていた．

それに特に呼応したのが東芝だ．当時の状況を見れば，加圧水型を推進してきたWHは三菱重工業と深い付き合いがあったので，誰もがもし日本が買収すると

したら三菱だと思っていた．BNFL は巧みに両者を操り，当初2000億円程度と考えられていた買収金額を6000億円に釣り上げ，東芝に買わせたのである．そして東日本大震災が起こった．それでも経済産業省は，原子力立国の旗を下ろさず，震災後も夢物語を吹聴し続け，東芝もまたそれに乗っていた．しかし，WH にはとんでもない負債がついていた．米国に建設中とされていた原発の工事費が7000億円超過に膨れ上がっていたのである．その結果，WH の減損処理に1兆3000億円を計上するという莫大な損益を被った．さらに半導体部門の粉飾決済も発覚，多額の債務超過を抱え，2017年8月には東証1部から東証2部に降格し，事業は解体，分社化された[7]．しかし，持ち株会社として東芝の名は残ったのである．このような無茶苦茶な経営をしたのに，政府も経済界も，御三家東芝には優しく，国を上げてその名を残し，かつ，誰も本当の責任を取らなかった．日本の産業界，官界は本当にこの一大事件から何を学んだのかはなはだ疑問である．

情報産業は虚業である

　1960年，「大学広告新聞社」という求人広告を東京大学新聞などの大学新聞に掲載するという会社を立ち上げた人物がいた．江副浩正[8]である．当時，日本の企業は成長路線に入り，求人が増えつつあったが，会社と学生の希望をマッチングさせるようなプラットフォームは存在していなかった．江副は東京大学新聞に求人広告を掲載することを始めており，手広く展開することに手応えを得ていた．会社は友人が経営する森ビル（当時は，小さな貸しビル会社だった）の屋上の物置小屋から始まった．求人雑誌「企業への招待」は急成長し，1963年には，社名を「日本リクルートセンター」とした．雑誌は広告料だけで成り立ち，無料で配るという画期的な手法を作り出した．同時に知的能力テストや事務能力テストを開発，1966年には IBM のマークシート読み取り採点機を導入，さらに1971年には「リクルートコンピュータプリント」を設立し，コンピュータを本格的に使う企業として成長していった．「情報が集まる場所を作り，それを必要な人が見れるようにする」ということは，現在の Google や Amazon[9]などのインターネット産業とまったく同じコンセプトであり，それが世界的に認知されたのは1990年代である．それを30年も早く思いついた江副浩正は，まさに天才というべきである．

　「リクルート」は求人情報だけでなく，種々の情報を幅広く取り扱うようになり，その中にもちろん不動産の情報も含まれており，「リクルートコスモス」を設立し，リゾート開発や不動産取引にも手を出すようになった．1984年，「リクルートコスモス」の未公開株を会社のセンターがあった川崎市の助役や知人，友人に譲渡した．1988年にこの助役が公開株の売却で大金を得たことが新聞に報じられ，あの「リク

ルート事件」の第一報となり，凄まじいバッシングが起こった．江副邸は赤報隊に銃撃され，また，未公開株の譲渡は賄賂とみなされ，政界や財界を巻き込んだ大事件に発展し，江副は1989年逮捕された．それは，バブル崩壊の始まりと一致していた．「リクルート」は1兆8000億円の負債を抱え，中内功の「ダイエー」の傘下に入った．やがて，会社は不死鳥のように復活し2006年に負債は完済された．一方，江副は長い裁判を経て2003年に有罪となり（懲役3年執行猶予5年），2013年に東京駅で昏倒し，死去した．享年76歳であった．次の年に「リクルート」は東証一部に上場され，会社は現在（2021年3月），株式時価総額8兆8000億円で日本8位の大企業に成長している．なぜ江副は挫折したのかに，日本経済界を含めたこの国の姿が投影されている．

　リクルートは物置小屋からスタートしたベンチャー企業である．カリスマ性を持った起業家が成長し，しっかりした経営を行ってゆくためには，それを上手に制御する投資家（しばしばエンジェル投資家とよばれる）が必要だとされている．たとえば，アップルの創業期のマイク・マークラやグーグル創業期のエリック・シュミットのように，創業期に起業を助け，また，経営の何かを教えるメンター的な役割をする人々である．もちろん，エンジェル投資家は，株式公開（ストックオプション）で莫大な利益を得ることもあるが，リスクを取るので投資が無駄になることも多い．残念ながら，そのような人がリクルートには存在していなかった．いや，当時から現在までそのような投資家は日本ではほとんど育っていない．そのため江副の"暴走"を制御する人がいなかった．また，周囲の経済界の雰囲気は決して江副を好ましくは思っておらず，電電公社の民営化に伴う第二電電（KDDI）の設立からリクルートは外され，また，1984年，経団連会長の稲山嘉寛と面談した時に「情報誌産業は虚業」といわれたとされる．江副のビジネスモデルは，当時は理解されておらず，その負の面だけが強調されていた．エズラ・ヴォーゲルの指摘した金融の問題とは，このことを指している．

　1980年代の新自由主義・市場主義経済の時代，日本はなすすべなく，新産業を育み創新することができず，バブル崩壊に追い込まれ，1992〜93年頃には，人々はジュリアナ東京でディスコダンスに踊り狂っていた．平成版の「ええじゃないか」だったのかもしれない．

スモールビジネス・イノベーション

　一方，米国では，1970〜80年代にシリコンバレーを中心にベンチャー企業を育てる気風が培われた．実は，この成功の以前から，ベンチャー育成制度の必要性，特に将来に向けての新分野，医薬学や生化学などでの企業育成が重要になると思っ

ていた人物がいた．1972年に全米科学財団（NSF）にシニア・プログラムディレク
ターとしてアポイントされたローランド・ティベット[10]である．彼は第二次大戦
に従軍した軍人であったが，ルーズベルト大統領が1944年に署名したGI Bill（復
員軍人援護法）の支援を受けて，戦後にボストン大学で学士，ハーヴァード大学
でMBA（Master of Business Administration：経営学修士）を取得し，20年間小さ
なハイテク企業に勤務し，また経営を行った経験を有していた．彼は，米国の将来
にとってベンチャー企業を育てることの重要性を認識しており，NSFにそのよう
な制度の構築を提言した．この提言は，同じ政策を考えていたエドワード・ケネ
ディー上院議員の強力な支援を得ることになり，1977年にSBIR（Small Business
Innovation Research Program）として発足した．さらに1982年には全政府的な制度
となり，SBA（Small Business Administration：日本ではこれを中小企業庁と訳し
ている）が，各省庁が拠出する資金を統括する役所として設置された．現在，予算
規模は24億ドルであり，主な拠出元は国防省，保健福祉省，エネルギー省，NASA,
全米科学財団，などである．この制度は，非常に実り多いものとなった[11]．たと
えば，iPhoneの要素技術のほとんどは，実は，この制度に由来するとされる．

　また，保健福祉省から過去30年間に"賞金"（出資ではない！）としてベンチャ
ー企業に与えられた資金は1兆円を超えたが，その間にこれらの企業は，実に45兆
円を稼いだ．税金が45倍になったのである．この制度の成功はヨーロッパでも取り
入れられ成功を収めている．**これらのベンチャー企業は，多くが大学で博士号をと
った科学者や技術者が起業し，省庁や財団などで目利きをする側もまた博士号をと
ったプロである**[12]．**省庁は方針と枠を決めるだけで口は出さない，一方，大学や
研究所，ベンチャー企業，財団，投資家などが連携しネットワークを作っており，
それが自律的，創発的に新たなイノベーションを起こしている．これをイノベーシ
ョンの生態系（エコ・システム）とよぶことがある．**

　日本も1999年に「日本版SBIR」を作った．「中小企業技術革新制度」である．7
省庁が参加し200億〜400億円程度の予算がある．しかし，その実態はまさに経営が
困難な中小企業を救済する制度となっている．そもそもSBAを中小企業庁と訳し
たこと自体が，この制度をまったく理解していないことを示している．たとえ頭で
理解したとしても，実行が伴わず，制度設計が不備あるいは既存の仕組みに縛られ
使い勝手が悪いという，典型的な日本のやり方である（日本版なんとか，というの
で成功した例を見たことがない）．日本では，この制度を利用した企業の成績が逆
に悪くなっている例も多いと報告されている．単なる資金繰り制度となったからだ．
さすがにこれは問題であるとして，2019年から見直しがなされているが，うまくい
くとは思えない．

まず，日本における起業マインドや情熱の不足，出る杭を打つという精神風土，政府予算の使い勝手の悪さ，そして，何よりもエンジェル投資家の不在である．米国でも，SBIR で育った苗は，エンジェル投資家が育成を引き受ける．日本のエンジェル投資家は800人程度で年間数十億円の投資額，米国では26万人で投資額は年間2兆円を超えている．比較にならないのだ．

　2020〜21年の新型コロナウイルス感染症パンデミックにおいて，日本の科学技術の足腰の弱さが露呈した．ワクチン開発においては，世界のスピードにまったくついて行けなかったのみならず，世界からの調達，接種などの戦略や体制構築においても遅れが目立った．それ以上に，私にはマインドの問題が気になった．どうも日本では，互いの足をひっぱり，出る杭を打ち，かつ，異文化や多様性に関して不寛容であるということだ．昔，島国根性という言葉があった．最近，あまり聞かなくなったが，根性であればまだ，精神的支柱になり得るのでよい．妙な忖度・同調空気感が気持ち悪い．まずは，多重国籍を認め，異文化や多様性を重んじる，あるいはそれを活力とする社会を作ることから始めるのがよいだろう．ファイザー社の新型コロナウイルスのワクチンは，米国へのハンガリー人移民（2重国籍）であるカタリン・カリコとドイツへのトルコ人移民であるウグル・サヒン（BioNTech 社CEO）による貢献が大きい（第4章を参照）．

　他国では，多様な人材を活用し，世界に貢献する成果を生み出している一方，日本では内向きに縮こまり，自由・闊達でおおらかな社会を失いつつある．本当に心配だ．

2.2　中国の驚くべき発展

毛沢東の大躍進運動と文化大革命

　1949年の建国以来，中華人民共和国（中国）は急進的な社会主義政策に突き進み，人民公社制度によって農民を組織・管理する体制を作り上げた[(13)]．1958年には毛沢東が「大躍進運動」を起こし，「全ての農村が工場になる」との掛け声のもと，農業と工業を大増産する計画，特に鉄鋼の増産を推進した．しかし，その手法はあまりにも既存技術を無視した原始的なものであった．土法高炉という土（耐熱レンガなどの技術も用いなかった）で作った炉の中にくず鉄（鉄鉱石，砂鉄なども なく，農村の農機具や炊事道具を使った）を入れ，せっかく使える道具を無意味な使い物にならない粗悪物に作り変えた．この運動は，共産党と国民を毛沢東に従属させるという意味だけを持ち，実際には中国社会に壊滅的な打撃をもたらした．無益な労働と農業生産の低下で餓死者が続出，その数は数千万人とされる．1962年ま

でに，大躍進運動のために，燃料に石炭だけでなく森林資源を用いたため，林野が荒廃し，環境が破壊されていった.

この大躍進運動に対して，実務派の劉少奇，鄧小平らは経済立て直し路線を提唱し，毛沢東も自己批判せざるを得ない事態となり国家主席を退いた. しかし，1962年のキューバ危機などをきっかけに社会主義体制が世界的に危機状態にあるとの認識のもと，毛沢東は再び階級闘争の強化を訴え，復権を目指して1966年，文化大革命を起こした. 文化大革命は，国内権力闘争の色合いが強かった.「造反有理」の掛け声とともに，劉少奇，鄧小平を実権から下ろし，一般大衆を相互監視の中におき資本主義思想に染まっているとされた学者や文化人を,「毛沢東語録」を掲げた紅衛兵が徹底追及，弾圧した. 社会は恐怖に包まれていった. 1968年には，紅衛兵の活動は制御不能となり，軍部の独裁色が強くなり，今度は「農民に学ぶ」という名目で都市の若者を農村へ移住させる下放政策が取られた. ここに来て文化大革命は初期の熱狂から混迷の度を深め，崩壊へと連鎖していった. 1976年，毛沢東が死去，ここに文化大革命は終わりを告げた. 中国国内は，政治，経済，科学技術，教育など社会が停滞，人材が失われ，価値規範やモラルも破壊された. 犠牲になった人は1000万人以上，被害者は1億人以上という悲惨な時代となった.

鄧小平の改革開放政策

毛沢東の死後，鄧小平が復活，1978年には「実事救是」（実践こそが是非を検証する唯一の方法）との考え方のもと，階級闘争と継続革命路線を放棄し，文化大革命の誤り（しかし，毛沢東の思想は晩年の誤りを遥かに上回るという評価を定着させた）を認め，農業，工業，国防，科学技術の4つの現代化を進めるという方向を確認した. この中で，日本は上海の宝山製鉄所の建設を始めとする無償援助によって中国の近代化を支援した.

改革開放制度の最初の成功は，人民公社によって完全に管理されていた農家を，より活性化させる請負生産方式に変えたことである. すなわち，農家は一定の上納分を差し引いた残りを，自分の収分とすることができるようになった. これで農家の生産意欲が高まった. また，統一価格買取制度が廃止され，市場が導入されたので農家の収入がさらに増加，非農業分野へと進出していった. このような企業を郷鎮企業という. この中からやがて中国を代表するような大企業も育っていった. 人民公社が解体され，農民の巨大なエネルギーが解放されたのだ.

農村改革に成功した中国政府は，都市経済の改革も推進，それまでの計画経済から，マクロ経済の権限を地方政府や企業にも下放する路線を敷いた. そのため，政府の管理する部分と市場が管理する部分が併存する体制をしいた. これは農村改革

と同じ路線であり（企業請負制度），企業経済を爆発的に発展させたが，同時に計画経済の価格で購入し，市場経済で販売するという官僚ブローカー（官倒）の暗躍を許すことになった．また，金融制度の改革が行われ国家財政から国有企業に無償で支出されていた投資も，銀行を経て借り入れる方式に変わっていった．いわゆる社会主義市場経済という人間の歴史の上で初めての社会経済体制が構築されていった．しかし，この体制もまた，多くの困難を乗り越える必要があった．

　毛沢東の死去以降に青春を過ごした青年世代は，改革解放の熱気の中で，自由な気風を求め中国社会が大きく変わること，すなわち政治改革を望んでいた．これを敏感に感じ取っていた保守派の李鵬らは，民主化に対する引き締め政策を強化したが，一方，党幹部や官僚の腐敗（官倒）に関しての不満が社会に鬱積していった．民主化を要求する青年たちは，1989年4月18日以降，天安門広場に集結し，その数は最大100万人に達した．鄧小平はこれを軍によって強制排除，流血の惨事となり，戦車の前に若者が立つ有名な動画が虚しく残った．事件の真相は今も闇の中である．その後，共産党は独裁を正当化する路線をさらに強化し，同時に巧みな政策で資本主義の経済構造を取り入れていった．ついに独立後の混乱を乗り越え，巨大な経済大国へ向かう離陸がなされたのだ．一方，日本は天安門事件の時，バブル崩壊の直前で有頂天になっており，中国の現実を冷徹に見つめる眼力を持つ人はほとんどいなかった．

驚異の経済発展

　中国は，2001年にはWTO（世界貿易機関）に加入し，その経済はグローバル化へと進んでいった．2010年代には，国有経済の比率は30％前後まで低下し，私営企業が業績を伸ばしてきた．同時に国内インフラの整備は，凄まじいという表現がぴったりなほどの勢いで進められた．その中でも目覚ましいのは高速鉄道網（日本でいえば新幹線）であり，2011年に北京～上海間が開通した後，さらに急速に発達した．著者は2017年に上海・南京を訪問する機会があったが，南京南駅は15面のホームがあり，それがすべて高速鉄道という日本では考えられないような巨大な駅であり，また，空港と鉄道の乗降システムを合体させたという印象を受けた（したがってベルが鳴ってからの飛び乗りはできない！）．2018年には北京～香港間2000kmに高速鉄道が開通して，9時間で直通している．現在，高速鉄道の総延長は3万6000km（日本の13倍）に達し，2035年までに7万kmに延長する計画である．上海浦東空港からは郊外の交通拠点までリニアモーター特急（上海トランスラピッド）が走っている．2002年に商業的に運営を開始した世界最初の路線である．私はこれには乗っていないが，時速は431kmである．ドイツの技術を導入しているが，

ともかくその貪欲に技術の最先端を取り入れて，それを国産化して行く姿勢は驚くべきだ．

香港とマカオそして深圳，広州を包含したグレーター・ベイエリア（大珠海湾区という意味）経済圏構想では，科学技術イノベーションの中核と「一帯一路」構想の拠点地区を目指した政策が進められている．2018年には，香港とマカオ・珠海を結ぶ世界最長55km の橋が珠海湾を横切って作られた．香港の隣にある深圳市 (14) は，1980年には人口３万人の漁村だった．40年間で，1200万人の世界で最も先端的な都市の１つとなった．2010年代になり，続々とユニコーン企業（時価総額10億ドル以上の非上場企業）が誕生，たとえば世界のドローン市場のシェア７割を超える DJI は，2006年に20人で創業，今や社員数１万を超す大企業となった．社員の平均年齢は28歳という．さらに，電気自動車の世界最大手 BYD，5G 通信のファーウェイ，IT 企業テンセント，などの巨大企業が本社を置いている．さらに，驚くべきは，それらの先端巨大企業と中小の町工場的な企業が共存し，ハイスピードな製品開発を可能にしていることである．すなわち，試行錯誤のトライアル＆エラーを超高速で行える環境が整っており，かつ，それを国や地方の投資システムが支援している．そこは，社会主義市場経済などという堅苦しいシステムではなく，人々の熱気が作り出した活気ある自由闊達なイノベーション・エコシステムそのものであり，米国で成功したスモールビジネス・イノベーションが高速で回転している区域だ．この巨大経済の熱風によって，１国２制度に基礎を置く香港の民主主義は消滅の危機にある．

人間の歴史の中で，21世紀の中国ほどの経済発展を遂げた国は存在しない．かつて，2011年に温州市で高速鉄道が追突事故（40人死亡）を起こし，車両が高架から落下したが，事故原因を調べるより，その事故を隠蔽するように車両は埋め立てられた．私は，このようなことをする国が安全な高速鉄道を運営できるわけがないと思った．しかし，この国で起こることは，我々の尺度で測ることができない．現実は，その10年後，世界最高レベルで世界最長の高速鉄道路線を運営している．それでも，私は，いやいやソフトパワーすなわち，創造性や芸術性などではまだまだ未熟だと思っていた．それも違う．科学技術，創造性，芸術性などのレベルは，その国の生み出す SF 小説で知ることができる．すばらしい SF 小説には，その全てが包含されるからだ．劉慈欣の『三体』（中国版単行本2008年刊行：日本語版は2019年）は世界最高レベルの傑作である．残念ながら，今の日本にはこのレベルの SF 小説を生み出す作家は存在しない．現代中国の存在は人間の歴史における巨大な実験というべきものである．

しかし，共産党独裁政治と自由闊達なイノベーション・ネットワークが，これか

らも共存できるのだろうか．人々に本当の幸福は訪れているのだろうか．農村と都市の格差は解消されているのだろうか．一人っ子政策による人口の激減は，どのようなインパクトを持つのだろうか．上海浦東国際空港からの高速道路沿いに，明かりのついていない真っ暗な摩天楼が林立しているのが見えた．それらは投機で建設されたタワーマンションであり，住民はほとんどいないという．中国の光と闇，その闇が深すぎて私たちには見えないのだ．

ブランコ・ミラノヴィッチ（2021）によれば，中国の現在の社会経済は，「政治的資本主義」とよぶことができるという．そこでは，中央政権（官僚）のコントロールと法的なルールの緩い自由裁量が共存する．したがって光を作り出す決断は早い．法より自由裁量が優先するからだ．しかし，**自由裁量には必ず腐敗と不平等が付いて来る．経済のスピード感と腐敗の危うい均衡の上に国と経済がなり立っている．そして，どのようなコントロールをしても，資本主義であるからには，経済のダイナミックスは「べき乗則」に従い，巨大な富と情報が集中するハブ（巨大企業）が生まれる．**その民間権力と中央政権のバランスがどうなるのか，まったく見えていない．それが闇を深くしている．

日本では逆に光が見えない．輝く部分が失われてきた．このままでは，米中の競争の間に埋没してしまうのだろうか．私は決して，そうとは思わない．これからが，大事なのだ．日本列島の風土，厳しくも美しい自然とともに生きてきた私たちが，人間社会の中の共感，人間社会と地球の共存に対しての大きな貢献ができると考えている．

2.3 グローバル経済の発展

アダム・スミスの国富論

古代から中世の中国やヨーロッパそして日本では，封建制度が社会を動かす仕組みだった．土地（封土）の所有者が，家臣あるいは，契約によって農耕や軍事の奉仕に対して土地を貸し与え，社会を建てるという制度である．封建社会で経済の基本は農業であった．ヨーロッパでは，16世紀の大航海時代に入ると，海外との交易が巨大な富をもたらすようになり，金，銀の貨幣が流通し始めた．国家が軍事力によって経済を発展させる重商主義が盛んになった．18世紀になると社会・経済の仕組みが発展し，個人に融資する銀行，株式会社などが普及していった．

経済学の祖とよばれるアダム・スミス[15]はスコットランドに生まれ，グラスゴー大学からオックスフォード大学に留学した後，1751年にグラスゴー大学の道徳哲学の教授となった．1759年に『道徳感情論』を出版し，社会の秩序は人間の自然

的能力である共感によって生まれる，と述べた．権威や権力による強制によって秩序が形成されるものではない，と論じたのである．1776年には『国富論』を著した．この時代，軍事力によって植民地を支配，あるいは他国から植民地を収奪し，「強い国が富める国」という重商主義が常識となっていた．しかし，北米大陸における独立戦争が起こり，イングランドの財政負担が大きくなっており，スミスは「そもそも国の富とは何なのか」ということを考えた．スミスは，富とは他国からの収奪ではなく，自国に豊かな効率の良い生産力を持ち，勤勉に働き，それを消費することで良い暮らしができると考えた．**勤勉に働いた成果は，自由市場が公正に評価し，良い生産物や効率良く提供できるサービスに対価を払うようになる．公正な競争こそが生産性を上げて，国を豊かにする．そして，公正さを保つには他人との繋がりにモラルを持つことが大切であり，モラルは共感から得られるとした．『道徳感情論』と『国富論』はペアになって資本主義（当時はそのような言葉はなかった）の思想的骨格を作り上げたのだ．**

　このスミスの考え方は簡単にいえば「良いお金儲けは人々を豊かにする」ということだ．これに対して「悪いお金儲け」は世の中にはびこっていたし（重商主義もそうだ），また，スミス以降も「悪いお金儲け」の仕組みは次々と作られていった．奴隷ではなくても，差別による労働の搾取もそうであるし，金融による詐欺まがいの利益収奪もそうである．したがって，その後の経済思想は，どのようにしてスミスの考え方に修正を加え，時流により適応したものに変えてゆくのか，ということが主流となった[16]．

マルクスとケインズ

　カール・マルクスはプロイセンの出身であり，ユダヤ教ラビ（神学指導者）で弁護士の父を持ち比較的裕福な家庭で育った．ボン大学・ベルリン大学で学び，イエーナ大学にて哲学で博士号を取ったが，無神論的な思想が問題となり大学に職を見つけることはできなかった．「ライン新聞」の編集者となり，地元の土地所有者と住民の木材伐採権の問題について悩んだ末，スミスの考えの基本である私有財産権に疑問を持った．お金儲けによって財をなした人は，巨額の私有財産を持つようになる（資本家の誕生）．この財産が次の利益を生み，資本家と労働者に大きな社会格差が生じ，公正な自由競争・フェアな市場が保持できなくなる．したがって，私有財産を労働者に分配し，労働者が会社を支配し，利潤をより社会に必要なものに分配する仕組み（共産主義）を考え出した．

　マルクスは，プロイセンからパリ，ロンドンへと亡命し，経済学の研究を開始，大英博物館に通って研究を続け，膨大な草稿を残した．これは協力者であるフリー

ドリヒ・エンゲルスの尽力によって体系化され，スミスに代表される古典経済学に対する学説批判の部分がマルクスとエンゲルスの死後，『資本論』として刊行された [17]．マルクスはスミスの「良いお金儲けは人々を豊かにする」ことを否定したのではなく，労働者が主体となる経済を作ろうとしたのだ．

ジョン・ケインズ（1883〜1946）はケンブリッジ大学の経済学者を父に持ち，ケンブリッジ大学キングス・カレッジで数学を専攻，卒業後，インド省・ケンブリッジ大学の研究員を経て英国大蔵省に勤務した．1919年，第一次世界大戦終結のためのパリ講和会議に大蔵省主席代表として参加した．ケインズは，ドイツに対して莫大な賠償補償を課することに反対したが，受け入れられなかった．このため，ケインズは大蔵省を辞職し，ケンブリッジ大学に戻った．この莫大な戦後賠償がヒトラーの率いるナチス政権へと導いた．

ケインズが注目したのは貯蓄と金利，そして金融が経済にどのような役割をすべきか，ということである．当時，中産階級が増加し，皆が貯蓄で金利を貯める財テクが経済の大きな流れとなっていた．しかし，金融が産業と乖離し（資金が産業に適切に投資されない），実体経済を反映しなくなっていた．そこでケインズは，政府が，公定歩合などの金利政策，公共投資などによって産業政策に介入し，民間産業を活性化し，「良いお金儲け」へと経済をコントロールすべきと考えた．1930年代の世界恐慌の時，ケインズ経済学は，米国のルーズベルト大統領によるニューディール政策推進の根拠となった．その後の第二次世界大戦は，まさに政府主導の経済管理そのものであり，米国では，戦後のハリー・トルーマン，ドワイト・アイゼンハワー，ジョン・F・ケネディーと続く政権においても，政府主導の経済政策は続いたのである．

新自由主義経済の台頭

1970年代，石油危機によって世界経済のパワーバランスが不安定となり，また，先進国では労働組合の力が大きくなるとともに，福祉政策への財政負担が問題となっていた．インフレ率と失業率の両方が高くなり，経済が停滞した．利害集団の利益を優先するバラマキ政策が主流となり，機会均等・公平性を重視する政策から逸脱していった．これに対する厳しい批判が起こり，「市場主義」，「新自由主義」とよばれる政策が叫ばれるようになった．レーガン米国大統領，サッチャー英国首相の時代（1980年代）に，自己責任を基本に，小さな政府を推進し，福祉・公共サービスの公費削減，公営事業の民営化，経済のグローバル化を目指した政策が押し進められた．レーガノミクスでは，市場経済の中で強いアメリカの復興が叫ばれた．日本ではバブル景気の時代に相当する．

この政策は簡単にいえば「**政府は悪，市場は善**」という考えだ．この経済思想は，ミルトン・フリードマン（1912～2006）によって提唱された．フリードマンはニューヨーク生まれ，コロンビア大学で博士号をとり，シカゴ大学の教授になった．フリードマンは政府の介入は裁量的な金融政策ではなく，貨幣供給量を決め，後は市場に任せる，という考えである．この経済政策は今日，グローバル経済の基本となっている．

アフリカの独立と発展

　人新世を形作ってきた科学技術の進歩は，第1章で述べた電子・通信分野のみならず，自動車などの工業，石油などの資源，農業・畜産業などもまた大きな進歩を遂げ，それらの相乗効果が新しいシナジーを生み出し，イノベーションを基軸とする経済活動の大発展を促した．電子・通信技術によって個人の能力や活動範囲は格段に広がり，また，インターネットによって全世界の人々が繋がっている．これは本当に驚くべきことだ．このことは，また，発展途上国に大きな経済的恩恵をもたらしている．目覚ましい発展を遂げているのが，長い暗黒の歴史から立ち上がったアフリカ大陸である．

　アフリカ大陸に住む黒人を奴隷として売り買いする奴隷貿易は，コロンブスの新大陸発見以前にポルトガルによって15世紀半ばからギニア地方（現在のガーナなど）を拠点として始められていた．それ以前に，アラブ人がサハラを通る交易路を作り上げた西アフリカの一帯では，すでに黒人奴隷をヨーロッパや中東に売るシステムが出来上がっていた．一方，ヨーロッパ人の侵略でアメリカ先住民の人口が激減した後には，スペイン，オランダ，フランス，イギリスが黒人奴隷を西インド諸島（たとえばハイチ）や南米大陸へと売る貿易に加わった．**ヨーロッパを出港した貿易船が交易品・武器と引き換えに西アフリカ沿岸（奴隷海岸とよばれた）で奴隷を買い，それをアメリカの植民地で売り，農場で作った砂糖などを積んでヨーロッパに帰る，という三角貿易を行った**（ウィリアムズ，2020）．これは莫大な富をもたらした．アフリカから新大陸へと売られた奴隷は1000万人以上と推定されており，史上最大級の人間の強制移動が行われた．19世紀には，ヨーロッパでは奴隷貿易の禁止が進んだが，米国ではリンカーン大統領の奴隷開放宣言後も差別があからさまに残った．奴隷貿易には，スウェーデン，デンマーク，プロイセンも参加していた．

　ディヴィット・リヴィングストンやヘンリー・スタンリーの『暗黒大陸の探検』[18]から，19～20世紀初めにかけてのアフリカ大陸は，ヨーロッパ諸国の植民地獲得競争の場となり，1913年までにエチオピア（世界最古の独立国の1つ）とリベリア（米国からの帰還奴隷が1847年に作った独立国）を除いて，ヨーロッパ7カ国（フ

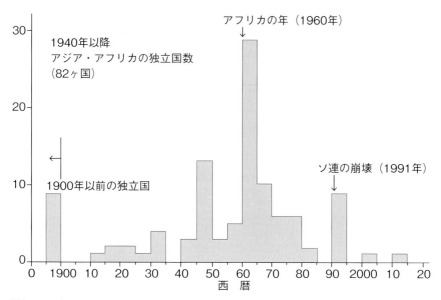

図表2.2　人新世におけるアフリカ・アジア諸国の独立.
　独立国数は1900年よりは5年間毎に集計して示した．1960年はアフリカの年とよばれている（インターネットの情報などをもとに著者編集）.

ランス，イギリス，ドイツ，ポルトガル，ベルギー，スペイン，イタリア）によって分割された．現在，日本が承認している独立国は世界で195カ国．人新世の間に誕生したアフリカ・アジアの国は，82カ国であり，**特に1960年はアフリカの年とよばれ29カ国が独立した（図表2.2）．これはこの年に，戦後のナショナリズムの盛り上がりの中，フランスなどの植民地保有国が独立を一斉に認めたことによる．これらの国々にとっては，長年の不正義と抑圧から解放された年だった．**

　しかし，悲劇はその後も続いた．アフリカ中央部はスタンレーがベルギー国王レオポルド2世のために現地探検を進めベルギー植民地となった．当時の植民政策には，人種的・宗教的な偏見が色濃く影響を与えていた．旧約聖書では，大洪水の後，ノアの3人の子供，セム，ハム，ヤベテからすべての人種は誕生したとする．アフリカの長身痩躯の遊牧民はハムの子孫であり，白人が黒人化した民族とされ，他の黒人より優れた人種とする考えがあった．ベルギー統治下のルワンダでは，少数人種のツチ族がハム系人種であり，支配層として優遇され，一方，"土着の"バントゥー語族であるフツ族は冷遇された．独立運動が起こった時にフツ族が政権を獲得したが，大統領が暗殺され，それがツチ族の仕業とされ民族対立が激化．1994年，フツ族過激派によるツチ族そしてフツ族穏健派の大量虐殺（ジェノサイド：Genocide）（100日で数十万人が殺された）に発展した．ヨーロッパ人の到

達前，フツ族もツチ族も共存していた．それを引き裂き，この悲劇を招いたのはヨーロッパの持ち込んだ人種偏見植民政策であった[19]．また，植民地の統治を効率化して中央集権的に行うために，"人種"ごとの住民台帳，コミュニティーの組織化，相互監視など部族を分断するシステムが存在しており，いったん，憎悪が爆発すると，ナタやオノのような手段でありながら，まさに台帳にバツ印を付けるように殺戮が進められた．さらに，この虐殺に関しては映画が作られているが，国連の無策を描くのみで，悲劇の根本原因は描かれていない[20]．アフリカの自立と発展には，血と涙が流され続けてきた．

　現在，アフリカは大きく変化している．その原動力は携帯電話とスマートフォンの普及である（図表7.9も参照）．アフリカの人口は12.7億人であるが，2020年時点で5億人以上がスマートフォンを持っている．従来の電話通信と異なり，中継電波基地を建設するだけで簡単に繋がるスマートフォンは広大なアフリカ大陸において一挙に拡大しており，デジタル革命が起こっている[21]．

　デジタル革命は，人々，特に女性の教育と知的レベルの向上に大きく貢献している．社会のほとんどすべての問題の解決に最も有効な対策は，女子教育の普及であるとされる．それは，結婚，出産，子育て（すなわち次世代の教育），家庭運営，社会進出まで，発展途上国では女性が旧来のしきたりや陋習に囚われることなく，自由な立場で活躍できる余地があるからである．たとえば，ルワンダでは，女性国会議員が64％であり，世界で最も比率が高い．アフリカ全体で女子の就学率が向上しており，2016年の調査では，80％を超えている．各国で，一流企業の幹部や大学の教員などにおいても女性の進出がめざましく，それがステータスとして，更なる女性教育の普及に良い影響をおよぼしている．このような情勢のもと，アフリカにおける大家族の一員としての多産な女性という旧来像は消え去りつつあり，将来，アフリカにおける人口の爆発は起こりそうにない．

　教育だけではない．経済の創発的な発展が起こっているのだ．アフリカでは，インフォーマル経済というのがあるらしい[22]．これは闇市場といえば，そうではあるが，怪しいものの売買を指すのではなく，融通無碍にネットを利用して，農業生産，町工場，日常品販売，種々のサービスに関して，仲間どうしが協力して行うビジネスである．技術や設備，土地などは共有したり，貸与・借用しあって組織化が行われる．先進国ではシェア・エコノミーの掛け声のもと交通手段，衣服，住宅・土地利用などに関して制度化されたシェアシステムを定着させようとしているが，**アフリカではコミュニティーから創発的にビジネスが生まれる．それをデジタル技術が仲介している**．

　モバイル・マネーの普及もまた大きな役割を果たしている．銀行口座を持たない

が携帯電話を持つ人々が，通信会社の口座内にお金を預ける形でモバイル・マネーを使うことが広がっている．ケニアでは M-PESA が有名で，同様なシステムがアフリカの多くの場所で使われている．出稼ぎ先からの送金が自由になり，経済の活性化に大いに貢献している．また，銀行口座を持たない人にも少額のローンなどの金融サービスが普及し始め，その履歴によって信用評価がなされ，さらなるサービスに発展できるような仕組みが始まっている．さらに様々なマッチング・サービス（配車・物流）や，デリバリー・サービスもアジア・アフリカに広まっている．

　小川（2016）によれば，このようなコミュニティー創発的・自己組織化的な経済は新自由主義的な経済と同じものであるが，よりインフォーマルであり，かつ，「その日暮らし」，明日のために働くのではなく，その日その日の生活がギャンブルであり，夢であり，かつ，挫折でもある．しかし，生きてゆく楽しみがそこにはある，という．アフリカでもアジアでも，新興国や発展途上国にパワーと活気が溢れてきた．

2.4　人口予測・社会格差・巨大リスク

世界人口の予測

　図表1.2をもう一度，眺めて見よう．人類の歴史は，途中に山や谷はあったとしても，基本的には人口の増加の歴史であるが，人新世以前は，それはゆっくりした増加であった．人新世が特異な時代として地質時代に刻まれるのは，人口が急激に増加したからである．図表1.2b には，国連の人口予測が示されており，最も下方の予測では，人口は100億には達せず，減少が2070年頃から始まる．2020年の英国医学・健康科学誌（The Lancet）に人口予測の論文（Vollset S.E. et al., 2020）[23] が掲載された．それによれば，いくつかのシナリオの中で2050年には90億人程度のピークに達し，2100年には70億人（2020年より少ない）に減少する予想がなされている．ブリッカー＆イビットソン（2020）にも，同じような見積もりが提示されており，90億に達する前，2050年頃から人口減が予想されている．もし，この予測の下方値が正しければ，あと30年ほどで，人類史上始めて人口減少の時代が始まることになる．

　そもそもなぜ，人口増加は頭打ちになるのだろうか．ロジスティック方程式の示すところでは，環境制限因子が働いたことになる．環境制御因子としては，経済負担と将来設計に関しての教育の普及がある．世界のどこでも，子供を育てる経済負担が莫大であり，出生率が下がる一方だからである．この現象は，ほとんどの国で起きており，日本の出生率は1.4，EU 平均は1.6，ブラジルで1.8である．アフリカ

諸国の多くでは，初産の平均年齢は18〜20歳であり，東南アジアでは22歳，米国で26歳，ヨーロッパ，日本，韓国では28〜31歳である．社会制度が整った国では，子供が生まれてから19歳になるまで25万ドル（2700万円）かかるという見積もりがある．学費などは別で，育てるための食事・衣服などの費用である．これは年間に約150万円必要となるので，年収が500万円の家庭だと，その30％程度が子供の養育費となる．実際は保育費・学費などにより，ぎりぎりの生活ということになる．子供が2人以上というのはきめてきつい．この事情は世界共通であり，子供に教育を受けさせようとすれば，所得が安定する高年齢出産という傾向が顕著となる．世界人口の約3分の1は，中国とインドに住んでいる．中国はすでに急速に老齢化が進んでおり，一人っ子政策の影響が大きく出て，今後，出生率が1を下回る人口崩壊の危機が起こることも予想される．一方，インドは現在13億5000万人だが，ここもまた出生率は下がる傾向にあり，人口爆発が起こることはないと思われる．アフリカでは，すでに述べたように携帯電話やスマホの普及とともに，教育・知識が人々に行き届くようになり，グローバルに人口急増の抑止力になっていることがわかってきた．

人口減少社会の未来

人口減少を歓迎すべき事態であるとする考え方がある．大加速時代で示された社会・経済活動の指数関数的発展は，地球への負荷を急増させた．その負荷が軽減されるだろうという予測だ．大気への CO_2 排出は実質的にゼロとなる時代が訪れ，エネルギーの需要，食料生産，水利用も持続ある方向へと進むことができる．おそらく人口の都市集中は止まらないであろうが，都市をスマート化し，持続性あるシステムを構築できる．都市における食料生産システムのイノベーションは，農地を開放し，森林を戻し，新たな生態系を作り，より持続性のある地球へと作り替えることを可能とするかもしれない．

一方，イノベーションの連鎖と社会構造の変化が，人口減少社会に深刻な影響をおよぼすと懸念する考え方もある．人工知能などの高度な技術の加速度的な発展の恩恵を受ける階層とそうでない階層にさらに格差が分極するという予想である．これは，ノア・ハラリのいうホモ・デウス（神の人間）（ハラリ，2018）に述べられているゲノム編集や人工臓器によって長寿・高知能にアップグレードされた少数の特権階級そしてそれと一体化して機能するロボットや人工知能と，底辺で働く一般的な市民とに階層がわかれるという予測だ．SF映画やコミックには，この格差社会がしばしば登場する[24]．それは富裕層と貧困層が分断され，別々の世界に生きる姿である．そして，それが現実のものとなりつつある．

1980年代から進んだ所得格差は，まさに社会における格差を生み出していった．経済が回るのは，「経済的豊さの追及こそが，人間に幸せをもたらす」というアダム・スミス以来の人間の最も本質的でシンプルな欲求を満たすシステム，資本主義が機能してきたからである．グローバルなネットワーク経済社会では，このシンプルな物語が，モンスターを生み出す．富や技術の支配においては，巨大なリンクを持つハブが成長し，ネットワークの最適化が加速度的に進行し，さらに巨大な力を持つ個人や階級と，人口の大部分を占める貧困層の格差はとてつもなく大きくなった．いわゆる中間層という階層は消滅した．この格差は，富の偏在だけでなく，様々な社会的・文化的な分断を拡大し，また，一方では過激な思想や陰謀論，フェイク・ニュースの拡散，階級間の憎悪そして社会崩壊を招くような究極のテロなど社会の負の側面が顕著となり，巨大リスクの発生が現実的なものとなってきた．このままでは，人々にとって幸せな社会を作ることは難しいのではないか，ということが頭をよぎる．今，社会の実相はどのようなものか，さらに詳しく見てみよう．

社会格差の拡大とリスク

　イノベーションによって駆動される経済活動の発展と新自由主義経済によって国際間の制約・障壁が取り去られ，いわゆるグローバル化が起こった．その結果，競争と淘汰によって超巨大な企業が誕生し，市場原理の下に世界経済が再編化されていった．企業の大きさの分布を見てみよう．図表2.3に示したようにスケールフリーの「べき乗則」に従っている．少数の巨大企業が，国や地域を超え巨大なスケールで活動し，世界支配が進んだ．このように**経済指標が「べき乗則」に従っていることは，そこに働いている経済力学に普遍性があることを示している．この普遍性は，経済活動における『ウェストの３原理』，すなわち投資が最大の効果を生み出すような仕組みと一致している**．経済成長が生み出した自己組織化現象に他ならない．

　さらにデジタル技術によるグローバル化は，巨大 IT 企業や巨額ファンド（投資家）の台頭，AI を用いた金融工学・ビットコイン・デジタル財など経済活動の様相を一変させた[25]．そして，その間に忍び寄ってきたのが社会の変質，特に先進国・新興国における富裕層と貧困層の間の絶望的ともいえる格差の拡大である．

　1980年代から次第に顕著となった社会格差の拡大に気がついた経済学者の１人がロバート・ゴードンである．ゴードン（2018）によれば，米国の経済統計は，明らかに社会格差の拡大を示すという（図表2.4）[26]．実質所得の伸びを所得の上位10％と下位90％で比較すると，1970年までは，社会平均に対して下位90％の伸び率は高かった．すなわち下位90％が社会全体の経済を支えていた．しかし，1970年以降，

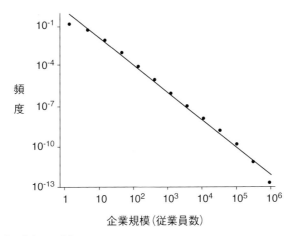

図表2.3　米国企業の大きさの分布
　縦軸は全企業数に対する割合（過去の企業を含む）．百万人規模の従業員を有する企業が存在しているのは驚くべきことである（ウェスト，2020；山形浩生・森本正史訳『スケール——生命，都市，経済をめぐる普遍的法則——（下巻）』．早川書房）より．

市場主義経済のもと，特に2000年以降は下位90％の実質所得はマイナスに転じ，上位10％だけが伸びていった．

　その間に起こったことは，技術革新による自動化，すなわち機械への代替である．それまでの社会では，マネージャーや専門職などの上位の非定型・抽象業務，製造業の組立工，簿記係，受付などの定型中間業務，そして下位のマニュアル業務の３層からなり立っていた．電子・情報技術の革新によって，定型中間業務は機械によって置き換わり，その中間層が下位のマニュアル業務を圧迫，労働者の供給が需要を上回り，賃金の下落を招いた．特に，低学歴，人種，移民などのハンデを持つ人々の賃金は最低レベルに落ちていった．

　一方，上位10％の中でも大きな変動が起こった．頂点にいる人々が途方もない所得・資産を得るようになった．たとえば，ビル・ゲイツ，マーク・ザッカーバーグ，ジェフ・ベゾスのようなIT業界の創始者，マイケル・ジョルダンのようなスポーツ界のスーパースター，そして大企業経営者（CEO）である．2020年のジェフ・ベゾスの個人資産総額は，20兆円（中規模国の国家予算規模）を越した．これらの人々の資産が途方もないのは，マネーがマネーをよんでいるからである．2000年以降，実質経済の成長以上に金融のウェイトが大きくなった．投資をして儲ける技術が発達し，様々な金融商品が作られ，また，自社株を購入し，上場時にそれを売るストックオプションが流行し，金融そのものが投資の対象となった．資本主義世界では，人々の所得の分布も「べき乗則」に従う．釣鐘型の分布の中央値を示す"中

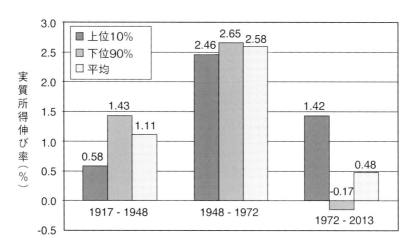

図表2.4 米国における実質所得の伸び率.
実質所得の伸び率を上位10％，下位90％，全体平均の所得者において，1917～48年，1948～72年，1972～2013年の期間で示す（ゴードン，2018；高遠裕子・山岡由美訳『アメリカ経済──成長の終焉──（下巻）．日経BP）より.

間層”というものは存在しない.

　所得格差と社会格差は密接にリンクしている．ここで社会格差とは，保健衛生，精神衛生そして社会安全・治安上の格差である．ウィルキンソン，ピケット（2020）[27] は，多数の研究成果をまとめ，先進国グループにおいて所得格差（不平等）と健康社会問題の指標との相関を検討した（図表2.5）．ここで，健康社会問題の指標（インデックス）とは，平均寿命，精神障害（薬物やアルコール中毒を含む），肥満，幼児死亡率，殺人犯罪率，未成年出産などをベースに指標として算出したものを用いている.

　所得不平等が大きく，また，健康社会問題が最悪な状態の国は米国であり，また，ポルトガル，英国なども問題を抱えている．一方，北欧の国々と日本は対極にある．社会格差は，貧困層を直撃する．病気になりやすく，暴力犯罪が多発し，また，児童の教育などに遅れが生じ，いったん，貧困層に落ちるとそこから這い上がるのは容易ではない．そのために社会階層が固定化し，社会の流動制が失われて行く．先進国だけでなく，発展著しい新興国や途上国においても社会格差が一挙に広がってきた.

　所得格差，社会格差は，階級間での憎悪を生み出し，それが宗教対立や内紛，そしてテロリズムの温床を作り出す.

　ロジスティック方程式で表される成長現象は，環境因子の悪化や内的要因などによって衰退・崩壊が起こることがある．図表1.18は，衰退もまた加速度的に起こる

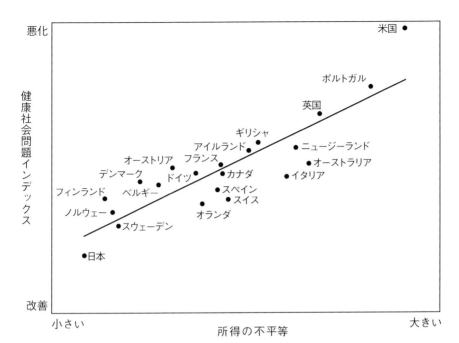

図表2.5　先進国における所得格差（不平等）と健康社会問題.
　健康社会問題の指標（インデックス）とは，平均寿命，精神障害（薬物やアルコール中毒を含む），
　肥満，幼児死亡率，殺人犯罪率，未成年出産などをベースに指標として算出したもの．日本は，この
　図ほど良好な指標を示すとはやや考え難いが，原図を尊重する（ウィルキンソン・ピケット，2020；
　川島睦保訳『格差は心を壊す——比較という呪縛——』．東洋経済新報社）．

ことを示している．また，スケールフリー・ネットワークは，ハブへの選択的攻撃
にはきわめて脆いことを第１章で述べた．格差社会で生み出されるネガティブな内
的因子は，社会安定にとって大きなリスクとなる．もちろん，気候変動と地球環境
の悪化はリスクとして最も重要ではあるが，より短期間で起こりうる社会崩壊リス
クも喫緊の課題ということができる．たとえば，

① 　**感染症によるパンデミック.**
② 　**金融システムの崩壊による社会不安.**
③ 　**生物化学兵器の使用.**
④ 　**コンピュータ・ウイルスや人工知能の暴走.**

　これらは，一連の出来事として起こりうる[28]．経済に大きな不安要素を抱えた
時点で，もしコンピュータ・ウイルスや人工知能の暴走が起こり，それがグローバ
ルな社会不安と紛争を励起すれば，その結果，生物化学兵器が使われ，その生物兵
器が引き起こしたパンデミックが起こり，そして世界恐慌とテロリズム[29]の連鎖

によって世界崩壊が起こることもあり得る．この一連の出来事には，人為的な側面と，リスクの持つ創発的，自己組織化的かつ予測困難な側面があることを認識すべきである．私たちは，大きなリスクと隣り合わせの世界に生きている．

しかし，私はそれでも，アダム・スミスの基本的考え方，「人間倫理に裏打ちされたフェアな良いお金もうけ」，すなわち，資本主義こそが社会経済の基本であると考える．しかし，その資本主義は，民衆の参加と，そして今まで社会経済の考え方にほとんど位置付けられていなかった地球・生命を包含したものであるべきだ．たとえば，ミラノヴィッチ（2021）では，これからの資本主義のあるべき姿として「民衆資本主義」そして「平等主義的資本主義」を提示している．しかし，これらの社会経済像においても，地球・生命のことはまったく触れられていない．斎藤（2020）では，気候変動の課題を中心として，経済・政治・環境の三位一体の刷新と脱成長コミュニズムを提唱している．しかし，資本と投資を認めるかぎり，経済は「べき乗則」に従うことが忘れられている．どんな社会経済でも，ネットワーク社会では巨大な富と情報の集中は必ず起こる．逆にその集中をどのように生かして行くのか，ということに地球と人間の未来がかかっている．私は，今，明確な答えを持っているわけではないが，次のことだけはいえる．

（1）今までの経済学，あるいは社会経済政策に，地球（生命も含む）・人間・機械（スマホ，インターネット，人工知能など）の理解，定量的な分析，予測手法を含んだ知的体系を作り，それをベースとした社会運営を行う必要がある．

（2）資本主義の原点である，アダム・スミスの言う人間倫理の復権に取り組み，人間どうしだけでなく，人間と生命に溢れた地球との共感を社会基盤とすべきである．

（3）科学技術の知的体系と人間的共感を基盤として新たな"人間と地球の大きな物語"を創造する必要である[30]．

私は，この新しい大きな物語の創造（イノベーション）こそが，日本人の役割であると考えている．そのためには，私たちは，人新世において地球に何が起こったのか，知る必要がある．それが大きな物語創造の第一歩だからだ．

注
（1）　井深大とソニーについては多くの著作があるが，ここでは，
　井深大（2012）井深大　自由闊達にして愉快なる——私の履歴書．日経ビジネス人文庫（日経新聞の私の履歴書をまとめ加筆したもの）．
　垳野堯（2019）ソニー成功の原点—— SONY SPIRIT 井深大，盛田昭夫の企業家精神．ロング新書（評論家の大宅壮一が「ソニーは東芝や松下のモルモット」と評した記事を週刊朝日に載せた．ソニーは技術開発では，東芝のためのモルモット的存在だ，すなわち儲かるとわかれば必要な資金を注ぎ込める大企業には勝てない，という内容であった．井深は，

「モルモット精神：実験動物になったつもりで先端を走る」を上手に生かせば，新しい仕事ができるとして，逆に社員を励ましたという．以来，社長室には金のモルモットが飾られていたという．私の高校時代（仙台第二高等学校）の１級下にソニー社長を歴任した中鉢良治がいる．彼が産業技術総合研究所理事長の時に地球深部探査船「ちきゅう」を案内し，静岡で飲み会となった．私が「いやー，井深大さんの自由闊達にして愉快なる，を本当に実現しようとしたのは，中鉢さん，あなただね」といったら，「先輩，わかってますね！」と喜んでいた．まあ，高校の先輩・後輩というのも良いものではある．

（2）　本田宗一郎に関しては，
　本田宗一郎（1996）俺の考え．新潮文庫．
　本田宗一郎（2001）夢を力に――私の履歴書――．日経ビジネス人文庫．
　前間孝則（2019）ホンダジェット――開発リーダーが語る30年の全軌跡――．新潮文庫（本田宗一郎は戦時中に中島飛行機を含む各種エンジンのピストンリングを作っており，それがエンジン開発の基礎となり，かつ，航空機への夢も持っていた．ホンダジェットは凄い！）．

（3）　半導体製造におけるモノづくりの敗退は，
　湯之上隆（2013）日本型モノづくりの敗北――零戦・半導体・テレビ――．文春新書（著者は半導体技術者であった．その経験が豊富に生かされている．副題の零戦は，あまり関係ない）．
　西村吉雄（2014）電子立国は，なぜ凋落したか．日経BP（世界のトレンド，設計部門と製造部門の分業が日本では進まなかった．中央研究所の凋落と同じことである）．

（4）　この本は日本を助長させた．ついに太平洋戦争に勝った，という人もいた（私の記憶では）．次の版は，後にそれを振り返った“後編”が加筆されている．エズラ・F・ヴォーゲル（広中和歌子・木本彰子訳）（2004）ジャパンアズナンバーワン．CCCメディアハウス．

（5）　バブルとは何だったのか，今でも議論が続いている．
　山家悠紀夫（2019）日本経済30年史――バブルからアベノミクスまで――．岩波新書（第２章の「バブルの発生から，膨張，破裂まで」を特に参考とした）．
　永野健二（2016）バブル――日本迷走の原点――．新潮社（財界，政治家，官僚などの人物から構成したバブル史：登場する人物のスケールが皆，小さい．世界を考えていた人がほとんどいない）．

（6）　Westinghouse Electric Company は1886年にジョージ・ウェスティングハウスによって設立された．ニコラ・テスラなどの優秀な技術者を擁し，交流による発電，送電事業を展開．一方，トーマス・エジソンは，財閥J・Pモルガンからの出資によってGeneral Electric Company を設立，直流発電・送電による電気事業を行った．WHとGEは電気事業の覇権を争い，交流によるWHが勝利を収めた．この電流戦争（War of the currents）において，エジソンはネガティブキャンペーンを行ったために汚点を残した．これに関しては次の映画がおもしろい．
　エジソンズ・ゲーム（2020）（ベネディクト・カンバーバッチ主演）．

（7）　東芝の解体に代表される日本企業の凋落は，日本社会に蔓延る“忖度”と“無責任”の象徴である．
　大鹿靖明（2017）東芝の悲劇．幻冬舎（確かに悲劇であり，社員にとっては悲惨なことであった．しかし，経営者の無能さと社内の無責任体制は驚くばかりであり，悲劇ではなく，ほとんど喜劇に近い）．

（8）　いわゆるリクルート事件は，戦後最大の企業犯罪とされている．しかし，これに対しては色々な見方が存在する．その１つが，下記の著作であり，本節において大いに参考とした．
　大西康之（2021）起業の天才！――江副浩正8兆円企業リクルートをつくった男――．東洋経済新報社（はじめに，の部分が特に読ませる．また，巻末の年表でこの時代に何があったか俯瞰できる）．

（9）　アマゾンの創業者ジェフ・ベゾス（個人資産総額20兆円！）と江副浩正は，リクルート

が国際株式取引のオンライン決済を手がけていたファイテル社（ベゾスが交渉を担当）の買収交渉時にすれ違っていたらしい．ジェフ・ベゾスについては，

ブラッド・ストーン（滑川海彦解説・井口耕二訳）(2014) ジェフ・ベゾス——果てなき野望——．日経BP.

(10) ローランド・ティベットとSBIRについては，SBRのホームページに歴史が紐解いてある．

https://www.sbir.gov/birth-and-history-of-the-sbir-program

(11) SBIRの重要性，そして日本版の失敗，さらにイノベーションのあり方については次の本が詳しい．

山口栄一 (2016) イノベーションはなぜ途絶えたか——科学技術立国日本の危機——．ちくま新書（スモールビジネス・イノベーションが米国で大きな成功を収めたこと，その結果，特に医薬品産業の成長が著しいこと，日本版SBIRは機能していないこと，博士号を持つ人材を活用して来なかったこと，を看破．本節でも大いに参考になった）．

(12) 「日本の近年のノーベル賞受賞者の数は米国についで多い，しかし，今はそれを支えた基礎科学がダメになった」という議論がある．基礎科学だけではない．問題は，日本では優秀な専門人材である博士が活躍できる産業・社会を作って来なかったということだ．何も理系の博士だけではない．文科系の博士も重要なはずである．しかし，その数はなぜか極端に少ない．世界企業では，博士号は当たり前，グローバルな競争では初めから勝負にならないのだ．日本でこのトレンドを変えるのは，人口の半分を占める女性の進出を大々的に支援するしか方法がないと思う．企業の研究力と同様，大学の地位低下も著しい．たとえば，

毎日新聞「幻の科学技術立国」取材班 (2019) 誰が科学を殺すのか——科学技術立国「崩壊」の衝撃——．毎日新聞出版（大学だけがスタンドアローンしているわけではない．それは社会，経済と複雑に交差している．スタンフォード大学では1950年代に企業との連携を進めるためにリサーチパークを作った．日本の大学と高等教育行政は，産業界との連携においては，50年以上遅れている）．

豊田長康 (2019) 科学立国の危機——失速する日本の研究力——．東洋経済新報社（多数の図表で研究力の低下を検証．図表2-22では人口100万人当たりの論文数が実に世界38位である）．

(13) 現代中国の歴史は，次の本がコンパクトで読みやすい．

田中仁ほか5名 (2020) 新・図説中国近現代史（改訂版）——日中新時代の見取り図——．法律文化社（豊富な図版で区切りよくまとめてある）．

また，科学技術史については，

林幸秀 (2020) 中国における科学技術の歴史的変遷——清朝末から現代までの科学技術政策の流れを中心として——．ライフサイエンス振興財団（科学技術振興機構には，中国の科学技術について調査・研究とアジアの若手研究者の育成を支援する中国総合研究・さくらサイエンスセンターがある．その成果がまとめてある）．

(14) 深圳市に発展については，

高須正和・高口康太編 (2020) プロトタイプシティー——深圳と世界的イノベーション——KADOKAWA（中国ではまずはやってみる，行政はやらせてみる，がやり方である．日本ではやる前から規制をかけている）．

また，中国のイノベーション・エコシステムについては，

日経ビジネス編 (2019) 世界を戦慄させるチャイノベーション．日経BP（2014年にダボス会議での李克強首相の「大衆創業，万衆創新」という言葉が力強い．イノベーションを創新と表現する時点で中国が遥か先に行っている）．

(15) アダム・スミスについては，

瞳目卓生 (2008) アダム・スミス——『道徳感情論』と『国富論』の世界——．中公新書（スミスは両著書を統一的に読み込まないと本当の理解ができないこと示す）．

(16) 中村隆之 (2018) はじめての経済思想史——アダム・スミスから現在まで——．講談社現代新書（経済には「フェアな競争に基づく良い金儲けと，道徳なき悪い金儲け」があり，

経済思想は前者を後者より大きくすることために発展してきたと述べている).

　資本主義の現状と中国の「政治的資本主義」については,

　ブランコ・ミラノヴィッチ（西川美樹訳）(2021) 資本主義だけ残った——世界を制するシステムの未来——．みすず書房（データを多用し，アメリカとリーダーとするリベラル能力資本主義と中国を中心とする政治的資本主義の比較を行い，資本主義の未来について論じている．しかし，気候変動や地球環境については何も述べられていない．経済学者の関心事ではないようだ）.

(17)　マルクスの資本論が“復活”しているらしい．たとえば,

　斎藤幸平 (2020) 人新世の「資本論」．集英社新書（資本主義の作り出した資源の一方的な搾取，富の偏在，社会経済格差の拡大に対して，〈コモン（共）〉すなわち社会的に人々に共有され管理されるべき富の概念復活を提唱，ベストセラーになった．このコモンとは地球そのものである）.

(18)　アフリカ探検，特にコンゴ川流域に関しては,

　アンヌ・ユゴン（堀信行監修）（高野優訳）(1993) アフリカ大陸探検史．創元社.

　リチャード・ホール（米田清貴訳）(1977) 栄光と幻想——探検家スタンレー伝．徳間書店（タンガニーカ湖畔で消息を絶っていたディヴィット・リヴィングストンを発見したヘンリー・スタンレーは，その後，コンゴ川流域を探検した．その後，ベルギーのレオポルド2世のアフリカ植民地開拓の野望ために働くようになった）.

(19)　ジェノサイドについては,

　石田勇治・武内進一編 (2011) ジェノサイドと現代世界．勉誠出版.

(20)　ルワンダの悲劇に関しての映画は,

　「ルワンダの涙」(2005).

　「ホテル・ルワンダ」(2006).

(21)　アフリカのみならず発展途上国におけるデジタル化については,

　伊藤亜聖 (2020) デジタル化する新興国——先進国を超えるか，監視社会の到来か——．中公新書（中国におけるデジタル化は新興国の例とは言えない．日本よりはるかに進んでいる）

(22)　小川さやか (2016)「その日暮らし」の人類学——もう一つの資本主義経済——．光文社新書.（圧倒的なエネルギー，著者もすごい！　次の著作もある）.

　小川さやか (2019) チョンキンマンションのボスは知っている——アングラ経済の人類学——．春秋社（中国で商売するアフリカ人の話．民主派には悪名高い香港警察も怪しい商売人には結構，寛容らしい．当局は，広州一帯のアングラ経済が一帯一路構想に不可欠であることを知っているのかも．恐るべし中国）.

(23)　人口の将来予測については,

　Volset, S.E. et al. (2020) Fertility, mortality, migration, and population scenarios for 195 countries and territories from 2017-2100: a forecasting analysis for the Global Burden of Disease Study. *The Lancet* 396, 1285-1306. https://www.sciencedirect.com/science/article/pii/S0140673620306772

　ダリル・ブリッカー，ジョン・イビットソン（河合雅司解説，倉田幸信訳）(2020) 2050年世界人口大減少．文藝春秋（1950年から世界人口の減少が加速，未来予測が一変する．人口がどんどん減れば，何もしなくても人間は危機から脱出!?　多分違う．地球は元には戻らない）.

(24)　1991年に描かれた SF 格闘漫画の「銃夢」（ガンム）（木城ゆきと著）では空中都市ザレムとそこから廃棄されるスクラップを利用する地上社会が描かれている．このコミックは，ジェームス・キャメロンの製作によって「アリータ：バトル・エンジェル」（2019年）として映画化された．同様に映画「エリジウム」(2013年) でも天空に浮かぶ特権階級の人工都市と汚れきった地上の底辺の格差社会が描かれている．実際，富裕層の住む豪邸地区とスラム街が明瞭にわかれている都市は各所に存在しており，天空都市という設定でなければ，この格差はすでに現実のものとなっている.

(25)　世界で通用している通貨は，基本的にはその国の中央銀行の信頼性に依存している．し

かし，各国では経済・財政の破綻，そしてインフレにより貨幣価値が暴落し，市民生活が大打撃を受けるということがしばしば起こっている．もし，中央銀行に依存せずに，資本規制や国際的な経済制裁などから独立しており，限られた供給量の保持と信頼の検証が可能な通貨があれば，それは代替通貨として大きな意味を持つ．それをデジタル技術で可能としているのがビットコイン（Bitcoin）である．ビットコインを支える技術は，ブロックチェーンという分散型台帳技術あるいは，分散型ネットワーク技術である．これは，分散型ネットワークを構成するコンピュータ同士が，暗号技術を用いて一定期間の取引データをブロック単位でまとめ，お互いに検証し合いながら取引記録を台帳（ブロックチェーン）につなぎ合わせて記録してゆく仕組みである．すなわち，中央集権的なサーバーなどを経由することなく，端末から端末へと直接データが送信され，それらは書き換えが不可能であり，すべての取引記録が台帳に分散的に記録される仕組みとなっている．ビットコインは，光と影（犯罪的な利用）の部分を含めてこれからの経済を変える可能性を持つ技術である．そして，2021年9月，中米のエルサルバドルがビットコインを法定通貨として世界で始めて承認した．

　ビットコインの考案者は，「サトシ・ナカモト」という人物（あるいはグループ）とされ，そのアイデアは2008年に論文として発表された．この人物が誰なのかは，今だにわかっていないが，P2Pサービス（Peer to Peer：第三者を介しない個人と個人間のデジタルサービス）の創始者の一人である金子勇ではないか，という憶測がされてる．金子の生涯については，ネットに記事が出ているので，ここではこれ以上は述べないが，何かこの国のあり方について感じるものがある．

(26)　米国と世界の経済史については：
　ロバート・J・ゴードン（高遠裕子，山岡由美訳）(2018) アメリカ経済——成長の終焉——（上，下巻）．日経BP（下巻が戦後経済を扱っている．データを元に，特に科学技術のイノベーションと経済発展について論考している経済学の本）．
　猪木武徳 (2009) 戦後世界経済史——自由と平等の視点から——．中公新書（戦後，経済と科学技術の中心がヨーロッパから米国に移ったことを指摘している）．

(27)　国，地域における社会格差は，広がる一方である．これをどうするのか，という問題に簡単な答えはないが，懸命に取り組んでいる人たちがいるのは，少なくともポジティブなメッセージである．
　リチャード・ウィルキンソン，ケイト・ピケット（川島睦保訳）(2020) 格差は心を壊す——比較という呪縛——．東洋経済新報社（著者らは，現在は人類史上で特筆すべき激動期であり，その変化は次の5つのポイントがあるという．①福利と経済成長が連動しなくなった，②環境の危機，③グローバル化の進展，④移民の増加による人類の統合，⑤技術イノベーションの加速，であるという．①が格差を生み出す原因の1つであるが，④の再統合という考え方は，新鮮だ．確かに内戦，経済危機，環境危機で移民が増え，これが格差を生むと同時に人類の統合に向かわせているのかもしれない）．

(28)　世界崩壊のシナリオ：
　フレッド・グテル（夏目大訳）(2013) 人類が絶滅する6つのシナリオ——もはや空想ではない終焉の科学——．河出書房新社（著者は Scientific American の編集長だった．これは良い本である）．
　　　社会崩壊のプロセスは，
　パブロ・セルヴィーニュ＆ラファエル・スティーヴンス（鳥取絹子訳）(2019) 崩壊学——人類が直面している脅威の実態——．草思社．（ここで崩壊とは，「人口の大半に法的な枠組みで供給される生活必需品（水，食料，住宅，衣服，エネルギーなど）が供給されなくなるプロセス」としている．電力と水の供給の停止は，それだけでほとんど社会崩壊となる）

(29)　バイオテロについては，
　ジュディス・ミラーほか（高橋則明ほか訳）(2002) バイオテロ！——細菌兵器の恐怖が迫る——．朝日新聞社（ニューヨーク・タイムズ記者の取材による報告．炭疽菌とオウム真理教が取り上げられている）．

映画は，バイオハザードのシリーズがあるが，ゾンビものはあまり好きではないので見ていない．

漫画では，

筒井哲也（2015）マンホール（上，下巻）．ヤングジャンプコミックス．集英社（フィラリアを使う個人の復讐がテロに変わる．結構，グロいので注意！）．

(30)　大きな物語の必要性は，次の著作で提言されている．

広井良典（2013）人口減少社会という希望――コミュニティ経済の生成と地球倫理――．朝日新聞出版（この本は，終章で引用している）．

長沼伸一郎（2020）現代経済学の直感的方法．講談社（長沼伸一郎は，数学者．ブルーバックスで数学に関しての一般書，というより，ポイントをついた解説書を「物理数学の直感的方法」「経済数学の直感的方法2巻」の3冊を著している．この本の第9章：資本主義の将来はどこへ向かうのか，において「大きな物語」が必要だと述べている．それがどういう物語であるのか，についてはこれからの課題としている）．

人類と科学技術の未来に関しては，

ミチオ・カク（斎藤隆央訳）（2012）2100年の科学ライフ．NHK出版（著者は，ニューヨーク州立大学の理論物理学者．科学の普及活動に熱心に取り組んでいる．この著の最後にガンディーの暴力の根源の言葉が出てくる．この言葉については，終章を参照）．

本書で使う"共感"という言葉は，「共にいる」ということを深く感じることである．人と人の直接的な関係だけでなく，美しい建物，あるいは苔むす石垣など人間の営み，そして，風，海，山，動物や植物，月や太陽，など私たちを取り巻く自然が共にある思うことである．これは誰でも持っている意識であり，人間の脳で必ず自己組織化的に作られる意識である．万人の持つ意識だからこそ，それを強調することが大切なのだ．「本来の面目」だからである（終章で述べる）．

共感を包含する豊かな精神性を，英語でCompassionという．次の本が共感をベースとした人格形成と教育の重要性と説いている．

ジョアン・ハリファックス（海野桂訳）（2020）コンパッション――状況にのみこまれずに，本当に必要な変容を導く，「共にいる」力――．英治出版．

ジョアン・メイシー，クリス・ジョンストン（三木直子訳）（2015）アクティブ・ホープ．春秋社．

資本主義経済の基本となる大きな物語は「良いお金儲け」が人間を幸福にする，あるいは幸福を目的としたお金儲けは良いことである，と本文で述べた．現在の経済運営はデジタル・テクノロジーがすべての基本となっている．したがって，この物語は，デジタル・テクノロジーの発展は人間や社会を幸福にしてきたのか，あるいは，その関係は今後どうなるか，という問いに置き換えることができる．それでは幸福とは何か，あるいはどのようにして，それを可視化あるいは測定できるのか，ということが問題となる．

ギリシャの哲学者，アリストテレスは，「哲学のすすめ」の中で「哲学することは，完全によく生きることであり，あるいは端的に言って，われわれの魂にとって，あらゆることがらの中で，［よく生きることの］最大の原因であるからだ」と述べた．哲学，科学や政治などの活動は，人間のユーダイモニア（Eudaimonia）の実現を目指して行われるべきである，と論じたのである．ユーダイモニアとは，精神の健全性，すなわち『よく生きること』を指しており，幸福，福利，繁栄などと訳されている．英語では，ウェルビーイング（Wellbeing），すなわちBeing well（健全である）な状態をいう．ウェルビーイングな状態とは，これは考えただけでも多様な個人差があり，状態の振幅が大きく（今日と明日とでは異なるだろう），また，個人と集団そして社会全体での状態は単純な指標では測ることは難しいだろう．したがって図表2.5の縦軸（健康社会問題インデックス）も目安であり，厳密な定量化は困難である．しかしながら，近年，ウェルビーイングを可視化しようとする研究が急速に発展している．それは，ネットワークの構造やダイナミクスがインターネットデータによって解析できるようになったと同じで，デジタル・テクノロジーが発展し，今まではデータの収集が不可能だった多数の個人の心理状態や巨大な母数の集団比較などの研究が可能となってきた．

確かに，アラン・チューリングやノーバート・ウィーナーの時代においては，人間と機械の関係は，ユーザーとしての人間も"機械"のように考えられており，人間の情動や幸福などの精神的・心理的な側面は扱われなかった．しかし，今，HCI（Human-Computer Interaction）とよばれる分野では，人間は人間そのものとして扱われている．その基礎となったのが，従来の心理学においては，"通常"の精神状態と"病んだ"精神状態の比較が重要であったのに対して，より健全な状態をポジティブに作り出す，あるいは回復させる（心理的回復力・レジリエンス）ためのポジティブ心理学（Positive Psychology）という分野が創成されてきたからである．ポジティブ心理学は，デジタル・テクノロジーと融合して心理的なウェルビーイングと人間の潜在力を高めるために総合的な研究開発を行うポジティブ・コンピューティングとして発展しつつある．そこでは，地球そして社会全体に広がる問題から，個人のウェルビーイングまでを統合的に考え，デジタルテクノロジーを使い，また，それを使うことの影響を含めて，研究開発を行おうとしている．そのベースには，地球，社会そして機械の相互作用に関する統合的な知の体系を確立して行くことが，個人のウェルビーイングに繋がるというパラダイムシフトの考え方がある（終章を参照）．アリストテレスのユーダイモニアが今，次なる大きな物語の中心となりつつある．

アリストテレス（廣川洋一訳・解説）（2011）哲学のすすめ．講談社学術文庫．
ラファエル・A・カルヴォ＆ドリアン・ピーターズ（渡邉淳司／ドミニク・チェン監訳）（2017）ウェルビーイングの設計論——人がよりよく生きるための情報技術——．ビー・エヌ・エヌ新社（原書のタイトルは，Positive Computing-Technology for Wellbeing and Human Potential）．

第3章

気候変動の実態
——もう戻れない？——

　人新世の経済発展は化石燃料の消費により支えられ，大量のCO_2が大気に放出された．ハワイ島における大気CO_2濃度の連続観測の結果，1958〜2020年の間に315ppmから415ppmまで上昇したことが確認された．地球の気候は，太陽から受け取る放射エネルギーによって駆動される．CO_2は地表からの赤外放射エネルギーを吸収する働きがあり，これを温室効果という．その結果，地球温暖化が起こり，極端な気象現象，たとえば熱波，異常降水，台風の強大化，旱魃などによる気象災害も頻繁になった．

　国際社会では，気候変動の実態についての共同研究や対応策の検討，そして国際条約に基づく温室効果ガスの削減などに取り組んできた．しかしながら，たとえば2050年に実質排出量をゼロにしても温暖化の影響は数百年にわたり長く残ることが気候モデルから示される．地質学的な視点に立つと人新世の経済活動によって地球気候は300万年前の鮮新世温暖期に逆戻りしつつあると考えられる．その時期は，グリーンランドの氷床は消滅，北極海には海氷はほとんどなく，海水面は数メートル高い世界であった．人間は，今後，そのような地球で生きて行く可能性があることを認識すべきであり，長期的対策を講じてゆくべきだ．

3.1　地球の温暖化

大気CO_2濃度の上昇

　戦後，米国における急速な経済発展は化石燃料大量消費社会を作り出し，米国は石油輸出国から輸入国へと変わっていった．その象徴ともいうべきは，いわゆる「アメ車」と「州間高速道路（Interstate Highway）」である．1950年代には，オールデイズの映画に出てくるようなバンパー一体型のフロントグリルや大きなテールフィン（高さ1mのものもある）を持ち，排気量7000ccに達する大型セダンや，スポーツカーが市場に出回った．1955年，ハンバーガー・レストランのマクドナルドが全国展開を開始し，ファスト・フードチェーンの先駆けとなり，車で出かける外食文化が発展した．

　アイゼンハワー政権は，1956年連邦補助高速道路法を作り，本格的な州間高速道路の建設を開始し，まさにモータリゼーション社会への扉を開いた．大型トレ

イラーが高速道路を使って全土に物資を運搬した．1960年から始まった CBS のロードムービー・テレビ番組「ルート66」では，コルベットのスポーツカーが主役だ．GM，フォード，クライスラーの3大メーカーは，まさに産業界の巨人であった．ガソリンは安く，現在の省エネやコンパクトカーとは真逆のスタイルの大型自動車が大量生産され，大気に CO_2 が放出されていった．当時の米国は，1人当たりの CO_2 排出量は桁違いに大きく，世界平均の10倍以上であった．しかし，その CO_2 がどこへ行くのか，そしてそれが何をもたらすのか，誰も明確にはわかっていなかった．

　ヨーロッパ各地には，点在する巨石（迷子石）や岩盤面の削跡が知られており，これらが氷河の遺跡であるとの指摘がなされていた．1837年にスイスの地質学・古生物学者ルイ・アガシー（スイス自然科学協会の会長だった）は，氷河説を一挙に発展させ，北ヨーロッパから地中海まで，そして北米大陸にも巨大な大陸氷床が存在した氷河時代があったとの考えを発表した．この説は大論争を巻き起こしたが，次第に受け入れられ，19世紀末には過去に氷期と間氷期があったという地質学的証拠が集められていた[1]．当時，スウェーデンのノーベル賞化学者，スヴァンテ・アレニウスは，氷期‐間氷期サイクルに興味を持ち，大気 CO_2 の温室効果と気候変動の関係について研究を発表した．この中で，彼は初めて，定量的に大気 CO_2 濃度の変動が，地球の温暖‐寒冷化サイクルの原因となりうることを示した．さらに，人間の経済活動起源の大気 CO_2 に起因する温室効果が気候に大きな影響をおよぼすこと，そして将来，もし再び氷河時代が来襲した時に，人間活動による温暖化によってそれを緩和できる可能性があることに言及した．しかし，この画期的学説は，長い間忘れさられていた．

　1950年代に，大気 CO_2 濃度の実測を始めたのは，カリフォルニア大学スクリップス海洋研究所（Scripps Institution of Oceanography）[2]のチャールズ・キーリングである．キーリングは，カリフォルニア工科大学のポスト・ドクターの時代，ロサンゼルスの大気汚染研究の一環として，大気 CO_2 濃度の測定を開始した．この時に測定機器を改良し，精度の良いものを作り上げていた．この研究が，大気 CO_2 濃度と気候との関係に興味を持っていたスクリップス海洋研究所長のロジャー・レベルの目に止まり，同研究所に採用された．

　キーリングは，1958年より，ハワイ島・マウナロア山の標高3397m の地点にあるマウナロア観測所で測定を開始した．最初の年に，大気 CO_2 濃度に変動があることに気が付き，数年で，明瞭な周期的季節変動と長期的上昇傾向があることを見つけた．10月から北半球の冬を過ぎ5月にかけて濃度が上昇，5月から夏を経過し10月にかけて減少するような季節変動を示しながら，全体として，年間1 ppm ほ

どのレートで上昇していることがわかった．これは，大気 CO_2 濃度が年々上昇していることを示す明確なデータであったが，その重要性については，本当に理解されるようになったのは1970年代からである．この間，ひたすら測定を続けたキーリングの一徹ともいえる仕事は本当に尊敬に値する．このデータは人新世の最も貴重な科学的成果の１つであり「キーリング・カーブ」[3] とよばれている.

　キーリング・カーブを詳しく見ると（図表3.1a），1970～2000年では年間1.56ppm，2000～19年では年間2.36ppm の上昇となり，濃度の増加が加速している．2020年の大気 CO_2 濃度は，416ppm となり測定開始の1958年に比べて100ppm 増加した．最近２年間（2018～20年）のデータ（図表3.1b）を詳しく見てみると，９月～10月に濃度は一番低く，それから５月までは上昇し，５月中旬にピークが来て９月まで濃度が低下する．光合成活動は，北半球では，春先から夏至である６月末～７月にピークなり，その時期に大気 CO_2 は植物体に固定されるはずである．一方，大気 CO_2 濃度は一番低くなるのは９月なので，測定値には２カ月程度の遅れがある．これは大気の平均混合時間と考えて良い．さらに９月からの濃度上昇は，落葉し草が枯れて分解されてゆく時期であるが，最初の３カ月程度は急速に上昇し（おそらく落葉や木の実の消費分解による），その後，土壌にて微生物による分解がゆっくり進む過程を表している．１年間は，北半球においては，光合成の活発な時期が５カ月間，分解・呼吸が活発な時期が７カ月間と区分でき，大気 CO_2 濃度の季節変動はノコギリ型をなしている．また，2018～20年では，全体として年2.5ppm 上昇している．このように，大気 CO_2 濃度の変動が詳しくわかってきた．しかし，この長期的な上昇が化石燃料の消費によるものだとした場合に大きな問題があることがわかった．化石燃料が世界でどれだけ消費されたかは，様々な統計からかなり正確にわかっている．その量から見積もられる CO_2 の放出量は，現在の大気に蓄積された量のほぼ倍になるのだ．すなわち，人為的に放出した CO_2 の残りの半分はどこに行ったのか，ということである．候補としては海洋，陸地（森林・土壌）ということになるが，それを見積もることはかなり難しい．

　この問題を解く１つの鍵は，大気中の酸素（O_2）濃度変化を調べることである．海洋は大気の CO_2 の吸収あるいは放出に伴って酸素濃度への変動に大きくは寄与しないので，もし，酸素濃度の変動がわかれば，森林・土壌の役割に手がかりが得られることになる．

　化石燃料は，利用（燃やされる）される時，酸素を消費する．すなわち，

　　化石燃料＋酸素＝二酸化炭素＋水　　　　　　　　　　　　　　　　（１）

の反応が起こる．したがって，化石燃料の使用で発生した CO_2 に使われた酸素だけ大気酸素濃度は減少しているはずである（この反応では，二酸化炭素１mol に対

(a)

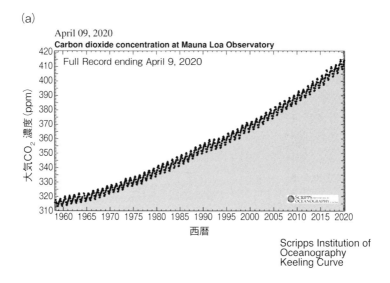

Scripps Institution of
Oceanography
Keeling Curve

(b)

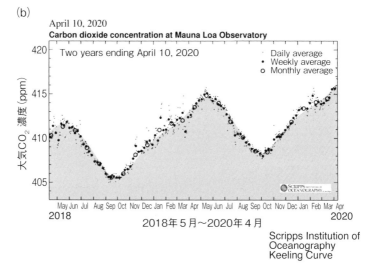

Scripps Institution of
Oceanography
Keeling Curve

図表3.1　大気 CO_2 濃度の推移（キーリング・カーブ）．スクリップス海洋研究所マウナロア観測所での
　　測定（Keeling Curve: https://keelingcurve.ucsd.edu より）．
(a) 1954〜2020年3月までの全観測データ．
　　この間，大気 CO_2 濃度は常に上昇傾向を示している．1990年代前半にやや上昇が鈍る傾向があるが，
　　これは1991年12月のソ連崩壊の影響かもしれない．その後の上昇は，米国と中国の GDP 上昇と一致
　　しており，特に2005年以降の急上昇は中国の発展と関係が深いと推定される．
(b) 2018年5月〜20年4月までの2年間のデータ．
　　特徴的な非対称形の変動を示す．10月〜5月まで上昇，6月〜9月まで低下する．北半球の光合成が
　　活発な時期（新緑が増える時期）は4月〜7月頃なので，2カ月の大気混合の遅れ（ディレー）が作
　　用していると考えられる．

して酸素1.4mol）.

一方，植物は，以下の光合成反応によって，炭化水素を作り，酸素を発生する（この反応では，二酸化炭素 1 mol に対して酸素1.1mol）.

二酸化炭素＋水＝炭化水素＋酸素　　　　　　　　　　　　　　　（2）

森林が生育し，幹が成長し，また土壌に腐食として蓄積されれば，大気の酸素は増えることになる．したがって，大気の酸素濃度の変動が測定できれば，CO_2の行方を探る上で重要な貢献ができるはずである．問題は，酸素は大気の28％と大量にあり，年ごとの酸素濃度の変化（CO_2と同じレベルの量）を直接測定することは困難なことであった．しかし，大気中の窒素と酸素の比率は測定できる．窒素は一定と考えてよいので，標準大気サンプルの窒素と酸素の比率と毎年の大気における比率の変化を比較すればよいからである．この方法で，チャールズ・キーリングの息子，ラルフ・キーリングは，1989年から大気酸素濃度の測定を開始した．また，日本の国立環境研究所などでも測定が開始された．図表3.2は国立環境研究所が沖縄県波照間島で行ってきた観測データである[4]．このデータで特徴的なのは，大気O_2濃度が減少していること，そして季節変動がCO_2と逆相関していることである．大気O_2濃度がCO_2同様，光合成と呼吸に影響を受けていることがわかる．

このような測定によって，大気の酸素濃度の減少は，化石燃料の燃焼に使われた量より小さいことがわかった．これは，その分，酸素が補給されたことを意味する．その源は，陸上植物の光合成による酸素放出がきわめて有力である．**これより，人為起源のCO_2のうち，まず大気に55％が蓄積，残り45％のうち，陸地の植生（主に森林）が20％，海洋が25％を吸収したことがわかった**（BOX3.1を参照）．これはきわめて興味深いことである．人新世おいて，熱帯森林は伐採され，各所で山火事（土壌の泥炭層が燃えるものも知られている）が多発しているので，陸地はCO_2放出源と考えられてきた．しかし，このデータは，陸地・森林がCO_2吸収源であることを示している．実際，人工衛星のデータなどを用いた植生の解析ではロシアからヨーロッパ，北米の中高緯度地域では，森林が増えていることがわかっている．近年の気候変化や大気CO_2濃度の上昇によって森林の活性が上がったのか，あるいは，森林土壌に有機物として固定する機能が強化されたのか，実はまだ十分にわかっていないが，陸域の植生が大きなCO_2吸収能力を持っていることを示している．

しかし，森林はCO_2吸収源であるが，一方，森林は太陽放射を吸収するし（温暖化に寄与している），また，メタンやその他の温暖化ガスを放出している．地球環境に関しての森林の機能については，まだまだわからないことが多い．このことについては，第5章でも扱うことにしよう．このように，これまでの観測の結果，

(a)

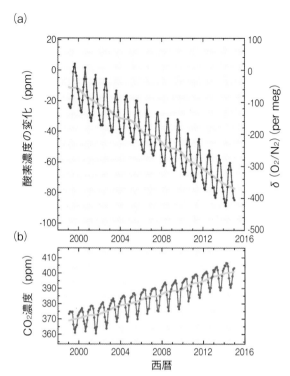

(b)

図表3.2　沖縄県波照間島における1997〜2012年の間の大気 O_2 と CO_2 濃度変化.
　大気 O_2 濃度は，標準大気試料の O_2/N_2 と比較して測定する．（a）の右側の縦軸は O_2/N_2 の試料と標準空気の比率で100万倍した値．これを per meg という．CO_2 濃度が上昇し，O_2 濃度が減っていることは，化石燃料の消費に起因した増減を明確に表している．また，季節変動は，位相が反転しており，光合成と有機物の分解を表している（国立環境研究所・遠藤，2012による．https://www.cger.nies.go.jp/cgernews/201211/264004.html）.

人為起源の CO_2 の約半分が大気に蓄積されてきたことがわかった．

温暖化の観測データ

　この10年程度の私たちの実感は，確かに気候は温暖化し，かつ極端な気象現象が発生していることである．日本では，毎年，35℃以上の真夏日に苦しめられており，熱中症という身体の異変が頻繁に報道されるようになった．冬にはスキー場の降雪が少なくなったり，桜の開花が早くなったりと今までの季節感が失われてきた．極端な気象現象，たとえば線状降水帯による集中豪雨や大型台風の北日本上陸なども多くなっているように感じる[5]．

　実際，観測データは，地球の気温が明らかに高くなっていることを示している．

気温は通常，温度計で測定する⁽⁶⁾．公的な気象観測に使う温度計は，国または国が委託した民間事業者が正式に検定し，それに合格したものが用いられている．日本では，現在は気象業務支援センターが登録検定機関となっている．世界的に温度計による気温の観測が始まったのは，1850年頃からであり，現在は約7000点の観測点がある．観測点はかなり偏在しており，サハラ砂漠，シベリア北部，アマゾン盆地などでは少ないが，数百kmに一点程度の割合では存在している．

地球平均気温の経年変化の算出法では，まず，地球表面を緯度5度×経度5度の格子によって2952ブロックに分割する（気象庁では，このうち信頼できる温度観測の存在する1300ブロック程度を採用している）．このブロックは，緯度では約500kmの距離をカバーしており，経度方向は高緯度になれば短距離になるので面積は異なる．海上では，海面水温を用いる．海面水温は，航行船舶のエンジンの取水口に設置した温度計で連続計測される．個々の観測点においては，観測点付近の都市化による温暖化（ヒートアイランド現象）の影響が考えられるが，地球の温度観測点格子ブロックの面積では，これらの影響はほとんど無視できることが研究から明らかになっている．私たちが知りたいのは経年変化であるので，長期的な変動も考慮に入れる必要がある．したがって，ある観測地点におけるその年の平均気温と過去30年間の平均気温との差（これを平年偏差という）を求める．各観測点には，それぞれに地形や標高，周囲の環境変化など様々な“個性”が存在している．偏差をとってそれを平均すれば，各観測点の個性とは関係なく全体として起こった変動を描き出すことができる．もちろん，格子ブロックの面積（低緯度は面積が大きく，高緯度は小さい）の重み付けは実施している．

このような平均気温偏差の経年変化は，全球にくまなく観測点を設けることが難しい現状では，最も信頼できるデータであるといってよい．1880年から2020年までの赤道域を除く北半球，赤道域，赤道域を除く南半球の年平均気温偏差を見てみよう（図表3.3）．

この図を見ると，**特に1980年以降の温暖化傾向は明らかであり，全球で，100年で0.73℃上昇している．北半球と南半球の差異も興味深い．北半球は主に陸域の気温変化，南半球は主に海洋の水温変化の影響を表していると考えてよい．**

海洋は，地球表面の7割を占め，大気の約1000倍という大きな熱容量を持っている⁽⁷⁾．したがって，太陽から地球に加えられた熱の90%以上は海洋が吸収している．その結果，100年当たり0.7℃の表面水温の上昇が観測されている．陸上での平均気温の0.73℃上昇と比べてほぼ同じなので，熱容量を考えると地球気温は海洋に溜め込まれた莫大な熱に依存していることになる．

海洋に溜め込まれた熱は，海水の熱膨張を引き起こす．その結果，海面水位の上

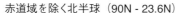

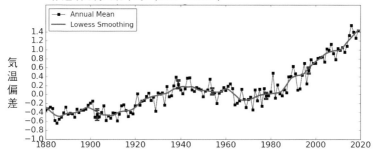

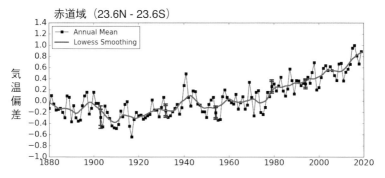

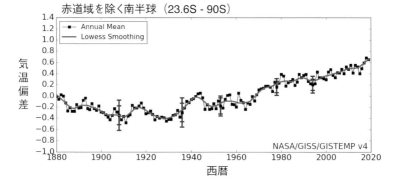

（気温偏差は1951 - 80年を平均）

図表3.3　世界の平均気温偏差.
　基準（0℃）は1951～80年の平均気温（NASA GISS Surface Temperature Analysis より．https://data.
giss.nasa.gov/gistemp/）.
（a）赤道域を除く北半球
（b）赤道域
（c）赤道域を除く南半球
　グラフの Lowess Smoothing は重み付けを行った平滑化手法を表わす.
　気温の顕著な上昇は，1980年以降，特に2000年から始まり，特に北半球での昇温が著しい.

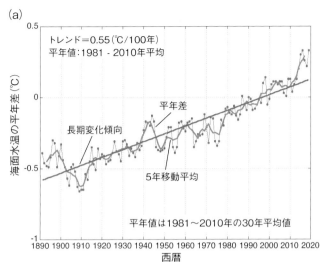

(a)

トレンド＝0.55（℃/100年）
平年値：1981 - 2010年平均

海面水温の平年差（℃）

長期変化傾向

平年差

5年移動平均

平年値は1981〜2010年の30年平均値

西暦

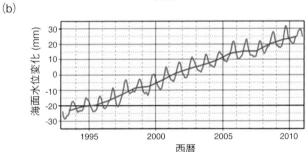

(b)

海面水位変化 (mm)

西暦

図表3.4　海面水温，海面水位の長期変動（気象庁海洋の健康診断表より．https://www.data.jma.go.jp/ gmd/kaiyou/data/shindan/a_1/glb_warm/glb_warm.html）.
（a）海面水温の平年差の変動
　1981〜2010年の平均を基準（0）とする.
　長期の昇温傾向が明確であり，特に2000年以降の温度上昇が顕著である.
（b）海面水位変化（北緯66度から南緯66度の間）
　海面高度計人工衛星（TOPEX/Poseidon，ジェイソン１，２）のデータを用い，1996〜2006年の平均 値を基準（0）としている．長期の海面上昇が明確である.

昇が起こる．海面水位を観測するには，各地の海岸に設置された潮位計のデータが最も直接的であるが，それには様々な変動成分が含まれており（たとえば地殻変動や局地的な海流の変化など），グローバルな変動を測定するのには向いていない．1992年，アメリカ航空宇宙局（NASA）とフランス国立宇宙センター（CNES）は，高精度のレーダー高度計と衛星測位システムを組み合わせて10日の周回軌道で海面の高度を測る TOPEX/Poseidon 衛星を打ち上げた．測定精度は2 cm であった．この衛星は，2005年まで可動し，その後，ジェイソン1衛星にミッションは引き継

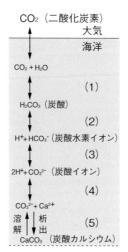

図表3.5 大気 CO_2 と海水中の炭酸，炭酸水素イオン，炭酸イオン，炭酸カルシウムの間の化学平衡反応．炭酸カルシウムは，生物の殻・骨格を作り，また，堆積物として沈積する（https://www.data.jma.go.jp/gmd/kaiyou/db/mar_env/knowledge/oa/acidification.html などの資料から著者編集）.

がれた．図表3.4b にはこれらの人工衛星データに基づく海面変動の解析結果が示してある．まず，季節変動が顕著に見える．どの年も11月頃に平均海面が高くなる．これは海水の量が一番多い南半球の低緯度―中緯度に日照が大きい時期と一致している．**長期的な傾向としては，2.95mm ±0.12mm/ 年の上昇が認められる．この上昇は，表面海水の熱膨張（1/3程度）だけでは説明できないほどの上昇量なので，陸地の氷河の融解，そして深海での海水昇温などが考えられている．**

　化石燃料の消費によって大気に放出された CO_2 の25％は海洋が吸収していることはすでに述べた．海水には，多種のイオンが溶け込んでおり，陽イオンとして Na^+，Mg^{2+}，Ca^{2+}，陰イオンとして Cl^-，SO_4^{2-}，HCO_3^{2-} などがあるが，わずかに陽イオンの方が多く，この余剰の陽イオンを，主に無機炭素のイオンである炭酸イオン CO_3^{2-}，炭酸水素イオン HCO_3^- によって電荷のバランスを取っており，表層では，全体としてややアルカリ性の性質（pH が8よりやや大きい程度）を示す．ここに，pH は，化学溶液の水素イオン濃度を $[H^+]$ とした時，

$$pH = \log 1/[H^+]$$

で表される．pH が小さい時は水素イオン濃度が高くより酸性であり，大きい時は水素イオン濃度が低くアルカリ性である．

　海水に溶け込んだ CO_2 は図表3.5のように，炭酸，炭酸水素イオン，炭酸イオ

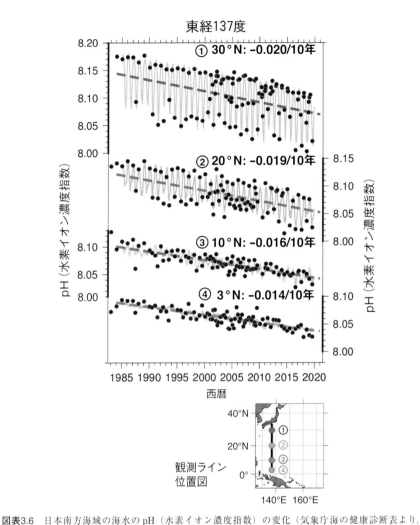

図表3.6 日本南方海域の海水のpH（水素イオン濃度指数）の変化（気象庁海の健康診断表より，https://www.data.jma.go.jp/gmd/kaiyou/shindan/a_3/pHtrend/pH-trend.html）．1985〜2020年間の4定点観測地点における表層海水pH測定結果．どの地点においてもpHの長期的は低下傾向（酸性化傾向）が明らかである．①地点での季節変動が大きい．これは春・夏に植物プランクトンの光合成によりCO_2が消費され，また秋・冬には海水の混合が進み，CO_2の豊富な下層の海水が表層に湧昇するためである．

ン，炭酸カルシウムの間で化学平衡の状態を保っている．大気CO_2濃度が上がると，平衡反応は式（1），式（2）が下に動くように進み，炭酸水素イオンが生成され，H^+がより多く解離する．このH^+は，式（3）が上に進むことで消費されるが，一部のH^+は残りpHが低くなり酸性化へと進む．一方，消費された炭酸イ

オンを補うために炭酸カルシウムは溶解し，炭酸イオンと Ca^+ を放出するように働く．このため炭酸カルシウムの殻を持つ生物，たとえば円石藻，有孔虫，翼足虫などの浮遊性生物からサンゴなどに至るまで影響が出ると考えられる．実際，すでに有孔虫の殻に変化が出てきたとの報告があり，生態系へのダメージが心配されている．

　以上のように，ほぼ60年に渡って，世界中の研究者や技術者が，陸，海，宇宙から地球の観測を続けてきた．その結果，

１．大気 CO_2 濃度は上昇してきた．その原因は，化石燃料の消費である．

２．地球は温暖化してきた．

３．海洋は蓄熱し，海面水位上昇と，酸性化が始まった．

が明確になった．

　この温暖化傾向の原因が，スヴァンテ・アレニウスの預言した大気 CO_2 濃度の上昇であるのかどうか，これから見てゆくことにしよう．その前に，まず，地球の気候はどのような仕組みで駆動されているのか学ぼう．

気候：大気と海洋の相互作用

　地球の表層環境を大きく支配しているのは，太陽からの放射エネルギーである．太陽の表面温度は，約6000℃であり，そこから電磁波で放たれるエネルギーを放射エネルギーとよび，その大部分は，波長0.2〜4 μm の範囲に分布し，その半分が可視領域（0.35〜0.7μm）に集中している．地表面は，この太陽の放射エネルギーを吸収するとともに，より波長の長い赤外領域の電磁波（赤外線）として宇宙へ向かって放射している．この波長の赤外線は，大気中のガス（特に CO_2，メタン，水蒸気など）に吸収され，大気自身を温め，さらに大気からの逆放射によって地面・海面が暖められる．これを温室効果という．全地球の平均温度は約15℃であるが，温室効果がまったくないとして，太陽放射エネルギーをすべて吸収する表層物体を考えると，平均温度はマイナス18.5℃である．すなわち，CO_2 などの温室効果ガスと蓄熱する海洋の役割により，地球環境が温暖に保たれている．

　太陽から受けるエネルギーは赤道付近で一番大きいが，そのエネルギーは，大気と海洋の循環によって，南北両極域へと移送されている．まず，大気の大きな循環を見てみよう．熱帯では大気が暖められて上昇流となり，積乱雲が生じる．この積乱雲が台風やハリケーンに発達する．赤道で作られた上昇流は，中緯度で下降流となり，高気圧を作る．この時，地表では中緯度から赤道域へと風が吹くことになる．この大気循環（ハドレー循環）は，コリオリの力（地球の自転によって生じる見かけの力）によって北半球では進む方向から右側へ（北から南の場合は西側へ），南

半球では左側（南から北の場合はやはり西側へ）に曲がり，東から西へ吹く貿易風帯となる．一方，極域は低温なので大気は冷却され下降流となり高気圧を作る（極循環）．北半球では，極域から南への流れと中緯度高圧帯から北への流れが合わさって亜寒帯では上昇流が起こり，低気圧帯が形成される（極前線の形成）．極前線と中緯度高圧帯の間の循環（フェレル循環）は，コリオリの力によって西から東へと吹く偏西風となる．南半球においても同様な循環系が発達する．日々の天候は，低気圧や高気圧の発生，前線の移動，台風などにより大きく変化するが，数週間から数カ月のタイム・スパンでみれば，以上のような大きな循環が成り立っている．

　大気大循環は，大地形との相互作用，あるいは海洋‐大気相互作用によって季節スケールから数年スケールの変動を起こす．たとえば，チベット高原は，インド洋モンスーンの引き金になっている．このことをコンピュータ実験で最初に解き明かしたのが真鍋淑郎（2021年ノーベル物理学賞）である（Manabe & Terpstra, 1974）．夏になると，チベット高原は，暖められて強い上昇流を引き起こす（低圧帯を作る）．これによって赤道インド洋の南東貿易風帯から時計回りに湿った風が吹き込み，ヒマラヤ山脈の麓に大雨を降らせる（高山域では大荒れになり，登山は困難）．この降雨帯は東南アジアから日本の梅雨前線に繋がり，雨季をもたらす．冬にはチベット高原は，雪で覆われるので太陽の放射エネルギーを反射して冷却し，高圧帯となり，逆のことが起こる．このような季節風変動をインド洋モンスーンという．

　大気の循環は，表層海流を引き起こす．海流の全体像を見てみると北・南半球の太平洋と大西洋に大きな循環流が存在する．これらは北半球で右回り，南半球で左回りになっている．これらは亜熱帯循環とよばれ，それぞれ，循環の西側において，強い海流を生み出している．これを西岸強化流といい，北半球では黒潮，湾流（Gulf Stream）となり，南半球では，北半球ほど強くはないが，ブラジル海流，東オーストラリア海流などがこれに相当する．西岸強化流が生まれるのもコリオリの力による．インド洋では，アフリカ東岸での海流はインド洋モンスーンの影響を受けて季節変動が大きく，ソマリア沖では夏に北向きの強い海流が卓越する．

　大気‐海洋の相互作用は，数カ月～数年スケールの気候変動を引き起こす．その例として，エルニーニョ現象を見てみよう[8]．熱帯太平洋には，東から西方向への貿易風が吹いており，赤道海流を作り出している（東西方向の流れにはコリオリの力は働かない）．特に南東貿易風は，南半球の太平洋東側がより広い（南米大陸岸が屈曲している）ので，多くの暖かい海水を西太平洋へと運ぶ．この暖かい海水はインドネシア海域に吹きせられ，ウォーム・ウォータープールとよばれる世界でも最も高温な暖水域を作る．ここで暖められた大気に強い上昇流が発生，積乱雲帯が形成される．この低圧域の形成によって，さらに南東貿易風が強くなるという正

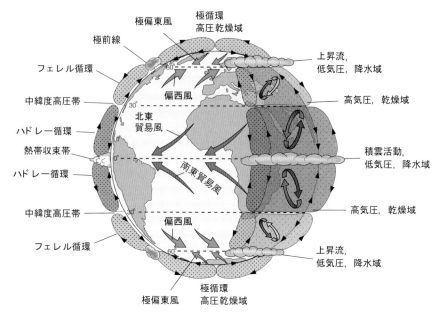

図表3.7　大気大循環.
　大気大循環は，各々の半球で大きく３つの循環（セル）からなっている．ハドレー循環，フェレル循環，極循環である．ハドレー循環では，赤道付近で暖められた大気が上昇流を生じ，赤道付近は低圧帯となり積乱雲を作る．ハドレー循環は中緯度で下降流となり，高圧帯を作る．一方，極では冷却された大気が下降流となり，高圧域を作り，極循環が生まれる．極循環と中緯度高圧帯の間にフェレル循環が起こる．これらの循環は，地球の自転によって生まれる見かけの力であるコリオリの力によって貿易風，偏西風となる．ちなみに風は，吹いてくる方向でよぶ（西から東へ吹けば西風）．（Garrison, 1999）を再編集．

　のフィードバックが働く．一方，エクアドルからペルー沖では，南東貿易風によって海水が岸から離れるように動くので，中深層からの湧昇流が発生，これにより栄養塩が表層にもたらされ，プランクトンが大発生，そしてカタクチイワシの大群が押し寄せる世界で最も海洋生物生産の大きな海域の１つとなっている．しかし，この状態が変化する時期がある．何らかの理由で，南東貿易風が弱まる，あるいは南赤道海流が弱まると，ウォーム・ウォータープールが減少し，積乱雲の発生域は東へと移動し，さらにこれが南東貿易風を弱め，湧昇流も衰退する．**この負のフィードバックが働く現象をエルニーニョとよび，その逆に湧昇流が強く発達した状態をラニーニャという**．その中間に"平年状態"が存在している．この現象は，東西方向での赤道南太平洋における海水の振動現象でもあるので，その変動全体を南方振動という．エルニーニョは１年ほど続く現象であり，世界的に異常気象の原因となっている．インドネシアで干ばつが起こり，エクアドル，ペルー，そしてヨーロッ

110 ●

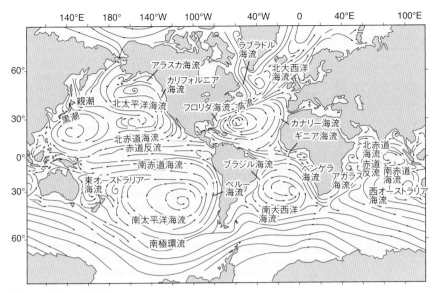

図表3.8 世界の表層海流.
表層海流は，大気大循環によって駆動されている．貿易風によって赤道付近に東から西への流れが作られ，西岸強化流（黒潮や湾流など）が生じ，南北の半球で大洋に循環流ができる．また，南極を周回する南極環流が存在する．暖流を赤，寒流を青で示した（平，2001より，The Open University，1989が原典[7]）.

パで大雨が降る．日本では暖冬になることが多い．同様な現象はインド洋でも起きており（インド洋ダイポール現象）[9]，大気－海洋の相互作用は，特有の振動周期がもたらす季節変化，あるいはより長期の変動を引き起こす.

　10年〜数十年スケールでの長期的な振動現象も存在している．たとえば，北大西洋振動は，北のアイスランド低気圧域と南のアゾレス高気圧域の気圧差の10年スケールの振動である．その気圧差が大きい（正のフェーズ）場合には，ユーラシア大陸北部（たとえばヨーロッパからロシア）の気温が上昇し，湿潤になる．気圧差が小さい時（負のフェーズ）には寒気団が南下し，地中海や中東でも寒冷化が起こる．太平洋数十年振動は北半球太平洋における海水温度の振動である．熱帯太平洋中東部，北米西岸，アラスカ近海にかけて暖水が発達し，反対側の太平洋北西部に冷水が広がる時期（正のフェーズ）は，エルニーニョが頻繁に起こり，アラスカが温暖化する．負のフェーズは，ラニーニャが起こりやすくなり，アラスカは寒冷化する．数十年の長期に渡る気候変動には，このような地球気候に固有な振動現象が複雑に関与している.

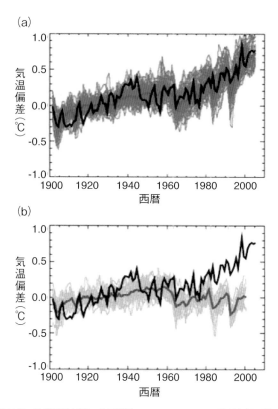

図表3.9　1900〜2010年の地球平均気温の合同多数シミュレーションの結果と観測値の比較
（a）大気CO_2濃度変動を入力して計算した場合を細い実線で示す．太い実線は観測された地球平均気温の偏差．両者はほぼ一致している．
（b）大気CO_2濃度変動を入力せずに計算した場合を細い実線で示す（全体の平均はグレーの太線で示す）．太い実線は観測された地球平均気温の偏差（上と同じデータ）．両者は1960年頃までは一致しているが，それ以降は乖離が大きい．すなわち昇温が再現できない（IPCC-AR4-WG1, 2007より．https://www.ipcc.ch/report/ar4/wg1/understanding-and-attributing-climate-change/ 河宮未知生『シミュレート・ジ・アース——未来を予測する地球科学——』ベレ出版，2018[12] 編集）．

地球温暖化の原因

　過去80万年の間，氷期－間氷期サイクルにおいて大気CO_2濃度は，ほぼ170〜280ppm（差にして110ppm）の間を周期的に変動してきた．人新世になり，それが一挙に417ppm まで跳ね上がった（図表1.4参照）．これは，ホモ・サピエンスが誕生して以来，最も高レベルの大気CO_2濃度と考えられる．過去60年に渡る全世界での観測努力の結果，地球が温暖化しており，その原因が化石燃料を消費した結果の大気CO_2濃度の上昇らしいことが，次第に認められるようになった．この問題に対して決定的ともいえる研究結果が「気候変動に関する政府間パネル」（IPCC）の報

告（2007）[10]で発表された（図表3.9）.

　地球の気候変動は実験で確かめることはできない. したがって, その再現はコンピュータを用いた地球気候モデルで検証するのが, 唯一の方法である. 近年, 20年以上に渡り世界中の研究所で大気と海洋の相互作用を統一的に計算することができる, 大気－海洋結合気候モデルが開発されてきた[11]. しかし, 現在でも唯一無二という気候モデルは存在しない. 気候はきわめて複雑な事象のフィードバックと非線形現象（方程式の解で解くことができない）から成り立っており, 多数の方程式を扱いながら, 近似的に解く方法を組み合わせて解を求めて行く. このためにパラメータの設定や計算メッシュの取り方などに考え方の違いが表現される. IPCCにおいては, ある共通問題（テスト課題）に関して, 結果を各研究所が持ち寄り, それから平均的な解を導く（アンサンブル予報という）方法が採られてきた.

　その検証の仕方として行われたテストは, 「世界の平均気温偏差データの信頼度が高い1900年から現在（その時点では2005年）までの地球平均気温について, 観測データと人為起源CO_2が放出された場合とされなかった場合について気候モデルの結果を比較する」というものだ.

　世界の平均気温は, 1900～2005年の間に0.74℃上昇した. これに対して, 人為起源の大気CO_2濃度の上昇があった場合となかった場合について, シミュレーションを世界の複数の研究機関が行った. この結果, 大気CO_2濃度の上昇を考慮に入れないと, どのモデルも観測データの示す平均気温上昇を再現できないことがわかった. さらに, この110年間において, やや温度が低い傾向にあった1950～70年の時期も再現されている. この時期は地球温暖化の議論が始まった時期であり, その時期に地球平均気温があまり上昇しなかったために, 一部に温暖化懐疑論を生み出した[12]. このような10～20年におよぶ変動は, 上述した気候振動現象や火山活動に起因することがわかってきており, 今では, さらに気候モデルをチューニングし, 詳しい精度が再現できるようになってきた. **この結果より, 人新世における地球温暖化は, 化石燃料の消費による人為起源CO_2の大気への放出が原因であることが検証された.**

3.2　過去の気候変動

歴史時代の温暖化と寒冷化

　人新世の前の気候はどのようなものであったのだろうか. これを研究することは, 未来の気候の予測や, 地球気候の振る舞い理解する上でも重要な課題である. このように過去の気候を研究する分野を古気候学（Paleoclimatology）という.

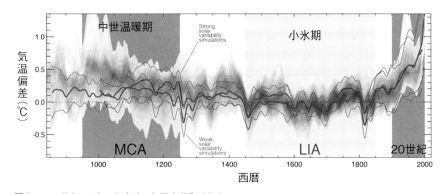

図表3.10　過去1300年の北半球の気温変動復元とそのシミュレーション.
　古気温の復元は，白からグレーのグラデーションで示す．よりグレーの濃い部分が多くのデータが一
致．シミュレーションは，太陽放射の影響を強く見積もった場合（赤）と弱く見積もった場合（青）
の範囲（細線）と平均値（太線）を示す．すべてのデータは，1500〜1850年の平均値からの偏差とし
て表している．MCA は中世温暖期，LIA は小氷期．1980年頃からの温暖化傾向は，過去1300年で最
も大きい昇温であり，歴史時代とはまったく異なった気候変動であることが明瞭である（IPCC-AR5
WG1, 2013報告書より，https://www.ipcc.ch/report/ar5/wg1/）.

　観測データが存在する以前（19世紀後半以前）になると地球平均気温の推定は非
常に難しくなる．様々な文献や歴史・考古学的データ，サンゴ化石，花粉化石，木
の年輪などをもとに推定を行う．IPCC では，このような気温復元データを世界中
のチームが持ち寄り，議論を重ねて過去1300年間の北半球平均気温を復元した（図
表3.10）．この図を偏差のベースライン（1500〜1850年の平均）から見ると，北
半球平均気温は西暦950年頃から1250年頃までやや温暖な時期（300年間）があり，
これを「中世温暖期」（Medieval Climatic Anomaly）とよび，1450年頃から1850
年頃までは，それ以前とそれ以後と比べてやや寒冷な時期（400年間）であり，こ
れを「小氷期」（Little Ice Age）とよぶ．
　中世温暖期には，ヴァイキングが，アイスランドからグリーンランドに入植し
た[13]．グリーンランド（彼らがこう名付けた）への遠征は，赤毛のエイリーク
（Eirik the Red）が500人の入植者を率いて行った．992年にエイリークの子供のレ
イフ・エリクソンはバフィン島，さらに北アメリカ大陸へと進出，ニューファンド
ランド島北東部に小さい定住地を築いた．この地には野生のブドウが生えていたこ
とから（近年は草原という説もある）ヴィンランド（Vinland）とよんだ．ここで
彼らは，先住民であるイヌイットと交易を行った．この事実は，当時，北西大西洋
が温暖であったことを示している．しかし，先住民とのトラブルで，この入植は長
く続かず，新大陸の発見のことは忘れ去られていった．
　西暦1206年にはジンギス・ハーンがモンゴルの大ハーンとなり，その後，モンゴ

ルは空前の世界帝国を建設する．この時期は温暖化でユーラシア内陸は干ばつが続き，遊牧民は，気候が安定し農業の改革が進み富の蓄積のあった中国沿岸部やヨーロッパへと進出したと考えられる．この時期に中央アジアからもたらされたペスト（黒死病）の大流行があった．また14世紀にはモンゴル帝国もまたペストで衰退していった[14]．

　一方，小氷期の時代には，スイス・アルプス氷河の発達，テムズ川やオランダの運河の凍結（ピーター・ブリューゲルのスケートをする人々の絵画で有名）などが記録されており，飢饉が頻繁に起こった．このような長期に渡る温暖時期と寒冷時期（両時期の温度差が0.3℃程度の違い）がなぜ起こったのかは十分にはわかっていないが，いくつかの仮説が出されている．1つは，小氷期の間に，太陽黒点数の変動記録から太陽活動の極小期（マウンダー極小期：1645〜1715年）が知られていることから太陽活動が原因とする説がある．しかし，近年の太陽放射観測に依れば，その変動はきわめて小さく気候変動を起こすことはできないことが明らかになっている．特筆すべきは，火山活動の大きな影響である．過去1300年の中には，アイスランドのラキ火山（1783〜84年），インドネシアのタンボラ火山（1815年）などが寒冷化をもたらした[15]．これについては，後に述べる気候工学（Geoengineering：ジオ・エンジニアリング）による温暖化制御のヒントとなっている．

　私は，この本では小氷期のピーク時期（16〜17世紀）の人為起源説を取り上げる．これが正しいとは定説になったわけではないが，その意味するところはきわめて大きい．それは南北アメリカ大陸における農業の盛衰に関係しており，第6章で説明することにする．さらに過去を遡れば，第四紀の氷期－間氷期サイクルが顕著であった．

氷期－間氷期サイクル

　コロンビア大学ラモント・ドハティ地質研究所（現在は地球研究所：Lamont-Doherty Earth Observatory）の研究船ヴェーマ（Vema）は，数奇な運命をたどった伝説の船といってもよい[16]．この船は1923年にデンマークのコペンハーゲンにある造船所で，米国の富豪エドワード・ハットン夫妻のための豪華ヨットとして作られた．全長は62m，鉄製船体を持つ3本マストのスクーナーで，ハッサールと命名された．1935年にハッサールは，ゲオルゲ・ヴェツェルセン夫妻に売られ，夫人の名前を取りヴェーマと名付けられた．第二次世界大戦中は政府に供され，沿岸警備や海軍兵学校の訓練船として使用されたが，戦後は，ニューヨーク港外に7年間，廃船として打ち捨てられていた．たまたま，ヴェーマを引き揚げて利用しようとした人がいて，それを機会にラモント研究所長のモーリス "ドック" ユーイングは，これを10万ドルで購入し，研究船として使うことにした．1953〜81年までの28

年間，ヴェーマは，全航跡にすると地球56周（227万 km）の距離を航海し，全海洋で観測を行い，数千地点で海底堆積物のコア（柱状試料）を採取した．ヴェーマは，その後，カリブ海でマンダレーと名を変えチャーター船として利用されたという．驚くべき長生きの船だ．

　ヴェーマの観測データは，地球科学の革命となった海洋底拡大説，そしてプレート・テクトニクス創成のベースとなった．それだけでなく，過去の海洋を研究する学問，古海洋学（Paleoceanography）を生み出す原動力ともなった．

　酸素原子には，自然界で安定に存在する３つの同位体が存在する．それらは^{16}O とごく少量であるが^{17}O（0.037％），^{18}O（0.204％）である．中性子２つ多く含まれる^{18}O は，その分だけ重いので物理的活性が低く，たとえば，水が蒸発する時には，水蒸気に含まれる量が少ない．大気の水蒸気が降雪して形成される氷河は，海水と比較して，^{16}O が多く含まれ^{18}O が少ない．もし，氷期に大陸氷河が大量に形成されると，その分，海水では，^{18}O に比較して^{16}O が減ったことになる．したがって，海水の^{18}O と^{16}O の比率は氷期 - 間氷期の変動の指標となる（BOX3.2を参照）．

　海洋堆積物の中には炭酸カルシウム（$CaCO_3$）の殻を持つ原生生物である有孔虫の化石が含まれている．有孔虫は大きく海底に棲む底生有孔虫と海面付近に棲む浮遊性有孔虫に分けられる．有孔虫殻に含まれる酸素原子は海水の^{16}O と^{18}O の比率を反映している．深海の底生有孔虫の殻は，海洋深層水，すなわち海洋の大部分の海水の^{16}O と^{18}O の比率を反映していることになる．また，浮遊性有孔虫においては海水温と相関があることがわかった．大きさ１mm 以下の小さな殻が，過去の海洋環境の変動の指標になるのは，まさに驚きだ．

　ヴェーマをはじめ，各国の研究船，日本では東京大学大気海洋研究所や海洋研究開発機構（JAMSTEC）の研究船が活躍，そして国際深海掘削計画[17]により海底から採取された試料によって古海洋学の研究が大進歩を遂げた（BOX4.1を参照）．

　まず，１万8000年前，氷河時代には，ヨーロッパ（現在の北海を含む），グリーンランド，北米大陸の北部を氷床が覆い，その厚さは3000m 以上に達し，海面が120m 低下した（図表3.11）．

　また，時間を遡ると，14万年前，25万年前，35万年前，43万年前，52万年前，63万年前そしてそれ以前にも氷床が発達した時期（氷期）があり，その直後に急激に温暖化が進み，暖かい時期（間氷期）が訪れていたことが明瞭に捉えられた（図表1.4，図表3.12）．さらにそれに数万周期の寒暖サイクルが重なっていることもわかった．以上のような変動の周期を数学的に解析すると，10万年，４万年そして２万年周期の寒暖サイクルから構成されていることがわかった．10万年の周期は，特にゆっくりした寒冷化と早いペースで起こる温暖化のノコギリ刃のような周期を

116 ●

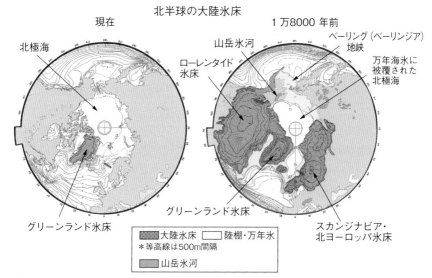

北半球の大陸氷床

現在

北極海

グリーンランド氷床

1万8000年前

山岳氷河
ローレンタイド
氷床
ベーリング（ベーリンジア）
地峡
万年海氷に
被覆された
北極海

グリーンランド氷床

スカンジナビア・
北ヨーロッパ氷床

大陸氷床　□ 陸棚・万年氷
＊等高線は500m間隔
山岳氷河

図表3.11　現在と氷期の北半球大陸氷床（平，2007）より．
　　右は1万8000年前の北半球の大陸氷床の分布．大きく，北米のローレンタイド氷床，スカンジナビア
　・北ヨーロッパ氷床，グリーンランド氷床の3つの氷床が分布していた．ローレンタイド氷床は，厚
　さ3000m以上の標高があったと考えられている．
　　左は現在の北半球．グリーンランド氷床だけが存在している．

持っていることが特徴的である．

　一方，陸上記録の探索も続けられた．1960年，グリーンランドの北部，氷床の中
にある米軍基地キャンプ・センチュリーの地下構内において，氷を掘削（ボーリン
グ）して柱状試料（アイスコア）を連続採集しようとするきわめて野心的な計画が
実施された[18]．そのリーダーは，米国の寒冷地工学センターのライル・ハンセン
であり，様々な技術的困難を克服しながら，1966年7月に1387mの深さまで掘削し，
ついに氷床を貫通し基盤の砂レキ層まで到達した．このアイスコアの存在を知った
デンマーク（グリーンランドはデンマーク領である），コペンハーゲン大学のウィ
リ・ダンスガードは，アイスコアの酸素同位体比測定の共同研究を申し込んだ．そ
して，合計7500ものサンプルが分析され，記念碑的な論文が発表された．現在から
約7万年前までの詳細な氷の酸素同位体比（これは，気温の記録を表す）が示され，
そこに最終氷期の気候の様子がはっきりと読み取れたからである．これが，その後
の様々な氷床や氷河掘削の先駆けとなり，現在までにグリーンランド，南極そし
てヒマラヤ，アンデスからアイスコアが採取され研究されている．南極では3000m
の深さまで掘削がなされ，80万年前までの記録が採取された．日本も極地研究所に
よるドームふじ（標高3810mで3000mの厚さの氷床）の掘削を行った．これによ

って，古海洋学の成果と同様な氷期－間氷期サイクルの存在が確認されていった（図表3.12）。

　氷床コアの分析からさらにきわめて重要なデータが集められた。それは，大気の温室効果ガス濃度の変遷である。氷床の氷は降雪によって作られる。降雪間もない雪には空気が閉じ込められ，氷になってゆく過程で氷晶の中に気泡として残る。まさに大気のサンプリングを連続して行ったことになる。**気泡の中の CO_2，メタン（CH_4）などの成分が連続測定された。驚くことに，これらの温室効果ガスの濃度も，氷期－間氷期サイクルの周期とまったく連動して変動していた。氷期には温室効果ガスの濃度が低く，間氷期には高くなっていたのである**（図表1.4）。これらから，当然，次のことに疑問がわく。

① 　氷期－間氷期サイクルの周期性は，何が原因なのだろうか？

② 　大気 CO_2，メタン濃度が酸素同位体比（あるいは水素同位体比）と同期したサイクルを示すのはどうしてなのだろうか？

　氷期サイクルに関しては，20世紀前半にその原因を探究したパイオニアがいた。セルビア，ベオグラード大学の数学者・天文学者であるミルティン・ミランコビッチである [19]。長期的に見ると，地球の受ける日射量（太陽からの放射エネルギーの総量）は，楕円軌道を回る地球と太陽の位置関係（離心率），そして地球の自転軸の傾き（地軸傾斜角）とその自転軸の味噌すり運動（歳差運動）によって決まる。**その運動を天文力学的に精密に計算して，日射量の長期変動を分析したのがミランコビッチである。その計算から，日射量の変動には約10万6000年，4万3000年，2万4000年，1万9000年の周期が混在しており，それが氷期－間氷期のサイクルとなる可能性を示した。**彼の発表（1920年）から約50年を経て，ブラウン大学のジョン・インブリーらによって海洋底コアの氷期－間氷期指標データが同じ周期を示すことが指摘され，その後の多数の海洋コア，氷床コアの研究から，氷期－間氷期の周期性がミランコビッチ・サイクルに起因することが広く信じられるようになった。

　問題は，大気 CO_2 濃度変動である。これらは，氷床コアの示す気温偏差，および底生有孔虫の示す酸素同位体比（氷床の量＝海水面変動）とほぼ同期した変動を示している。まず，大気 CO_2 濃度が海水温と深く関係していることが指摘されている（図表3.12）。CO_2 ガスは，水温が高いほど海から放出され，低いほど吸収されるので，これは変動の相似を説明できる。ただし，大気 CO_2 濃度の170ppm ～ 280ppm の変動は，氷期－間氷期で起こりうる海水温変動だけでは説明できないとされている。

　東京大学大気海洋研究所・海洋研究開発機構の阿部（大内）彩子らのコンピュ

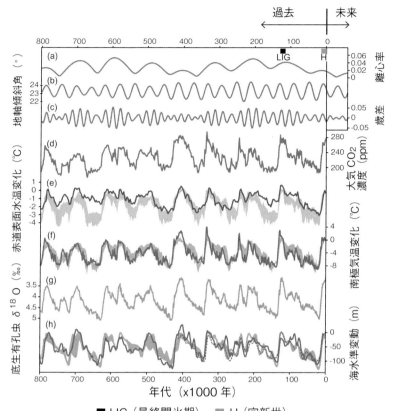

図表3.12　過去80万年間のミランコビッチ・サイクルと環境変動.
ミランコビッチ・サイクル（6.5万年後までの計算値も示す）
(a) 離心率（値が大きいほど楕円となる）
(b) 地軸傾斜角（現在は23.4°）
(c) 歳差運動（日射量の変動に関係）
環境変動の指標
(d) 大気CO_2濃度
(e) 熱帯域表面海水温度偏差（現在を0，様々な指標を合成）
(f) 南極の気温偏差（現在を0，7つの氷床コアのデータを統合）
(g) 底生有孔虫の標準酸素同位体比（氷の大きさを表す）
(h) 海水準変動（底生有孔虫などのデータからの復元）太い実線は気候 - 氷床モデルのシミュレーショ
ン（Abe-Ouchi et al., 2007; IPCC-AR5 WG1 Report, 2013）より.

ータ・シミュレーションによれば[20]，氷期 - 間氷期の氷床発達は，日射量の変化
だけでは説明が難しく，大気CO_2濃度変動をフィードバックすることにより，環
境変化の復元が可能であることを示した（図表3.12h）．すなわち，日射量が減れば，
気温や水温が下がり，大気CO_2が海洋に吸収されて温室効果が低下し，それがさ

らに気温や水温の低下を起こし、極域の氷床を次第に増やしてゆく、氷床が増えれば日射の反射率が大きくなる（氷は日射をより反射する性質がある）のでさらに温度の低下を招くというシナリオである。一方、日射量が増える時には、気温が上がり、あるレベルになると一挙に北半球の大陸氷床が流動崩壊し（地すべりを起こす）、海へと流出するので、海面上昇を引き起こすという。この氷床崩壊のメカニズムによって、間氷期の温暖化が非常に早いペースで起こることがうまく説明できることもわかった。日射量、温室効果ガス、氷床の日射の反射効率と安定性に関する要素がフィードバック・ループを作りながら氷期‐間氷期サイクルを作り出したと考えられる。実際には、海洋化学の変化や海洋生物生産の変化なども関与していることが考えられ、現在もこの変動の全体像は、まだ未解決の問題となっている。

氷河時代は来るのか

　現在、地球温暖化傾向は明確に現れている。それでも、過去の氷期‐間氷期サイクルから見て、間氷期である現在は、いつかは氷河期に移行するだろうという見解がある。すなわち、今まで80万年以上続いたサイクルが急に変わることは考え難いというのが基本にある。では、もし、人為起源 CO_2 排出がなかったとして、このままの状態が推移すればいつ氷河期が訪れるのだろうか。そのことを考えるには、ミランコビッチ・サイクルに戻り、過去の記録を調べるのが妥当である。図表3.12を見てみよう。完新世より4つ前の40万年前の間氷期（図表1.4で示したように、これをステージ11とよぶ）の頃のミランコビッチ変動、特に離心率と歳差を見てみると、完新世のそれらときわめて類似していることがわかる。そこで、この間氷期と完新世のデータを比較してみる（図表3.13）。ここでは南極氷床コアの記録のうち、気温を表す水素同位体比と大気 CO_2 濃度を両期間で比較してみると、氷期から間氷期に至るまでよく一致している。すなわち、ステージ11の間氷期と完新世は同様な気候変動の経緯であったことがわかり、将来もまた同様である可能性を強く示唆する。自然変動だけを考えれば、今後1万年は間氷期の状態が保たれ、氷期の訪れはずっと先のことになる。しかし、現在、大気 CO_2 濃度は氷期‐間氷期サイクルの変動幅である100ppmを超えて上昇している。人新世の変動がいかに大きいか理解できる。

　それでは、近未来において地球にはどのようなことが起こるのだろうか。

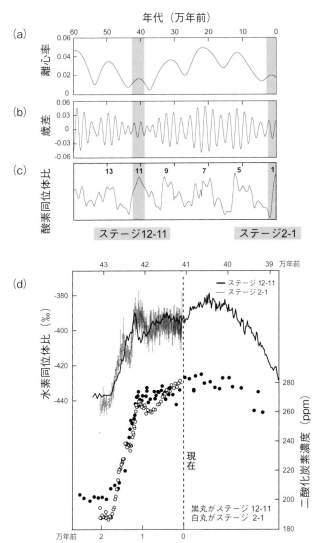

図表3.13 40万年前の氷期‐間氷期（ステージ12-11）と最終氷期最盛期‐完新世（ステージ2-1）の間の水素同位体比（気温）と大気 CO_2 濃度の記録比較.

上に過去60万年間の離心率（a），歳差（b），標準酸素同位体比（図表3.12（g）を参照）とステージ番号（c）が示してある．比較する期間をグレーの帯で示した．この両期間でこれらの指標が類似しているのがわかる．（d）では，ステージ12-11の4万年間の水素同位体比と大気 CO_2 濃度データとステージ2-1の2万年間の同じデータをプロットしてある．これらは南極ドームCのアイスコアのデータである．ステージ2-1は現在まで，ステージ12-11ときわめて類似した変動を経緯してきた．もし，人為 CO_2 の排出がなかったとしても，このデータは次の氷期到来まで1万年以上の期間があることを示す．ただし，現在，大気 CO_2 濃度は417ppm である．氷期‐間氷期サイクルからは逸脱した状態となった．ステージ番号については，図表1.4にも示してある．
（大河内直彦（2008）『チェンジング・ブルー——気候変動の謎に迫る——』．岩波書店を改編）

3.3 気候システムの未来とその管理

温暖地球の姿

　これまで述べたように，気候学・古気候学の成果は，地球温暖化が確かに起こっていること，そして，それが人為起源の CO_2 放出に起因することを示した．2021年に，大気 CO_2 濃度は418ppmであり，年に2.4ppm増加している．もし，このままの増加が続けば，2100年には，600ppmを越し，2〜3℃増加の世界が出現する[17]．世界の経済成長が加速して，さらに放出が増加すれば，700〜1000ppmの世界，すなわち3〜4℃増加の世界も現実のものとなる．4℃の上昇は，地球環境を劇的に変化させる可能性がある[21]．たとえば，

1．海水温が上昇し，海水が膨張するので海面水位が約3mm/年の割合で上昇している．このトレンドから，場所により，50cm〜1m海面が上昇する．沿岸地域では，高潮や洪水が頻繁に起こるようになる．

2．グリーンランド氷床，高山の氷河は大きく後退し，南極の氷床にも大きな影響が出る（特に海面下にある西南極氷床の溶融）．もし，グリーンランドや西南極の氷床が崩壊すれば（地すべりを起こして一挙に流出することも予想できる），短時間で海面が上昇するカタストロフィーの可能性も排除できない．西南極氷床の崩壊によって海水面は2m上昇する．グリーンランド氷床が全部溶けると海面はさらに数m上昇する．

3．北極の海氷は夏期には消滅する．北極海はまったく異なる海となり，地球気候に大きな変化をもたらす．

4．海洋の酸性化がさらに進み，海洋生態系に大きな影響が出て，水産業に大打撃を与える．

5．陸上の生態系も温度変化に追従できない場合が出て，生物の絶滅や逆にある種の生物の大繁殖が起こる．タイガなどの寒帯針葉樹林は北へ拡大する可能性がある．

6．気候に極端現象が多発するようになり，巨大台風，大旱魃，熱波，山火事などが起こり，人間の暮らしが大きな影響を受ける．場所により水不足が極端になる．

7．マラリアなどの熱帯の伝染病が亜熱帯に広がる．

8．海洋深層大循環の停滞が起こりうる（その結果は第4.2節を参照）．現在，極域で海水は冷却され，重くなって深層へと沈み込む．深層水は，1000年以上の年月をかけて海洋を大循環している．グリーンランドや南極の氷が溶けると極

域で海水の塩分が薄くなり，海水は冷却されても深層へと沈み込まなくなり，海洋の循環が大きく変わる．たとえば，湾流によって温められているヨーロッパは，寒冷化することが考えられるが，地球全体では温暖化しているので，寒暖の格差が非常に大きくなる地域が出てくる．

9. 凍土層や海底のメタンハイドレート層が溶解，不安定となり，時に巨大地すべりを起こし，大量のメタンが大気に放出され，温暖化を一挙に加速する可能性がある（メタンハイドレートについては第4章を参照）．

このようなシナリオがどれだけの現実味があるのか，という点については，まだ不確実な点が多くあるが，単純な物理法則から，いったん暖まった海洋はきわめて冷め難いという性質があることは確かである．さらに，放出された CO_2 ガスは，大気から除去されるプロセスが非常にゆっくりしたものらしい．もし，ある時点で人為起源の CO_2 排出をゼロしたとして，様々なケースにおいて，その後の推移をシミュレーションした例を図表3.14に示す[22]．

このモデルによれば，大気 CO_2 濃度がなかなか低くならないので，地表温度も下がらない．また，海洋は熱容量が非常に大きいので，いったん暖まると冷えにくく，海水熱膨張の効果は遅れて出るので，海面上昇も長く続く．私は，この論文の成果はきわめて重要であると思っている．地球はもう元には簡単には戻らないのである．

ここで，世界で地球温暖化に対してどのような対応策が検討されているのか，簡単にレビューをしておこう[23]．国際的には，2つの仕組みが温暖化対策に取り組んでいる．まずは，「気候変動に関する政府間パネル：IPCC」である．これは世界気象機関（WMO）と国連環境計画（UNEP）によって1988年に設立された組織で，世界の温暖化研究の成果を集大成し，国連として報告する重要な役割を果たしてきた．この成果については，すでに述べてきた．もう1つは，国連の「気候変動枠組条約」に参加する国の会合（締約国会合 COP：Conference of Partners）である．

今，COP において，現実的な対応として考えられているのが，1.5℃上昇をキープしようという2015年（COP21）に決議された法的拘束力を持つ国際条約である（パリ協定）．このためには，2100年には，実質排出量をゼロかマイナスとし，その途中である2050年までに40〜70％削減しようという計画である．日本は，2030年までに2013年比で排出量を26％削減が目標となっている．このような長期的な目標を目指す国際条約は，どのくらいの実効性があるのかは未知数である．どの国も，政治的そして経済的な安定性に関しては，大きな問題を抱えており，かつ，グローバルなビジネス環境や各国の思惑など，きわめて流動的な要素が大きいからである（終章の注2も参照）．

一方，近年，画期的な国際合意が出来た．それは，強力な温室効果ガスである

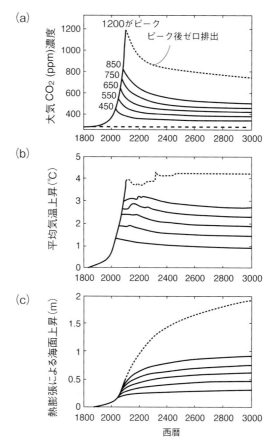

(a) 大気 CO_2 (ppm)濃度

1200がピーク
ピーク後ゼロ排出
850
750
650
550
450

(b) 平均気温上昇 (℃)

(c) 熱膨張による海面上昇 (m)

西暦

図表3.14 CO_2 排出量の停止時期とその後の経過（Solomon et al., 2009 より）.
　大気 CO_2 濃度が，450，550，650，750，850，1200ppm になった後に，排出を実質ゼロとして場合にどのように推移するかシミュレーションの結果を示す.
(a) 大気 CO_2 濃度（下の破線は1800年代の値）
(b) 全球での平均気温上昇
(c) 熱膨張による海面上昇
　その後の回復傾向は，きわめてゆっくりしたものであり（数百年のスケール），特に海面上昇は熱膨張の影響が遅れて出るために排出をゼロとしても上昇が続く.

ハイドロフルオカーボン（HFC：代替フロン）の冷蔵・空調機器からの漏洩・放出（廃棄時に特に起こる）と使用の規制である．第1章で述べたパウル・クルッツェン，マリオ・モリーナそしてシャーウッド・ローランドがノーベル化学賞を受けた理由の1つは，成層圏のオゾン層の破壊が冷蔵・空調機器に使われていたクロロフルオカーボン（CFC）が原因であることをつきとめたからだ．その結果，1987年に「オゾン層を破壊する物質に関するモントリオール議定書」が締約され，段階的

にCFCの使用が規制され，オゾン層の破壊にストップをかけることができた．これは，国際社会が地球環境に対して行った素晴らし行動の1つとされる．しかし，その代替物質であったHFCも重大な問題を抱えていることに関しては十分な対策を講じてこなかった．HFCはCO_2の数千倍の温室効果があるとされており，その大気への蓄積が問題となってきたのである．2016年にルワンダのキガリで170カ国の代表がモントリオール議定書を改定して，HFCを段階的に減らす法的拘束力のあるキガリ協定に合意した．これによって，地球温暖化が0.5℃抑えられるという見積もりがある（ホーケン，2021）．まずはできることから始める．それも重要だ．しかし，図表3.14の示す所は，地球温暖化をストップさせ，地球を冷やすには，排出量の規制だけではどうにもならないことだ．その中から，気候を積極的にコントロールしようとする実験的なアイデアが出されている．

気候を支配する試み

1943年（昭和18）7月7日，巡洋艦阿武隈を旗艦とする17隻の水上艦隊が，千島列島の北東部幌筵島（ほろむしろとう）を隠密裏に出発した[24]．それに先立つ6月28日には11隻の潜水艦部隊もすでに出航していた．艦隊の向かう先はアリューシャン列島のキスカ島，そこから5200名の守備隊を一挙に救出するのが目的であった．この作戦のポイントは，7月に発生する海霧に隠れて，米艦隊に気付かれないうちに，守備隊を揚収し無事に本土に帰還するという前代未聞の作戦である．作戦の成否は，艦隊の気象長・武永一雄少尉の霧予報の精度にかかっていた．武永少尉は作戦前に北千島から西部アリューシャンの気象データを徹底的に検討，ある規則性を見つけていた．それは，海霧は低気圧の通過時に発生し気温が海水温より2℃以上高く，風速5〜7mで最も発生しやすい．この時期の低気圧の動きから北千島に濃霧がかかると2日後にキスカ島周辺が霧になるという経験予測が成り立った．最初の予報は，7月10日から11日の予想だったので，7日の出航が決まった．しかし，高気圧の張り出しが予想より大きく，海霧は発生せず艦隊は帰還し，第1次作戦は失敗した．

武永少尉は，まさに針の筵状態であったが，木村昌福司令官の信頼は厚く，7月27日に再び低気圧が通過，29日の決行が決まった．木村指令官は，霧の中では米艦艇に見間違うように，艦艇の外見を偽装した．予想は的中，当日は，まさに濃霧となり，収容は艦艇の投錨後，わずか55分で完了という海戦史上，類を見ない成功に終わった．なお，武永少尉は戦後，気象庁に復員し，その後の気象予報業務に大きく貢献した．また，米軍サイドでは，後の日本文学研究者・文化勲章受章者のドナルド・キーンも参加していた．

霧は戦果を左右する重要な気象のファクターとなる．霧の予測のみならず，霧を晴らす作戦も実施された．英国では，第二次世界大戦下爆撃機の出撃が増えたが，霧が原因で失われる飛行時間が長引くにつれ，1942年，チャーチル首相は，「飛行場の霧を消散させる手段を速やかに開発するように」との指令を発した．この作戦は，霧研究・消散作戦（Fog Investigation and Dispersal Operation：FIDO ファイドー）とよばれ，操縦士，技師，企業家，官僚，そして気候学者ら多数が参加した一大作戦となった[25]．ファイドーは，英国の飛行場の周りにバーナー，パイプライン，タンクを配置して，バーナーでガソリンを燃焼，周囲の気温を上昇させ，霧を消散させると同時に飛行場を照らして，離着に有効な光を確保しようとするものだ．このシステムは実戦においても有効であり，戦後も英国空軍基地でしばらくは使われた．実際には莫大な量のガソリンが必要であり，あまりにもコストがかかりすぎるので，戦時の緊急事態以外の常時稼働は無理であった．今では，レーダーを主体にした管制システムにより霧の中でも離着陸は安全に行われている．

　気象を正確に予測し，また，気象をコントロールしたい，あるいは全球の気候を管理したい，という欲求は，100年以上の歴史があり，その中には，かなり荒唐無稽なものも含まれる．山火事を起して雨を降らせる，あるいは電流で雨を降らせる，アフリカの砂漠に海水を引いて巨大な第二地中海を作り砂漠を緑化する，ベーリング海峡にダムを作る，などである．

　宮沢賢治は『グスコーブドリの伝記』において，火山爆発を人工的に起こし，大気 CO_2 濃度を増加させて温暖化を起こし，東北地方を冷害から救う，という物語を書いている[26]．イーハトーブに生まれたブドリ少年は，冷害飢饉で家族がバラバラになるが，その好奇心旺盛な意欲によってイーハトーブ火山局に採用され，火山のリアルタイム観測，噴火の制御，人工降雨による窒素肥料の散布などで活躍していた．やがて，別れた妹にも再会．しかし，両親は森で亡くなっていたことも知った．その時にあの冷たい夏が再びやってきた．ブドリ技師は，カルボナード火山島（カルボナードは多結晶の黒色ダイヤモンドを意味する．炭素のイメージを印象づけたと思われる）を噴火させ，CO_2 ガスを放出し，温暖化によって冷害を防ごうとした．この危険な任務に自ら志願し，冷害はくい止められたが，ブドリは帰らぬ人となった．宮沢賢治の科学観・自然観のスケールの大きさには本当に感心してしまう．今，新たにディープエコロジーという側面からそれを見直すことが行われている（ガリー，2014）．

　このままでは，温暖化は止まらないので，地球を冷やすという方法が考えられており，それを気候工学とよんでいる[27]．気候工学には，大きく3つの分野がある．
1．産業排出 CO_2 の捕獲・貯留（Carbon Capture and Storage： CCS）あるいは積

極利用（Carbon Capture and Utilization：CCU）

これは，工場あるいは火力発電所からの排ガスから，CO_2を集め，それを地層の中に封じ込める方法や，地下の玄武岩やカンラン岩に集めたCO_2を注入し，炭酸塩鉱物として固定する方法などがある．さらにCO_2を積極的に利用して，有用な化合物を作りだす方法も考えられている．

2．大気に放出されたCO_2の除去

これには，大気から直接にイオン交換樹脂や水酸化物溶液を用いてCO_2を除去する方法，鉄などの生体制限元素を撒いて海洋の生産力を上げる方法などが考えられている．

3．地球の受ける太陽放射エネルギーの減量化

宇宙に太陽光を遮るシールドを貼る，屋根などを白くして地表面の反射率を上げる，成層圏にエアロゾルを注入する，などの手法

これらの手法のうち，CCSは各所で実験あるいは，石油の生産井を用いた実用化が進んでおり，これから重要になると思われる（BOX7.1参照）．大気に放出されたCO_2の直接除去には大きなエネルギーが必要であり，今のところ，限界がある．

気候工学において最も注目されているのが，成層圏にエアロゾルを散布する方法である．これは，火山の巨大噴火の際に起こった現象を参考としている．過去1300年の気候復元においても火山噴火が気温の低下を引き起こしていた．1991年，フィリピン・ルソン島のピナツボ火山の大噴火では，噴煙柱は最高35kmまで達した（図表3.15）．噴煙のうち，固体物質（火山灰）はやがて降灰して大気中からはなくなるが，ガス成分の中で二酸化硫黄（SO_2）や硫化水素（H_2S）は，数週間かけて酸化され，硫酸エアロゾルとなる．これは，液体硫酸の薄く拡散された霧（ミスト：半径$0.5\mu m$程度）のようなものと考えればよい．噴火で3000万トンの硫酸エアロゾルが地球全体に広がり，全球の気温が0.5℃減少した．問題となっている温室効果による気温上昇が1℃程度であるから，いかに効果が大きいかわかる．また，即効性が高い．しかし，問題は，効果期間が短いことである．ピナツボ火山では，エアロゾルは重さで徐々に降下し，雨や雪と一緒にもなり，3年ほどでなくなった．

この火山噴火では一時的な温度低下の効果は著しかったが，様々な変化も起こった．たとえば，温度変化は地域性が大きく，北米，ヨーロッパでは気温が上昇した．また，太陽光の減少により，蒸発量が減り，降水量が減った．エアロゾルは，成層圏のオゾン層を破壊するように働き，5％程度オゾン層が減少した．

今，これらの副作用も含めて，エアロゾルの成層圏への散布について，様々な角度から研究が始まっている．しっかりした科学的議論に基づき，地球の管理にどう応用すべきか，慎重な検討が必要である．

図表3.15　ピナツボ火山の噴火（1991年6月12日）.
フィリピン・ルソン島の西側にある標高1745mの火山. 噴火によって山頂にはカルデラが生じ，標高
は1486mと低くなった. 20世紀最大級の噴火であったが，事前の地震や噴火によって予兆が捉えられ
避難命令が出たために，死者は847名であった. 数万人の人命が救われたといわれる. 6月15日に噴
火のピークがあり，火山灰は高度35kmまで噴き上り，成層圏に硫酸エアロゾル層が作られ，数カ月
滞留した. 地球気温が約0.5℃低下し，オゾン層も破壊された（Wikipediaより）.

新生代の地球気候システム

　過去80万年のデータは，気候が周期的に氷期‐間氷期サイクルを繰り返してきた
ことを示している. 気候の変動は，複雑系の挙動として理解することができる. 地
球の受ける太陽放射の変動（ミランコビッチサイクル），火山活動による温室効果
ガスや太陽放射を遮るエアロゾルの放出，大気‐海洋相互作用，氷床の盛衰や崩壊，
森林・土壌・陸上生態系の変化，海洋での生物生産と海洋化学の変動，メタンハイ
ドレートを含む炭素循環など気候に影響をおよぼすたくさんの要因が複雑に絡み合
う系（システム）を構成している. 氷期‐間氷期サイクルの時代は，地球の気候シ
ステムは周期的変動を繰り返しながらも，ある範囲内で安定化していたともいえる.
このように複雑系である地球気候システムに安定状態のフェーズが存在しているの
も，システムの自己組織化があり得るからである. 地球気候は太陽エネルギーによ
って駆動されている. そして，地球の歴史上，初めて人間の活動が非常に大きな要
素としてこれに加わり，気候システムの挙動を大きく変えることも考えられる.

　図表3.14の示したように，これからの地球気候は，人為起源CO_2排出をどのよ
うな規制するかによるが，平均気温にして2℃程度上昇した状態で長期間推移する
可能性が高い. 私たちは，この変動にどのように対応すべきか，それを考えるには，

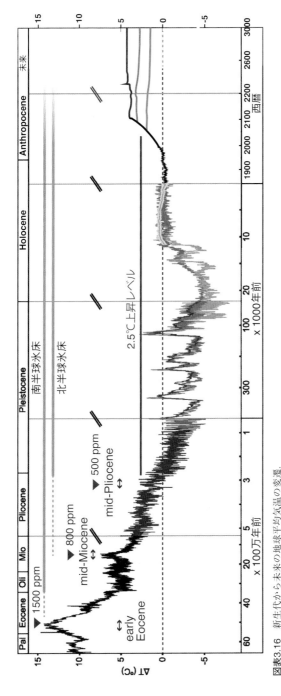

図表3.16 新生代から未来の地球平均気温の変遷。

底生有孔虫の酸素同位体比変動のデータをベースとして、海洋底層水温度と地球表面気温との関係から地球平均気温を求めた。地表温度は、海面温度と関係し、海面温度と底層水温度は関係している。地球上の氷床量と底層水の温度、そして大気の温度について逆問題の計算を行い、1万年間から100年間の時間平均平均での新生代の大気平均気温と1961～90年間の大気平均気温（偏差が0）との差を算出した。この図では、横軸は異なった時間スケールで示してあり、時間スケールの変化は二重の斜め線で示してある。入新世の未来の気温については、図表3.14から大気 CO_2 濃度が450、850、1200ppm で実質排出をゼロとした場合の気温予想を示してある。中期中新世 (mid Miocene)、中期鮮新世 (mid Pliocene) における大気 CO_2 濃度の推定値について、逆赤三角の場所に ppm 値を示した (Burke et al., 2018 ; Rae et al., 2021) などを著者が編集。

そのような気候状態の地球がどのような世界なのか，まず，知ることが大切である．その１つの情報は，過去の地球の記録から得られる．

　今から１億年前の白亜紀の時代，地球は温暖化しており，両極に氷床はなく，まったく異なる地球気候の状態だった．また大陸と海洋の配置も大きく異なっていた（第４章を参照）．白亜紀以降の新生代に，地球は次第に寒冷化してきたが，その気候変動の推移は海洋の底生有孔虫化石の酸素同位体比測定によって研究されてきた．底生有孔虫の底生有孔虫の酸素同位体比は，BOX3.2で示したように底層水の温度と氷床の量に関係があり，それは地球表面温度に関係する．地球上の氷床の量と底層水の温度，そして大気の温度の関係について逆問題の計算を行い，１万年間から100年間の時間平均での新生代の地表大気平均気温と1961〜90年間の平均気温（偏差が０）との差を算出したデータを図表3.16に示した．新生代の始まりである6400万年前から中新世の終わり（520万年前まで）までは，平均気温が10℃以上高かった始新世前期と，５℃以上高かった中新世中期の温暖期のピークが顕著であるが，次第に地球気温は低下していった．中新世から鮮新世そして更新世前期まで，さらに気温は低下して行き，平均気温がマイナスとなる時期が260万年前から顕著となり，氷期－間氷期サイクルが始まった．さらにこの図では，人新世の気温と西暦3000年までの気温予測（図表3.14）を加筆した．

　この図から，将来予測される地球気温は，過去では鮮新世の時代（520〜260万年前とくに300万年前）と類似していることが明らかである[28]．この時代，比較的安定した気候状態が続いており，地球気温が２〜４℃ほど高かった．大気 CO_2 濃度は500ppm 程度であったと推定されている．それでは，鮮新世の地球とは，どのような世界だったのか，地質学，古海洋学，気候シミュレーションの結果から見てみよう．この時代，大陸の形や配置は現在とほとんど変わってはいない．この点は非常に重要で，過去の地球気候と比較する時に，その境界条件の１つである地形の効果（もちろん，解像度をあげると一部では異なる）をほぼ無視できるからである．さて，地質学的な記録で，注目すべきは，高緯度地域の地層の記録である．カナダの極北，エルズミア島（Ellesmere Island）では，約400万年前の泥炭層が堆積しており，そこに保存の良い化石が含まれている．植物化石・昆虫化石相から，当時，この地域は冬の温度にして15℃，夏の温度にして10℃高く，また，ユーラシア大陸系の哺乳動物化石が含まれ，北米で最初のイタチの仲間の化石が見つかっている（Tedford and Harrington, 2003）．グリーンランドの北部の鮮新世後期の地層（Kap Kobenhavn Formation）からは，カラマツ，ニオイヒバの化石が見つかっている．現在，グリーンランドには，カラマツやヒバは自生しておらず，当時のグリーンランドでは，気温が温暖期（すでに寒冷期と温暖期の周期が始まっている）に

は7℃ほど高かったことが推定されている（Funder et al., 2001）．このようなデータからまず，北極圏に森林地帯が広がっており，気温が7～10℃ほど高かったことが示される．北極海では，永年の結氷は見られず，グリーンランドの一部に大陸氷床が発達していた可能性はあるものの，その大きさは，人新世の規模に比べて小さかった．

　また，海洋においては，古表層水温の指標となる微化石の群集解析，炭酸塩殻化石の酸素同位体比やアルケノン水温計[28]による研究が国際深海掘削計画の試料を中心に行われてきた．その結果，北部大西洋や北西部太平洋において2～6℃の昇温，南半球の海洋においても2℃の昇温が記録されていることがわかった．一方，赤道域については，海水温は人新世と大きな差はないことがわかった．これらの古環境のデータを境界条件として，世界の研究者が協力し，大気－海洋結合モデルによるコンピュータ・シミュレーション（17のモデルによるアンサンブル比較）を用いて320万年前の全球の気候状態を描き出した．その結果，両極域において4～8℃の気温上昇，北部大西洋と北部太平洋では2～4℃の海面水温上昇，北緯10度付近の海洋における降水の増加が示され，また，北米南部，南米において乾燥が顕著になることもわかった（Haywood et al., 2016）．グリーンランド氷床は縮小しており，また，南極半島などの氷河も消滅していた．当時の植生の分析では，北半球のツンドラはタイガ林になっており，中緯度には広く落葉針葉樹林（セコイヤやメタセコイヤ）と広葉樹（ブナなど）の混合森林が広がっており，“緑の地球”を出現させていた．海水面はグリーンランド氷床の発達程度から見て数メートル高かった．このことは，未来の地球環境を予測する上できわめて重要であり，精度の高い研究が必要となる．**このように鮮新世の気候は，地層の証拠とコンピュータ・シミュレーションの結果から2100年代の気候予測と類似している．鮮新世の気候を，将来に適応すべき気候状態の1つの例として想定することが現実的であり，その場合には海面水位の上昇が最大の課題となる．人新世の間に地球気候はもう戻らないではなく，300万年前まで戻ったのかもしれない．**

地球気候システムからみた地球の管理

　さらに長い地球史の中では，地球気候にはいくつかの安定モードが存在するようだ．それは，全球がほぼ凍結した時代（雪玉地球，Snowball Earth：7億年前），極域に氷床は存在せずきわめて温暖であった時代（温室地球，Greenhouse Earth：白亜紀）があった．温室地球の時代に，1.3億年前と1億年前には，温暖化がさらに進み海洋の成層が発達した超温暖地球（灼熱地球，Hothouse Earth）の時期（それぞれ数十万年続いた）があった（第4章で扱う）．

図表3.17には，これらの時代における地球気候システムの安定度を，雪玉地球から灼熱地球までの状態において概念的に示してある．今から7億年前，全球がほぼ凍結した雪玉地球の時代が訪れた．これを安定状態1とよぶことにする．何らかの理由，システムの安定性そのものの問題や，地球内部や宇宙からの撹乱，たとえば巨大隕石の衝突によって凍結が崩壊し，大量のCO_2が放出され，別な安定状態に移る．たとえば，氷期-間氷期のサイクルを持つ安定状態2である（古生代末や第四紀）．マントル対流の活発化などによって全球的に温室効果ガスの排出が増加し，温暖化が進むと温室地球状態で安定化することが考えられる（安定状態3）．そこから，白亜紀前期の海洋が成層し，大陸が水没した灼熱地球の時代（安定状態4）が一時期訪れた（第4章を参照）．今，人新世の地球は安定状態2から3への移行途中とも考えられる[29]．この地球気候システムの変換点をプラネタリー・ティピングポイント（Planetary Tipping Point）とよぶことがある．ティピング・ポイントにおいて鮮新世の地球気候システムへと移行し，その状態（安定状態2.5）を持続することが可能かもしれない．ここで**安定状態の管理維持とは，人新世の時のように無秩序な温室効果ガスの排出ではなく，地球システムの変動を理解した上で，様々な人為的な環境因子を制御することであり，かつ，人間社会の保全，例えば高い海面水位に対しての長期的な施策の実行である**．もちろん，これらのことについては，さらなる研究が必須である．そして，未来地球において生きてゆくには，気候だけでなく，地球環境と生態系についてもっと理解を深める必要がある．次章では，人新世に起こった環境の変化とそれが人間社会に何をもたらしたのか，見てみよう．

(a)

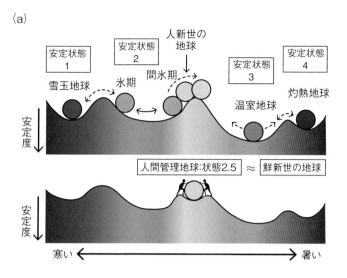

(b)

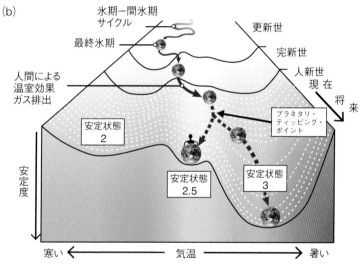

図表3.17 地球気候システムの状態と安定性（Steffen et al., 2018を改変し，著者編集）.
(a) 地球気候には，雪玉地球（状態1），氷期‐間氷期地球（状態2），温室地球（状態3），灼熱地球
（状態4）のフェーズが考えられる．現在，地球は状態2から3への移行期にあると考えられる．そ
れを人間が安定した状態に管理することが可能かもしれない．この安定の状態（状態2.5）は，地質時
代では第三紀（とくに鮮新世）に存在していた可能性がある．安定度は地質時代における各状態の期
間から推定した．
(b) 第四紀から人新世そして将来の地球気候システムの状態を表した図．人間管理地球（状態2.5）を
作ることができるか，温室地球（状態3）へ移行するかの移行点をプラネタリー・ティッピングポイ
ントという．状態2.5は鮮新世の温暖期と対比できる．

BOX3.1
人為起源 CO_2 の行く方

　図表3.2のデータと化石燃料の排出量を用いて，大気 CO_2 の行方を調べてみる．
1999〜2011年の期間を見てみると，観測データは，CO_2 で25ppm 増加し，O_2 で
50ppm 減少している（黒丸）（図表 BOX3.1）．この期間の世界消費統計などのデー
タから求められる CO_2 排出量（年間で7.9Gt（炭素換算値）：45ppm の増加）
とそれに消費された O_2 量は，本文の化学式（1）によるので，傾きが1.4（式
1では1.5であるが，実際の経済活動では，セメントの生産などでも消費されて
おり，傾きは1.4となる）の直線を成しており，O_2 で63ppm 減少することになる
（黒星）．すなわち，もし海洋や陸上生態系の作用がなければ，人間の活動によ
る変化は黒星であるはずだが，実際の観測値は黒丸となっている．まず，酸素
濃度が減少していないのは，光合成によって酸素が作られた影響と考えるべき
である．したがって，黒丸から本文の化学式（2）の示す傾き1.1の線分をひく．

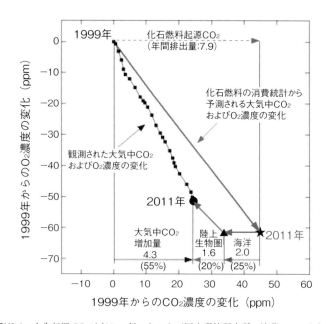

図表 BOX3.1　人為起源 CO_2 はどこへ行ったのか（国立環境研究所・遠藤，2012より．https://
www.cger.nies.go.jp/cgernews/201211/264004.html）
1999〜2011年の間の波照間島で観測された大気 CO_2 と O_2 濃度のデータ（黒丸）と化石燃料起
源の CO_2 排出量とそれに消費された O_2 の量（黒星）．海洋，陸上生物圏，大気への分配された
CO_2 の量（Gt）と％を示す．

一方，海洋によるCO_2吸収は，酸素濃度に影響を与えないので，黒星から水平に線分を伸ばす．両線分の交点（黒三角）を求めると，海洋のCO_2吸収分，陸上生態系の吸収分（そして酸素の発生分），残った部分が大気に残留した人為起源CO_2の量となる．すなわち化石燃料の消費（燃焼）によって大気に放出されたCO_2のうち，海洋に25％が吸収され，陸上の光合成生物圏に20％が固定（主に森林が増えた）され，大気に55％が残ったということがわかる．

BOX3.2
元素の安定同位体比を用いた古環境の復元

　自然界では，元素には多くの場合，中性子の数が異なる安定同位体が存在している．これは，元素が宇宙の星々の内部で生成された時に作られた時の存在比を著している．たとえば，原子番号1の水素（H）は原子核の陽子が1つであるが，原子核に中性子が1つ加わっている原子は重水素（D：Deuterium）とよばれ2つの安定同位体が存在する．中性子が2つあるものは三重水素とよばれ放射壊変する放射性同位体である．原子番号6の炭素（C）は，陽子が6，中性子が6の炭素12（^{12}C），中性子が1つ多い炭素13（^{13}C）の2つの安定同位体が存在する．一方，炭素14は，大気中の窒素と宇宙線が反応して生成される放射性炭素で，半減期が5730年であり，年代測定に用いることができる（放射性炭素年代測定法）（BOX 1.1）．酸素には本文中で述べた3つの安定同位体が存在する．

　安定同位体は，元素としての化学的性質は同じであるが，原子の重さが異なる．そのため熱による運動（たとえば蒸発や冷却）あるいは生物による利用（生物は，仕事量が少なくて済む軽い同位体を利用する傾向にある）などで分別が行われる．この同位体分別の程度を様々な指標として用いるのが，同位体地球生命化学である．

　安定同位体は，一般に原子番号と同じ数の中性子を持つ元素同位体が最も多く自然界に存在しており，その他は微量である．したがって，同位体分別の程度はほんのわずかな変化（数千分の1％）を測ることになるので，同位体量の絶対値を測定することが難しい．このため標準試料と比較して測定を行う．すなわち，ある試料の測定を行う場合に世界標準の試料も同時に測定し，その値との比較を行うことで測定精度の標準化ができる．同位体比は，次のような表示する．

　　酸素同位体比　$\delta ^{18}O = 1000 \times (^{18}O/^{16}O)_{試料}/[(^{18}O/^{16}O)_{標準物質} - 1]$　（‰）

　　炭素同位体比　$\delta ^{13}C = 1000 \times (^{13}C/^{12}C)_{試料}/[(^{13}C/^{12}C)_{標準物質} - 1]$　（‰）

　　水素同位体比　$\delta D = 1000 \times (D/H)_{試料}/[(D/H)_{標準物質} - 1]$

大陸氷床コアの酸素同位体比と水素同位体比は比例関係にあり，空気中の水蒸気が，海から蒸発し，大気の流れに乗って移動し，氷として凝縮した平均気温を現している．平均気温が高いほど，同位体比は高い（重いともいう）値を示す．

有孔虫は，海棲の原生生物であり，大きく海洋表面付近で生活をしている浮遊性有孔虫と海底表面に棲息している底生有孔虫に分けることができる．主に炭酸塩鉱物（$CaCO_3$：カルサイト，アラゴナイト）の殻を作るが，底生有孔虫には砂粒を固めて身に纏う種も存在する（砂質有孔虫）．有孔虫殻炭酸塩に含まれる酸素は，海水の酸素同位体比を反映している．表面海水の酸素同位体比は，海水温に大きく影響を受けており，1000mより深い海底では，海水温度はほぼ一定（2℃程度）である場合が多く，海水全体の平均的な酸素同位体比を表しており，それは大陸氷床の量と関係している．1mm以下の小さな有孔虫殻から氷床量がわかるということは，凄いことである．

地球化学で利用されている安定同位体としては他に，窒素と硫黄がある．窒素には最も多く存在する窒素14と微量存在する窒素15がある．光合成植物は，硝酸塩を栄養として必要とするが（農作物でいえば窒素肥料），その時に軽い窒素14を多く使うので，植物体の$\delta^{15}N$の値は，たとえば大気より軽くなる．それを食べる動物は，食物連鎖にしたがって$\delta^{15}N$の値は重くなってゆく．生物体の窒素同位体比は生態系を調べるのに有効である．一方，硫黄では，陽子が16で中性子数が，16，17，18，20の4つの同位体が存在する．このうち，^{32}Sと^{34}Sは，存在比が95.05：4.21なので両者の比，$\delta^{34}S$を測定に用いる．海水に，硫黄は硫酸イオンの形で多量に存在している．海水から岩塩や硫酸塩鉱物（石膏$CaSO_4$）ができた時は，海水の$\delta^{34}S$を表す．嫌気性の環境では，硫酸還元菌によって，硫黄が形成される（硫黄は鉄と結び付いて硫化鉄FeS_2となる）．この時に硫酸還元菌は，軽い^{32}Sをより多く利用するので，硫化鉄の$\delta^{34}S$は，海水より軽くなる．白亜紀の黒色頁岩を含む地層からは，海水より$\delta^{34}S$の軽い硫化鉄と重い硫酸塩鉱物が発見されており，当時，無酸素海洋の発達で硫酸還元菌が大活躍し，海水から^{32}Sが硫化鉄として大量に堆積したことがわかる（第4章を参照）．

注
（1）　地球の過去には，今とは異なる気候の時代があった．気象予報に見られるように日々の
大気の変動を科学することは気象科学とよばれる．一方，季節変動から数年，あるいは10
年スケールでの気候は，海洋や大気との相互作用が重要となり気候科学とよばれる．気候
科学においては，過去（数百年から数十万年前，時に1億年前）の気候を復元し，かつ，
シミュレーションなどによって解析することにより，様々な時間スケールや今とはまった
く異なる地球の状態における地球気候の挙動を研究する分野がある．この分野を古気候学
という．次の本は，氷河時代の古気候学（ということは現在の気候を含めて）への入門書
としてきわめて秀逸であり，本章の下敷きとなっている．
　大河内直彦（2008）チェンジング・ブルー——気候変動の謎に迫る——．岩波書店（古気候学
の科学史，抜群におもしろい！）．
　　また，平（2007）も，地質時代全体の気候や環境の歴史を扱っている．
　　氷河時代発見に至る研究の歴史については，
　J. インブリー，K.P. インブリー（小泉格訳）（1982）氷河時代の謎をとく．岩波現代選書．
（2）　Scripps Institution of Oceanography. 世界最高レベルの海洋研究所の1つ．カルフォルニ
ア州サンディエゴの北，ラホヤにある．2016年，私が訪問した時は，研究所内（海岸の段
丘地に研究棟が点在している）が異様に静かだった．案内の女性に「どうしたの？　静か
だね」と聞いたら，「見てみて，今日は良い波が立っているのよ」，皆なサーフィンに出か
けていた！　自由闊達にして愉快なる研究所は，こうあるべしと感動した．
（3）　カリフォルニア大学サンディエゴ校・スクリップス海洋研究所において Keeling Curve
として発表されている．1時間平均，1日平均から過去のデータをすべてダウンロードで
きる．これは，本当に凄い貢献である．
　https://keelingcurve.ucsd.edu
（4）　国立環境研究所の波照間地球環境モニタリングステーションの20周年報告会において発
表された．
　遠藤康徳（2012）大気中酸素濃度の観測に基づくグローバルな炭素収支．地球環境センター
ニュース，2012年11月号．https://www.cger.nies.go.jp/cgernews/201211/264004.html
（5）　本章に関連した気象と気候の一般書としては，
　フランソワ＝マリー・ブレオン，ジル・リュノー（鳥取絹子訳）（2019）地図とデータで見
る気象の世界ハンドブック．原書房．（多数のカラー図版がある）
　古川武彦・大木勇人（2011）図解・気象学入門——原理からわかる雪・雨・気温・風・天気
図——．講談社ブルーバックス．（網羅的に気象現象が解説されている）
　住明正（2007）さらに進む地球温暖化．ウェッジ（IPCC における温暖化研究の解説書であ
る）．
（6）　気象庁ホームページには「知識・解説」のサイトがあり，これは非常に役に立つ．
　https://www.jma.go.jp/jma/menu/menuknowledge.html
（7）　海洋学についての入門としては，
　柏野祐二（2016）海の教科書——波の不思議から海洋大循環まで．講談社ブルーバックス．
　Garrison, T. (1999) *Oceanography*. Brooks/Cole and Wadsworth.
　The Open University (1989) *Ocean Circulation*. Pergamon Press（英国の The Open University
の教科書は，どれも非常に良くできている）．
（8）　住明正（2003）エルニーニョと地球温暖化．オーム社（気候変動における大気-海洋の
相互作用を解説）．
（9）　インド洋ダイポールモード現象（Indian Ocean Dipole Mode）は東京大学教授・海洋研
究開発機構プログラムディレクターの山形俊男らによって発見されたインド洋における海
水の振動現象である．インド洋では，南東貿易風が通常より強くなると，インド洋の西側
のアフリカ沖では暖かい海水が東側から移動し，インドネシアと北西オーストラリアの間
の海では湧昇によって海水温が低下する（正のダイポールモード）．一方，南東貿易風が
弱まると，西側の海域の温度が低下し，東側では海水温が上昇する（負のダイポールモー
ド）．この現象は，インドから日本にかけてのモンスーン気候に大きな影響を与えている

と考えられ，特にインドや日本の猛暑との関連が注目されている．

（10）　気候変動に関する政府間パネル（IPCC）の報告書は専門家が研究成果を持ち寄り，それを整理してまとめたものでありきわめて信頼度が高い．
IPCC 第4次報告書 WG1（AR4 Climate Change 2007: The Physical Science Basis）．
https://www.ipcc.ch/report/ar4/wg1/understanding-and-attributing-climate-change/

（11）　河宮未知生（2018）シミュレート・ジ・アース——未来を予測する地球科学——．ベレ出版（シミュレーションの基礎をわかりやすく解説）．

（12）　地球温暖化に対する懐疑論はネットでは人気があるらしい．以下の文献がそれに反論している．
明日香壽川ら（2009）地球温暖化懐疑論批判．IR35/TIGS 叢書，No.1.，東京大学（地球温暖化は起こっていない，あるいは，人為起源 CO_2 が原因ではない，という議論に対しての丁寧な反論集であり，懐疑論を完璧に論破．これ自体が，地球温暖化を学ぶ好適なテキストになっている！　また，すぐにダウンロードできる）．http://www.ir3s.u-tokyo.ac.jp/pages/236/all.pdf

（13）　Yves Cohat (1987) The Vikings —— Lords of the Seas —— Thames and Hudson．（10世紀末のバイキングによる新大陸発見が記述されている）．
幸村誠のコミックに「ヴィンランド・サガ」がある．ヴァイキングの戦闘・生活がしっかりした時代考証で描かれている．この中に「レイフのおっちゃん」とよばれる航海術に長けた善人が出てくる．赤毛のエイリックの息子のようだ（コミックはまだ未完）．
幸村誠（刊行中）ヴィンランド・サガ．アフタヌーン KC．講談社．

（14）　中世温暖期と小氷期については，次の一般書がある．
ブライアン・フェイガン（東郷えりか・桃井緑美子訳）（2001）歴史を変えた気候大変動．河出書房新社．
ブライアン・フェイガン（東郷えりか訳）（2008）千年前の人類を襲った大温暖化——文明を崩壊させた気候大変動——．河出書房新社（上の2つの著作は，歴史は気候が決めたという本．気候は変動する．これは自然の姿である．それを大変動が襲ったというのは，どうかな）．
ペストがモンゴル帝国を衰退に追いやったということは，
ジャック・ウェザーフォード（星川淳監訳・横堀冨佐子訳）（2006）パックス・モンゴリカ——チンギス・ハンがつくった新世界——．NHK 出版（本書の第十章幻想の帝国では，14世紀前半にペストによってモンゴルが自壊していくことが記述されている）．

（15）　火山活動の環境，歴史への影響については，
石弘之（2012）歴史を変えた火山噴火——自然災害の環境史——．刀水書房（1783年のアイスランド・ラーキ火山と浅間山，1815年のインドネシアのタンボラ火山の大噴火は「夏が来なかった年」を出現させた）

（16）　コロンビア大学ラモント・ドハティ地球研究所（Lamont-Doherty Earth Observatory）のホームページに研究船ヴェーマ（Vema）の歴史のページがある．このような歴史を大切にするのは科学の文化としてきわめて重要．
https://www.ldeo.columbia.edu/research/office-of-marine-operations/history/vema

（17）　深海掘削計画（DSDP：Deep Sea Drilling Project）は，1968年にグローマー・チャレンジャーによる海底掘削から始まった地球科学で最も長く続いている国際共同研究の1つ（BOX4.1を参照）．

（18）　氷床や氷河の掘削による古環境研究に関しては，次の論文がまとまっている．また，大河内（2008）でも良い記述がある．
Jouzel, J. (2013) A brief history of ice core science over the last 50yr. *Climate of the Past*, 9, 2525-2547.

（19）　ミランコビッチ仮説を取り巻く論争について，J. インブリー，K.P. インブリー（1982）で取り上げられている．

（20）　氷期－間氷期の10万年周期変動に関しては，ミランコビッチ・サイクルによるだけではなく，大気 CO_2 氷床量の変動が大きな役割をしているとするシミュレーション研究が阿

部（大内）彩子（東京大学・JAMSTEC）らによって行われてきた.

Abe-Ouchi, A. et al., (2013) Insolation-driven 100,000-year glacial cycles and hysteresis of ice-sheet volume. *Nature* 500(7461), 190-193.

(21)　温暖化した地球はどうなるのか，多くの著作があるが，次の2つを上げておく.
　山本良一・Think the Earth Project（編）（2006）気候変動＋2℃. ダイヤモンド社（温暖化の実態がビジュアルに描かれている）.
　デイビッド・ウォレス・ウェルズ（藤井留美訳）（2020）地球に住めなくなる日――「気候崩壊」の避けられない真実――. NHK出版（気候変動による世界終末論ではないと著者はいっているが，やや煽りすぎか）.

(22)　地球はもう戻れない，という説は，大気CO_2濃度を自然のプロセスで低下させることの困難さと，海洋の巨大な熱容量を考えると非常に説得力がある.

Solomon, S. et al., (2009) Irreversible climate change due to carbon dioxide emissions. *Proceedings of National Academy of Sciences*, 106, 1704-1709（戻れないことを示した有名な論文である）.

(23)　温暖化を止めよう，少なくとも現状を維持しようという取り組みは世界中で議論されている. 2020年に政府は日本を2050年までに炭素の収支を排出と吸収が釣り合ったカーボン・ニュートラルにする（ゼロ・エミッション）目標を打ち出した. しかし，その本気度は疑ってかかる必要がある. 原子力発電の復活が見え隠れするからである（終章注2も参照）.
　小西雅子（2016）地球温暖化は解決できるのか――パリ協定から未来へ！――. 岩波ジュニア新書（今の世界の取り組みが良くわかる. これまでの日本の取り組みも紹介されている）.
　　温暖化への取り組みを網羅的に収集した著作として,
　ポール・ホーケン編著（江守正多監訳・東出顕子訳）（2021）ドローダウン――地球温暖化を逆転させる100の方法. 山と渓谷社（100の方法は，エネルギー，食，女性と小児，建物と都市，土地利用，輸送，資材に分類されている. さらに今後注目される取り組みや技術が紹介されている. そのうち，最も効果的とされるのは，冷蔵庫やエアコンに使われているハイドロフルオカーボン（HFC：代替フロン）の大気への放出を制限することと指摘されている）.
　　また，アル・ゴアによる有名な「不都合な真実」は，ヴァージョン2が出版されている. ここでは，より具体的な取り組みについてビジュアルに述べている.
　アル・ゴア（枝廣淳子訳）（2017）不都合な真実2. 実業之日本社.
　　グリーン・ニューディール政策という脱資本主義の主張もある.
　ナオミ・クライン（中野真紀子・関房江訳）（2020）地球が燃えている――気候崩壊から人類を救うグリーン・ニューディールの提言――. 大月書店（真っ赤なカバーが凄いが，内容はジャーナリストが地球の問題解決に情熱を持って取り組んでいることがわかる）.

(24)　戦争においては，気象予測は大きな意味を持つ.
　木元寛明（2019）気象と戦術――天候は勝敗を左右し歴史を変える――. SBクリエイティブ. キスカ島撤退作戦そしてドナルド・キーン博士については，松岡圭佑によるノンフィクション小説「八月十五日に吹く風」（2017）講談社文庫がある.

(25)　ファイドー作戦については，次の著作に詳しい.
　ジェイムス・ロジャー・フレミング（鬼澤忍訳）（2012）気候を操作したいと願った人間の歴史. 紀伊國屋書店（気候操作には，雨を降らせる，という怪しい試みが多い）.

(26)　宮沢賢治は，小中学校の頃から地質学に関しての興味を示し，ほぼ毎日曜日に鉱物・岩石・化石の採集に出かけた. 盛岡高等農林学校在学中には関豊太郎教授の指導を受けて本格的な勉強をするとともに独自の標本採集や観察を行い，考察を深めていったらしい. これらの資料は，現在，岩手大学農学部付属農業教育資料館に収集されている. 次の著作が役に立つ.
　加藤碵一（2006）宮澤賢治の地的世界. 愛智出版（カルボナードについての考察がある）.
　　岩手大学農業教育資料館は国の重要文化財である. http://news7a1.atm.iwate-u.ac.jp/edu/
　「グスコーブドリの伝記」は，『新編風の又三郎』新潮文庫（1989）に収録されている.
　　宮沢賢治（1886～1933）は，地学だけでなく，当時，発展著しかった物理学（アイン

シュタインの相対性理論は1910〜20年代）や天文学（ハッブルの銀河観測による宇宙膨張説），さらにダーウィンの進化論，マルキシズムにも影響を受け，そして日蓮宗に傾倒していった．さらに農学，土壌学は地質，気候，生物，人間の接点であり，野生と人の手の境界における生態学的な視点が「注文の多い料理店」にて描かれているという．今日，この視点は「ディープエコロジー」とよばれる．地球環境問題の課題について，技術的な取り組み，たとえば省エネ，リサイクル，代替材料など，経済成長とバランスを取りながら解決方法を見出して行くのが，これまでのやり方である（たとえば，アル・ゴアの「不都合な真実」に代表される立場）．一方，地球環境問題は，長期的にはこのような技術的対応だけでは解決できないから，人の価値観（たとえば自然と人間との関係に関する視点），社会と経済の諸問題（格差，差別，競争原理，資本主義など）の根本的な解決が必要だとする立場である．前者をシャローエコロジー，後者をディープエコロジーとよぶ．このような考え方を差別化し，前者は大企業などに寄り添ったもので，後者が倫理的にも正義である，というような環境運動家も存在する．今もし宮沢賢治が生きていたら，実践家の彼はシャローもディープもその間に境界はなく，一連の包括的な体系の中で考えるべき，というと思う（と私は思う）．

　このような議論は次の著作が参考になる．

グレゴリー・ガリー（佐復秀樹訳）（2014）宮澤賢治とディープエコロジー——見えないもののリアリズム．平凡社ライブラリー．

アラン・ドレングソン，井上有一共編（井上有一監訳）（2001）ディープ・エコロジー——生き方から考える環境の思想．昭和堂．

(27)　気候工学は，あまりにリスクが大きい．ただし，研究することは，地球を知る上で役にたつ．

水谷広（2016）気候を人工的に操作する——地球温暖化に挑むジオエンジニアリング——．東京化学同人．

杉山昌広（2011）気候工学入門——新たな温暖化対策ジオエンジニアリング——．日刊工業新聞社．（気候操作というのはいわばパンドラの箱である．それを開いたのは，他ならぬ人新世の創始者の1人であるパウル・クルッツェンである）．

Crutzen, P., (2006) Albedo enhancement by stratospheric sulfur injections: A contribution to resolve a policy dilemma? *Climate Change* 77, 211-219.

(28)　鮮新世（Pliocene）の気候を将来の地球気候のアナロジーとして考えるアイデアは，IPCC AR4の報告を受けて，2008年にThe Pliocene Model Intercomparison Project（PlioMIP）として発足し，まずは，地質学・古海洋学・古気候学のデータを収集・解析し，共通のデータセットを作ることから始まった．さらに，コンピュータ・シミュレーションと統合し，鮮新世気候の全体像解明を目的とするPliocene Research, Interpretation and Synoptic Mapping（PRISM）となった．300万年前の気候を現在の気候と比較することは容易ではない．まず，多くの古環境の指標（Proxy）を全球において数十年間の同一時間断面で得ることがきわめて難しいからである．そのために，酸素同位体比変動のある層準をタイムスライスの面と決めて，統計的手法などを使ってデータの標準化を計り，計算のための境界条件の精度を上げてシミュレーション実験を行った．

　PRISMについては，https://geology.er.usgs.gov/egpsc/prism/
　関連論文で代表的なものは，

Burke, K.D. et al., (2018) Pliocene and Eocene provide best analogs for near-future climates. *PNAS* 115, 13288-13293（今の排出水準をそのまま外挿すると2100年には5〜10℃の上昇となり始新世（Eocene：4500万年前）の気候になる）．

De Boer, B. et al., (2010) Cenozoic global ice-volume and temperature simulations with 1-D ice-sheet models forced by benthic $\delta 18O$ records. *Annals of Glaciology* 51, 23-33（底生有孔虫の酸素同位体比から気温を算出する手法について）．

Chan, W.-L. Abe-Ouchi, A. and Ohgaito, R. (2011) Simulating the mid-Plicene cokmate with the MIROC general circulation model: experimental design and initial results. *Geoscientific Model Development* 4, 1035-1049（日本の大気——海洋結合モデルを使った鮮新世の気候シ

ミュレーション．氷河期でも活躍してきた阿部（大内）彩子がここでもがんばっている）．

Haywood, A.M. et al., (2016) Integrating geological archives and climate models for the mid-Pliocene warm period. *Nature Communications*. DOI: 10.1038/ncomms10646（地質学的な古環境指標データとモデルとの比較：PRISM計画の成果）.

Haywood, A.M. et al., (2020) The Pliocene Model Intercomparison Project Phase 2: large-scale climate features and climate sensitivity. *Climate of the Past*. 16, 2095-2123（PlioMIP2の総まとめ．17の計算機モデルが比較され，平均されている）.

　　　　古海洋学のまとめとしては，

小泉格（2014）鮮新世から更新世の古海洋学――珪藻化石から読み解く環境変動――．東京大学出版会（微化石と環境指標から海洋環境に復元を試みてきた著者の研究成果が生かされている．鮮新世には西太平洋に大きな暖水塊が発達したらしい）.

　　　　本文中で触れているアルケノン水温計とは，植物プランクトン円石藻が合成する有機化合物の特性がその生育温度に関係することから，堆積物に含まれるアルケノンの特性を分析して古水温を求める手法を指す．詳しくは，

大河内直彦（2003）アルケノン古水温計．地質ニュース585号，37-41.
　　https://www.gsj.jp/data/chishitsunews/03_05_06.pdf

　　　　仙台市の天然記念物として広瀬川の川床にある「霊屋下メタセコイヤ類化石林」が知られている．これは約350万年前の広瀬川凝灰岩と呼ばれる火砕流堆積物の噴火によって当時の森林が化石として残ったものである．この地層からは，セコイヤ，メタセコイヤなどの落葉針葉樹と，ブナなどの広葉樹の花粉なども産出しており，当時，ここに針葉・落葉の混合樹林が生い茂っていたことを示す．また，ステゴドンなどのゾウの化石も知られており，大森林の中を歩く大型哺乳類が想像図として残されている（奥津，1964）．このような混合樹林は広く北半球を覆っていた推定されている．一方，アフリカでは，この時期に二足歩行をする人類，アウストラロピテクス・アファレンシスが発展していた（BOX5.2参照）．350～300万年前の世界は，温暖で豊な森林が広がり，かつ人類の祖先が活躍を開始した時代である．

奥津春生（1964）天然記念物 霊屋下セコイヤ化石林調査報告書．仙台市教育委員会.

(29)　プラネタリー・ティッピング・ポイント（Planetary Tipping Point）は，地球気候システムにはいくつかの平衡状態が存在し，ある状態からある状態への変換点を指す．

Steffen, W. et al., (2018) Trajectories of the Earth System in the Anthropocene. *PNAS*, 115(33), 8252-8259（Steffen は，大きなまとめをするのが上手である）.

　　　　Steffen は，プラネタリー・バウンダリー（Planetary Boundaries）という考え方もまとめており，それは地球環境の重要な変動要素である生態系機能の喪失，土地利用の変化，生物地球化学的な環境などで，地球システムの許容限界（バウンダリー）を超してリスクが大きく高まっているということを指標として示したものである．

Steffen, W., et al., (2015) Planetary boundaries: Guiding human development on a changing planet. *Science*, v.347, 1259855.

J. ロックストローム＆M. クルム（武内和彦・石井菜穂子監修，谷淳也・森秀行訳）（2018）小さな地球の大きな世界――プラネタリー・バウンダリーと持続可能な開発．丸善出版（写真を多く入れて簡潔に解説）.

第4章

地球環境と人間社会
—共生への挑戦—

　海洋に異変が起きている．海水温の上昇によって，海水が膨張し，海水面が上昇している．大気 CO_2 は海水に溶け込み酸性化を引き起こし，炭酸カルシウム殻を持つ生物に大きな影響を与えつつある．海洋は1000年スケールで，深層水が入れ替わる大循環を起こしているが，温暖化が進むと大循環が弱化する可能性もある．大循環の異変は，地球気候と海洋生態系にきわめて大きな影響を与えるだろう．私たちが日常で使う様々なプラスチック製品は，自然の中では風化し粉砕されて微小な粒子となり，世界の海に拡散し，海洋生物を汚染している．地球の変化は，人間社会にも大きな影響を及ぼし，災害の被害額が急増している．このような地球環境の変化には，私たちが普段気付かない微生物やウイルスの世界も含まれている．人新世になり，ウイルスによる新興感染症，たとえばエイズ，エボラ出血熱，SARS などが勃興した．2020年に起こった新型コロナウイルス感染症パンデミックは，世界で3.7億人以上の感染者と560万人以上の死者を出し，今も（2022年1月）勢いは衰えない．しかし，その苦難の中でもワクチンの生産と接種への取り組みや治療薬の開発に世界が取り組んでいることには，未来への希望を抱かせてくれる．

　地球と人間の課題に取り組み，地球・人間・機械の共生と持続性ある世界（アース・ソサエティ3.0）へのパラダイムシフトを起こす必要がある．

4.1　海洋の変貌

水の驚くべき性質

　水（H_2O）は地球の表層環境で，固体（氷），液体，気体（水蒸気）の3態で存在する．このことが，地球の表層環境を特徴付け，また生命を育む上で決定的に重要な役割を果たしている．水は実は"異常"な性質を持った物質である [1]．まず，水の沸点（大気圧下で100℃）が，同じ程度の分子量の物質に比べて異常に高いことが挙げられる．たとえば，同様な分子の形式をしている硫化水素（H_2S）は，沸点がマイナス70℃である．地球表層環境では，他の同程度の分子量の物質のほとんどがガス態となっているのに，水だけが液体である．これを含めて，水は次のような際立った性質を持っている．

(a) 水分子の構造

(b) 水分子の水素結合

図表4.1　水の分子構造.
　水分子は，酸素と水素が水素結合して，鎖のように繋がる性質を持っている．これによって，水は大変高い沸点を有しており，地球表面の環境で，氷，液体，水蒸気の3態で存在している．また，酸素原子が負に帯電，水素原子が正に帯電しているので，物質からイオン化した原子を取り込む（水和する）ので，溶解力がきわめて強い．地球で水が物質循環の主役であり，また，地球生命は水がなければ生きて行けない．（平，2001）より.

1．地球表層で固体，液体，気体の3態で存在.
2．固相の氷は，液相の水より密度が小さい.
3．水は凝固点より高い温度（4℃）で密度最大となる.
4．熱容量がきわめて大きい.
5．大きな表面張力をもっている.
6．物質を溶解する能力が大きい.

　このことすべてが地球環境の特徴に深く関与している．たとえば，（2）の性質は，海洋の状態を決定している．もし，氷が液相より重いと，たとえば北極海では，氷がどんどん海底に蓄積し，海洋全体凍結ということになり得る.

　これらの性質は，H_2O の分子構造に起因する．H_2O 分子は1つの酸素と2つの水素が，104.5°の角度で結合した二等辺三角形をなす（図表4.1）．この分子では，酸素原子は負に帯電しており，水素原子は正に帯電している．H_2O 分子同士が結合し合い（水素結合），一種の高分子化合物のような性質を示す．分子同士の結合が強いことが，高沸点，高密度，高熱容量，高表面張力を作り出す．また，H_2O 分子の各電荷側は，他の物質の陰イオン，陽イオンと結び付く性質（水和物を作る性質）を持っている．すなわち，水は「物質を切り離してイオン状態にする」ので，

物質を溶解させる強力な力を持つ．強く水和されたイオンは大変安定であり，化学反応にあまり関与しなくなる．その代表的イオンがナトリウムイオン（Na^+）や塩素イオン（Cl^-）で，海が塩辛い理由となっている．水はその驚くべき溶解能力で，岩石を構成する堅固な鉱物も溶かすことができる．岩石の風化作用である．これによって，海洋－蒸発－大気（水蒸気）－降雨－地下水・河川－海洋と回る水循環の間に，様々な化学物質を取り込み，物質循環が起こっている．その物質循環に依存し，かつ，それに深く関与しているのが生物である．

海洋の生態系と物質循環

　海洋においては，光合成により有機物を生産する一次生産者は植物プランクトンであり，また沿岸部では海藻や海草である．植物プランクトンというは，正式な生物の名前ではなく，珪藻類，円石藻類（ハプト藻類），シアノバクテリアなどの浮遊性光合成生物の総称である．海藻も，褐藻類（コンブ，ワカメの仲間），紅藻類（ノリの仲間）などの総称であり，海草（「うみくさ」という）はアマモなど水性の種子植物を指す．これらの一次生産者は，動物プランクトン（原生生物，カイアシ類，オキアミ類，など）や魚類，コンブはウニなどに摂取され，さらにそれらを浮遊性の魚類（イワシ，ニシンなど），さらに大型の魚類，海生哺乳類などが捕食し生態系を形作っている．この食物連鎖の段階は，外洋域，陸棚域そして湧昇域でそれぞれ異なっている（図表4.2）[2]．

　海洋の生態系の活動は，海水の溶存物質の分布に大きな影響を与えており，特に深度方向において特徴的なパターンを示す．海水中の溶存無機炭素，溶存無機リン，溶存窒素，溶存酸素の深度方向への濃度分布においては，まず，リンと窒素は海面から200m程度の深さまでの表層で濃度が低い．無機炭素もまた表層では少ない．リン，窒素，炭素は，海洋表層では植物プランクトンによって生体に取り込まれている．**生産された植物プランクトンは，動物プランクトンに捕食され，糞粒として排出され沈降して行く過程で（マリンスノーとなって降る），さらに微生物によって分解される．これは有機物が酸化されることに相当するので，海水中の溶存酸素が減少し，500m〜1000mの深さに溶存酸素の極少層ができる．**同時に有機物の中に取り込まれていた炭素，リンや窒素もこの深さで海中に放出され，溶存物質の極大層ができる．それより深層では，極域などから潜り込んだ溶存酸素に富み，また，リンや窒素などの栄養に富んだ海水（底層水）によって満たされている[3]．

　海水が，上下方向に混合しないと海洋表層のリン，窒素などの栄養塩（リン酸塩，硝酸塩として存在している）は枯渇してしまい，植物プランクトンが十分に生育できない環境になってしまう．たとえば，東京湾では，真夏には表面を温度の高い軽

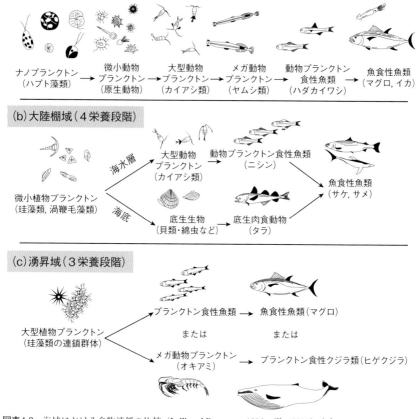

（a）外洋域（6栄養段階）

ナノプランクトン → 微小動物 → 大型動物 → メガ動物 → 動物プランクトン → 魚食性魚類
（ハプト藻類）　　プランクトン　　プランクトン　　プランクトン　　食性魚類　　　　（マグロ, イカ）
　　　　　　　　　（原生動物）　　（カイアシ類）　　（ヤムシ類）　　（ハダカイワシ）

（b）大陸棚域（4栄養段階）

微小植物プランクトン
（珪藻類, 渦鞭毛藻類）

海水層 → 大型動物プランクトン → 動物プランクトン食性魚類 → 魚食性魚類
　　　　　（カイアシ類）　　　　　（ニシン）　　　　　　　　（サケ, サメ）

海底 → 底生生物 → 底生肉食動物
　　　（貝類・綿虫など）　（タラ）

（c）湧昇域（3栄養段階）

大型植物プランクトン
（珪藻類の連鎖群体）

プランクトン食性魚類 → 魚食性魚類（マグロ）

または　　　　　　　　　または

メガ動物プランクトン → プランクトン食性クジラ類（ヒゲクジラ）
（オキアミ）

図表4.2　海域における食物連鎖の比較（Lalli and Parsons, 1996；平, 2001）より.
（a）外洋域：海洋に表層から中層に分布するハダカイワシが重要な役割をしており，これを捕食するた
　　めに大型魚類やイカは1000m 以上潜水する.
（b）大陸棚：栄養が底生生物に届き，豊富な生物群が海底にも存在し底引き網漁の対象となる.
（c）湧昇域：珪藻類とオキアミ，イワシの大繁殖が起こり，それを求めて大型魚類や鯨が集まる.

い水が覆うので上下の混合が弱まる. 秋から冬に北風が強い日々が続けば，湾が北
側で閉じているので，表面海水が南側へと流され，その分，湾の深いところに存在
するリン，窒素などに富んだ底層水が表面へと上がってくる. 春になり，陽光が強
く照るようになると植物プランクトンが大発生し，湾内は様々な生物の産卵の時期
を迎える. 夏になると表面水温が高くなり密度成層が発達し，海水の上下混合が起
きなくなり，海底付近，特に浚渫跡の凹地には無酸素水が停滞する. 溶存酸素の極
少層が海底まで達したのである. 無酸素水の中では，有機物はほとんど分解されず

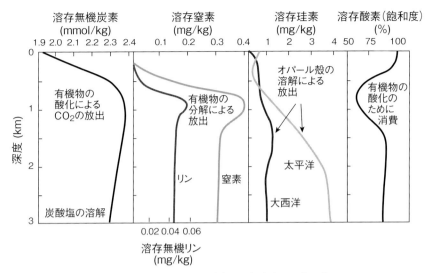

図表4.3 海洋での生物活動と関連する元素の深度方向の分布（平，2001）より.
　　表層における植物プランクトンの生産によって炭素，窒素，リンは取り込まれ，また珪素は珪藻の殻の生産に使われる．水深1000m 程度までに植物プランクトンの動物プランクトンによる捕食，動物プランクトンの魚類による捕食が進み，生体は分解・酸化されて溶存酸素が減少する．水深2000m 付近以深では，全海洋を循環する深層水が存在し，珪藻殻（オパール殻）の溶解の程度は大西洋と太平洋で深層水の性質によって異なる．

に堆積し，黒色悪臭泥（いわゆるヘドロ）となる．無酸素水塊には，嫌気環境において硫酸還元菌が繁殖し，硫酸イオンを還元し，硫化水素（いわゆる卵の腐った匂いを発する）が発生する．秋になって北風が吹き始めると無酸素水が湧き上がって青潮（硫化水素が酸化された硫黄の色）となり，それが沿岸の底生生物（特にアサリ）に大打撃を与える．

海洋深層大循環の変化

　図表4.4で示すように海洋の深層水は，表層とは性質が異なり，全球規模で大循環を起こしている．大西洋の海水は太平洋に比べて塩分がやや高く（パナマ地峡が狭いので，大西洋で蒸発した水分が貿易風によってそのまま太平洋に運ばれているため），湾流（ガルフ・ストリーム）によって北大西洋に運ばれると，そこで冷却され，大気に熱を放出する．そのためにイギリスやスカンジナビアは緯度が高いわりには温暖である．**一方，冷却され重くなった高塩分の表層海水は深層まで沈み，大西洋からインド洋を通じて太平洋に流れ込む（これを熱塩循環という）．一部の海水は南極からも深層に流れ込み，それらがインド洋，そして太平洋で上昇し，再び大西洋まで戻ってゆく．これを深層大循環といい1000年スケールの時間で起こ**

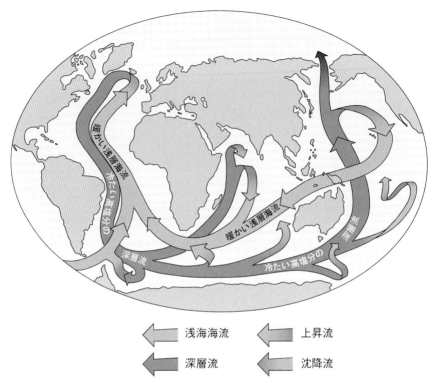

図表4.4　海洋の深層大循環（ブロッカーのコンベアベルト）
　大西洋の海水は，太平洋より塩分が高い．湾流で高緯度に運ばれた海水が冷やされて，全海洋で最も
密度の大きい海水となり，深層に沈降，それが1000年以上かけて世界の深い海（3000mより深い）を
流れている．このような温度と塩分による海水の循環を熱塩循環という（Broecker，1991）による．

っている．**深層大循環は，これを最初に示したラモント地球研究所のウォーレス・
ブロッカーの名前をとって「ブロッカーのコンベアベルト」ともいう**[4]．

　近年の観測により，大西洋，太平洋で3000mから海底（深海平原で5000〜6000m
水深）までの深層水温度が上昇傾向にあることがわかってきた．これは，表層から
深層への潜り込みが弱まっており，深層水が長く停滞する傾向にあるため，海底か
らの地熱によって暖められるためである．温暖化が進むと北大西洋，南極での表層
水の冷却が不十分で，さらに循環が弱くなる．北大西洋での沈み込みが弱まるもう
１つの理由は，グリーンランドからの氷床融水（淡水）の供給が増えることであ
る．このために表層海水の塩分が低下し（密度が小さくなり），さらに深層に潜り
込みにくい水となる．このような循環の停止が起こると，北大西洋沿岸の気候に大
きな影響が出る可能性が高い．地球の温暖化が進んでも，この地域は暑い夏と寒い

148●

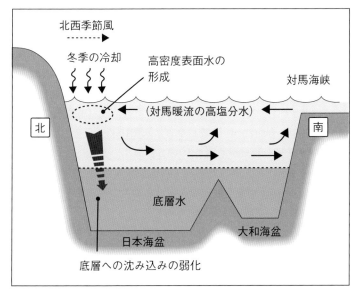

図表4.5 日本海の底層水循環の変化

　日本海の底層部には，固有の底層水が存在していた．これは，日本海北部で冬に対馬暖流が大陸からの北西季節風で冷却され，密度の高い，そして溶存酸素を十分に含んだ水が毎年沈み込んでいたからである．最近40年で，温暖化によって底層に沈み込む循環が弱くなり，底層水が停滞し，熱塩循環から底層が切り離された（蒲生俊敬『日本海――その深層で起こっていること――』，講談社ブルーバックス，2016）より．

冬（映画にも取り上げられた）[5]が訪れる非常に変動の大きい気候となりうる．もし，深層大循環が止まると，さらにどのような影響が出るのだろうか．その可能性は日本海の深層水の研究からわかってきた．

ミニ大洋としての日本海

　東京大学大気海洋研究所名誉教授の蒲生俊敬は，日本海を"ミニ大洋"と考えている[6]．というのも，南の対馬海峡から高塩分の対馬暖流が入り，冬には北部で冷却され潜り込み底層水が作られる．これは，海洋深層大循環と同じ熱塩循環の様式なのでミニ大洋と考える所以である．ミニであるがゆえに変動が顕著に現れる特徴がある．近年，日本海の底層水に変化が現れた．まず，底層水の温度が，1977〜2007年にかけて0.03℃上昇した．この数字は小さいようであるが，含まれる熱エネルギーの変化はとても大きい．さらに，底層水の溶存酸素が1977〜2010年にかけて10％も減少していた．これらのことから，日本海では気候の温暖化によって冬の冷却が弱くなり，底層水の供給が弱まり，温度の上昇と溶存酸素の減少が起こった．

すなわち，底層水の供給が減ったので水が停滞し，それだけ有機物の分解の影響を長く受けるためである．

　このままの溶存酸素の減少が続くと300年でゼロとなってしまい，無酸素底層海洋に変貌し，海洋環境に大変化（たとえばズワイガニやハタハタ，ホタルイカなどに大打撃）が起こることになる．

　海水は弱アルカリ性で，その pH（水素イオン指数）は，表層水で8.1～8.2である．一般に海洋では，深さ方向に pH は低くなる．水深1000m 付近，すなわち表層で生産された有機物が分解，酸素が消費され CO_2 が放出される．このために全炭酸の濃度が上昇し，酸性化が起こるのである（図表3.5を参照）．日本海では，表層から深層まで全体として，pH が低下傾向にあることが発見された．表層は大気 CO_2 濃度の上昇の影響であり，深層水は有機物分解の影響を長く受けているためである．このことは，全海洋でこれから起こることの前触れを示している可能性がある．それがどのような結果をもたらしうるのか，については白亜紀の例を参考にすることができる．

白亜紀の海洋無酸素事変

　イタリア中央部のアペニン山脈の麓には，白亜紀のチョーク層が分布している．チョーク層は，炭酸カルシウムの殻からなるプランクトン（有孔虫，円石藻など）が降り積もってできた白亜の地層であり，ヨーロッパに広く分布している．この層の中に厚さ 1 m ほどの真っ黒な有機物を多く含む泥岩層（薄く剝がれやすいので頁岩という）が認められ，それは，1 億2000万年前と9300万年前の 2 つの時代に堆積した．当時，東京大学海洋研究所に在職していた私は，この黒色頁岩の起源に興味を持ち（第 5 章で紹介する先カンブリア時代の黒色頁岩との比較）[7]，大学院生であった大河内直彦（現在，海洋研究開発機構），黒田潤一郎（現在，東京大学大気海洋研究所）の両氏が詳しい研究を推進した．また，同じく大学院生の岡田誠（現在，茨城大学），金松敏也（現在，海洋研究開発機構）氏にもサンプリングを手伝ってもらった．その分析結果は，従来の見解とはまったく異なるものだった．彼らの研究以前に，この黒色頁岩は，海洋の富栄養化によって形成されたものであるとの考えで一致していた．海洋に栄養塩が大量に供給され，生物生産が急増，その有機物が分解されずに堆積したという仮説であった．一方，彼らの研究によれば，黒色頁岩の有機化学的分析（バイオマーカー分析）によって，それが窒素固定を行うシアノバクテリア起源であること，頁岩の層に炭酸カルシウム殻の化石はまったく含まれていないこと，また大量の硫化鉄が含まれており，その硫黄（S）の安定同位体比から海底は無酸素状態であったことがわかった．私たちのシナリオは以下

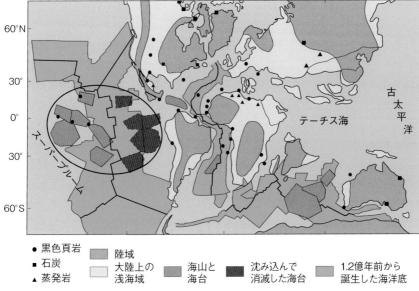

図表4.6　白亜紀の世界（9000万年前）.
1億2000万年前，超大陸パンゲアの分裂が始まっており，大西洋の拡大が始まっていた．その頃に，古太平洋にスーパープルームが上昇し，海台とよばれる巨大火山体が作られた．海洋プレートは全体として水深が浅くなり，海水が陸地に進入，ユーラシア，アフリカや北米が水没した．極域では1億年前には森林が繁茂し，また，大西洋やテチス海には黒色頁岩が堆積し，超温暖環境（灼熱地球）が訪れた．9000万年前には，黒色頁岩の堆積は終了していたが，温暖化（温室地球）の環境が続いていた．（平，2007）より．

の通りである．

　白亜紀に，地球内部のマントルで巨大上昇流（スーパープルームという：図表4.6）が発生し地球史最大規模の火山活動が起こり，CO_2 を含む火山ガスが大気中に大量放出された．その結果，急激な温暖化が進み，海洋の深層循環は停止して，暖かい表層水が蓋のように海面を覆った．海水の上下混合がなくなり，表層の栄養塩は枯渇状態であった（貧栄養化）．しかし，この海の砂漠状態でも生物生産を行うものが出現した．シアノバクテリアである．シアノバクテリアの仲間には，大気から直接に窒素固定をするものがあり，わずかな栄養でも繁殖できる．温暖化そして酸性化によって炭酸カルシウム殻を持つ生物（たとえば円石藻）は生産者としての主力から外れ，それまで日陰者だったシアノバクテリアが有機物生産の主役となり，深層循環の停止した深層水は，シアノバクテリア生体の分解によって無酸素化し，さらに分解しきれない有機物が海底に蓄積し，硫酸還元菌によって硫化鉄が作られ黒色頁岩となって堆積した．このような極端な超

温暖化のフェーズは，図表3.17に示した灼熱地球（安定状態4）とよぶことができる．

　このストーリーのポイントは，黒色頁岩は汎世界的に堆積し，石油の原料（源岩）となったことである．人間が開発・生産してきた石油の大部分は，白亜紀灼熱地球時代のシアノバクテリアの遺骸を起源としている．人間は過去の温暖化の産物の恩恵を受けて文明を発展させ，今，地球を自らの手で温暖化しようとしているのだ．

　灼熱地球の後も，巨大火山活動の影響は長く続き，マントル上昇流のために海洋プレートが持ち上がり，その分，海水が陸地に侵入し浅海域が広がった．そのため陸地の風化侵食が少なくなり，海洋の栄養分は全体として減少した．大気CO_2濃度は高いまま維持され，地球は暖かく極域には森林が育ち，それが石炭層となった（図表4.6）．また恐竜も高緯度域に生息していた．このような状態の地球を温室地球とよび，図表3.17の安定状態3に相当する．

　今後，地球温暖化が進めば，日本海などのミニ海洋（たとえば，オホーツク海，南シナ海，アンダマン海など）では生態系がまったく変わり，シアノバクテリアが繁栄する表層，嫌気性微生物以外の生物が棲めない死の無酸素底層水，そして有機物が堆積するヘドロのような海底の時代が訪れる可能性を排除することはできない．海面では，青潮が頻発し，硫化水素の匂いが充満，その時には，おそらく漁業は崩壊しているだろう．

　地球大気は，金星や火星の大気と異なり，酸素が多く，CO_2は微量である．これは，地質時代に，大気から大量のCO_2が除去されたことを示す．現在，地殻の堆積岩中に石灰岩として7×10^7GtC（ギガトン炭素：10億トン炭素），有機物（化石燃料もこれに含まれる）として2×10^7GtC存在している．これは，現在の大気に含まれる炭素C（7.4×10^2GtC）の10万倍である．白亜紀の灼熱地球・温室地球の時代を経て，新生代の後半以降，大気CO_2濃度は，火山から放出される量（脱ガス量）と堆積岩に固定される量（除去量）が，ほぼバランスしながらも除去量がやや多かったので，次第に大気CO_2濃度が低下してきたと考えられる．人新世になり，人間の手で，そのバランスが崩れてきたのだ．

地下生命圏とメタンハイドレート

　2012年7月25日，地球深部探査船「ちきゅう」は，八戸港から出航した．めざすは下北半島の沖合，水深1180mの地点，そこから2km以上を掘削し，地層の中に"生きている微生物"を探索し，地下生命圏とメタン生成の謎に挑戦しようとしていた[8]．国際研究チームのリーダー稲垣史生にとっては，この航海が実現したこ

図表4.7　地球深部探査船「ちきゅう」.
国立研究開発法人・海洋研究開発機構（JAMSTEC）が所有する深海を掘削（ボーリング）して試料を採取したり孔内を計測することができる研究船. 二重管方式（ライザー掘削方式）で海底下3000m以上の科学掘削を行ってきた（JAMSTEC 提供）.

とに感慨がこみ上げていた. 前の年, 2011年3月11日,「ちきゅう」は同じ八戸港に停泊していた. 実は, この研究航海はその時にスケジュールされており, まさに出航直前の準備を行っていた. 14時46分, あの大地震（東北地方太平洋沖地震）が起こった. 見学に来ていた八戸市中居林小学校の生徒を乗せたまま,「ちきゅう」は港外へと脱出を図ったが, 津波が襲ってきた. 急いでアンカー（錨）を打ちコントロールを保とうとしたが港内で船体は回転し, 船尾のスラスター（スクリュー推進機）を破損した. 幸いにけが人はなかった. 船中に一泊した小学生は, 船内でチームの励ましを受け, 皆元気で次の日に自衛隊のヘリコプターで帰還した[9].

　稲垣らの国際チームの研究目的は, 下北八戸沖, 海底下約2kmにある石炭層を目指し, このユニークな地層中にどのような微生物がいるのか, それらは何をしているのか, を調べることであった. 地下深く地層や岩石の中に微生物が生息していることは, 1990年代から徐々に証拠が上がってきた. 掘削したボーリングコア試料や地下深く数キロメートルに掘られた鉱山から湧き出る地下水から微生物が見つかったのだ. しかし, 初期の研究は, 微生物を発見すること, そしてどのくらいの数が生きているのか, を検証することが主な目的であった. その後, メタゲノム解析手法（網羅的に環境中に断片として存在しているゲノムを解読し, そこに存在する生物の全体像を解析する手法）や微生物培養技術（これは海洋研究開発機構の十八

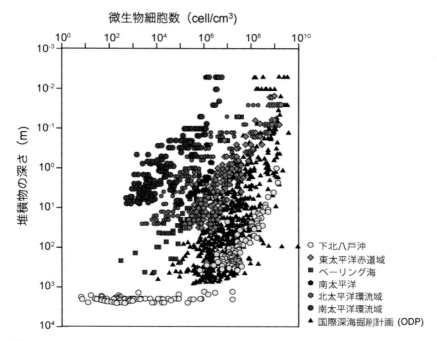

図表4.8 海底下の地層中の微生物細胞数.
深海掘削で明らかになった地下の微生物細胞数の深度方向への変化. 大洋の中心にある還流域では, 表層の生物生産が少なく, 堆積物の中の微生物細胞数も小さい. 下北八戸沖は, 海底下2466m まで細胞数がカウントされた唯一の例である. (Hoshino et al., 2019) より.

番), 地球生物化学的手法の発展により地下生命圏の科学は飛躍的に進歩し, 地下微生物の分類や生理活性など多くのことがわかってきた (図表4.8). しかし, この航海の目的である海底下 2 km もの深さでの微生物がどういうものか, 誰も見たことがなかった.

　掘削は順調に進み, 9 月 6 日, 海底下2120m という当時の科学掘削世界記録を打ち立てた. 2500万年前の石炭層や貝殻を含む化石層など当時の堆積環境を示すコア試料が回収された. 微生物の分析の結果, 驚くべきことが数々わかった. まず, この深さは地中温度60℃であり, 微生物の生存限界ギリギリの深さであるが, 石炭層の中では, 1 cm³ のサンプルの中に数十万個体以上の微生物が存在している箇所があった (図表4.8). サンプルに含まれるゲノムの断片をすべて読んで, それを構成している微生物群を復元するメタゲノム解析 (クレイグ・ヴェンター研究所との共同研究; この研究所については第 5 章を参照) の結果, 微生物の群集は, 陸上湿地帯や森林の土壌に生息している群集と類似しており, 石炭層の上位に重なる海

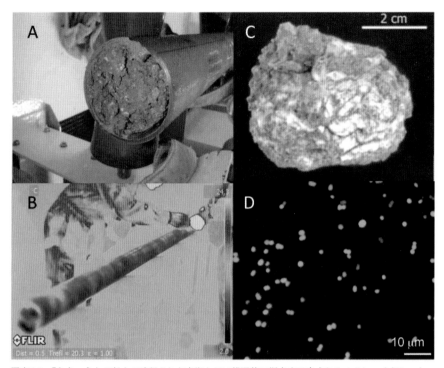

図表4.9 「ちきゅう」の船上で確認された南海トラフ熊野第5泥火山に含まれるメタンハイドレート.（Ijiri et al., 2018）より.
(a) 柱状堆積物試料（コア試料）の断面に白いパッチ状に見えているメタンハイドレート.
(b) 掘削直後のコア試料では，赤外線カメラにより，メタンハイドレートの溶解による温度低下が，全体的にみとめられた.
(c) コア試料中に含まれるメタンハイドレート塊（白色部分）.
(d) 泥火山から分離されたメタン菌. 低塩分濃度を好み，水素とCO_2からメタンを生成する常温性の古細菌（アーキア）であった.

成層中の群集とはまったく異なっていた．そして，これらの微生物の一部を実験室内で培養することに成功した．すなわち，**この微生物は生きていた．そして，その細胞分裂の速度は数年から数十年に1回という超スローライフであることもわかった．海底下2kmに2500万年前に存在した森林微生物が極端な低エネルギー環境で今も生きている，ということは驚愕の発見であった**（Inagaki et al., 2015）．そして，この地層では，微生物からメタンが生成されていた．

　世界中の大陸棚から大陸斜面の海底下のほとんどあらゆるところで微生物がメタンを生成していることがわかってきた．数百メートル以上の水深の海底下の温度・圧力条件下で，メタンは水分子の籠状の結晶に包接されてメタンハイドレートという氷を作る[(10)]（図表4.9）．容積で見るとメタンは，メタンハイドレート単位容積の

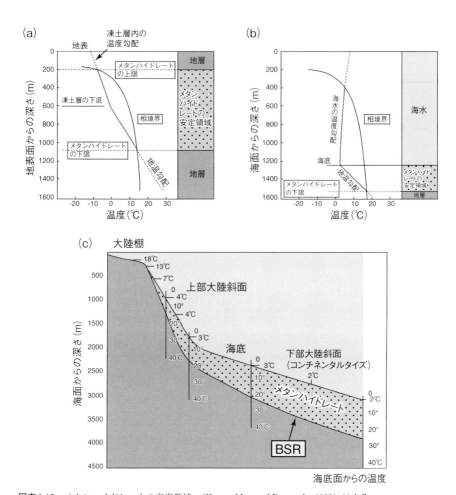

図表4.10 メタンハイドレートの安定領域. （Kvenvolden and Barnard, 1983）による.
メタンハイドレートは低温, 高圧で安定である. 地下で温度が上がるとメタンはガス相になる.
(a) 凍土層における安定領域, (b) 海底における安定領域, (c) 海底下の地温勾配が一定とした場合は,
海底の水深に関係して安定領域が広がる. メタンハイドレートの下限に海底疑似反射面（BSR）が認
められることがある.

170倍のガスとなる. 低温・高圧条件下で安定であり, 0℃なら26気圧以上の圧力
下で安定となる. たとえば, 極域の凍土層では, 表土から地下1000mの地中に存
在し, 深度1000mの海底では, 海底下200m程度まで存在する（図表4.10）. 地層を
構成する鉱物粒子の間隙を埋めたり, また, 塊状になっている. このように, 地層
の中でメタンハイドレートが安定に存在する領域とその下位で温度の上昇とともに
（平均的な地温勾配では, 地下は1000mごとに30℃程度温度が上昇する）, メタン

はガスとして存在する領域にわかれる．その境界は，音波探査によって明瞭な反射面として検出できる．この反射面は，地下の地質構造とは関係なく，たとえば海底面下，数百メートルの深さに出現するため，海底の起伏をなぞったような形状をなすので海底疑似反射面（Bottom Simulating Reflector：BSR）とよばれている．BSRは，世界中の海底で発見されており，メタンハイドレートの量を見積もる指標となる．

　メタンハイドレートの世界での総量については，500〜2500GtC が推定されている．これは，天然ガスの埋蔵量230GtC より大きい．メタンハイドレートは2つの点で地球と人間の未来にとって重要である．1つは，資源として開発できれば，きわめて有用である．将来のエネルギーは再生可能エネルギーを中核とし，それにメタンガス発電のミックスが有効と考えられる（第7章を参照）．通常の天然ガスは，CO_2を伴う場合が多く，その処理に費用が必要となるが，メタンハイドレートはほとんど純粋なメタンなのできわめてクリーンである．一方，問題もある．もし，地球温暖化で海洋の底層水の温度が上がると，海底表面にあるメタンハイドレートの一部が融解する可能性がある．また，気温の上昇によって，高緯度地域の凍土層が融解，メタンが大量に遊離し大気に放出される可能性がある．

　メタンは強力な温室効果ガスである．大気中では酸化されるのでその居留時間は数週間であるが（酸化されて CO_2 になる），大量に放出されれば大きな問題を引き起こすであろう．また，大量放出のメカニズムとしては，メタンハイドレートの融解に伴う巨大海底地すべりの発生が考えられる．凍土層においても，ガスの爆発的な噴出が起こり，クレーターが作られ，そこに湖水が形成されてさらに地下へと水が侵入し，融解を促進する可能性が指摘されている．フィールド調査において，実際に凍土地帯の湖水の拡大が確認されている．

　過去の地質時代では，メタンハイドレートが崩壊して大気に放出され急激な温暖化を引き起こした環境変動事変が推測されており（たとえば暁新世／始新世（P/E）境界温暖化イベント：図表3.16の鋭いピークを参照），地下のメタンハイドレートの挙動は表層地球と密接にリンクしている．

　地下深く生きている微生物と地上の人間とは，メタンを通じて結び付いている．地球温暖化によって，地下の微生物圏の生産物が，私たちの未来に深く関係するかもしれない．人新世は，地下深くで起きている現象とも関連しているのだ．

4.2　地球生態系と環境変化

外来生物と生態系

　私の住む浦安市のスーパーマーケットでは，「ホンビノスガイ」と名付けられた

図表4.11　ホンビノスガイ.
　近年, 東京湾奥で取れるようになった千葉県のブランド水産物. マルスダレガイ科メルケナリア属の二枚貝. 原産の分布は, 北米大陸の大西洋岸であり, ボストンでは, クラムチャウダーとして有名（著者撮影, 2020）.

やや大振りの貝が売られている. ここ10年ほどで流通が日常的になり, 三番瀬（東京湾奥で残った最後の干潟）の名前をとって,「三番瀬産ホンビノス貝」として千葉ブランド水産物に選ばれている. 私にとっては, 好物の1つで, 酒蒸しなどにして食している.

　千葉県の船橋市漁協では, アサリが主力の貝類であったが, 近年水揚げが激減しており, 2013年には170トンだけとなった. ホンビノスガイは, 外来種で原産は北米東海岸であり, クラムチャウダーとして有名である. この貝が, 東京湾に見かけるようになったのは, 20年ほど前からであり, 当初は, ほとんどが捨てられていたらしい. しかし, 次第に注目され, 2008年から市場に出すようになり, 初めは200トンあまりだったのが, 2018年には, 1670トン（売り上げ約2.2億円）と船橋市漁協の主力水産物となった. ホンビノスガイは, アサリに比べて, より低酸素環境でも生息でき, 近年頻繁する青潮にも耐性がある. 要するに今の東京湾奥の環境に適応できる種である. まさに外来の救世主ということになる. その移住経路については, よくわかっていないが, 船舶のバラスト水によって幼生や稚貝が運ばれてきたというのが有力な仮説である.

　一方, アサリの漁獲量は全国でも激減している. 1986年までは, 10万トンを超していたが, 2012年には3万トン以下となった. ハマグリはさらに減っており, 1960

年代には１万トン以上あったものが2006年には870トンとなった．貝類激減の理由については，低酸素化などの環境の悪化と生息地である干潟や砂州の減少によるものと思われる．

　日本の沿岸海域では，1960年以降外来生物が劇的に増加，これは高度経済成長による物流の活発化によるものと考えられる．すでに81種の外来生物種の生息がカウントされており，毎年1.3種のレートで増加しているという．これは発見された数なので実際には，さらに多いであろう．日本からもまた外国へ海洋生物が移住しており，有名なものとしてワカメがある．ワカメは大変に繁殖力が高く，世界中に拡散しており，国際自然保護連合（IUCN）の「世界侵略的外来種ワースト100」のリストに載っている．ワカメが侵略種だというのは，私たちにとっては違和感があるが，海外の沿岸ではその影響が出ている．人間の活動によって外来種が移動しており，海洋生態系が変化している[11]．

　陸域の生態系の変化はさらに劇的である．人新世になり，船舶，航空機による物資と人の移動は，それ以前とは格段に多くなり（図表1.5），また，ペットや釣り，鑑賞，園芸用として多くの動植物が世界中に広がっていった．日本列島の自然は，氷期から間氷期にかけて大きく変わったし，そこにヒトが移住してから，さらに大きく変わった．水田が造られるようになってから，それに適応した動植物が繁殖し，さらに化学肥料や薬剤の撒布で生態系が大きく変化し，水生昆虫や両生類が大打撃を受けた．**人間の活動により，生態系は常に変化し，かつ，新しくなっている．しかし，変わってしまった生態系を人間活動以前の姿に戻すことはできない．そして，何よりも重要なのは，何が起こっているのかを理解することである．**生態系には，普段目にとまる生物だけでなく，寄生虫，原生生物，真正細菌，アーケアなどの生物や多様なウイルスが存在し，それぞれに役目を担っている．また，これらの中には，感染症を起こし，人間社会を脅かすものも存在している．残念ながら，私たちの科学技術はその全体像を理解するまで到達していない．その間に，様々な"想定外"のことが起こり始めている．想定外とは，私たちの理解が進んでいないことの証拠である．

有機汚染物質の問題

　環境の汚染による悲惨な公害病については，熊本の八代海沿岸で起こった水俣病がよく知られている．水俣では，工場の排水に含まれていたメチル水銀（CH_3Hg^+）が原因で身体障害を引き起こす深刻な病気が発生した．日本では，このような局地的な公害は減少したように見えるが，世界的には広く汚染が浸透しており，人間そして生態系に大きな影響が出始めている[12]．

非常に強い毒性を持っている物質にダイオキシン，PCB（ポリ塩化ビフェニル）などの有機汚染物質がある．PCBは，工業用に用いられていた油で，工場で食用油に混入しカネミ油症事件が起こり，大きな健康被害（死者もでた）が出た．これらの有害汚染物質は，現在はそのほとんどが規制の対象になっているが，汚染程度がなかなか低減しないのが，クジラ，イルカ，アザラシなどの海生哺乳動物である．1960年代の調査では，これらの動物の汚染はほとんど検出されなかったが，1990年代になると，意外なことに，ダイオキシンなどが多く検出されるようになった．海生哺乳動物は，皮下に厚い脂肪組織があり，脂溶性の高いダイオキシンなどが特に蓄積してしまう．さらに世代を越えた有害物質の移行が授乳を通じて行われる．近年（1970年以降），海生哺乳動物，特にクジラやイルカの大量死が起こっているが，これらが有機汚染物質と関係している可能性も指摘されている．汚染物質が環境に放出されると，それを除去するのは容易ではない．そして，想定外のことが起こるのだ．

海洋プラスチックゴミ

　1981年，海洋科学技術センター（現在，海洋研究開発機構）が2000m水深の潜水が可能な有人潜水船「しんかい2000」（三菱重工神戸造船所にて建造）による海底探査を開始し，2002年の運用停止まで1411回の潜水調査が行われた．1989年には，「しんかい6500」（三菱重工神戸造船所にて建造）が運用を開始し，1500回以上の潜水を行ってきた．

　これらの潜水船を用いた探査により，海底の熱水活動とその周辺の特異な生物群集の発見，海底火山活動の実態，プレート境界巨大地震（特に2011年の東北地方太平洋沖地震）における海底変動など，普段人の目に止まることのない深海の科学的知見を掘り起こしてきた．海洋研究開発機構では，このような自然現象の他に，当初より潜水調査時に発見される海底のゴミにも注目してきた．それが，人間のもたらす環境汚染がどこまで広がっているのか，を示す指標になるからである．2018年に30年におよぶ画像の分析を行い，海洋ゴミの分類と発見地点を「深海デブリデータベース」[13] として公開した．これは世界的に大きな反響をよび，日本周辺海域は海洋プラチックゴミのホットスポットであり，さらに水深6500mの海底においてもレジ袋などのゴミと日本海溝ではなぜかマネキンの頭部まで見つかったことを発信した．

　全世界で年間約4億トンのプラスチックが生産されており，その原料およびエネルギーとして世界石油生産量の8％が消費されている．プラスチックは，石油から作られたポリマー（高分子）で，ポリエチレン，ポリプロピレン，ポリ塩化ビニル

図表4.12 潜水船「しんかい6500」と研究船・研修船（JAMSTEC・東海大学提供）.
(a)「しんかい6500」チタン球殻を持つ有人潜水船として三菱重工神戸造船所にて建造. 海洋科学技術
　センター（現在, 海洋研究開発機構）にて1989年より運用開始. 1500回以上の潜水を行ってきた.
(b) 同, コックピット内部. 乗船定員は通常3名.
(c) JAMSTEC の研究船「かいめい」. 特に深海底の探査能力に優れている.
(d) 東海大学の海洋調査研修船「望星丸」. 人材の育成に大きな貢献をしてきた.
　「望星丸」は東海大学の建学者である松前重義の「若き日に汝の希望を星につなげ」という建学の精
　神から名付けられた.

　などの種類がある. 日常生活で使われるプラスチックは, すべてが回収されている
わけではなく, ポイ捨てをはじめとして, 環境中に広く廃棄されている.
　海岸の清掃イベントなどにおいては, ペットボトル, 大きな発泡スチロールの箱
や漁網などは容易く見つけられ, 回収の対象となっている. しかし, 砂粒やそれ以
下のサイズのプラスチック片（直径5 mm以下のサイズのものをマイクロプラスチ
ックという）が海岸の砂に混じっていても, それらは清掃の対象にはならない. 問
題は, このマイクロプラスチックが, 現在, 世界中の川, 湖, 海に広がっているこ
とがわかってきたことだ. **マイクロプラスチックの大部分は, プラスチックゴミが,
紫外線で劣化し, 流れや波などのよって粉砕され, 小片となったものである. マイ
クロプラスチックは, 比重が水よりやや大きい程度のものや, 浮遊するものもある.
したがって, 海流によって長距離拡散する.**
　世界の海には, 大小のプラスチックゴミが, 50兆個以上, 重さにして27万トンも
の量が漂っていると推定され, 特に太平洋, 大西洋, インド洋の環流域に停滞して

図表4.13 海岸に散乱するマイクロプラスチックの写真.
ポリエチレン，ポリプロピレン，ポリ塩化ビニルなどの種類がある.
https://www.lifehacker.jp/2019/10/200881-how-to-avoid-ingesting-microplastics.html

いる．これらのプラスチックゴミは，動物が誤って捕食しており，海鳥，海生哺乳動物，ウミガメ，さらに二枚貝，ゴカイ，カニ，そして魚類からも発見されている．マイクロプラスチックの挙動と環境への影響は，東京農工大の高田秀重や九州大学の磯部篤彦らによって世界に先駆けた研究がなされてきた．

　プラスチックは，製品としての機能を高めるための添加物が加えられており，その中には有害物質が含まれており，動物への影響が指摘されている．さらにプラスチックは，石油から生成されたものなので，固体の油脂としての性質を持っており，海水中の有害有機物質（PCB など）を吸着する性質を持っている．マイクロプラスチックを通じての，海洋生物への PCB 汚染が報告されており，海洋生態系への影響は深刻になっている．人体そのものへの影響については，まだ，十分にはわかっていないが，人間の手で地球環境が脅かされていることは確実である．プラスチックの量の削減，賢い利用とリサイクル，環境での可分解性製品の開発などの対策が急がれる．同時に，このような対策が単純なものではないこともしっかり認識すべきである．たとえば，**買い物のレジ袋の有料化・削減が進んでいる．これは，環境へのゴミを減らす上で有効ではあるが，レジ袋の代わりのショッピングバックについては，その製造にかかる原料・エネルギーなどについても様々な観点からの評価が必要となる．すべてがプラスであるとは限らないからである．政策の立案に関して，地球と人間社会のシステム全体を総合的に解析する科学技術と，それを発信**

する"共通言語"の創新が求められている（終章で述べる）.

大気汚染物質 PM2.5

　近年，話題となっている大気汚染物質 PM2.5については，その実態が十分に理解されていない場合が多い．PM2.5は，大気中に浮遊している直径が $2.5\mu m$ 以下の粒子（PM = Particulate Matter）であり，その化学的性質を表している言葉ではない．その化学組成は多様で，硫酸イオン，亜硝酸イオン，アンモニウムイオン，有機炭素，元素状の炭素，などであり，その構造は，炭素（煤，ブラックカーボンという）や風によって巻き上がった鉱物粒子に，大気中の化学反応によって生成された様々な物質（エアロゾル状のもの）が吸着したものである．

　この用語が，2013年頃から急に使われ始めたので，新たにそのような物質が発生したごとくの印象を与えるが，そうではない．以前から大気中には，存在していた．しかし，その発生源についての研究が進んだのは，ごく近年になってからである．ブラックカーボンの発生源としては，ディーゼル自動車排気ガス，工場の排煙，道路の粉塵，タイヤの摩耗，などの他に森林火災，野焼きなどを起源とするものも含まれている．PM2.5の中には，ダイオキシンやカドミウムなどの有害物質を含むものも知られており，長期にわたってこれらにさらされると（特に呼吸）健康に問題を起こす可能性がある．

　PM2.5は，世界中を浮遊している．さらに北極やグリーンランドにもブラックカーボンは降り積もっており，それが熱を吸収し，氷を溶けやすくしている． また，海洋においては，それらが鉄や微量元素を供給し，時には生物の生産量をあげる役割をしていると推定されている．氷床の上でも，シアノバクテリアなどの生物活動を促す働きをしていると考えられる．

　地球環境は複雑系そのものである．人間の活動によって，さらに複雑な要因が加わり，人新世には，以前とは異なる規模とスピードで，人間，生物，物質の移動・拡散が起こっており，その全体像を理解することは，きわめて難しい．しかし，これを無視して未来を開くことはできない．このことについては，さらに以下の章でも考えて行こう．

4.3　災害との闘い

スーパー台風の脅威

　気象シミュレーションによれば，温暖化した地球気候において発生する台風は，より強大になると推定されている[14]．たとえば，日本に来襲する台風の進路

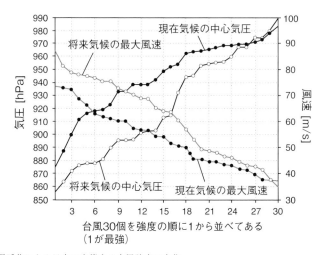

図表4.14　温暖化による日本に来襲する台風強度の変化.
　1979～93年に発生した台風と，3℃温暖化した地球（2074～87年を想定）においてコンピュータで発生させた台風の強さを中心気圧と平均最大風速について1位～30位までを比べた（坪木ほか，2015）.

領域（気象衛星画像の日本付近にほぼ一致）おいて，1979～93年に発生した台風と，3℃温暖化した地球（2074～87年を想定）においてコンピュータで発生させた台風の強さを，中心気圧と平均最大風速について1位～30位までを比べてみた（図表4.14）．両者には明らかな違いがあり，温暖化地球における上位15は，近年の地球における最強クラスの台風に相当する.

　今まで発生した最強クラスの台風とはどのようなものなのか，2013年11月8日にフィリピンを襲った台風30号（アメリカの合同台風センターJTWCの名前でハイエン：Haiyan）の例を見てみよう．この台風は，11月3日に発生，当初は1002hPaであった気圧は，5～6日夜にかけて急速に発達，気圧は905hPaまで低下，最大瞬間風速85m/秒に達し，フィリピンのミンダナオ島に接近していった．7～8日明け方にかけてさらに発達，一時，860hPaという史上最低値を観測，瞬間最大風速は100m/秒を超えて，サマール島（第二次大戦のレイテ沖海戦のあった場所）の南部に上陸した．**サマール島の町，タクロバン（Tacloban）は，南に開いた湾の奥にあり，記録的な気圧低下のために盛り上がった海水が凄まじい風に吹き寄せられて史上最大級の高潮となって町を襲った．**町の多くの住宅は，脆弱な構造であったため，ある区域が根こそぎ壊滅状態となった．高潮の威力は，津波の襲来と同じであり，高さ7mの巨大な水塊が町に流れ込んでいった．この台風により，フィリピンでは6000人以上の死者を出したが，被害者のほとんどが生活弱者であった.

164 ●

過去，このクラスの台風（JTWCの定義ではスーパー台風という：平均最大風速67m/秒の台風を指す）が日本に上陸したのは，1959年の伊勢湾台風だけである．この時は，やはり高潮が襲い，5000人以上の犠牲者が出た．シミュレーションは，3℃温暖地球では，日本近海でスーパー台風が年に1～2個発生することを予測している．しかし，すでに2018，19年には強い台風が続々と発生したのである．

日本列島を襲うスーパー台風のインパクト

　2018年，2つの台風が日本を直撃した．台風21号と24号である（図表4.15）[15]．21号は8月28日に発生，8月31日～9月2日にかけて915hPa，最大風速55m/秒の日本の台風カテゴリーでは最強度の「猛烈な勢力」（スーパー台風）に発達，9月4日に950hPa，最大風速45m/秒の「非常に強い勢力」で徳島県に上陸した．和歌山市では，57.4m/秒の瞬間最大風速を観測，史上最速の値となった．この台風は，大阪湾岸に記録的な高潮（3.29mに達する）を引き起こし，関西国際空港が最大50cm冠水した．強風により航空燃料タンカーが流され空港連絡橋に衝突し，道路は通行止めとなり，全面復旧に7カ月かかった．同年9月21日に発生した台風24号もまた「猛烈な勢力」（スーパー台風）に発達，中心気圧960hPaの勢力で和歌山県田辺市に上陸，記録的暴風雨をもたらした．しかし，日本列島は大部分が進路の西側にあったため，特に大きな被害はなかった．しかし，この台風に伴う重要な現象が観測されたので，それについては後で取り上げよう．

　2019年には2つの大被害をもたらした台風に令和元年房総半島台風（台風15号），令和元年東日本台風（台風19号）の名称が付けられた．同年の台風15号は，9月5日「非常に強い勢力」に発達，その状態を保ったまま9日の早朝に東京湾から房総半島へ上陸した．関東へ上陸した過去最強クラスの台風であり，中心部で非常に強い風が吹いた．市原市ではゴルフ練習場の鉄柱が倒れ民家を直撃し，房総半島では多数の家屋と電柱に被害が大きく，93万戸が停電した．台風19号は，10月6日に発生，「猛烈な勢力」（スーパー台風）に発達，「非常に強い勢力」を保ち，12日に静岡県伊豆半島に上陸した．この台風は記録的な大雨をもたらし，関東甲信越，東北地方などで観測史上最大の降水量を記録した．千曲川（新幹線の車両基地が水没），多摩川（世田谷区のタワーマンション地下に浸水），阿武隈川（丸森町役場が大被害）などで決壊や溢水が起こった．この台風は人的被害も大きかった．このように勢力の強い台風が本土を直撃する例が明らかに増えており，降水や風の強度も増加している．コンピュータ・シミュレーションが現実のものとなりつつある．

　さて，2018年の台風24号の話に戻ろう．この時に，駿河湾北部には海底地震計（OBS）18台が設置してあった（図表4.16a）．海底地震計は，ガラス球に入ったセ

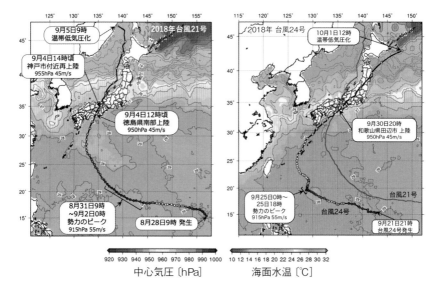

図表4.15　2018年台風21号と24号の進路.
　いずれも発生から4日以内に「猛烈な勢力」（スーパー台風）に発達，それから5日間も「非常に強い勢力」を維持したまま列島中部を直撃した．海面水温は28℃の高温領域が広がっていた．（気象庁；2018年8月29日，9月30日の海面水温）より．
https://jp.weathernews.com/news/24664/
https://jp.weathernews.com/news/24933/

ンサー・記録部（電池を含む）をプラスチックのカバーで保護，カバーと切り離し装置を介して錘が接続，カバーにはさらに音響通信用のトランスポンダ，さらに浮上させた時に発見できるように無線と光を点滅させるフラッシャーから構成されている．全体で50kg程度の重量となる．通常は数週間の観測の後に船から音響信号を送り，切り離し装置を作動させて，海底から浮上・回収を行い，ガラス球を開けて記録を読み取る．台風24号は，9月30日〜10月1日にかけて長野県から山梨県に接近し，富士川流域で猛烈な降水があった．10月中には駿河湾奥の東側で海底地震計4台が岸に打ち上げられているのが発見され，気象庁に連絡が入った．東海大学の馬場久紀・坂本泉らは，海底地震計の回収を試みたが，駿河トラフの中央部に設置した8台には，浮上したもの，移動したもの，そして回収できないものがあった[16]．400m移動して発見されたものにはガラス球とカバーの間に砂がびっしりと入り込んでいた．

　これらの海底地震計の浮上時間は，富士川の松岡観測所（国道1号線鉄橋の近く）で記録された増水時とほぼ一致していた（図表4.16b）．この一連の現象は，次のように理解されている．台風24号のもたらした降雨によって富士川が増水，洪

(a)

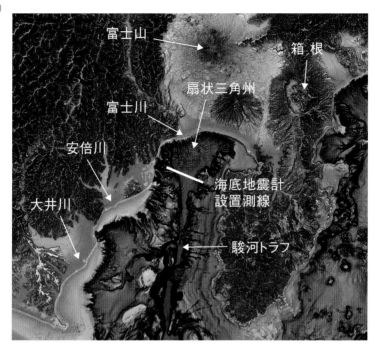

富士山
箱根
扇状三角州
富士川
安倍川
海底地震計
設置測線
大井川
駿河トラフ

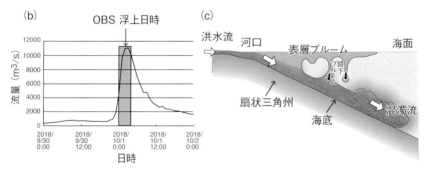

(b) OBS 浮上日時

(c)
洪水流　河口　表層プルーム　海面
扇状三角州　降下プルーム　海底　混濁流

図表4.16　2018年台風24号通過時に駿河トラフに起こった混濁流.
(a)　駿河トラフ周辺の地形図（傾斜の大きい所を赤色表示）と海底地震計（OBS）18台の設置測線. 富士川の河口から深海へと扇状三角州が形成されている.
(b)　富士川国道1号線鉄橋付近（松岡測点）での流量記録と海底地震計（OBS）の浮上時間の記録.
(c)　洪水流が海底を流れる混濁流に変化する様子を示した模式図.
　河口から高密度の濁流が直接海底を流下するもの，海面にいったんプルーム状に広がった懸濁流から密度の大きい部分が降下して流動するもの，などが考えられる. 洪水起源の海底混濁流は，深海環境に大きな影響を与えている可能性がある.（(a) の原図は柴（2017）より，ただしアジア航測千葉達郎による再製作の図を使用，(b) は馬場ら（2021）より，(c) は斎藤ら（2005）を再編集.

水流は駿河湾に入ると一部は拡散したであろうが，海水より密度の高いまま混濁流（乱泥流ともいう：Turbidity Current）となり海底を高速で流下，水深1300mに設置していた海底地震計にダメージを与えた．

このように洪水起源の海底混濁流の発生（図表4.16c）と思われる事象が観測されたのは決して珍しいことではないが，その発生のメカニズムについては，よくわかっていない．しかし，**混濁流が人新世の地球環境において，知られざる大きな影響を与えている可能性が指摘できる**．それは，

① 河川流域の土壌，微生物，汚染物質，プラスチック類などを深海へ一挙に運ぶ役割をしている．

② 混濁流が淡水と熱を深海へ輸送している可能性があり，深海の生態系へ影響がおよんでいる．

③ 今や世界の通信トラフィックは急増しており，混濁流による海底ケーブルの破損などの事故が起こっている．

気候シミュレーションによる強い台風の増加は，洪水混濁流の発生頻度が高まることを意味している．特に西太平洋からインド洋にかけては，急勾配の河川が人口密集地を流れ，深海へと繋がっている．混濁流のグローバルな影響を評価することが急務である．

サイクロンとサバクトビバッタ

2018年は，インド洋西部と周辺地域においても台風が異常発生した年だった．5月と10月に3つの大型サイクロンが発生し，アラビア半島に襲来した．このようなインド洋西部でのサイクロンの発生は，インド洋ダイポール現象の正の時期に一致しており，この時期，インド洋西部で海水温が上昇，また，東部では低温となり乾燥が起こり，オーストラリアでは山火事が多発していた．西部の海水温上昇に伴って，サイクロンが発生し，サウジアラビア，イエメン，オマーンの砂漠地帯に降水をもたらし植物が各地で芽吹いた．この時に，この地に生息するサバクトビバッタの一斉繁殖が始まった[17]．このバッタは3カ月程度で世代交代し，2018年の間に約8000倍に数を増やしたと推定される．2018年の秋にはバッタの群集は，ソマリアからエチオピアに達していた．2019年にはその地域で異常豪雨が発生，12月にはサイクロンの襲来を受け再び大量の降水があった．2019年末にはバッタの群集が中東から東部アフリカにかけて異常な大きさに発達していた．

2020年の初め，世界でCOVID-19の感染が問題になりつつある時，バッタの群集は，ケニアからウガンダ，タンザニアへと広がっていった．国連食糧農業機関（FAO）は，3月にこれらアフリカの国々に大きな被害が出るだけでなく，サウジ

アラビア，クウェート，アラブ首長国連邦，イラン，パキスタンにおいてバッタの影響が出ると報告した．　$1\,km^2$にいるバッタは4000万〜5000万匹であり，わずか1日で3万5000人分の食料を食い尽くし，毎日，150kmの距離を進む．被害は次第に拡大，7月になってインドや中国にも侵入，特にエチオピア，ソマリア，スーダン，イエメンで数百万人以上が飢餓の危険にあると報告された．　一方，ケニアではCOVID-19との戦いの中で駆除作業員を養成し，殺虫剤散布によって制御に成功したとされた．

　バッタの仲間（イナゴ，バッタ，コオロギなど）は，昆虫の新翅類に分類され，カマキリやゴキブリとも近縁な仲間である．これらの昆虫は，石炭紀の地層から化石として発見されており，3億年前には出現し，様々な環境に適応していった．サバクトビバッタは，5cmほどの体長をもち，サハラ砂漠からアラビア半島，インドにかけて乾燥地に生息している．このバッタには，ほぼ単独で育った場合（孤独相）と群集として育った場合（群生相）の2つの変異相がある．前者は緑色をしているが，後者は黄色と黒色からなり，成虫では，体がより小さくなり，脳が大きくなる．この変相にはセロトニンが大きな役割を果たしているらしい．砂漠の厳しい気候に適応し，雨季に植物が増殖する時期に群生相に変化して増殖するのがこの昆虫の戦略である．

　群生相のサバクトビバッタは，フェロモンを放ち，お互いを引き寄せながら，10〜15世代にわたって増加を続け，食料が豊富であれば，数年間，ほとんどあらゆる植物（葉，茎，皮，果実，種など）を，農作物や非農作物の区別なく食べつくす．しかし，よりカロリー分の高い穀物は，特に好物であるらしい．

　2003年の秋にサハラ砂漠の西部で異常な量の降水があり，このバッタが大量発生，2004年になるとモロッコやアルジェリアの農業地帯に大被害をもたらした．今世紀になり顕著となったサバクトビバッタの大量発生は，やはり，各地の異常気象と関連しており，その被害は地域の農地開拓の拡大とも繋がっている．さらに今回の新型コロナウイルス・パンデミックとの2重の厄災は，人道支援の停滞を招き，それを必要としている弱者をさらに追い詰めている．

最悪の厄災：ハイチ地震とコレラ

　カリブ海に浮かぶイスパニョーラ島は，東の2/3がドミニカ共和国，西の1/3がハイチにわかれる．この島には，北米プレートとカリブプレートの境界にあたる断層系が発達しており，地震活動が活発な国土からなる．ハイチは世界の最貧国の1つであり，それは国の歴史に深く関わっている．1492年にクリストファー・コロンブスは，このイスパニョーラ島に上陸した．この島には，7000年前から先住民（一

部は，アマゾンのヤノマミ族と遺伝的近似があるといわれている）が居住しており，コロンブス上陸当時は，5つの部族国家があった．スペイン人たちは，この島で金の鉱山を発見し，その採掘に先住民を使役したが，疫病が蔓延し，先住民はほぼ絶滅した．その後，スペインは，西アフリカから，多数の黒人奴隷を移住させ，特に東部の開発を行ったが，すぐにスペイン人の興味は南中米大陸の征服に向かい，この島は貿易船の中継基地となり衰退していった．一方，西側ではフランスの海賊が力を持つようになり，17世紀中頃には，東はスペイン，西はフランスが統治するようになった．ハイチは，このフランス統治地域が国の発祥の始まりである [18]．**18世紀末のフランス革命時に，黒人の反乱が起り，1804年に近代史上初めての黒人共和国（ラテンアメリカの最初の独立国でもある）として独立した（ハイチ革命）．これは，世界史上の大きな事件であったが，他地域での黒人自立運動への影響を恐れた各国は，ハイチ独立を承認せず，その後，フランスからの巨額賠償請求，内乱，アメリカの干渉，軍事政権によるクーデターなどにより，ハイチの政治は安定せず，経済の発展は遅れ，21世紀になって世界最貧国の1つとなってしまった．**

　2010年1月12日，M7.0の地震が首都ポルトー・フランスの西25kmで起こった [19]．震源の深さは13kmの直下型地震であり，首都は壊滅状態となった．死者は正確の数は把握されていないが22万人，そして人口の30％に当たる300万人が被災した．地震直後には略奪行為が多数発生，治安が悪化し，国連が平和維持（PKO）部隊を派遣，日本もこれに参加し，ハイチへの支援は国際的な活動へと発展した．

　同年の10月にネパールから派遣されてきたPKO部隊の宿営地付近からコレラが発生した．これが大流行を引き起こし，流行は2019年まで続いた．この間に82万人以上が感染，9700人が死亡した．国連は，2016年に責任を認め謝罪した．

　ハイチの災難はこれだけではない．2016年10月4日に過去50年間で最大級といわれたハリケーン・マシューが最大風速60mでハイチを直撃，いくつかの町を壊滅させ，1000人近い死者を出した．この10年間にもおよぶ災害と疾病の苦難は1つの国を襲った人新世史上最悪の厄災の1つであるが，国際的な注目度は低く，復興は遅々として進んでいない．PKO部隊は，2017年にハイチから撤退したが，その後も国内は混迷をきわめた．ギャング団が横行，当局と癒着しているとの構図も指摘されており，勢力間の争いの中，2021年7月7日，ジュブネル・モイーズ大統領が私邸で重武装勢力によって暗殺された．ハイチの未来について，なかなか光を見出すことはできない．被害者は，いつでも弱者であり，そこには，歴史的，構造的な理由が潜んでいる．

4.4　新興感染症の時代

史上最悪のパンデミック

　1918年，アラスカ州ベーリング海峡に面した小さな集落，ブレヴィグ・ミッション（Brevig Mission）には，80人のイヌイットが暮らしていた．11月に住民に風邪が蔓延，15〜20日の間に，あっという間に72人が亡くなった．当時，世界的に大流行していたスペイン風邪の襲撃であった．遺体は，集落近くの丘，凍土の中に埋葬された

　1951年，アイオワ大学のスウェーデン人大学院生，ヨハン・フルティンはスペイン風邪の病原体に興味を持ち，この遺体を発掘して試料を採集することを思いついた [20]．集落の許可をもらい，仲間たちと発掘を開始，状態の良い遺体から肺のサンプルを採取した．大学で，処理を行い，培養するため卵にサンプル液を注射したが病原体を回収することはできなかった．1997年になり，ある論文がフルティンの目に留まった．米軍病理学研究所のジェフリー・トウベンバーガーらによる「スペイン風邪インフルエンザ・ウイルスの遺伝子的特徴の初報」というものだった．彼らは，サウスカロライナ州のジャクソン基地に保存されていた米軍兵士患者の遺体サンプルを解析に用いた．ただし，この結果はまだ不十分なものだったので，フルティンは，早速にトウベンバーガーに手紙を書き，アラスカの遺体について再調査をしたいので協力してくれと申し込んだ．答えはイエス，フルティンは早速，アラスカに飛んだ．あれから46年，72歳になっていた．今回は，現地の人を雇って再び発掘を行い，若いでっぷりと肥った女性の遺体を発見，そこから非常に状態の良い肺のサンプルの採取に成功した（彼女の脂肪が肺の保存を助けた）．すべて自費だった．

　最初の論文は1999年に発表され，それから10年をかけて完全な遺伝子解読がなされ，さらにアメリカ疾病予防管理センター（CDC：Centers for Disease Control and Prevention）において厳重な管理のもと，ウイルスの復元がなされた．スペイン風邪パンデミックから100年後のことであった．

　スペイン風邪の大流行は，第一次世界大戦と重なり，感染の実態については，情報統制もあって正確な報道がなされていない地域も多くあった．当時，中立国であったスペインにおいて，この流行が盛んに報道されたためにこの名前がついてしまった．このインフルエンザ・ウィルスの遺伝子は，H1N1型インフルエンザウイルスと判定された．ここで，インフルエンザウィルスのHxNx型の表示は，ウイルスの表面にあるトゲ状のタンパク質2種，HAとNAに由来する．HAは，ヘマグ

ルチニンであり，宿主の細胞に付着するときに使われ，NA はノイラミニダーゼで，ウイルスが他の細胞に乗り移るときに働く．これらにはいくつもの抗原のタイプがあり，それがインフルエンザウイルスの特性を表している．

　スペイン風邪がどこから発生したのか，確定はしていないが，米国カンザス州ファンストン基地が1つの候補とされている．1918年3月4日に基地の診療所に発熱と頭痛を訴える兵士が殺到し，1000人以上が集団感染し，48人が死亡したが，通常の肺炎とみなされ，特別な予防対策は取られなかった．最初に発病した兵士は，豚舎の清掃を担当していた．ウイルスは，渡り鳥のカナダガンから，豚を介して人間に感染したと推定されている．ファンストン基地の集団感染から1週間後には，ニューヨークで患者が発生，北米各地に感染が広がった．さらにヨーロッパ戦線に送られた兵士から感染が広がり，6月までには世界各地に飛び火した．

　一方，中国が発生源とする説もある．ファンストン基地感染の以前に中国でインフルエンザに似た呼吸器症が発生しており，1917年に大量の中国人労働者が，西部戦線に動員された．中国人労働者は，カナダ経由でヨーロッパに送られたので，その中にいた感染者から兵士へと拡大していったという推定である．

　感染はいったんおさまったかに思えたが，8月には再び感染が拡大，流行は爆発的となり，アフリカでも発生，この第二波はウィルスの病毒性がさらに強烈なものとなっていた．日本では，1918年の10月から感染が始まり，さらに1919年10月から第二波が襲撃し，1920年後半まで流行が続いた．日本での感染者数2300万人，死者数38万6000人に達した．当時の日本の人口が5670万人なので，凄まじい感染率であった．世界では，数千万人の死者が出たと推定され，そのため第一次大戦は早期に集結したが，その後の世界を混乱と経済停滞に陥れ，第二次大戦への歴史の流れが作られた．

新興感染症の台頭
　感染症の世界的あるいは多くの死者を出した大流行（パンデミック）は，過去に何回も起っているが，そのうち特に顕著なものとしては[20]：

① 　14世紀のアジア・ヨーロッパのペスト（黒死病）
② 　16世紀の南北アメリカ大陸の天然痘
③ 　1918～20年の世界中に広がったスペイン風邪

が挙げられる．この3つは，それぞれの推定死者が数千万人という悲惨な出来事であった．

　ペスト菌は，天山山脈のキルギル北西部付近に生息するマーモット（ネズミの仲間）が自然宿主と推定されている．この一帯は交易路が通っており，人々の移動と

ともにネズミも移動，そこからモンゴル帝国の時代に中国に広がり，さらに中東，北アフリカ，地中海周辺からヨーロッパ，ロシアへと拡大した．この時期は，第2章で述べた「中世温暖期」にあたり，各地で農業が発展し，人口が増えた時期と重なっている．そして，モンゴル帝国の衰退もまたペストの拡大によって起こった．第二の天然痘パンデミックについては，第6章で述べることとする．

　人新世になり，感染症に大きな変化が現れた．今まで知られていない疾病が急激に増えたのである．また，既知の感染症病原体が再び抗生物質や薬剤の耐性をつけ，強毒化したものも出現した．前者を新興感染症，後者を再興感染症とよぶ．新興感染症には，ラッサ熱，エボラ出血熱，エイズ，鳥インフルエンザ，SARS，MERS，新型インフルエンザ，新型コロナウイルス感染症（COVID-19）などがあり，再興感染症には結核，マラリア，デング熱，狂犬病などがある．新興感染症とはよばないが，人新世における特筆すべき疾病として，クロイツフェルト・ヤコブ病（狂牛病）がある．

　図表4.17で示したように，新興感染症はウイルスが病原体となっている．ウイルスは，タンパク質の殻あるいは脂質の膜の中に核酸が格納された構造からなる（図表4.18および図表5.4参照）．核酸は，DNAである場合，またはRNAである場合がある．ウイルスは宿主細胞の内部に侵入し，核酸を放出，細胞のリボゾームを使ってウイルスを多数複製し，それらは細胞外に放出される．生物のセントラルドグマでは，DNA→RNA→タンパク質とたどる生体反応が起こるが（第5章を参照），ウィルスを介すると次の7つの生体反応のケースが確認されている（ルーシック，2018）：

① 2本鎖DNAからセントラルドグマ反応を起こす．
② 1本鎖DNAから2本鎖DNAに転換し，セントラルドグマ反応を起こす．
③ 2本鎖RNAからそのままRNA→タンパク質反応を起こす．
④ 1本鎖RNAから，もう一度RNA相補鎖を作りRNA→タンパク質反応を起こす．
⑤ 1本鎖RNAからそのままRNA→タンパク質反応を起こす．
⑥ 逆転写酵素を使ってRNAから2本鎖DNAを作り，セントラルドグマ反応を起こす．
⑦ DNAを持っているが，同時に逆転写酵素を使ってRNAからDNAを作り，セントラルドグマ反応を起こす．

以上の7つのケースは，ウイルス分類の基礎となっている．ハーシーとチェイスの実験（第5章を参照）に用いられたバクテリオファージ（Bacteriophage）は，第1群である．ヒトの感染症の原因となるウイルスでは，たとえば，天然痘ウイルス

も第1群，エイズウイルスやコロナウイルスは第4群，エボラ出血熱の原因である
エボラウイルスやインフルエンザウイルスは第5群である．

　ウイルスは，宿主個体から別の個体へ，様々なやり方で感染を広げるし，また，
親から子孫へと生殖活動を通じても感染してゆく．中間宿主や媒介生物（ベクタ
ー）が感染に大きな役割を果たすことも多い．今，ウイルスを取り巻く環境が激
変しているのだ．そしてそれが新興感染症出現の大きな原因と考えられる．以下で，
ウイルスの世界に何が起こっているのか，新興感染症について見てゆくが，その前
に狂牛病について述べよう．これもまた，人為的な理由に深く起因するからである．

狂牛病の恐怖

　ヨーロッパや北米では，ヒツジやヤギなどにスクレーピーとよぶ奇妙な，しかし，
きわめて致死性の高い病気が18世紀から知られていた．これは，ヒツジなどが痒み
から毛を樹木，塀，岩などに擦り付ける動作（スクレープ）をすることが特徴で，
やがて，足取りが不確かになり，急激に衰弱する．後にこれは，海綿状脳症とよば
れる病気であり，プリオンとよばれるタンパク質をコードする遺伝子の変異によっ
て，異常プリオンが脳に浸潤し発病することがスタンリー・プリシュナーによって
発見された（1997年ノーベル生理学・医学賞）．プリシュナーのノーベル賞受賞の
きっかけになったのが，1996年，イギリスでクロイツフェルト・ヤコブ病の患者が
出たことである．クロイツフェルト・ヤコブ病もまた脳が海綿状（至る所に空隙が
できて脳がスカスカになる）になるヒトの病であるが，きわめて稀な疾患であった．
しかし，イギリスでは100名ほどが急に発症したために原因の追跡が行われた．わ
かったことは驚くべきことだった．

　ヒツジは羊毛を刈って食肉にした残りの部分（くず肉，骨，内臓）を脱脂処理や
高温処理して脂肪と骨肉粉に分離し，骨肉粉は，ウシの飼料に混ぜたり，子ウシに
代用乳として与えていた．1970年代にオイルショックがあり，経済性を高めるため，
高温処理などの骨肉粉生成の基準が緩和された．その時から，スクレーピーを病ん
だヒツジの異常プリオンがウシに感染するようになった．その結果，ウシに牛海綿
状脳症（狂牛病）が発生し，その肉を食べた人が海綿状脳症（クロイツフェルト・
ヤコブ病）を発症していたのだ．**今まで，ヒツジからヒトへの感染は例がなかった
が，ウシを経由することでヒトに感染するようになったのである．このプロセスは
完全には解明されていないが，本来あるべきでない，草食動物のウシに他の動物の
骨肉を食べさせるということの危険性にまったく気が付いていなかった結果だ．**

　実は，ヒトの海綿状脳症は，パプア・ニューギニアの風土病（クールー病）とし
ても知られていた．この島の東部高地にフォレ族という少数民族が住んでおり，そ

年代	病気（原因ウイルス）	発生国	自然宿主
1957	アルゼンチン出血熱 （フニンウイルス）	アルゼンチン	ネズミ
1959	ボリビア出血熱 （マチュポウイルス）	ブラジル	ネズミ
1967	マールブルグ熱 （マールブルグウイルス）	ドイツ	？
1969	ラッサ熱 （ラッサウイルス）	ナイジェリア	マストミス
1976	エボラ出血熱 （エボラウイルス）	ザイール	オオコウモリ
1977	リフトバレー熱 （リフトバレーウイルス）	アフリカ	羊、牛など
1981	エイズ （ヒト免疫不全ウイルス）	アフリカ	チンパンジー？
1991	ベネズエラ出血熱 （グアナリトウイルス）	ベネズエラ	ネズミ
1993	ハンタウイルス肺症候群 （シンノンブレウイルス）	アメリカ	ネズミ
1994	ブラジル出血熱 （サビアウイルス）	ブラジル	ネズミ？
1994	ヘンドラウイルス病 （ヘンドラウイルス）	オーストラリア	オオコウモリ
1997	高病原性鳥インフルエンザ （鳥インフルエンザウイルス）	香港	カモ
1998	ニパウイルス病 （ニパウイルス）	マレーシア	オオコウモリ
1999	ウエストナイル熱 （ウエストナイルウイルス）	アメリカ	野鳥
2003	SARS （SARSコロナウイルス）	中国	コウモリ
2003	サル痘 （サル痘ウイルス）	アメリカ	齧歯類
2004	高病原性鳥インフルエンザ （鳥インフルエンザウイルス）	アジア各国	カモ
2019	新型コロナウイルス感染症（COVID-19） （新型コロナウイルス）	中国	コウモリ？

図表4.17　新興感染症一覧．
　人新世になり，野生動物あるいは家畜を媒介とした感染症が多く出現した．新興感染症とよばれる．
COVID-19の自然宿主については確定していない．武漢の研究所に置いて人工ウイルスが作られていたという風評も完全には拭い切れてはいない．（石弘之『感染症の世界史』．103頁．角川ソフィア文庫，2018）に加筆．

こでは，歩行困難，震え，運動失調から死に至る病が発生していた．1950年代にこの地を調査したオーストラリアの行政官によって報告され，さらに1960年代にフォレ族の人類学的調査がなされた．その結果，この民族には，遺体を埋葬後に掘り起こして，それを洗浄し，ウジの沸いた肉や脳を食べる習慣があることがわかった．

　当時，アメリカ国立衛生研究所（NIH）のダニエル・ガジュセックは，この食人習慣がクールー病の原因と考え，クールー病で亡くなった少女の脳組織をチンパンジーに投与し，クールー病が発症することを突き止めた．これは，海綿状脳症の未知の感染因子がヒト－ヒト感染，ヒト－チンパンジー感染を起こすこと証明したことになる．ガジュセックは，この業績で，ノーベル生理学・医学賞を1976年に受賞した．ウシからヒトへのクロイツフェルト・ヤコブ病の感染は，一時期，人々を恐怖に落し入れ，何十万頭というウシが殺処分されていった．

　この研究にはサイド・ストーリーがある．1960年代に，NIHは全米各地に医学研究用の霊長類研究センターを設立し，医学研究用に多数の霊長類を収集・飼育していた．ガジュセックが霊長類を使った研究ができたのは，このセンターのおかげであり，実際，ガジュセックは1000頭もの霊長類（チンパンジーを含む）を用いて実験をしていた．実は，このセンターでは，各地でアカゲザルに奇妙な疾病が起こっていた．リンパ腫などの免疫異常である．この原因を調べてゆくとカリフォルニア大学デービス校で発生した病毒性の未知の類人猿免疫不全ウイルス（SIV）を持つアカゲザルから各地で感染が起こったことがわかった．霊長類センターにおいて，多数の霊長類が飼育され，自然界には存在しない霊長類の接触環境の中から，新たなウイルスが発生した．ここでも，人間の動物飼育が原因だった．

新興感染症ウイルスの起源

　アフリカでは，新興感染症が多発している．たとえば，ラッサ熱，エボラ出血熱は，石油開発や鉱山開発で居住地を追われ，新たに移住を余儀なくされた住民の集落から発生した．開発で森林を追われたネズミやコウモリなどの野生動物と人間の接触が原因であると考えられている．

　エイズウイルス（ヒト免疫不全ウイルス：Human Immunodeficiency Virus, HIV）はチンパンジー起源とされる．類人猿はSIV（Simian Immunodeficiency Virus）という免疫不全ウイルスを持つことが以前から知られていた．そのウイルスを研究していたアラバマ大学のベアトリス・ハーンは，米国空軍基地に保存されていたチンパンジーの血液と組織のサンプルからエイズの主流ウイルスであるHIV-1と酷似したウイルスの遺伝子を発見した．1960年代に多数のチンパンジーが宇宙実験のために空軍に輸入されていたのだ．このチンパンジーが西アフリカで捕

獲されたチンパンジーの亜種であることから，その亜種を調べると同様なウイルスの保持例が数体見つかった．さらにこの亜種の生息地から最初のHIV感染者が出ていることもわかった．これらとの関連から，チンパンジーの捕獲の際に現地で人間との接触機会が急増したこと，森林の開発が進んで野生種が人里へと進出したこと，そしてブッシュミートとよばれる野生動物（チンパンジーも）を食べる習慣が現地に存在していたことが，HIVを生み出したと考えられている．

　鳥インフルエンザは，最も恐れられている感染症の1つだ．スペイン風邪においてもインフルエンザウイルスの元々の宿主は，野生のカモなどの水鳥である．北海道大学の喜田宏らは，カモの繁殖地であるアラスカの湖沼においてフィールド調査を行った．その結果，インフルエンザウイルスはカモの腸管で1週間ほど増殖し糞便とともに湖水へ排出され，その水を通して経口感染によってカモの群れ全体に広がる．腸管での急性感染は体内の細胞に抗体を作らないために無症状であり，また，ウイルスは冬には湖水の凍結によって保存される．**カモとインフルエンザウイルスとの共存は，おそらく数百万年も続く長い進化の結果であり，カモはこのウイルスの「貯蔵庫」としての役割を果たしてきた．**

　中国では，池でコイ類の養魚を行い，また，池と隣接してアヒル，ニワトリやブタを飼育する農業が至る所で行われている．過去30年間に中国では，経済急成長に伴い鶏肉の生産量が10倍，アヒルは30倍に増加した．アヒルは中国では，北京ダックとして世界のどの国よりも多く食され，また輸出されている．問題は，アヒルはマガモを原種としており，生物学的にはまったく同種なことだ．北から飛来したカモは，アヒルが飼育されている池においても休息，越冬する．アヒルの腸管にもインフルエンザウイルスが増殖するが，アヒルは渡り鳥ではないので，ウイルスは常時，存在していることになる．飼育数の激増でアヒルとニワトリが接触する機会が増え，ニワトリに感染したインフルエンザウイルスからは，高病原性のものが発生，「鳥インフルエンザ」として，これまでしばしば養鶏業に大打撃を与えてきた．鳥インフルエンザは，ニワトリから人へと感染し，流行のたびに数百人の死亡者を出している．しかし，恐ろしいのは，鳥インフルエンザウイルスとヒトのインフルエンザウイルスが交雑し，高病原性のヒトからヒトへ感染する新型のインフルエンザウイルスに変化する可能性があることだ．今，鳥インフルエンザが，ヒト‐ヒト感染を起こすことがきわめて大きな危惧とされている．

　2009年に新型インフルエンザの世界的流行があったが（WHOはこれをパンデミックとよんだ），これはメキシコから始まったもので，9週間で世界に拡散，死者は1万8097人以上となった．このウイルスは，スペイン風邪と類似したH1N1亜型であり，鳥からブタを経由したもの（中間宿主をベクターとよぶ）であった．この

ように鳥インフルエンザウイルスは，中間宿主を経て，つねに変異を重ねており，ヒト‐ヒト感染がいつ起きてもおかしくない状況にある．

新型コロナウイルスの衝撃

　私たちは，風邪をひく．風邪で医者にかかると抗生物質を処方してくれることがある．しかし，まったく効かない．それは，ほとんどの風邪の原因がウイルスであり，細菌に対する抗体を作る抗生剤は役に立たないからである．風邪のウイルスとしてよく知られているのが，コロナウイルスである．コロナウイルスは，肺炎性の感染症を引き起こすこと，たとえば，重症急性呼吸器症候群（SARS：Severe acute respiratory syndrome）としても知られていた．しかし，2020年に世界を襲った新型コロナウイルスは，感染者3億7000万人以上（2022年1月現在）というパンデミックを引き起こし，人間と地球生命との関係について，深く考えるきっかけとなった．

　中国の広東料理は，素材の多様性で有名だ．燕の巣やフカヒレはよく知られているが，現地では「野味（イエメイ）」とよばれる野生動物を用いた料理があり，動物を売る野味市場もある．そこでは，ヘビ，トカゲ，サル，イタチ，ハクビシン，タケネズミ，センザンコウ，コウモリなど多種多様な生きた動物とその肉が売られている．

　2002年11月に深圳市で頭痛，高熱と肺炎を起こした患者が発生，その後，広東省に広がり数十人の患者が発生したが，中国政府は社会不安と観光への影響を恐れて，この事実を隠蔽した．2003年2月，広東省の医師が香港のメトロポウルホテルで同様な発症を起こし死亡した．このホテルの宿泊客から感染者がカナダ，シンガポールへと広がった．3月には，世界各地に広がり，この感染症はSARSとよばれるようになり，その病原体はコロナウイルスであった．その由来はコウモリであり野味市場から広がったと推定された．流行は2003年7月まで続き，世界30カ国，8422人が感染，916人が死亡した．その後，ヒトに重度の感染症を起こすコロナウイルスは姿を消し，また野生動物の売買規制が発令され，いったんは収まったかに見えた．しかし，実際には動物野味市場は，ほとんど野放しの状態が続いていた．

　ウイルスは，国際ウイルス命名委員会（ICTV：International Committee on Taxonomy of Viruses）という組織で分類・命名体系が作られている．コロナウイルスとよばれるものには多様性があり，全体としては，ニドウイルス目コロナウイルス科に分類されるものをいう．コロナウイルスには，動物に感染するものが多く存在している．その中には，ブタの胃腸炎を起こすもの，ネコの腹膜炎ウイルス，マウス肝炎ウイルス，ニワトリ気管支炎ウイルスなどが知られており，様々な感染症を引き起こす．また，ブタ胃腸炎ウイルスは，変異して感染部位が呼吸器に変わ

178 ●

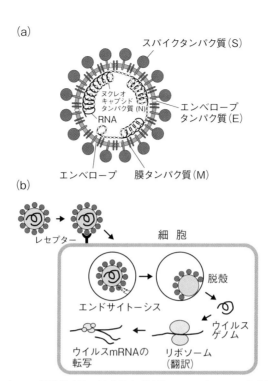

(a)

スパイクタンパク質(S)

ヌクレオキャプシドタンパク質(N)

RNA

エンベロープタンパク質(E)

エンベロープ　膜タンパク質(M)

(b)

レセプター

細　胞

エンドサイトーシス

脱殻

ウイルスゲノム

ウイルスmRNAの転写

リボソーム（翻訳）

図表4.18　コロナウイルスの構造模式図．（水谷哲也『新型コロナウイルス──脅威を制する正しい知識──』，東京化学同人，2020）より．
(a) スパイクタンパク質，エンベロープタンパク質，膜タンパク質，ヌクレオキャプシドタンパク質（RNAゲノムを包有する）の4つから構成されている．スパイクタンパク質が，コロナ様の形状を作っている．
(b) コロナウイルスの細胞内への侵入．スパイクタンパク質とレセプターが合体し，細胞内に侵入，脱殻しウイルスが複製される．

り，ブタ呼吸器症を引き起こすウイルスとなったものもある．このような変異を起こすことも動物のコロナウイルスの研究でかなりわかっている．

　コロナウイルスの起源は，約1万年前と考えられており，家畜の誕生とほぼ一致している．このことも，コロナウイルスが，ヒトが作り出した動物飼育環境の中でより多様なものに変異していったことが推察できる．コロナウイルスには，動物からヒト，ヒトからヒトへと感染するものが普通に存在しており，その代表的なものが風邪（かぜ）であり，その原因であるヒトコロナウイルス229EとNL63については，自然宿主はアフリカのコウモリであると言われている．

　コロナウイルスの構造は，4つのタンパク質（図表4.18）とゲノムであるRNAからなる．周囲を取り巻くスパイクタンパク質が，顕微鏡でコロナ（冠）に似た映

像として現れるので，この名前となった．スパイクは，細胞表面のレセプターとよばれるタンパク質と結合し，ウイルスは全体が細胞内に入り込み，エンベロープからゲノム（RNA）が脱殻し，細胞内でウイルスを複製する[22]．コロナウイルスは，スパイクタンパク質が変異を起こし，レセプターとの結合強度などが変化する．それによってウイルスの性質に変化が起こるので，しばしば変異株とよばれている．ウイルス感染症の流行時には，次々と変異株が生じ，感染対策を困難なものにするケースがある．

　武漢で，2019年11月頃から感染が注目され始めた新型の肺炎があった．この発生源として注目されたのは，初期の感染者が関係していたとされる武漢華南海鮮卸売市場である．海鮮とはあるが，魚市場というより，野味市場も併設されており，そこでは実に112種類の野生動物（飼育されているものもある）が売られていた．この感染症の病原体はコロナウイルスであり，COVID-19（Corona Virus Disease-2019）と感染症名が付けられ，発生源は卸売市場のコウモリあるいはセンザンコウと考えられた．病状の初期には倦怠感，発熱，せき，味覚・嗅覚異常などの風邪と似たような症状で感染の見分けが難しく，潜伏期間は数日から2週間程度であり，重症化（肺炎だけでなく血管などに全身症状が出る）が一挙に起こるという特徴を持った疾病である．初期の無症状期においても，症状が出る数日前には感染を引き起こすことが立証されており（サイレント・キャリアとよばれる），また持病をもつ高齢者では死亡率が高い傾向にあった．この無症状患者が多数おり，その一部から感染が拡大するという厄介な性質を持っていた．さらにこの疾病の恐ろしさは，その多様な後遺症候群である．若い年齢の人でも，長期間におよぶ頭痛，喉の痛み，味覚の低下，関節痛そして倦怠感に悩まされる．さらに集中力や記憶力の低下も起こる．これは，かつて「慢性疲労症候群」とよばれた症状に似ている．患者の免疫システムの過剰反応などの理由が推定されているが，原因は良くわかっていない．

　この感染症は，武漢から湖北省全体へと広がり，さらに中国の春節に旅行者や帰国者とともに世界中に拡散していった．武漢では都市封鎖が行われたが，世界への拡散には手遅れであった．世界における感染の拡大は凄まじい．まずは，韓国の大邱の宗教団体の集会からメガクラスターが発生，やがて，イタリアからヨーロッパ，そして南極大陸を除くすべての大陸に拡散した．米国では，恐ろしい勢いで感染が拡大した．世界保健機関（WHO）は，2020年3月11日，世界パンデミック宣言を出した（3月11日は，東日本大震災から9年目にあたる）．図表4.19に世界全体と主要各国の感染者の推移を示した．世界的に見ると，2020年のパンデミック宣言以来，2020年の秋までに，特に米国，ブラジルでの流行が顕著となり，また，ヨーロッパではEU1，EU2と呼ばれる変異株が出現し始めた．2020年の年末から2021年

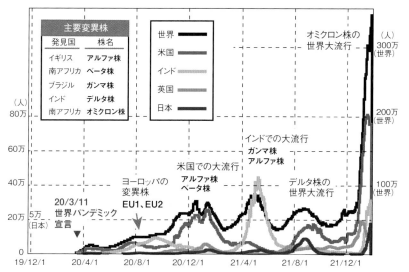

図表4.19 世界と主要各国における新型コロナウイルス感染者数の推移.
　世界，米国，インドおよび英国の３カ国そして日本は３つの異なった人数のスケールでプロットしてある．変異株の流行は著者による諸情報のまとめから.
　データは内閣官房発表の「国内外の発生状況」を日本テレビ news24 がまとめたものを利用．７日間の移動平均がベース．https://www.news24.jp/archives/corona_map/index.html

の年始にかけて米国で爆発的な大流行となり，最初のピーク（第１波）が出現した．これは英国で発見されたアルファ株の拡散が主な原因であり，また，南アフリカではベータ株が出現した．2021年の春から初夏，インドとブラジル（ガンマ株が出現）で爆発的な流行が発生，またアルファ株もさらに世界に拡大し第２波となった．そして，2021年の夏に世界中でデルタ株の感染が広まり，第３波を作った．2021年末から2022年初頭にかけて，新たな変異株（オミクロン株）が出現，強い感染力により今までを遥かに上回る爆発的な大流行となった．2022年１月末現在，世界の累積感染者数は３億7260万人，死者566万人に上っている.

　日本では，当初，2020年２月に横浜に入港した大型クルーズ船ダイアモンド・プリンセスでの船内感染が起こったが，国内での感染は北海道，関東，関西で始まった．３月25日頃からは全国的に感染者が急増し，４月７日に政府は緊急事態宣言を出動させた．５月，６月と収まったかに見えたが７月から流行が再び始まり，８月初旬に第２波のピークを迎えた．さらに十分には収まらず，11月から第３波が始まり，第４波（アルファ株），第５波（デルタ株），第６波（オミクロン株）と続き2022年１月現在，累積感染者は268万人（約50人に１人の割合），死亡者は１万8700人である.

　新興感染症の発生には，様々な要因が考えられるが，大きく人為的な要因と生物

学的な要因とに分けることができ，両者は密接に関連している．人為的要因として
は，社会構造の変化（人口増大，開発・森林伐採，紛争，難民移住，貧富の格差），
輸送・移送の活発化（人間，物流，生物・ペットなど），そして生活環境の悪化な
どが挙げられる．生物学的な要因としては，**病原体が，ワクチンや治療薬などに対
する耐性が高くなり，また，その宿主（コウモリやカモなど）やベクター（中間宿
主．たとえばブタ）が自然環境の悪化や飼育方法の高密化・効率化などから強いス
トレスを受け，病原体により感染しやすい状態におかれることが挙げられる**．これ
らは，まさに人間が作り出したことであり，人間，生物，地球との関係そのもので
あり，グローバルな人新世の問題そのものだ．

新型コロナウイルス感染症ワクチンへの道

1985年，あの血のハンガリー動乱からほぼ30年が過ぎ，ソ連ではミヒャエル・ゴ
ルバチョフが書記長に就任しペレストロイカが始まろうとしていた頃，1人の女性
研究者が，エンジニアの夫と2歳の娘と共に米国に旅立とうとしていた．

彼女の名は，カタリン・カリコ．ブタペストの南東200km にある国立ゼゲド大
学（第1章注7を参照）で Ph.D. を修了し，ポストドクとして研究を始めていたが
大学から解雇され，米国のテンプル大学へと渡航する決心をした．外貨の持ち出し
が厳しく制限されていた当時，娘のテディベアになんとかかき集めた約1000ドルを
隠し飛び立ち，フィラデルフィアに到着した．そこから彼女の mRNA（メッセン
ジャー RNA）の研究が始まった．生命のセントラル・ドグマによれば，遺伝情報は，
DNA →（転写）→ mRNA →（翻訳）→ タンパク質の順に伝達される（第5章参照）．
当時，DNA の研究は医学・生物学研究の中心的な課題であり，ヒトのゲノム解読
が最も重要なテーマとして取り上げられつつあった．その中で RNA の役割に注目
し，それを人工的に編集しようとする研究はほとんど相手にされなかった．しかし，
彼女は，もしデザインされた mRNA を細胞に入れることができれば，疾病の治療
や薬品として利用できるタンパク質を製造することができる，すなわち，生体を工
場として利用することができると考えたのだ．これは夢のような話だった．誰もど
うやれば RNA をデザインできるのか，そして，それをどのように生体内（まずは
実験動物）に無事入れるのか，まったくわかっていなかった．苦闘の連続だったが，
夢は一瞬とも忘れなかった．1989年，ペンシルバニア大学でエリオット・バルナサ
ン博士のラボで非正規の研究職を得た．研究費を獲得できない日々が続いていたが，
細胞にあらゆる手法で mRNA を入れ込み，目標とする標識のついたタンパク質の
生成について実験を行っていた．ある日，彼らはついに細胞から放射性分子標識の
付いたタンパク質が生成されていることを見つけた．ついに第一歩が踏み出された．

しかし，バルナサンは大学を去ることとなり，カリコは再び研究室を失った．その後も苦闘の連続であったが，ある日，コピー機の前でドリュー・ワイスマンに出会ったことが彼女の運命を変えることとなった．ワイスマンもまたRNAの研究に取り組んでいたのだった．彼らは，マウスを使ったmRNAによるエイズワクチンの生成の研究を始めた．初めは，マウスはmRNAを注入すると異物と認識し免疫細胞によって撃退してしまうことがわかった．悩んだ末，彼らはtRNA（トランスファーRNA）注入時には免疫反応が起きないことを発見し，tRNAに含まれる核酸の一種をmRNAに含ませてみた．するとmRNAは，免疫を通過してマウスの体内に入り込み，目標とするタンパク質を作ることに成功した．これは，カリコの夢，特にタンパク質薬品，たとえばインシュリン，ホルモン剤，さらにワクチン生成を可能にする大発見だったが，2005年の発表論文（これによって特許を取得）に対して，学界あるいはベンチャー投資家からもまったく反応がなかった．

しかし，2012年，ついにある企業から引き合わせがあった．ドイツのビオンテック社（BioNTech）であり，彼女はシニア・バイズ・プレジデントとして迎え入れられた．ビオンテック社もまた特異な経歴を持った会社である．ウグル・サヒンは，4歳の時にトルコから移民としてドイツに渡り，ケルン大学を卒業，ガンの免疫治療の研究を行っていた．サヒンは，トルコ系の医学者オズレム・テュレジとともに2008年，ガンの免疫療法を中核ビジネスとするベンチャー企業を立ち上げた．サヒンは先見の明（ヴィジョナリー）を持つ優秀な研究者でもあった．2018年になり，ビオンテック社は，mRNAを使用したインフルエンザワクチンの開発に米国製薬大手ファイザー社とともに乗り出していた．そして，2020年2月になり，中国・武漢から新型コロナウイルス感染症の病原体ウイルスのゲノム解読が発表された時，サヒンは2日でmRNAのデザインを終え，ファイザー社に連絡，彼らはタッグを組んで，まさにワープスピードで開発・生産が行われた．ファイザー社は政府系からの投資を一切受けず，社運をかけてこれを行った．

コロナウイルスが細胞に感染するポイントは，スパイクタンパク質が細胞表面のレセプタータンパク質を見出して，免疫細胞がウイルスを破壊するより先に，細胞に入り込むためである．mRNAのワクチンは，体内でスパイクタンパク質だけを作り，それに反応して免疫抗体が作られる．さらに感染した細胞を感知してそれを破壊するT細胞を活性化させる役割を果たす2重の防御性を持つきわめて優秀なワクチンである．今，mRNA技術を使った様々な医学・健康科学への応用が花開こうとしている．カタリン・カリコの夢は，まさに世界を救う科学成果として結実した．

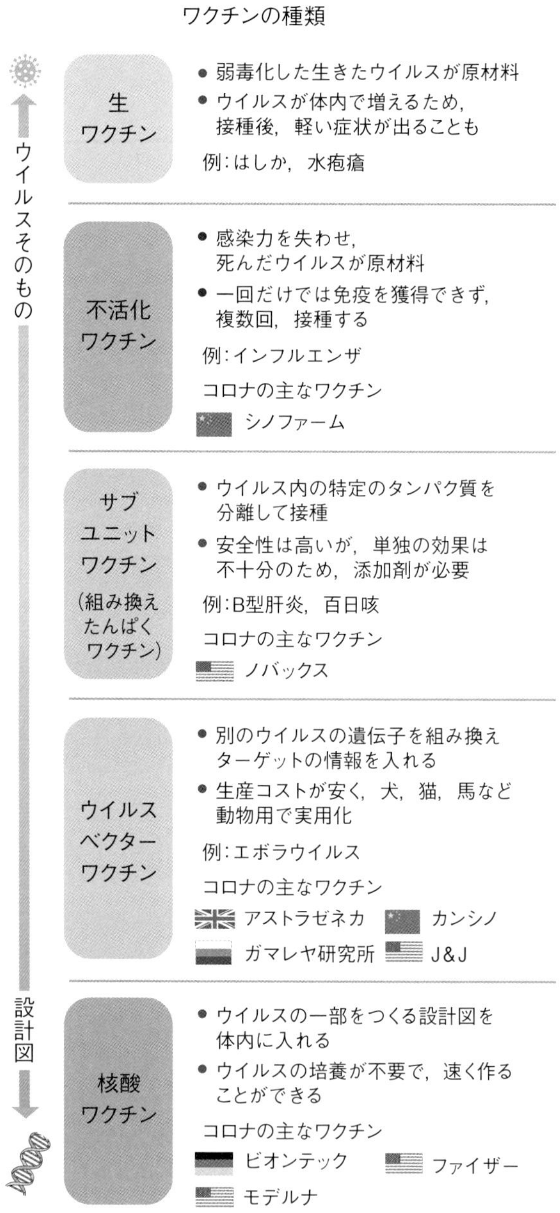

ワクチンの種類

ウイルスそのもの ↑

生ワクチン
- 弱毒化した生きたウイルスが原材料
- ウイルスが体内で増えるため，接種後，軽い症状が出ることも

例：はしか，水疱瘡

不活化ワクチン
- 感染力を失わせ，死んだウイルスが原材料
- 一回だけでは免疫を獲得できず，複数回，接種する

例：インフルエンザ

コロナの主なワクチン

🇨🇳 シノファーム

サブユニットワクチン
（組み換えたんぱくワクチン）
- ウイルス内の特定のタンパク質を分離して接種
- 安全性は高いが，単独の効果は不十分のため，添加剤が必要

例：B型肝炎，百日咳

コロナの主なワクチン

🇺🇸 ノバックス

ウイルスベクターワクチン
- 別のウイルスの遺伝子を組み換えターゲットの情報を入れる
- 生産コストが安く，犬，猫，馬など動物用で実用化

例：エボラウイルス

コロナの主なワクチン

🇬🇧 アストラゼネカ　🇨🇳 カンシノ
🇷🇺 ガマレヤ研究所　🇺🇸 J&J

設計図 ↓

核酸ワクチン
- ウイルスの一部をつくる設計図を体内に入れる
- ウイルスの培養が不要で，速く作ることができる

コロナの主なワクチン

🇩🇪 ビオンテック　🇺🇸 ファイザー
🇺🇸 モデルナ

図表4.20　ウイルスのワクチンの生成手法の分類と新型コロナウイルスワクチンの種類．
　ワクチンは大きくウイルス生体そのものを使うものと設計図である mRNA を使うもの，その中間の生成手法がある．今回，mRNA を使う手法が初めて導入された．
　次の記事の図に J&J のワクチンを追記した．https://newspicks.com/news/5444075/body/

4.5 地球と私たちの大きな物語

地球と共存する社会

　人新世の間に世界人口が25億人から75億人以上に増加し，経済活動が急拡大した．人為起源の温室効果ガスは地球温暖化をもたらし，極端気象現象の多発，大規模森林火災，凍土層の融解，海面の上昇，海洋酸性化，生態系の変化，様々な汚染物質の拡散など地球環境を激変させた．農業・畜産業は，莫大な量の水，化石燃料，化学肥料，家畜の管理に抗生物質を使い，また，水産業もグローバルに展開され，もう，漁場のほとんどは開拓しつくされた．人間の移動，物流の活発化，それに伴う動植物の移動は外来生物による新しい生態系の進化，家畜・家禽を媒介とした新興感染症の台頭，そして新型コロナウイルスの世界的大流行（パンデミック）が起こった．人間は，沿岸，三角州に都市や街を建設し，大地震，巨大津波，スーパー台風などの災害に対して脆弱な地域が出現した．そこには，また，経済的・社会的弱者が集中し，近年の被害総額は急上昇している．

　地球は私たちの住まいである．居心地の良い住まいでなければ人間は幸せになれない．人新世において気候変動，地球環境，巨大災害，生態系の変化などに関する研究は現在発展しつつあり，地球に何が起こっているのか，その成果を社会に発信することができるようになった．しかし，残念ながら，まだ，地球環境と人間社会変貌の全体像の理解と，その未来予測は十分な精度を持っているとはいえない．

　今，人口の都市化が急速に進んでいる．人口1000万人以上の巨大都市圏は，世界で38（中国で15）あり[23]，そこでは，水，エネルギー，食料，ゴミ，環境汚染，治安，巨大リスクなど，あらゆる課題が集中している[24]．一方，都市は人間が最も効率高く経済活動を行っている場所であり，人口1人当たりの環境への負荷が最も少ない場所でもある（第7章参照）．2050年には人口の70％以上が都市に集中するという予測を考えれば，都市の課題をどのように解決してゆくのか，ということが，地球管理維持と人間社会との共生達成の上できわめて重要だ．

MDGs と SDGs

　2015年9月の国連総会で，「我々の世界を変革する：持続可能な開発のための2030アジェンダ」（SDGs）と題する成果文書が採択された．これは，17の目標を定め，2030年までにその達成に向けて努力しようという呼びかけである．この目標は，2000年9月の国連ミレニアム・サミットの時に採択され，2015年を目標とした「ミレニアム開発目標」（MDGs）を継続したものである[25]．両者とも国際社会が，

ミレニアム開発目標 (MDGs) 2000 - 2015

目標1	極度の貧困と飢餓の撲滅
目標2	初等教育の完全普及の達成
目標3	ジェンダー平等推進と女性の地位向上
目標4	乳幼児死亡率の削減
目標5	妊産婦の健康の改善
目標6	HIV／エイズ、マラリア、その他の疾病の蔓延の防止
目標7	環境の持続可能性確保
目標8	開発のためのグローバルなパートナーシップの推進

持続可能な開発目標 (SDGs) 2015 - 2030

目標1	貧困をなくそう	目標10	人や国の不平等をなくそう
目標2	飢餓をゼロに	目標11	住み続けられるまちづくりを
目標3	すべての人に健康と福祉を	目標12	つくる責任 つかう責任
目標4	質の高い教育をみんなに	目標13	気候変動に具体的な対策を
目標5	ジェンダー平等を実現しよう	目標14	海の豊かさを守ろう
目標6	安全な水とトイレを世界中に	目標15	陸の豊かさも守ろう
目標7	エネルギーをみんなに そしてクリーンに	目標16	平和と公正をすべての人に
目標8	働きがいも経済成長も	目標17	パートナーシップで目標を達成しよう
目標9	産業と技術革新の基盤をつくろう		

図表4.21　MDGs（ミレニアム開発目標）と SDGs（持続可能な開発目標）.
国連による2000年のミレニアム開発目標と2015年の持続可能な開発目標. MDGs では，飢餓，衛生，健康，疾病対策が大きなウェイトを占めていた. 一方，SDGs では，持続的な地球との共生が目標として取り上げられている.（外務省・環境省のホームページ）より.

人々の暮らし・福祉・健康の向上そしてそれを取り巻く環境の持続性確保を目標としているが，両者を比較すると興味深い違いがわかる.

　1990年代に人々は過酷な社会体制の変化と対立の渦中に置かれていた. ソ連の崩壊は，悲惨なバルカン半島の内戦に発展，中東情勢も湾岸戦争から不安定さを増し，アフリカの戦後独立国では，次々とパワーバランスが崩れ，内戦が勃発，たとえば，ルワンダ虐殺の悲劇が起こった. さらにエイズ，エボラ出血熱，マラリアなどの蔓延が，開発途上国の貧困と飢餓を生み出していた. 1990年に1日1.25ドル未満で生活している人々（貧困層）は，開発途上国人口の47％に昇っていた. したがって，MDGs の目標は，まずは貧困，飢餓，健康，疾病対策という人間生存のために切実なものだった.

それから15年が過ぎ，貧困，飢餓に関しては，改善がみられるようになり，たとえば，貧困層は47から24％まで減少した．その間に，国連において地球の問題が真剣に取り上げられるようになった．SDGsでは，17の目標のうち，食料（飢餓），水，エネルギー，都市，気候変動，海洋資源，陸上資源と7つの目標が地球と人間に関連する課題に挙げられている．さらにイノベーション，成長と雇用，生産と消費といった経済活動の展開も目標に入れている．また，投資に関しても，これらの目標を考慮すること，あるいは目標達成に努力している企業への投資を優先すること，などが要請されている．SDGsは，国際社会が大きく人間と地球の共生に向けて歩み出したということを示している．

　MDGsで明確な目標とされた目標⑥：HIV/エイズ，マラリア及その他の疾病の蔓延防止に関しては，SDGsでは，目標③：健康的な生活の確保と福祉の促進，の中にまとめられ，これらの疾病の恐怖というのが去ったかのようなイメージがあった．しかし，それは大きな間違いであった．2020年のパンデミックは，改めて感染症の恐ろしさ，人間そして地球の共存に関する課題を顕在化させたといって良い．

アース・ソサエティ3.0

　社会構造や技術革新などにおける新しい考え方や規範の認識（序章で述べたパラダイム）に関して，数字をつけてそれを言い表すことが流行している．おそらくその初めは，ドイツにおいて産業構造の変革を名付けたインダストリー4.0であろう[26]．これは，2011年（東日本大震災の年）にドイツ連邦政府から発表されたハイテク戦略のプロジェクト名であり，スマート・インダストリー，第4次産業革命ともいわれている．第1次産業革命は，18〜19世紀に起きた蒸気機関（石炭エネルギー）の発展を基礎として鉄鋼・繊維工業そして都市化の革命である．第2次産業革命は，19世紀後半から第二次世界大戦までに起きた石油，電気，内燃機関による産業革命である．第3次産業革命は，第二次世界大戦の後に起こった，計算機，情報技術を主としたデジタル産業革命であり，その歴史は第1章で述べた．第4次産業革命は，ロボット工学，ビッグデータ，人工知能（AI），バイオテクノロジー，仮想現実（VR）など，現在進行中の機械と人間の融合を目指す革命を指す．これは，これまでの産業革命が機械のイノベーションであったものと根本的に異なり，人間の進化そのものが包含されている．

　日本では，政府が同様なソサエティ5.0という未来社会のコンセプトとイノベーションの目標を2016年に掲げている[27]．ここでは，人間社会が狩猟社会（ソサエティ1.0），農耕社会（ソサエティ2.0），工業社会（ソサエティ3.0），情報社会（ソサエティ4.0），そしてソサエティ5.0ではサイバー空間とフィジカル空間を繋ぎ，人

間中心の社会を作る，ということがいわれている．私は，これらのパラダイムシフトを謳う産業社会目標においては，それがあまりに人間中心であり，持続性ある地球と人間社会の共存という認識が十分でないと思っている．

私がここで提案するパラダイムは，地球と人間社会の関係であり，それをアース・ソサエティ（Earth and Society）と言い表すことにする．その第1段階，アース・ソサエティ1.0は，ヒト（ホモ・サピエンス）が出現してから人新世の始まりまで（1945年）であり，人間は地球の資源に依存して生きてきた．アース・ソサエティ2.0は人新世の時代であり，人間が驚くべき技術発展を遂げ，地球の資源を大量消費し，自然界には存在しない新しい物質（たとえばプラスチック）を作り出し，不可逆的に地球を変容させた時代である．私たちが目指すべきはアース・ソサエティ3.0であり，進化した人間と管理され持続性が保たれた地球が共存する時代である．その地球はおそらく今の地球とは異なり，鮮新世の温暖地球気候を想定すべきだ．地球平均気温は2～3℃高く，北半球の氷床は衰退，海水面も数メートル高くなっているだろう．将来，人口の70％以上が都市に住むことを考えると，アース・ソサエティ3.0の最大の目標は，このような地球気候システムに適応したエネルギー・食糧生産・都市のシステムをどのように作り上げて行くのか，ということに帰結する．地球気候とその生態系への深い理解と予測をベースとした新しい科学技術，人工知能を含む機械やバイオテクノロジーによって進化した人間，エネルギー・食料・水の課題解決を目指した新しい都市を地球システムの中で維持・管理するのがアース・ソサエティ3.0の具体的目標である．そのベースに，第2章で述べた「新しい大きな物語」が存在しなければならない．人間社会，地球生態系，それらを貫く生命の営みに関しての深い畏敬の念，それが豊かさと幸福の原点である「共感」の基礎となるべきだ．

次の章では，この物語の中での私たちの存在を考えよう．まず，そもそも私たちは何者なのか，地球生命としての人間の本来の姿と人新世における目覚ましい人間進化について見ていこう．

BOX4.1
国際深海掘削計画と「ちきゅう」

深海掘削計画（DSDP：Deep Sea Drilling Project）は，1968年に米国のグローマー・チャレンジャーによる海底掘削から始まった．大西洋において，中央海嶺から離れるにしたがって，海洋底の年代が古くなることを立証し，海洋底拡大説，そしてプレートテクニクスを確立した．その後，ヨーロッパ諸国や日本が参加

して国際共同研究計画となり，1985年からジョイデス・レゾリューションが就航し，国際深海掘削計画（ODP：Ocean Drilling Program）となった．その間に，古海洋学，海洋地殻の構造，プレート沈み込み帯における付加体の形成解明などに大きな成果をあげた．2003年から統合国際深海掘削計画（IODP：Integrated Ocean Drilling Program，現在は，国際深海科学掘削計画：International Ocean Discovery Program）となり，2007年から日本の地球深部探査船「ちきゅう」が就航した．同船は海洋研究開発機構（JAMSTEC）の所有する科学掘削船であり，米国のジョイデス・レゾリューション，欧州のチャーター式の掘削プラットフォームとともに国際共同研究を推進している．IODPでは，北極海の掘削を含む地球環境の変動，地下生物圏の探査，巨大地震発生帯の研究，マントル掘削などのテーマのもと地球生命科学の推進を行っている．「ちきゅう」は，5万7500トン，全長210m，掘削櫓を含めた高さは水面から112m，乗員200名の世界最大の科学目的の掘削船である．2005年に完成，南海トラフの地震発生帯掘削計画，日本海溝の津波断層，下北八戸沖や室戸沖の地下生物圏，沖縄トラフの熱水システムなどの掘削航海を実施した．特に南海トラフでは，海底下3400mまで掘削し，科学掘削の深度世界記録を達成した．また，海底ケーブルネットワークと掘削孔に設置した長期観測ステーションを連結，世界初のプレート境界リアルタイム地殻変動観測を実施している．その結果，南海トラフにおける周期的なスロースリップ・イベント（プレート境界が数時間から数日かけて滑る事象）を発見，地震発生のメカニズム解明とリアルタイム地震津波警報の高度化に貢献してきた．「ちきゅう」はマントル掘削へと向け準備中である．

　海洋研究開発機構では，「ちきゅう」の運用は，地球深部探査センター（現在は，研究プラットフォーム運用開発部門）によって行われた．著者は，その初代センター長として，運用体制と運用技術の確立に苦心した（平ら，2005；海洋研究開発機構，2015）．深海掘削は地球を理解する上で最も重要な国際共同研究計画であるので，図表8.1の年表に記した．

BOX4.2
驚異の海　駿河湾

　静岡市清水の三保の松原から眺める富士山は，世界文化遺産として登録されており，天の羽衣伝説で有名だ．三保の松原から海を眺めると左側に伊豆の山々が連なり，また右手には日本平に続く丘陵が見える．この海水を取り去り，海底を直接眺めることができるとすれば，そこには絶景というより驚異の景観が迫ってくるだろう．富士川河口からは急斜面が一挙に1500mの深さまで連なっており，

両側は切り立った絶壁が階段のように落ち込んでいる（図3.16aを参照）．この巨大な溝のような地形を駿河トラフとよぶ．駿河トラフはフィリピン海プレート（伊豆半島）が，北米プレートに衝突し，またユーラシアプレートの下に潜り込んでゆく複雑なプレートテクトニクスにおける境界部となっている．駿河トラフの西側の絶壁は，プレート境界逆断層の断層崖となっている．東側の絶壁は，沈み込むプレートが割れて西側のプレート下に入り込んでゆく正断層崖である．このようなプレート境界が深海から陸上へと連続している場所はきわめて珍しく，また，地震・火山活動も活発であり，世界一ともいえる絶景が誕生した．

　駿河湾の海もまた貴重である．有名なサクラエビは，深海と表層を行き来しており，また，中層（数百メートルの深度）にはハダカイワシやイカの仲間が生息，それを狙って魚群が集まる．深海にも豊富な栄養が届いている可能性があり，深海魚のパラダイスを作っている．また，伊豆沖ではアカボウクジラが定住している可能性がある．アカボウクジラは，深海へと潜水する生態が知られているので，中層から深層にて摂食活動をしている可能性がある．駿河湾は，地球科学的，生態学的，そして周辺150万人の社会と深海との関係を紐解く（これをリベラルアーツとしての駿河湾学とよぶことができる），美しく，かつ，驚異の海である．人新世研究の最高のフィールドの1つだ．

東海大学海洋学部編（2017）THE DEEP SEA 日本一深い駿河湾．静岡新聞社．

柴正博（2017）駿河湾の形成：島弧の大規模隆起と海水準上昇．東海大学出版部．

注
（1）　水が異常な性質を持った物質であるということは，強調してもしすぎることはないほど，凄いことである．以下の著作がある．
　北野康（1995）新版水の科学．NHKブックス．
　荒田洋治（1998）水の書．共立出版．
（2）　海洋生態系については，次が好著である．
　Lalli, C.M., and Parsons, T.M.（關文威・長沼毅訳）（1996）生物海洋学入門．講談社（2005年に第2版が出されている）．
（3）　海水の化学組成は，CTD採水器とよばれる装置をワイヤーでおろし海水を深度ごとに汲み取り実験室で分析する．CTDとは，Conductivity Temperature Depth の頭文字を取った言葉である．Conductivity は海水の電気伝導度であり，塩分と相関があるので，塩分・温度・深度を連続測定しながら，深度ごとに採水する．次の著作には，海水化学組成の深度プロファイルが多数掲載されている．
　野崎義行（1994）地球温暖化と海──炭素の循環から探る──．東京大学出版会．
（4）　ウォーレス・ブロッカーは，私が最も尊敬する地球化学者の1人．会ったことは（見たことの方が正しい）数回だけだが，その著作がすごい．特にラモント地球研究所の講義録を自費出版したテキスト（以下に3編を掲載）が核心を鋭くついていて，安定同位体比の使い方などで感服した．昔，北大で地球環境史の集中講義を行ったが，氷期－間氷期サイクルなどの全体像についての私の知識はまったく体系化されておらず，不安だったの

で，前夜にブロッカーの講義録を読んだ．あまりのおもしろさに寝るのを忘れ，明け方には OHP シート（それが何か，もう知らない人が増えただろう）を多数作り，講義では10年前から専門家であったようなエラそうな気分だった．ブロッカー先生，感謝！

Broecker, W.S., and Peng, T.S. (1983) Tracers in the Sea. Eldigio Publications. Lamont-Doherty Earth Observatory.

Broecker, W.S. (2002) The Glacial World According to Wally. Eldigio Publications. Lamont-Doherty Earth Observatory.

Broecker, W.S (2003) Fossil Fuel CO2 and the Angry Climate Beast. Eldigio Publications. Lamont-Doherty Earth Observatory.

海洋大循環のコンベイヤーベルトについては，

Broecker, W.S (1991) The Great Ocean Conveyor. *Oceanography* 4, 79-89.

（5）　地球温暖化によって北大西洋の循環が弱化したことによる北米大寒波についての映画は，『デイ・アフター・トゥモロー』（The Day after Tomorrow：デニス・クウェイド主演，2004）がある．

（6）　日本海は海洋学だけでなく，海洋文化・経済史（北前船の歴史）の点からもおもしろい．蒲生俊敬（2016）日本海——その深層で起こっていること．講談社ブルーバックス（早くに日本海深層水の挙動に注目した研究は鋭い）．

（7）　私の黒色頁岩（Black Shale）の研究の発端は，1995年頃に西オーストラリアの先カンブリア時代（約25億年前）の地層において，とてつもなく厚い（百メートル）真っ黒な有機物に富んだ頁岩を見たからである．先カンブリア時代に生物生産を行っていたのはシアノバクテリアである可能性が高く，かつ，それが大量の石油を生み出した可能性が考えられた．この仮説はまだ立証されていないが，白亜紀の黒色頁岩が人間に石油をもたらしたように，25億年前にもし大量の石油が地層の中で作られたなら，それが地球に何をしたのか気になる．

白亜紀の黒色頁岩については，

Ohkouchi, N., Kuroda, J., and Taira, A. (2015) The origin of Cretaceous black shales: a change in the surface ocean ecosystem and its triggers. *Proceedings of the Japan Academy*, Series B. 91, 273-291.

白亜紀の世界については，

平朝彦（2007）地質学3　地球史の探究．岩波書店（第4章：白亜紀と新生代——温室時代から氷河時代への変動で取り上げてある）．

（8）　地球深部探査船「ちきゅう」建造の主目的の1つが地下微生物圏の探索であり，下北八戸沖，室戸沖南海トラフ，沖縄トラフで，石炭層，100℃を超す地層温度，マグマからの熱水循環などの地下環境での微生物生態系を研究してきた．

下北八戸沖での成果は，

Inagaki, F. et al., (2015) Exploring deep microbial life in coal-bearing sediment down to ~2.5km below the ocean floor. *Science* 349, 420-424.

地層の中で微生物がメタンを作っていることに関しては，

稲垣史生・井尻暁・北田数也・町山栄章（2018）海底下の微生物起源ガスと生命活動との関わり．石油技術協会誌．83, 130-137.

関東平野には地下微生物起源のガス田がある．南関東ガス田では，水溶性ガスの商業的な採掘が行われている．2004年には九十九里いわし博物館で自然湧出するメタンガスが文書収蔵庫に充満しガス爆発を引き起こし，職員の死亡事故となった．関東平野では天然ガスの自然湧出には十分に気を付ける必要がある．

深海掘削による地下微生物圏の研究では，

Hoshino, T. and Inagaki, F. (2019) Abundance and distribution of Archaea in the subseafloor sedimentary biosphere. *The ISME journal*, 13, 227-231（世界の海洋における海底下微生物圏中の古細菌の分布．地下微生物圏の研究が進み全海洋のまとめができるようになった）．

Ijiri, A., et al. (2018) Deep-biosphere methane production stimulated by geofluids in the Nankai accretionary complex. *Science advances*, 6, eaao4631（南海トラフではプレートの沈み込みによる地震活動時に地層中に流体の移動が起こり，それが微生物の活動を活発にしてメタンが生成されている．資源としてのメタンハイドレートは地震によって作られた！　というのは言い過ぎであるが，生成の場をプレート活動が作ったという意味では半分正しい）．

（9）　この時乗船していたのは八戸市立中居林小学校の5年生．この時から，JAMSTEC との絆が今も続いている．このエピソードは絵本となっている．

小俣珠乃（文）・田中利枝（絵）（2019）津波の日の絆——地球深部探査船「ちきゅう」で過ごした子どもたち．富山房インターナショナル（恐ろしい日の心温まる物語）．

（10）　メタンは，地下ではメタン生成微生物あるいは炭化水素の熱分解によって生成される．両者は炭素の同位体比が異なるので，見分けがつく．メタンハイドレートは，どちらの起源のメタンでも生成される．次の著作がある．

松本良・奥田義久・青木豊（1994）メタンハイドレート——21世紀の巨大天然ガス資源——．日経サイエンス社．（日本では，メタンハイドレートの資源として重要性を知らしめた本）

Kvenvolden, K. and Barnard, L.A. (1982) Hydrates of Natural Gas in Continental Margins: Environmental Processes: Model Investigations of Margin Environmental and Tectonic Processes. *Am. Assoc. Petroleum Geologists Special Volumes M34: Studies in Continental Margin Geology*, 631-640.（Keith Kvenvolden はメタンハイドレート研究のパイオニア，多数の論文がある）

（11）　水産物の大きな変化は海の異変を知らせる指標となる．

山本智之（2015）海洋大異変——日本の魚食文化に迫る危機——．朝日選書（著者は朝日新聞の記者であるが，海洋の問題に熱心に取り組んでいる．力作）．

山本智之（2020）温暖化で日本の海に何が起こるのか——水面下で変わりゆく海の生態系——．講談社ブルーバックス．

（12）　1950〜70年代の日本では，深刻な公害被害（たとえば水俣病，イタイイタイ病など）が発生，また下水設備も不十分で川や内湾は汚染されており，環境の悪い場所はたくさんあった．今は，都市もきれいになり，一見，公害は減っているように感じるが実はそうではない．地球規模の環境汚染，また，食を通じて様々な物質が人間の体内にも入り込んでいる．次の本はコンパクトにまとめてある．

日本環境化学会（編著）（2019）地球をめぐる不都合な物質——拡散する化学物質がもたらすもの——．講談社ブルーバックス（有機汚染物質，マイクロプラスチック，PM2.5について参照した）．

（13）　深海底にはプラスチックなどの様々なゴミが捨てられている．私が，今から40年前にフランスの地中海ツーロンの沖合で潜水艇シエナから見たのは海底に捨てられた大量のワインボトルだった．「太陽がいっぱい」の国と妙に納得した．

　　JAMSTEC のデータベースには深海デブリの他に海洋生物や海底の写真もある．

http://www.jamstec.go.jp/j/database/

（14）　温暖化によって台風などの気象現象の頻度や規模がどう変わるのか，については，様々な研究がされているが，観測によって変動を立証してゆくことは，時間スケール（数十年のスケール）から見て困難である．大型計算機を用いたシミュレーションの成果としては，

坪木和久（2015）高解像度ダウンスケーリングによる将来台風の強度予測．日本風工学誌，40, 380-390.

（15）　2018年の台風21号と24号については，ウェザーニュース社の次のインターネット記事が役に立つ．

https://jp.weathernews.com/news/24664/
https://jp.weathernews.com/news/24933/

（16）　駿河湾の混濁流については

馬場久紀ら（2021）海底地震計記録に捕らえられた台風24号の通過に伴う駿河湾北部の混濁流．地震，73, 197-207（洪水のピークと海底地震計の変動が一致しているのは説得力がある）．

　　2019年の台風19号（令和元年東日本台風）の時，伊豆半島戸田沖で観測していた海底観

察・観測装置の「江戸っ子マーク1」に混濁流の映像が写っていた．その論文は，

Kawaguchi, S. et al. (2020) Deep-sea water displacement from a turbidity current induced by the Super Typhoon Hagibis. *PeerJ* 8:e10429. http://doi.org/10.7717/peerj.10429

　　洪水起源混濁流の初期のレビューとしては，

斎藤有・田村享・増田富士雄（2005）タービダイト・パラダイムの革新的要素としてのハイパーピクナル流とその堆積物の特徴（タービダイトは，混濁流が運んだ堆積物．ハイパーピクナル：Hyperpycnal とは高密度という意味）．

(17)　サバクトビバッタについては，国際農林水産業研究センターのホームページに詳しい紹介がある．

https://www.jircas.go.jp/ja/program/program_b/desert-locust

　　バッタを追いかけている人がいる．

前野ウルド浩太郎（2017）バッタを倒しにアフリカへ．光文社新書．

(18)　ハイチの歴史については，ウィキペディアが簡潔である．

https://ja.wikipedia.org/wiki/ハイチ

(19)　ハイチ地震とその後のコレラの蔓延については，日本赤十字社の報告が良い文献である．

https://www.jrc.or.jp/international/results/190705_005783.html

(20)　スペイン風邪のウイルスの発見と構造決定のストーリーは，次の報告がCDC（Centers for Disease Control and Prevention）のホームページに掲載されている．

https://www.cdc.gov/flu/pandemic-resources/reconstruction-1918-virus.html

　　またパンデミックについては，次の著作がある．

ピート・デイヴィス（高橋健次訳）（1999）四千万人を殺したインフルエンザ──スペイン風邪の正体を追って──．文藝春秋．

(21)　感染症の歴史や人獣共通感染症については，

石弘之（2018）感染症の世界史．角川ソフィア文庫（非常に良くコンパクトにまとまっている）．

神山恒夫（2004）これだけは知っておきたい人獣共通感染症──ヒトと動物がよりよい関係を築くために──．地人書館（わかりやすい）．

マーク・J・ウォルターズ（村山寿美子訳）（2004）誰がつくりだしたのか？　エマージングウイルス──21世紀の人類を襲う新興感染症の恐怖──．発行：VIENT，発売：現代書館（この本で，狂牛病とエイズについて学んだ．ただし，記述の流れはスムースではない）．

(22)　コロナウイルスについては，

水谷哲也（2020）新型コロナウイルス──脅威を制する正しい知識──．東京化学同人（コロナウイルスの分類学的特徴や構造について学んだ）．

　　今も続くパンデミックに関しては，日本はダイアモンド・プリンセスの経験において，中国以外では最も先駆けてこの感染症について知見を得た．第一波で死亡者が少なかったことから，「日本人には固有の免疫があるのではないか，あるいはツベルクリン接種が効果があったのではないか」，など根拠のない説が流布された．それから1年以上が過ぎ，わかったことは，この国にはウイルス感染症対策の戦略的な思考がまったく存在していなかったことだ．最良の対策は，ワクチンをできるだけ早く国民に接種させることである．自主開発ができないことがわかっていたはずであり，それならイスラエルのように世界最速でワクチン接種をする戦略を立てるべきだった．

　　ワクチンの開発を追ったドキュメンタリー番組として，

NHK BS 世界のドキュメンタリー「新型コロナワクチン　開発競争の舞台裏（Vaccine ── The Inside Story by BBC）」が秀逸である．（これは，英，米，豪，中国におけるワクチン開発を同時追尾した番組である．まず，女性（ということ自体がジェンダー意識過剰と怒られそうだが）の活躍が目覚ましいこと，会社が世界ネットワークを持っていないと治験ができないこと，そして，逆にこの開発で世界が協力したことが良くわかる．この3つの点で内向きな日本がまったく登場しないのは理解できる．）

　　カタリン・カリコについては，本書の校正をしている時に次のタイムリーな書籍が出版された．また，第1章注7も参照．

増田ユリヤ（2021）世界を救う mRNA ワクチンの開発者　カタリン・カリコ．ポプラ新書（カリコの生い立ち，学生時代などが紹介されている．興味深い．父のハンガリー事件との関係も触れられている）．

　　新型コロナウイルス感染症の感染者を見つけ出す手法として注目を集めたのが，PCR（Polymerase Chain Reaction）法である．これは DNA ポリメラーゼという酵素を用いて，特定の遺伝子領域を少量のサンプルから指数関数的に増幅させる技術であり，これによって少量の同定の難しいサンプルの遺伝子特性を検査したり（たとえば感染症の診断），あるいは古代の人骨に含まれる遺伝子の痕跡を調べたりすることができるようになり，バイオテクノロジーに革命を起こした技術である．その概念は，1983年，ベンチャー企業シータス（Cetus）社の技術者であったキャリー・B・マリスによって提案され，彼は1993年のノーベル賞を受賞した．COVID-19コロナウイルスへの感染を発見するには，患者の鼻などの粘膜のサンプルを取り，コロナウイルスの遺伝子である RNA を DNA に逆転写し，その DNA を PCR で増幅してから感染が陰性か陽性かを判断する．

　　PCR の開発秘話については，

ラビノウ，ポール（2020新装版）（渡辺政隆訳）PCR の誕生──バイオテクノロジーのエスノグラフィー──．みすず書房（ユニークな本ではあるが，当事者へのインタビューの収録が多く，読みきれない）．

(23)　都市の人口は，行政区域ではなく，都市圏として見るのが妥当であろう．東京なら東京・横浜・川崎・埼玉・千葉の大東京圏である．都市圏の人口順位は，https://ja.wikipedia.org/wiki/ 世界の都市圏人口の順位にまとめてある．アジア，インドの発展が著しい．

(24)　地球環境問題（生態系，水循環，農業，海，極地など）に関して，早くから現地取材を軸とした報告をまとめてきたジャーナリストが石弘之である．彼の著作としては，

石弘之（1998）地球環境報告 II．岩波新書．

(25)　MDGs と SDGs は Wikipedia および外務省の次のサイトで参照できる．

https://ja.wikipedia.org/wiki/ ミレニアム開発目標

https://www.mofa.go.jp/mofaj/gaiko/oda/doukou/mdgs.html

https://ja.wikipedia.org/wiki/ 持続可能な開発目標

https://www.mofa.go.jp/mofaj/gaiko/oda/sdgs/about/index.html

　　（SDGs は，学校の教育などで利用するには良いテーマであるが，実効性を持たせられるかは，実行する側の主体性の問題がある．マスコミで盛んに宣伝しているが，やってる感を出すだけで，何をしたいのか良くわからない）

(26)　ドイツのインダストリー4.0に関しては，ネットにも情報が多数ある．たとえば，

https://www.digital-transformation-real.com/blog/industory-40.html

(27)　日本のソサエティー5.0は，

https://www8.cao.go.jp/cstp/society5_0/

　　（経済的発展と社会的課題の解決の両立を謳っているが，具体的にどうするのか，良くわからない．そして“人間中心の社会”というが，社会とは元々人間が中心なので，意味がわからない．地球という言葉がほとんど出てこないので，世界的な視野に立って，人間と地球のことを同時に考えるという視点に欠けている）

第5章

私たちは何ものか
―地球生命・人工生命としての人間―

　人新世の間に大きく変化したのは地球だけではない．人間も大きく変わった．それは生物学的な側面と機械的な側面の両方においてである．ジェームス・ワトソンとフランシス・クリックにより，DNAの構造が解析され，生命のセントラル・ドグマ，すなわちDNA → RNA →タンパク質の反応が生体を作る基本プロセスであることがわかった．このプロセスは情報の伝達を支配しており，生命とは情報であると定義することもできる．生物体の生理機能や運動機能は，複雑系ネットワークの科学では，末端の不変性，空間充填性，最適化の3つの原理で説明できる．さらにコンピュータの中で，単純なルールから複雑に機能する"生命"を創発的・自己組織化的に作り出すこともできるようになった．生命の本質についての研究が発展した．

　人間の母親の胎内における発生は，このような生命の研究を通じて，総合的に理解できるようになった．それはたった1個の受精卵が，細胞分裂しながら自らの細胞の位置をタンパク質の情報伝達システムと遺伝子の発現機能を使いながら，創発的・自己組織化的に胎児を作り出す，まさに奇跡のドラマである．その脳と神経系もまた，自らの学習によって最適化するように作られ，そこから自我・意識も誕生する．人工知能もまた，学習によって高度な知性を持つツールとして発達してきた．今後，アース・ソサエティ3.0の目標を人間と人工知能が協力して達成すべきだ．

5.1　惑星のハビタビリティー

ビッグバンの証明

　私たちは，地球の上に住んでいる．そもそも，なぜ，地球は生命を育むことができる星になったのか，生命はどのように進化してきたのか，ということは，私たちと地球の関係，すなわち「私たちはなにものか」を考える上できわめて重要なことである．生命を育むことができる，ということをその星のハビタビリティー（居住可能性：Habitability）とよぶ．地球と生命の起源と進化そして惑星ハビタビリティーを理解するには，まず，宇宙における元素の起源から始めなければならない．

　1961年，アーノ・ペンジアスは，コロンビア大学で電波天文学の博士号をとり，ベル研究所に就職した（ベル研究所，凄い！）．電波天文学専攻で就職する口はほ

とんどなかったし，そこだけが純粋の理学系研究者に興味を示す民間研究所だったからである．実際，ベル研究所では1930年代から，大西洋横断通信のために自然界の雑音電波の研究を始めており，天の川銀河からの電波を検出していた．すなわち，電波天文学はベル研究所が創成した学問分野だった．1963年にロバート・ウィルソンが仲間に加わった．彼はカリフォルニア工科大学において電波天文学で博士号を取っていた．ベル研究所はニュージャージー州クロフォードに，開口部が6m四方で全長16mの人工衛星からの信号を受信するための角型アンテナを所有していた．彼らはこのアンテナを用いて，空からの電波源の走査を始めた．やがて，奇妙な微弱雑音がすべての空の方向からやって来ることに気が付いた．彼らは，これは装置そのものが発している雑音かもしれないと考え，1年をかけてあらゆる雑音発生源の可能性をチェックしていった．それでも，この波長1mmほどの雑音は消えなかった．

　1940年代に，ウクライナ出身でソ連から亡命してきたジョージ・ワシントン大学の物理学者ジョージ・ガモフは，ラルフ・アルファーらとともに宇宙創成がビッグバンから始まったとしたら，原初の空間に閉じ込められていた光が，原子が形成された時点で宇宙空間に広がったと考えた．その光は，宇宙の膨張とともに波長が伸びて，1mmほどになり宇宙空間に満ちていることを予想していた．ペンジアスとウィルソンはこの予想については，まったく知らなかった．実は，ガモフらの仕事は，宇宙論の学界ではほとんど忘れ去られていた．ペンジアスとウィルソンの発見は，プリンストン大学の宇宙論チームの知るところとなり復活，1965年，ついにビッグバンの存在が立証された．この電波は，宇宙マイクロ波背景放射（Cosmic Microwave Background Radiation：CMB放射）とよばれている．科学上の大発見が，偶然から始まり，そして，ペンジアスとウィルソンの粘り強い探心がそれを可能にした[1]．彼らは，1978年にノーベル賞を受賞し，その講演で，ガモフらの功績を称えた．

　136億年前のビッグ・バンによって宇宙は始まった．急速な拡大（インフレーション）の間に，素粒子から原子が作られた．もっとも簡単な原子である水素（H）とヘリウム（He）である．これは，ガモフ，アルファー，そして京都大学の林忠四郎によって予言されていた．宇宙空間に漂う水素とヘリウム原子の分布密度には不均質性があったので，重力収縮する部分が生じて星雲ができあがり，その中から恒星が誕生した．初期宇宙の恒星は巨大であったとの説もあり，巨大恒星は最後に超新星として爆発，恒星内部で核融合された重い元素（炭素，窒素，酸素，マグネシウム，ケイ素，鉄，など）が宇宙空間に飛び散った[2]．宇宙誕生から数億年後と考えられる．その後，宇宙では銀河が多数作られ，その中の1つが私たちの太陽

系が存在する天の川銀河である．

太陽系を構成する星

　46億年前，天の川銀河の一角で，星間に漂う水素，ヘリウム，氷，塵（主に岩石粒子や金属粒子）からなる雲（星間雲）が，できたての原始太陽の周りに集まり始めた．この星間雲の組成は，一般的な星間雲と同じとすると，水素，ヘリウム，酸素，炭素，ネオン，窒素，マグネシウム，ケイ素，鉄そして微量の他の元素からなる．太陽の重力と回転の遠心力によって，星間雲は円盤状となり太陽を取り巻いた（図表5.1）[3]．

　星間雲には1％ほどの塵が含まれており，円盤断面の中央に集積しつつ，キロメーターサイズより大きく成長していった．これを微惑星という．微惑星が集積，衝突を繰り返しながら岩石と金属核からなる地球型惑星（水星，金星，地球，火星）が形成された．円盤の物質には，氷，メタンハイドレートなどが含まれており，円盤の地球型惑星より外側部分では岩石コアの周りにガスや氷が集積し，巨大ガス惑星（木星，土星），氷惑星（天王星，海王星）が形成された．

　太陽系惑星の中で，地球だけが次の特徴を持っていた．

① 　液体の水が表面に存在可能である．
② 　質量が十分に大きいため大気が保持されている．
③ 　周回軌道が円軌道で安定しており，かつ，月があるために自転軸が安定していた．
④ 　マントル対流・プレートテクトニクスによって岩石・水・大気の反応そして物質循環が活発であった．

　すなわち，環境が安定であり，様々な物質が循環しており，生命誕生そして進化に適したハビタブルな惑星であった．

　それでは，他の惑星について，その特徴を見てみよう[4]．以下で生命の存在に関しての記述は，断らない限り表層における存否である．一番内側の水星は，太陽系で一番小さい惑星で，直径は地球の2/5である．しかし，異常に高い密度を持っている．地球型惑星は，主にマントルと中心金属核から構成される（地殻は質量としては小さい）．地球型惑星の密度は，金属核の相対的な大きさに依存し，水星の高密度は金属核が異常に大きいことによる．原始水星の時代に惑星同士の衝突イベントがあったと考えられている．表面には，たくさんのクレーターが存在しており，地球のようなプレートテクトニクスは駆動していないと考えられる．水星の環境はきわめて過酷である．公転周期は約88日であり，自転周期は58.65日と遅い．このため太陽が昇ってから沈むまでの昼の時間が176日である．一方，太陽光が届かな

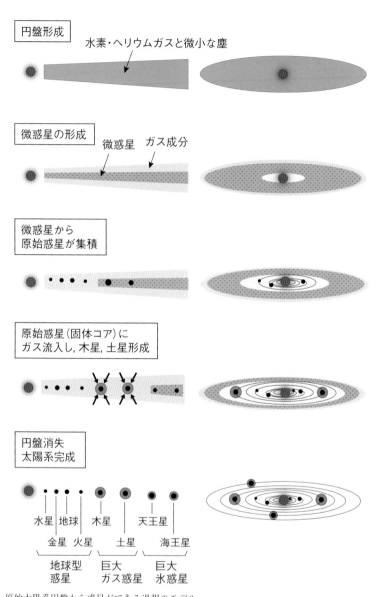

円盤形成
水素・ヘリウムガスと微小な塵

微惑星の形成
微惑星　ガス成分

微惑星から
原始惑星が集積

原始惑星（固体コア）に
ガス流入し, 木星, 土星形成

円盤消失
太陽系完成

水星　地球　　木星　　天王星
　　金星　火星　　土星　　海王星
　　　地球型　巨大　　巨大
　　　惑星　ガス惑星　氷惑星

図表5.1　原始太陽系円盤から惑星ができる過程のモデル.
　宇宙空間には, 水素などのガスの他に星間塵（ダスト）とよばれる微粒子が存在している. ダストは, 氷や珪素, 鉄, マグネシウム, 炭素などからなる金属, 岩石粒子から構成されている. これらのダストは宇宙創成から10億年以内に超新星の爆発が多数起こり, 宇宙空間に飛び散ったものである. このモデルではガスとダストが集積した原始円盤→微惑星→地球型惑星→巨大ガス惑星の順序で形成された.（井田茂『異形の惑星──系外惑星形成理論から──』. NHK ブックス, 2003）より.

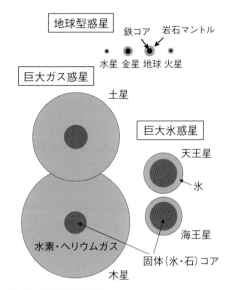

図表5.2　太陽系惑星の大きさと主要な構成要素．
　地球型惑星は，マントルと鉄のコア（核），巨大ガス惑星は水素・ヘリウム層（内部には金属水素も存在）と固体（岩石と氷）のコア，巨大氷惑星は氷・メタン・アンモニアの氷層と固体（岩石と氷）のコアからなる．（井田茂『異形の惑星——系外惑星形成理論から——』，NHKブックス，2003）より．

　い極域のクレーター底には，氷の存在が指摘されている．水星では太陽に近いことと，この長い昼，夜の時間のため著しい温度差が生じる．昼は表面温度が約430℃，夜は約−180℃となり，生命の存在は考えにくい．

　金星は，大きさが地球とほぼ同じ（直径は0.95倍），密度は地球が約5.5g/cm³であるのに対して，約5.2g/cm³とほぼ変わらない．金星の表面地形は，平原，高地（火山や構造運動でできた褶曲山脈など）そして低地からなる．数億年前に全球規模で火山活動が起こり，表面が更新されたとされ，クレーターは少ない．金星表層の環境は，他の惑星とまったく異なる．表面温度は，462℃あり太陽系惑星の中で最も高く，液体の水は存在しない．**金星の大気は地球とまったく異なり，96.5%がCO_2である．地表における大気圧は90気圧，温室効果によって地表が灼熱状態となっている．**また，上空45〜70kmに硫酸の雲があり，これが高速で吹き荒れている．今の環境の金星に生命の存在は困難であろう．

　月の直径（3747km）は，太陽系の衛星の中で，木星のガニメデ，土星のタイタン，木星のカリスト，イオについて5番目に大きい．月には表面が黒っぽい平坦な部分（海とよばれる，もちろん水はない）と白っぽい起伏に富んだ（クレーターが多い）部分がある．海の部分は玄武岩の溶岩が覆っている．月の密度は3.4g/cm³で

あり，地球よりかなり小さい．これは中心金属核が小さいからで，月はマントルから構成される天体といってもよい．このことが，地球誕生直後（それも地球のマントルが溶けていたマグマオーシャンの時代）に別の天体が衝突し，地球のマントルが吹き飛ばされ，それが再び集まって形成されたと考えられている．月は重力が地球の1/6なので，大気はほとんど散逸しており，大気の温室効果はまったくない．昼が15日，夜が15日続くので，満月の時の中央部の表面温度は125℃，新月の時の中央部の温度は−160℃になる．極域のクレーターの底には永久影の場所があり，そこには氷が存在するとされる．月は質量が小さいので大気が散逸し，温室効果がないので液体の水も存在していない．したがって，月における生命の存在は難しい．

火星は大きさが地球の半分ほどだが，自転周期は，24.6時間とほぼ同じであり，自転軸も25.2°（地球は23.4°）とほぼ同じ．したがって季節が存在する．しかし，火星の大気は95%以上が CO_2 であるが，非常に薄いため大気は熱を保持する能力が低く，寒暖差が激しい．年平均気温は，赤道付近でも−50℃であるが，夏には最高気温が20℃程度に上昇することがある．火星の地形には，川や湖の跡と考えられるものが認められており，過去には表面に水が存在していた時期も考えられる．過去に水が表面に存在していた時代には，生命が発生した可能性がある．ジョセフ・カーシュヴィンクらは，地球生命は，火星生命が隕石などによって運ばれてきたものと考えている．また，火星には現在も生命が存在している（特に地下生命圏として）可能性があると考えられ，探査が行われている．

火星探査機ローバーには，2003年に打ち上げられたスピリットとオポチュニティ，そして，2012年にキュリオシティー，そして2021年のパーサヴィアランス（火星ヘリコプターを搭載）がある[5]．前3機は，それぞれ，6年，14年，6年の長きに渡って探査活動を続けた．これらの探査機が送ってきたデータは膨大で，今でも解析が続けられている．生命の痕跡を示す直接的な証拠はまだ見つかっていない．しかし，見事な礫岩や斜交葉理（クロスラミナ）など，流れによって形成された堆積岩の構造が撮影された（図表5.3）．これは，火星表面に昔，水が存在していたことを示している．

木星，土星，天王星，海王星はガス惑星，氷惑星であり生命はいないだろう．木星の衛星，エウロパは厚い氷の地殻（数キロメートルから30km）とその下に広がる水の層（表面から100kmの深さに達する：内部海といわれる）があると推定されている．エウロパは，木星から強く潮汐力を受けており，内部で摩擦熱が発生していると考えられる．内部海の下は岩石圏（マントル）だと推定されており，地球の熱水反応に類似した水と岩石の反応が進行し，生命が誕生している可能性もある[6]．

図表5.3　火星表面を探査するローバーと撮影された地層．（NASA）より，https://www.nasa.gov/
mission_pages/msl/index.html
(a) キュリオシティがマニュピレーターのカメラで自撮りしたものを合成した写真（かっこいい）．マ
　　ーズ・エクスプロレーション・ローバーとよばれ，当初，スピリットとオポチュニティー，そして後
　　にキュリオシティ，パーサヴィアランスが加わった．
(b) 2012年にゲイル・クレーターで撮影された斜交葉理を示す砂礫層（右から左へ流れる水流あるいは
　　風によって堆積したことを示す）．ゲイル・クレーターは，直径150kmで，中央にアイオリス山がそ
　　びえており，クレーターは35億年前に形成後，堆積物で覆われたと考えられている．

土星の衛星も興味深い．エンケラドスは，氷の衛星であるが，タイガー・ストライプとよばれる割れ目があり，そこから氷と水蒸気が噴き出しており，その中に有機物が含まれていることが惑星探査機カッシーニによって発見された．この衛星にも，内部海があってそこに生命が存在している可能性がある．**タイタンは，地球そっくりな山，谷，湖，砂丘などの表面地形が認められる．しかし，タイタンの表面温度は−100℃，厚い窒素の大気と表面はメタンやエタンの氷そして液体が存在し，表面地形はこれらの物質から構成されている．大気中からは有機物が発見されている．タイタンに生命体が存在するとしたら，それはメタンをベースとしたまったく異なる生命体かもしれない．**

系外惑星の発見

1995年10月，スイスのミシェル・マイヨールとディディエ・ケローは，「ペガサス座51番星 b」の周囲を，木星の半分の質量を持つ惑星が42日でまわっていると発表した．彼らはフランス・アルプスのオート・プロバンス天文台で，惑星が恒星の前を横切る時に示す光の微小な振動を観測していた．このような太陽系の外の発見は，それまでもたびたび報告されてきたが，厳しい検証に耐えたものは存在していなかった．

マイヨールとケローの発見（2人は2019年にノーベル物理学賞を受賞）は，惑星科学者にとってはあまりに意外なものであった．彼らの用いたトランジット法では，分光分析によって，惑星の大気の成分を知ることもできる．その結果，この惑星は，恒星のきわめて近く（0.05天文単位：1天文単位は太陽と地球との距離であり，太陽系では水星は0.39天文単位）を周回している高温ガス惑星（ホットジュピターという）と推定された．

この発見は，多くの研究者による追試などのチェックを経て，1999年には確証が集められた．この大発見によって，太陽系外の恒星を周回する惑星（系外惑星：Exoplanet）が初めて確認され，さらにその後検出方法の進歩により，またジェフ・マーシーら多くの"プラネット・ハンター"の努力によって，2019年までには4100個以上の多様な系外惑星が発見されている．その中には生命生息可能なハビタブル・ゾーンにある惑星も発見されており，また，岩石で構成され海洋を持つ地球型惑星も見つかってきた．ハビタブル・ゾーンにある惑星には，赤色矮星のごく近傍にある惑星や，太陽と同じ主系列星の周りにあるものも発見されてきた．

このうち，地球から最も近い距離にあるのは，「くじら座 T 星 e」であり，この惑星は岩石で構成され，液体の水の存在する可能性が指摘されている．このような多様な惑星の存在は，その形成に関わった原始円盤の質量の違いが生み出したとい

う考え方が出されている．地球が含まれる太陽系は，平均的な原始円盤の質量から誕生したが，それより大きい質量の円盤からはホットジュピターのような巨大ガス惑星によって構成される惑星系が誕生し，小さい質量の円盤からは多数の地球型惑星を含む惑星系ができると推定される．

2009年に打ち上げられたケプラー宇宙望遠鏡は，2018年に運用を終了するまで多くの系外惑星の発見に貢献した．その結果に基づき，**太陽系のある天の川銀河系には，ハビタブルゾーンに存在する惑星が約10億個もあるといわれている**．おそらく全宇宙では無数のハビタブル惑星が存在するだろう．

1903年にスヴァンテ・アレニウス（第3章の温室効果ガスの気候への影響で述べた）は，生命は宇宙に広く存在し，それが移住・拡散しているとの考えを述べた．これをパンスペルミア（Panspermia：ギリシャ語で種を播くという意味）仮説という．

カーシュヴィンクの提案している火星から地球への生命移動もそのような仮説の1つである．一方，人間中心主義といわれる考え方，すなわち，「宇宙において，生命の発生は稀であり，知的生命の存在はさらに稀である．宇宙は人間がここにいるために進化してきた．なぜなら，そのことを考えられる存在こそが人間だからである」というものがある．これに対して，「宇宙には，私たちと同様な知的存在が多数いて，今も同時に同じようなことを考えている」という考え方も出されてきた．

しかし，なぜ，彼らからの接触の証拠が見つからないのか（これをフェルミ・パラドックスという：BOX5.1参照），という問題も提起されている．系外惑星の研究は，私たちの宇宙観・生命観に大きな影響を与えるようになった．

5.2　地球生命と人工生命の進化

DNA の構造解明

生命とは何か，という問いへの答えは簡単ではない．一般には，自己複製ができる（細胞や遺伝情報の複製），代謝をする（自己維持のためのエネルギー獲得や生体分子の合成・処理），組織構造を持つ（外界から隔離された構造組織），そして進化する（環境適応性を持つ）自律的なシステムということができる．さらに，**ひとまとめにすると，情報の伝達によって駆動する自律系である**，ということもできる．

地球生命体（細胞）を作る分子のうち，70%は水である．このことは非常に重要であり，生命に水は必須の物質である．残りの大部分は，タンパク質，核酸，脂質，炭水化物からなる高分子化合物である．タンパク質は，生体を駆動する最も重要な働きをしており，アミノ酸が数十個から数百重合してできあがっている．実に多様

なタンパク質もたった20種類のアミノ酸から構成されている.

　細胞においてタンパク質を合成する機能は，遺伝子であるデオキシリボ核酸（DNA：Deoxyribonucleic acid）からスタートしている. DNAからの指令をリボ核酸（RNA：Ribonucleic acid）が転写してリボゾーム（細胞の中の小器官）にてアミノ酸を組み合わせてタンパク質を作る. これを生命のセントラル・ドグマという.

　そもそも遺伝子という概念は19世紀にオーストリアのグレゴール・ヨハン・メンデルの遺伝実験において確立されたものである. メンデルは，有名なエンドウマメの栽培実験から，遺伝形質は，父母の持つ遺伝因子によって伝えられることを明らかにした. この遺伝因子こそが遺伝子という概念そのものである. それでは，遺伝子とはどのような物質なのか，1940年代に行われた有名な「ハーシーとチェイスの実験」により遺伝子＝DNAが示されたのである.

　アルフレッド・ハーシーはミシガン州立大学で博士号を取った後，1940年にサルバトール・ルリアそしてマックス・デリュブリックと共に細菌に感染するウイルス，バクテリオファージ（Bacteriophage）の実験を行っていた. 1950年にニューヨークのコールド・スプリング・ハーバー研究所に移り，そこでマーサ・チェイスと共に次のような実験を行った（図表5.4）. 当時，すでにバクテリオファージは，タンパク質の殻とその中に格納されたDNAから構成されていることがわかっていた. バクテリオファージの一種，T2ファージを用いて，そのタンパク質とDNAにそれぞれ別種の放射性同位体の標識を付け，大腸菌に感染させた. すると大腸菌の細胞内に侵入し，ウィルスの複製を引き起こしたのはDNAだけで，タンパク質は感染源ではないことを突き止めた. これによって遺伝情報はDNAによって伝えられることが証明され，ハーシー，ルリア，デリュブリックはウイルスの複製と遺伝機構の解明により，1969年のノーベル生理学・医学賞を受賞した（なぜかチェイスは受賞しなかった）.

　では，DNAはどのようにして遺伝情報を伝えるのか. これに関しては，ジェームス・ワトソン，フランシス・クリックによるDNA二重らせん構造の解明が偉大な貢献となった [7]. フランシス・クリック [8] は，ユニヴァーシティ・カレッジ・ロンドンで物理学を専攻，第二次大戦中は英国海軍で機雷の研究を行っていた. 戦後，ケンブリッジ大学キャベンディッシュ研究所（Cavendish Laboratory）[9] で生物物理学の研究を始めていた. どこでも誰にでも議論を吹きかける活発でにぎやかな人物だったらしい.

　当時，物理学において最も輝かしい業績を残してきたキャベンディッシュ研究所の所長は，結晶学の創始者であり，X線回折法を生み出したローレンス・ブラッグ卿であり，タンパク質など複雑な物質の構造解析を進めていた.

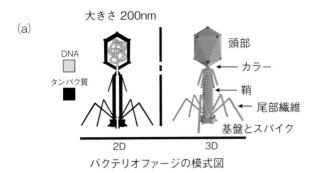

大きさ 200nm

(a)

DNA □
タンパク質 ■

頭部
カラー
鞘
尾部繊維
基盤とスパイク

2D　3D

バクテリオファージの模式図

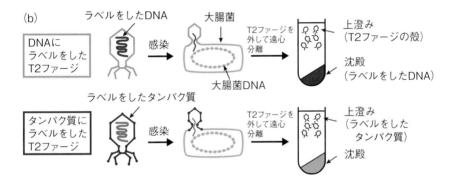

(b)

ラベルをしたDNA　大腸菌

DNAに
ラベルをした
T2ファージ

感染

T2ファージを
外して遠心
分離

上澄み
（T2ファージの殻）

沈殿
（ラベルをしたDNA）

大腸菌DNA

ラベルをしたタンパク質

タンパク質に
ラベルをした
T2ファージ

感染

T2ファージを
外して遠心
分離

上澄み
（ラベルをした
タンパク質）

沈殿

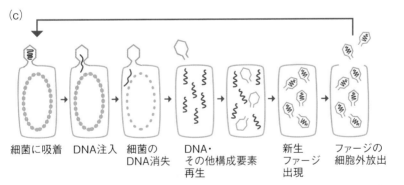

(c)

細菌に吸着　DNA注入　細菌の
DNA消失　DNA・
その他構成要素
再生　新生
ファージ
出現　ファージの
細胞外放出

図表5.4　ハーシーとチェイスの実験結果の概要（Wikipediaとインターネット情報を再編集）.
(a) T2ファージは，カプシドとよばれるタンパク質のカプセルの中にDNAが内包されている.
(b) DNAとタンパク質に同位体でラベルをして細菌に感染され，細菌を取り出して遠心分離にかけ
　　るとDNAのラベルだけが残る．すなわち，細菌細胞にはファージのDNAだけが侵入した.
(c) ファージの大腸菌細胞中での生成を示す模式図．ファージがスパイクを使って細胞に取り付き，
　　DNAが細胞の内部に注入され，DNAが複製され，大腸菌を破壊して多数のファージが生成される.

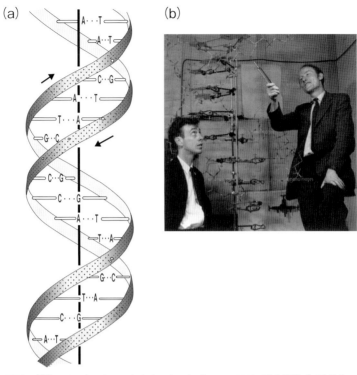

図表5.5 DNAの構造モデルとワトソンとクリック．（ワトソン，1968；青木薫訳『二重螺旋．完全版』．新潮社，2015）より．
(a) DNA構造模型．ワトソンとクリックの1953年のNature論文には，DNAの二重らせん構造のきわめて簡略な図があるだけ．しかし，その単純な構造が遺伝の秘密を一挙に解き明かした．その科学，技術，産業，など人間社会におけるインパクトにおいて，人新世最大の科学発見の1つといえる．この図はワトソンの伝記本に紹介されている解説図．糖—リン酸からなる2本鎖が外側でねじれ，水素結合した塩基対が踏段になったようなラセン構造をしている．塩基は，A（アデニン）とT（チミン），G（グアニン）とC（シトシン）が対になっている．
(b) DNAの分子模型を前にしたワトソン（左）とクリック（右）．
DNA構造の解明は，生物学に革命をもたらした．いわゆる分子生物学という分野が創成され，生物学，医学，化学，農学そして情報科学など，無限の可能性が開かれ，人新世の人間活動・社会の発展を加速させる要因となった．

　一方，ケンブリッジ大学キングス・カレッジのモーリス・ウィルキンスとロザリンド・フランクリンは，X線回折法でDNAの構造を研究していた．このような研究環境の中に，サルバトール・ルリアそしてマックス・デリュブリックに影響を受けた若き研究者，ジェームス・ワトソンが入ってきた．ワトソンとクリックは，フランクリンの撮影したX線回折画像をもとに二重らせん構造を推定し，さらに，DNAに含まれる4種類の塩基，アデニン（A），グアニン（G），シトシン（C），チミン（T）のうち，グアニンとシトシン，アデニンとチミンが対になった

構造をしていることを証明した．1953年，科学雑誌 *Nature* に掲載された簡潔な論文（実質1ページ）に，DNA の美しくシンプルな構造を提唱，その最後には，

　「この特定のペアリング（塩基対）が，遺伝物質の複製機構を直ちに示唆していることは，我々も十分に気づいている」

　と述べて，その後のこの分野における広大な発展を見通した．

生命のセントラル・ドグマと系統樹

　1953年のワトソンとクリックによる DNA 二重らせん構造の発見により，遺伝情報の暗号が何者であるかはわかった．しかし，それが，どのように伝達され，生体を駆動させるのか，すなわちタンパク質を作るのか，については多くの研究を待つ必要があった．ここでも重要な働きをしたのはクリックであった．クリックは，1958年に「タンパク質の合成について」という論文を発表，そこで，2つの仮説を発表した．1つは，DNA の塩基配列は，アミノ酸配列を決定しているという仮説である．もう1つは，彼が，セントラル・ドグマとよんだ提案であり，それは，「核酸から核酸へ，あるいは核酸からタンパク質への情報の転移は可能であるが，タンパク質からタンパク質，あるいはタンパク質から核酸への転移は不可能である」というものであった．その後，DNA からの情報は，mRNA（メッセンジャー RNA）に転写され，細胞内のリボゾームにおいて，転写情報によって決められた塩基配列から tRNA（トランスファー RNA）が運んできたアミノ酸を特定，そしてタンパク質が合成される，ということが多くの研究者の努力によってわかってきた．この DNA → RNA → タンパク質の合成という生命の最も基本的な反応系をセントラル・ドグマという．

　しかし，このドグマ（教義）という言葉は，クリック自身も，決して適切ではなかったと思っていたようである．何か，科学的な用語としては，強烈すぎる．しかし，これが地球生命の最も基本的な性質である，ということで今でもよく使われている．そして，生命がさらに，「情報の伝達によって駆動する自律系」である，という定義を最も端的に表している反応ということもできる．

　さて，セントラル・ドグマが確立すると，それを用いて生物全体の分類・系統を調べる，ということができるようになった．各生物の種類によって，遺伝情報には，それぞれの特徴があるであろうし，その特徴を調べれば，どの生物と生物が近縁である，あるいはそうでない，ということがわかり，生物の進化・系統樹が描ける．この時に，DNA どうしの類似性を検討するという方法もあるが，様々な生物間の比較に最も使いやすいのが，タンパク質生成工場であるリボゾームに存在する RNA であることに気が付き，それを実行したのはイリノイ大学のカール・ウー

ズである[(10)]．彼は，リボゾームの小サブユニット（16SrRNA：リボゾームはハンバーガーのような形をしておりハンバーガーの下のパンの部分に相当するのが小サブユニット）のRNAが，配列の保存性が高く，関係の遠い生物どうしでも比較が可能であり，遺伝子の長さが適当に長くて情報も十分に入っていることから，このRNA遺伝子配列が系統分類に用いることができると考えた．

ウーズは実験家ではなかったので，この困難なRNA配列決定の実験は，1969年に大学院生ミッチ・ソギン（後にウッズホール生物学研究所）が行った．彼は，遺伝子配列決定の方法を間接的ではあるが，英国のフレデリック・サンガー（ノーベル化学賞を2回受賞した）から伝授されていた．細菌の細胞からリボゾームRNAを抽出し，さらに16SrRNAを単離し，酵素を使ってこの分子を長さの異なる断片にする．これを電気泳動法で長さの順に並べ，断片の塩基配列を読み取る．この方法を改良しつつ，ウーズの研究室では，大学院生らが微生物の16SrRNA配列のカタログを作っていった．

1976年6月，メタン生成菌の16SrRNA配列を調べていたウーズは，これが細菌とも酵母とも異なる特徴を持っていることを発見した．それまでの生物分類を根底から変えたアーケアの発見であった．この発見によって，全生物の系統発生をまとめることが可能となった（図表5.6）．**メタン生成菌や高温度・高塩分などの極限環境に生息する微生物は，従来の真正細菌，真核生物とは異なるものであり，これをアーケア（古細菌ともよばれるがここでは原語であるアーケアを使う）と命名し，これら3つの生物群をドメインという領域で分類した．これによって生命の考え方は大きく変わった**[(11)]．

真核細胞には核の中に染色体とよばれるタンパク質にDNAが巻き付いた構造が存在する．原核細胞では，膜に仕切られた核が無いので，DNAは細胞内部に漂った状態で存在する（これも染色体とよんでいる）．染色体のDNA全体（真核細胞では染色体は同じものが2セットあるがその1セット全体）をゲノムという．ゲノムには，ある部分には遺伝情報が書き込まれており，その部分を遺伝子という．遺伝子には多くの種類があるが，ゲノム全体で見ると遺伝子の部分は数パーセントといわれている．しかし，その他のゲノムの部分も何らかの働きをしていると考えられるが，また，わかっていないことが多い．

真核細胞の核の周囲には，葉緑体（植物細胞にのみ存在する），ミトコンドリア，ゴルジ体，リボゾームなどの細胞小器官が基質中に散在している．一方，原核細胞は，一般に小さく遥かに単純な構造をしており，核様体とよばれるはっきりしない領域に遺伝物質が存在し，細胞小器官はほとんど認められず，小さいリボゾームのみが存在する．アーケアは原核細胞ではあるが，異なった細胞膜の脂質構造を持

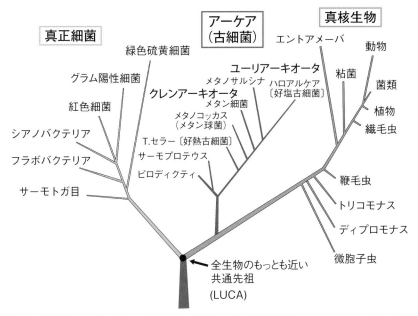

図表5.6 地球生物の系統. (ウォード, 2008；長野敬・野村尚子訳『生命と非生命のあいだ—— NASA の地球外生命研究——』. 青土社) より.
細胞のリボゾームの小サブユニットの RNA (16SrRNA) の塩基配列を比較して解読した生物の系統. 真正細菌（原核生物）, アーケア（原核生物で古細菌ともよばれることがある）, 真核生物の3つのドメインに大分類される. この系統樹では, 全生物は最終共通祖先（LUCA）より分化したとする.

ち, 真核生物に類似した生化学的・分子生物学的性質を有している. 図表5.6にあるように, 生物は共通祖先から進化してきたと考えられ, これを LUCA（the Last Universal Common Ancestor）とよぶ. そこから真正細菌とアーケアが進化し, さらに真核生物が誕生した. ヒトは, この広大な生物系統の真核生物ドメインの動物に含まれる.

生命の進化史

　1998年, 私と清川昌一（現九州大学）, 芦寿一郎（現東京大学大気海洋研究所）は, 西オーストラリアのピルバラ地方で先カンブリア時代の地層の調査を行った. 目的は「約30億年前の大陸地殻は, 日本列島のような火山列島どうしの衝突で出来上がった」という仮説を証明するためと, 大陸地殻ができあがった後, 地球にどのような環境変動が起きたかを調べるためであった. 私たちは, その調査を通じて, 西オーストラリアのピルバラ楯状地（安定した古い時代の大陸）の地層が, 28億年〜24億年前に起こった地球史における最大の環境変動事変を記録していることを確

認した[12].

　それは，次のようなイベントであった．形成後の大陸地殻は分裂を始め，大量の玄武岩溶岩の噴出（溢れ出て各所を埋め尽くすために洪水玄武岩とよぶ）とともに地溝帯（リフト帯）が形成された．地溝帯の中では，斜交葉理（クロスラミナ）の発達した砂岩やストロマトライト構造（海岸などでシアノバクテリアの繁茂によってできる円柱・船底型の堆積構造）を示す堆積岩が蓄積し，浅海域が広がっていったことがわかる．その上に層厚100m以上の黒色頁岩が重なり，さらに縞状鉄鉱層が堆積している．黒色頁岩は，有機物を多く含み，シアノバクテリアの繁殖によるものと推定された．さらにその上位には，氷河の存在を示す氷礫石（氷山に運ばれてきた巨石）を含む堆積物，そして赤鉄鉱を多く含む河川性の頁岩や砂岩（赤色岩層）が重なっていた．これらの地層の語る地球の歴史は次のように解読できる．

　約28億年前，火山活動とともにピルバラ大陸の分裂が始まり，地溝帯に海が侵入し，さらに海洋が拡大していった（東アフリカ地溝帯そして紅海を想像して欲しい）．砂岩層などの堆積は，大陸地殻が風化・浸食されたことを示しており，海洋に栄養塩がもたらされた．この栄養によってシアノバクテリアが大発生し，酸素大気を発生させた．

　当時の大気はCO_2濃度が高く酸素濃度は低いため，海洋の底層は無酸素環境だったのでシアノバクテリアの遺骸は分解されずに蓄積，有機物を多く含む黒色頁岩となった．嫌気的な環境では，鉄（Fe）は二価鉄（Fe^{++}）の状態であったが，酸素の発生とともに三価鉄（Fe^{+++}）に酸化され鉄鉱層として沈殿した．

　シアノバクテリアの大発生によって大気のCO_2は有機物として固定されたため濃度が低くなり，温室効果が低下，その結果，氷河時代が訪れた．海面の低下とともに陸地が広がり，河川堆積物が形成された．大気酸素濃度はその後も上昇，陸地に堆積した地層は酸化鉄（赤鉄鉱）によって赤色となった．

　この一連の環境変動は，地球史の中で起きた最も劇的なものであり，大酸化事変（Great Oxidation Event）とよばれており，大陸の形成と海洋への栄養の供給，光合成生物（シアノバクテリア）の大発展，酸素大気の形成，氷河時代の訪れ，などその後の地球環境の基本システムができあがった（図表1.2を参照）．ちなみに，西オーストラリアの鉄鉱石は日本の経済発展を支えた．

　地球の誕生は46億年前，生命がいつ誕生したのかは，まだわかっていない．しかし，生命が誕生した後に，存続・進化してゆくためには海洋の存在が必要であると考えられる．

　海洋の誕生の後，そして地球に大量に隕石が降り注いだと考えられる重爆撃期（約40億～38億年前）の後に繁殖し発展したと推定できる．それ以前に生命が誕生

しなかったということではなく，いくつかのタイプの生命が発生し，その中から，最も安定した生命体，すなわちセントラル・ドグマ型の生命（共通祖先 LUCA）が約38億年前以降生き残ったと考えられる．

その生命は，エネルギーの得やすい高温環境に適応し（たとえば，深海の火山性熱水地帯），好熱性原核生物（真正細菌，アーケア）に進化，さらに太陽光を利用する光合成細菌から酸素発生型光合成を行うシアノバクテリアが誕生した（約35億～32億年前）．酸素の発生は，大気を大きく変容し，地球環境を劇的に変化させた（上述の大酸化事変：約25億年前）．この環境変動に対応し，真核細胞の誕生が起こったと考えられる．

マサチューセッツ大学のリン・マーギュリスは，1967年に細胞進化に関して画期的な考えを提案していた [13]．**それは真核細胞が，種々の原核生物の共生によって進化したとする考えである．呼吸，発酵，運動性などに関しての機能を担当する細胞小器官は，それぞれプテロビブリオ，サーモプラズマ，スピロヘータなどを細胞に取り込み共生によって獲得され真核原生生物が進化，さらにシアノバクテリアの共生によって葉緑体が発達，植物細胞が誕生した，という考えである．これを連続細胞内共生説（Serial Endosymbiosis Theory：SET）という．**カールス・ウーズの系統樹が発表されてから，この説におけるアーケアの役割が注目されてきた．というのもアーケアは真核生物に最も近い原核生物であるからだ．

2020年に，真核生物の進化に関しての大発見があった．海洋研究開発機構の井町寛之は，2006年5月，「しんかい6500」に乗船，南海トラフのメタン湧水帯（水深2533m）から海底の泥を採取し持ち帰った．彼は下水の微生物処理の研究に関してのバックグランドを生かし，スポンジを容器の中に吊るし，上部からゆっくりと培養液を降下させる微生物培養法を発明していた．この培養法は，実にシンプルであるが，スポンジの微細な空隙が微生物の好む棲み家となるというのがおもしろい．実に6年近く，2000日におよぶ培養が行われた．その忍耐は本当に凄い！ さらに数年かけ，電子顕微鏡観察や遺伝子の解析など多数の実験と分析を実施し，海底泥の採取から12年後にある種のアーケアの純粋な培養に成功した．

このアーケアは，真核生物に特有のいくつかの遺伝子を有しており，リボゾームを用いた分子系統樹の解析では，ゾウリムシやマラリア原虫などの真核生物に近似であることがわかった [14]．さらに，その細胞形態は特異で，触手のような分岐構造を有していた．この分岐構造は，他の微生物と共生したり，あるいは細胞内に取り込んだりすることに使われていると考えられる．大酸化事変の時に，このようなアーケアが，ミトコンドリアの祖先となる真正細菌を取り込み，真核細胞に進化したことを示す有力な証拠が得られたのだ．

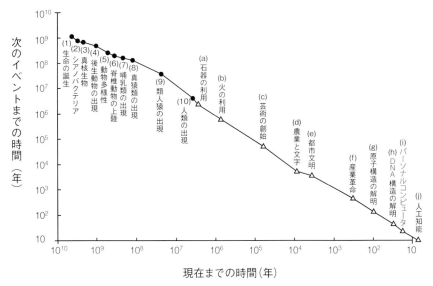

図表5.7　生物の進化と技術の発展：両対数グラフ.
　生物の進化，ヒトの誕生，ヒトの技術発展は，情報伝達システムの進化として見ることができる．ある段階から次の段階への推移は短くなっている（カーツワイル，2007：井上健監訳『ポスト・ヒューマン誕生——コンピュータが人類の知性を超えるとき——』．NHK出版を原典にして，平，2007が作成したものをさらに再編集）.

　アーケアと真正細菌の共生から誕生した真核生物は，さらに真核多細胞生物へと進化し[15]．最古の動物は約6億年前に出現し（エディアカラ動物群），約5億年前のカナダ，ブリティシュコロンビア州のロッキー山脈に露出するバージェス頁岩からは，脊索動物の祖先と推定されるピカイア（Pikaia）の化石（現生するナメクジウオに似ている）が発見されている．陸上植物は4.2億年前に現れ，陸上脊椎動物（両生類）は3.6億年前に出現，爬虫類（3.4億年前），哺乳類（2.25億年前），さらに類人猿（3300万年前）が進化した．ホモ属の最初の化石は700万年前であり，ホモ・サピエンス（ヒト）は20万〜15万年前にアフリカで出現し（BOX5.2参照），現在，ヒトは地球の覇者となった.

　進化に目的はない．今，ヒトが存在しているのは，その結果にしかすぎない．進化は，細胞の共生によって，複雑な機能を有する生物が誕生し，遺伝子の突然変異やゆらぎの結果，環境変化に応じて最適なものが選択され，それが繁栄してきた．細胞の進化（真正細菌，アーケアから真核細胞，さらに多細胞生物）には非常に長い時間がかかっている．一方，多細胞生物の発生から動物の進化を例にとって見れば，ヒトの出現に至る主要な進化段階は，次の段階の出現にかかる時間が短くなっ

ていることが指摘できる（図表5.7）.

　生命が，「情報の伝達によって駆動する自律系」であるとすると，進化とは，情報伝達システムの進化と考えることもできる．細胞の共生も，まさに情報伝達システムの効率化に他ならないし，眼の発達や神経系，そして脳の発達もそうである．ホモ・サピエンスが出現したこと，そして，言語や文字の発達，科学技術の発達もまた情報の高度化そのものである．

　レイ・カーツワイルは，生物のある段階からある段階への進化と，ヒトにおける技術革新のあるパラダイムから次のパラダイムへの移行は，「情報の伝達によって駆動する自律系」の進化という意味では同じことであり，進化の各段階への移行がべき関数的に短くなってきたと指摘している（図表5.7）．もちろん，この図の生物の進化，技術の発展のパラダイムはかなり恣意的に選ばれており，この図の直線の妥当性については疑義がありうる．しかし，重要な点は，情報伝達システムの進化として生物進化から，人工知能までを一貫して考える視点である．

情報ネットワークとしてみた生物体

　伊庭（2013）[16] によれば，これまでの生物学の歴史は生物個体の観察や解剖から始まり，各部位の相互作用を調べ，顕微鏡で組織や細胞を研究してゆく方向へと進んできたという．さらに，細胞を構成する高分子（DNA）の解析，そしてアミノ酸など基本構成分子の研究へと進む解析的なアプローチが主流であった．一方，合成生物学という分野（本章の後半で述べる）では，分子レベルでの実験や，新たな遺伝子の合成を用いて細胞機能を調べるという，従来の生物学とは逆の合成的アプローチを取る．この考え方は，電子工学とも比較できる．電子工学では，生物個体はインターネットであり，構成分子はトランジスタや抵抗などの物理素子に相当し，解析的なアプローチと合成的なアプローチが成り立つ．すなわち，**電子工学と生物学は，その基本が情報の伝達と処理という点で類似性が高い**（図表5.8）.

　本川達雄 [17] は，1992年に『ゾウの時間ネズミの時間』という著作で動物のサイズやエネルギー消費などについての数理的な研究を紹介し，ベストセラーとなった．この本は講談社出版文化賞の科学出版賞を受賞した．

　この中で，アロメトリー（Allometry）の式という生物の体重とその他の指標が両対数グラフで直線関係にあることが紹介されている．この関係式は非常に興味深いもので，近年その意味について研究が進んでおり，生物体の構造についての基本的な仕組みを明らかにしつつある．

　アロメトリー式の中で，最も有名なのが動物の体重と新陳代謝率のグラフである（図表5.9）．新陳代謝率は，動物が単位時間にどれだけのエネルギーを必要として

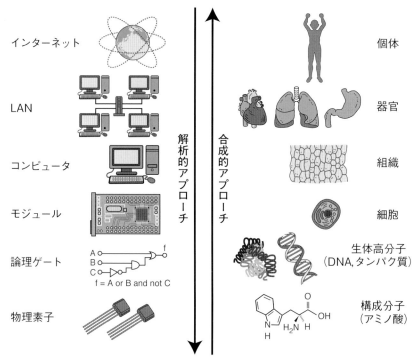

インターネット		個体
LAN	解析的アプローチ　合成的アプローチ	器官
コンピュータ		組織
モジュール		細胞
論理ゲート	A B C　f = A or B and not C	生体高分子（DNA,タンパク質）
物理素子		構成分子（アミノ酸）

図表5.8 生物学の考え方と電子工学との比較.
生物学では，生物個体の観察や解剖から始まり，顕微鏡で組織や細胞を研究し，細胞を構成する高分子（DNA）の解析など，マクロからミクロへ解析的なアプローチが主流であった．一方，合成生物学では，分子レベルでの実験から生物個体を創造する逆のアプローチを取る．この考え方は，電子工学とも比較できる（伊庭斉志『人工知能と人工生命の基礎』．オーム社，2013より）．

いるのか（1日に必要な食料と置き換えることもできる）という指標である．グラフは見事な直線関係を示すので，両者には「べき乗則」が成り立っていることがわかる．そして，その傾きは3/4である．すなわち，**動物は体が大きくなると，その体重に比例した代謝が必要になるのではなく，効率が上がり，1/4（25%）減のエネルギーで生活できる**ことを示している．一方，生息密度では，大きな体重の動物に比較して小さい体重の動物は多数存在している．この関係もべき乗則にしたがっていることが知られている（本川，1992）．

　では，なぜ，このような関係が成立しているのか．ウェスト（2020）[18]によれば，次の3つの要因，すなわち第1章で述べた「ウェストの3原理」で説明できる．3原理とは次の通りである．

① 末端ユニットの不変性

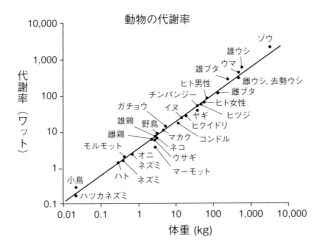

図表5.9　動物の体重と新陳代謝率.
　体重の大きい動物ほど代謝率は大きいが，効率が良くなっている.
　この場合，動物とは鳥類と哺乳類である．ヒトを含むこれらの動物は共通した体の仕組みから成り立っていることを示す．（ウェスト，2020；山形浩生・森本正史訳『スケール──生命，都市，経済をめぐる普遍的法則──（上巻）』．早川書房）より．

② 空間充填性

③ 最適化

　生物のエネルギー代謝では，どの生物でもまったく同じ末端機能を利用している．それはアデノシン３リン酸（ATP）をエネルギー物質として使うことである．ATPは，アデニン（塩基）とリボース（糖）からなるアデノシンに，さらに３個のリン酸が結合したヌクレオチドである．リン酸の間の結合を利用して電子のやり取り（すなわちエネルギーの伝達と受容）を行っている．

　生物では，この末端のエネルギー交換ユニットが不変である．獲得されたエネルギーはたとえば血液によって体内の各部に運搬され消費される．したがって，体という空間をエネルギー伝達路（ネットワーク）が充填しないと体が動かない．これが空間充填性である．そして，末端から空間全体のシステムは，生体維持のための必要エネルギーを最小限に抑えて，かつ生殖や子孫を育てるために利用可能なエネルギーを最大化するように発達する．すなわち最適化が行われている．

　このような生物の仕組みは，創発的に自己組織化によって進化したものであるから，すべての生物に共通している．たとえば，血管が枝分かれして毛細血管になってゆく時にその断面積の総和は維持される．さらに血管全体は，エネルギーロスが最も少なく，一方，すべての空間を充填するようにフラクタルな形状（どのスケールでも同じ形状を示す性質）をなしてゆく．この形状発達を数値化すると，体のサ

イズが大きくなるとシステム全体の最適化の効果によって3/4のエネルギーで生体反応を維持できることがわかった．このような動物のエネルギー代謝システムの基本は，神経伝達系や植物における維管束システムにおいても維持されている．創発的なネットワークシステムにおける基本的な性質と考えられるのだ．

図表5.8の生物と電子技術の比較をもう一度見てみよう．生物の構成分子から生体高分子においては，ATPやそれを利用する様々なユニットがある．電子技術においては，半導体などの物理素子で電子の制御が行われる．したがって，末端ユニットの不変性ということでは共通している．生物は細胞・組織・器官という構造で空間を充填してゆき，個体という最適化されたシステムができあがる．さらに生態系を考えれば，個体を末端ユニットとして，次の次元のネットワークを考えることができる．

電子技術では，それはコンピュータとその組み合わせによって空間を充填してゆき，インターネットという最適化が行われる．図表1.14，図表1.15において，インターネットのリンク数とノード数そして情報量にはべき乗則の関係があることを示した．この関係は，生物においては，体重と代謝量および生息密度の関係と同じである．

電子技術においては，末端ユニットや無線 LAN などの通信技術は人間の設計によって作られてきたが，インターネットの中での情報伝達システムの発達，WWWとそのリンクの関係は創発的に組織化されてきた．さらに，将来，インターネットの中から創発的・自己組織化的に新たな知的システムが生まれるかもしれない．すなわち，超人工知能ともいうべきものである．これについては，本章の最後に触れることにしよう．

第1章において，ネットワークの急成長（図表1.16）がロジスティック方程式で記述できることを示した．生物の個体もまた子供の時から大人になる時に急成長する．これは生体内の神経系や血管系が急成長して体内空間に情報とエネルギーを送り込むネットワークが形成され，細胞を作る過程が加速したことに他ならない．図表5.10にはモルモットの成長曲線が示されている．モルモットは，生後1年くらいまで成長してゆくが，それ以降，成長は止まる．この成長曲線はロジスティック方程式によって記述できる．生物は個体群（たとえば図表1.17で示した酵母の繁殖）だけでなく，個体そのものもS字型の成長曲線を持つのだ．

それでは，生物個体の老化・死亡についてはどうだろうか．人の生存率は図表5.11に示したように様々な理由により60歳程度から低下してゆく．これは図表1.18に示された成長曲線と同じことである．事故などを除くと，死亡の原因は脳・臓器疾患，遺伝子異常（糖尿，アルツハイマー，パーキンソン病），ガンなどが主なも

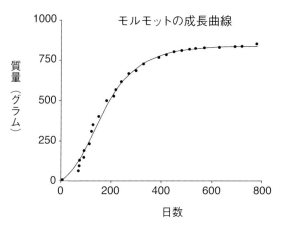

図表5.10　モルモットの成長曲線.
ロジスティック方程式で表されるＳ字曲線を描く.（ウェスト，2020：山形浩生・森本正史訳『スケール——生命，都市，経済をめぐる普遍的法則——（上巻）』．早川書房）より.

のであるが，その根底に老化があると考えられている．近年，老化のメカニズムについて新しい考え方が発展した．それは，シンクレアとラプラント（2020）[19]による「老化の情報理論」というべき考えだ．情報にはデジタル情報とアナログ情報の２つがある．

　第１章で述べたようにデジタル計算機は，ベル研究所のクロード・シャノンが電磁スウィッチの ON/OFF 回路を基礎に組み立てた論理学が基礎となっている．ベル研究所でなぜデジタル技術が発展したかといえば，電話などのアナログ通信では雑音の問題や記録の保存の問題がつねに存在していたからである．生物におけるデジタル通信は DNA であり，アナログ通信はタンパク質である．細胞では，DNA とタンパク質が相互に情報のやり取りをしており，周囲の環境変化を察知して細胞の分裂の時期を判断するなどの生体反応を支配している．

　このような相互作用は，生命のセントラル・ドクマだけでは説明できないプロセスであり，これをエピジェネティックス（Epigenetics）とよんでいる．DNA とタンパク質との相互作用が円滑に行かなくなると細胞は機能を失って老化が進み，やがて死に至る．特にタンパク質の情報伝達機能が失われやすい．

　これは光ディスクの損耗と良く似ている．光ディスクでは，データがデジタルで収録されているが，読み取り部分はアナログであり，ディスクが傷付いたり，読み取り装置が損傷したりすると機能しなくある．タンパク質と DNA の相互作用に基づく情報伝達機能の喪失は必然ではなくて病気の一種であって，これを治療することができるというのが，新しい考え方である．タンパク質の情報伝達機能をできる

(a)

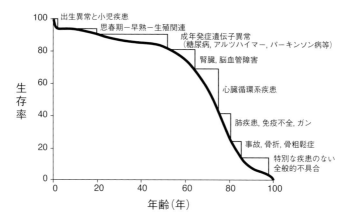

ヒトの死亡主要因

(b)

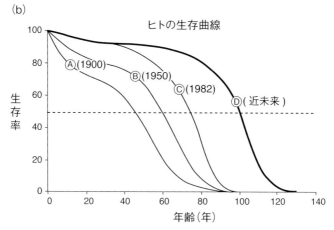

ヒトの生存曲線

図表5.11 ヒトの死亡要因と生存曲線. (ウェスト, 2020:山形浩生・森本正史訳『スケール——生命, 都市, 経済をめぐる普遍的法則——（上巻）』. 早川書房）より.
(a) 死亡要因は様々であるが, その根底が老化である. 老化もまた病気の一種で治療可能とされつつある.
(b) ヒト生存曲線の推移
　“老化病”の治療方法が発展すると延命が進み, 近未来に生存率50%が100歳となる.

だけ保持するような生活（食生活, 運動など）そしてそれを治療する薬などの研究が急速に進んでいる. ヒトを含めた生物の動態・成長・寿命を情報ネットワークの機能として捉えることが進展してきた.

ミニマムセルと合成生物学

　生命の維持には情報の伝達が必要であるとすれば，その最小システムはどのようなものか，すなわち，生命には最小限なにが必要なのか，ということは生命の起源，あるいは生きているということの意味，そして新たな生命を作り出す（このことの倫理性の問題は大きいとして）上で重要な研究課題となる．

　米国カルフォルニア州の地質は，日本に類似している．海岸沿いには，フランシスカン層群（主な時代は白亜紀）とよばれる激しく変形した地層が分布，これは日本列島の四万十帯（沖縄本島から西南日本の太平洋側に分布する地層群：平(2020) を参照）の地層とよく似ている．すなわち，海溝に堆積した砂岩や泥岩が，海洋プレートの運んできた玄武岩やチャートなどと混合，変形，隆起したもの（付加体という）である．さらに変成岩やカンラン岩など地殻深部やマントルに起源を持つ地下深部由来の岩石も認められる．

　2008年，当時，米国サンディエゴ近郊ラホヤにあるジョン・クレイグ・ヴェンター研究所の研究員であった鈴木志野（現海洋研究開発機構）は，サンフランシスコの北にある蛇紋岩体からの湧水地（ザ・シダーズ）において，メタゲノム解析（環境中のゲノムを網羅的に解析する手法）を始めた．この湧水が生物の生息には過酷な pH12の強アルカリ性であることに注目，もし，そこで微生物を発見すれば，何か新しいことがわかるに違いないと思ったからである．メタゲノム解析の結果，予測通り新しい微生物を多数発見．その中には，**遺伝子数400という今まで知られていた生命活動の限界以下のゲノムしか持っていない異常な微生物が見つかった**[20]．**この微生物は，カンラン石と水の化学反応エネルギー（蛇紋岩化作用）を利用して生きていると考えられる．彼女の研究は，地球には，まだまだ知られていない微生物がおそらく多数存在し，その中には，原始地球に存在していた微生物の生き残りのようなものがあるかもしれない，ということを示唆していた**．

　自然界での探索とともに，人工的に作り出した遺伝子で，最小細胞体を作り出す，というきわめて大胆な試みも始まっている．その先端を走るのが，鈴木志野も所属していた研究所の所長，ジョン・クレイグ・ベンターである[21]．彼は生命科学技術界の風雲児ともいわれているが，私が会った時には，カリフォルニア大学サンディエゴ校のリサーチパークに建設中のカーボンニュートラルな研究所（外に CO_2 を排出しない環境に配慮した研究所）について，実に丁寧に語ってくれた．

　ベンターがその名をはせたのは，ヒトゲノム計画（ヒトのゲノムの全塩基配列を決定する計画）時に，そのリーダーである NIH（米国国立衛生研究所）のジェームス・ワトソン（DNA構造解明のあのワトソン）と折り合いが悪く，計画の遅々とした進展に業を煮やし，英国の分子生物学者フレデリック・サンガーが開発した

DNAを断片にして解読してゆく方法を改良，DNA構造をコンピュータで元の形に復元するショットガン法を実用化させたことにある．1995年，ヒトゲノム解読レースでは，ベンターが全世界を相手に勝利した．少ない人数で，速く，廉価に結果が出せたのである．

　ベンターは，その後，カリフォルニアに250人のスタッフを抱えるJ.クレイグ・ベンター研究所を設立した．その目的の1つは，世界最小の人工細胞を作ること，「ミニマム・セル・プロジェクト」の推進である．ベンターはカリフォルニアに来るまでに，すでに人工の遺伝子を持つウイルスを用いて，初めて大腸菌の中で増殖させることに成功していた．カリフォルニアでは，DNA合成チーム，ゲノム移植チーム，最小遺伝子チームを立ち上げ[22]，まず最小の細菌の仲間であるマイコプラズマのゲノムを合成することを目標とした．これも小さい破片から初めて，より大きな破片を作り，大腸菌を利用してゲノムを増幅させていった．その人工ゲノムをある細菌に移植し，それが新たな環境で機能することを確認した．2010年，世界初の人工ゲノムを持つ細胞が完成した．

　しかし，生命維持のための最小のゲノムとはどういうものか，という問いには十分な答えが出ていなかった．ベンターのチームは，これまで得られた知識を元に，想定できる最小ゲノムを設計し，実際の細胞（マイコプラズマ）に移植し，機能するか試していった．そして，2016年，実験はついに成功，人工ミニマムセルのゲノムは，最小のマイコプラズマの約半分（53万塩基対），遺伝子の数は473個であった．

　人工ミニマルセルの誕生は，親を持たない生物の誕生が，地球史上始めて起こった瞬間であった．同時に「生命とは何か」という根本的な問いにさらに近づく一歩であった．合成生物学（Synthetic Biology）**の誕生である．**今，誰もが遺伝子を編集したり，合成生物学の実験を行うことができる実験キットが発売されている．この分野への市民の参加（シチズン・サイエンス）が盛んになってきた．

　合成生物学は，自然には存在していない新たな生命の創生という，私たちの踏み込んだことのないフロンティアを目指す．そして，誰でもそれを行うことができるという恐るべき時代が訪れている．そのフロンティアへ，進むべきかどうかも含めて深い議論が必要である．このことについては，第7章でさらに触れることにする．

ウイルスとは何か

　ハーシーとチェイスによる遺伝子の実験（図表5.4）では，バクテリオ・ファージ・ウイルスがDNAのキャリアーとして用いられた．この当時，ウイルスは，微生物として考えられていた．しかし，その後，ウイルスを生命と考える人は少なくなった．宿主（寄生する細胞）がないと増殖できないからである．このことが，感

染症の病原体としての研究を除いては，生物科学におけるウイルスの重要性について，長い間，見過ごされてきたことに繋がった可能性がある．ところが，今，ウイルスは注目を浴びつつあり，生命活動や進化の描像を大きく変えつつある．

　近年，ウイルスには実に多様な種類が存在し[23]，その中には，小型の原核生物より大きく，また，塩基対数も200万以上という巨大ウイルス（ミミウイルス，ピソウイルス）も存在していることがわかってきた[24]．また，環境中の，ほとんどどこでも存在しており，多くの場所で微生物より1桁以上の数が認められ，特に海洋には未知のウイルスが多数存在していると推定されている．また，「ちきゅう」の掘削の成果などによって，地下の岩石中の微生物圏にも存在していることがわかってきた．

　生物は，真核生物，真正細菌，アーケアの3つのドメインに分類されることは上述した（図表5.6）．ウイルスは，これらのどの生物にも感染でき，ウイルスの遺伝子は，これらの生物と普遍的な共通性がある．したがって，ウイルスは生物の系統樹全体に広がる共生体と考えることができる．人体には実に380兆個のウイルスが共生している（プライド，2021）．これらは，宿主生物に害を与えず，ひっそりと共生し，おそらく何らかの利益を宿主に与えているのであろうが，このようなウイルスの全体像については，まだ，ほとんどわかっていない．

　また，ウイルスがどのように"進化"（変遷）してきたのか，あるいは生物進化における役割ということもわかっていない．ここで進化という言葉は生命の定義そのものでもあるので，ウイルスが生命でないとすれば正しい用語ではないことになる．しかし，宿主細胞に遺伝子を持ち込む，ということを長い生命の歴史の中で行ってきたので，その過程で，遺伝子の突然変異に多様化を引き起こし，環境適応戦略の選択肢を増やすなど，生物進化に大きな影響をおよぼしたことが推定できる．人間のゲノムは，32億塩基対の長さを持つ．そのうち40％もの領域は，過去にウイルスが感染した名残であるという考えも出されている．その中には，きわめて重要な役割をしているものもある．生物進化におけるウイルスの役割が今，注目されている．

　ウイルスは，細胞と比べて遥かに単純な構造をしている（たとえば図表5.4）．したがって，ウイルスを人工合成し，その変異や強毒化のメカニズムを探り，また，ワクチンや治療薬の創生に役立てようとする研究が行われている（第4章参照）．河岡義裕らは，インフルエンザ・ウイルスの人工合成に1999年に成功，さらにその成果を鳥インフルエンザ変異ウイルスの強毒化に関する研究に応用してきた．さらに，この研究は，スペイン風邪インフルエンザ・ウイルスの合成にも使われた．この当時は，複雑な遺伝子操作と長い時間を必要とする高度な技術体系であり，どこ

でも誰でもできる，というわけではなかった.

　新型コロナウイルスに関して，大阪大学と北海道大学の研究グループが，2021年4月29日に迅速・簡便にウイルスを人工合成する技術を開発したことを発表した．この方法では，コロナウイルスの遺伝子全体をカバーする遺伝子の断片をPCRで増幅し，環状の遺伝子を作成する（これをCPER法という）．この環状DNAを培養細胞に入れるとRNAが合成され，さらにウイルスが合成される．約1週間で新型コロナウイルスのクローンを作ることができた．発表者は，これは迅速・簡便な方法で"コロンブスの卵"のような研究である，といっている．確かにこの手法では，全世界で，強力な治療薬を含めた新型コロナウイルス感染症克服に向けた研究の展開が期待できる.

　遺伝子を増幅・操作する技術は，ここ数年で大変化し，簡便で誰もが扱えるレベルとなった．高度な機能を持ったPCR装置は車一台程度の値段で購入できるし，また，莫大な遺伝子と遺伝子操作技術のデータがオープンされている．このようなデータベースの量と質が数年前とはまったく異なっており，それは大加速の状態にある．これが何を意味するのか，研究の進展と同時に，悪用，そして，バイオテロを含めて社会を崩壊させるような事件の起こる可能性について，きわめて心配になる．私たちが，このような世界に住んでいるということを全員で共有すべきだ.

　ウイルスの感染により，人間には免疫抗体ができるが，未知のウイルスと遭遇した場合には，恐ろしい感染症の爆発が起こることがある．これは，本来，相互利益をもたらすように共存しているウイルスを，人間が無理やり前例のない環境に持ち込んだため起こったことも1つの原因である．これについては，第4章ですでに述べた．今，ウイルスを含めた生命系の全体像，特に情報ネットワークとしての全体像の理解が求められている.

コンピュータの中に生命を作る

　1987年9月，米国，ニューメキシコ州のロスアラモスに，100人以上の科学者・技術者が集まった．目的は，「人工生命」（Artificial Life：A-Life）の研究により生命の本質を解き明かす，という新しい科学を作ろうというものだった．対象となる生命は，地球上の生命とは限らない．この生命の材料は無機物で，その本質は情報であり，コンピュータの中で作られる．もちろん，ここで生命とは何か，という問いは，つねに存在する．しかし，人工生命の科学においては，その問いも含めて，研究の対象にしようとしたのである[25]．

　人工生命の考えは，すでに1940〜50年代，フォン・ノイマンのセル・オートマトン理論によって提案されている．オートマトンとは自動人形（自動機械）のことで

あるが，フォン・ノイマンにとっては情報こそが，自己複製を行う機械としての生命を特徴付けるものだった．その後，彼の理論をコピュータのシミュレーションで検証したのは，クリストファー・ラングトンである．

　1977年，各地を放浪し，また，ハングライダーでのひどい事故で瀕死の状態にもなったラングトンは，アリゾナ大学にてパソコン Apple II に出会い，生命進化のコンピュータモデルを作り始めた．ラングトンは，「ループ」とよぶ構成を考えた．ここでは，ループは，外側の絶縁層セルと鞘の中の情報を持つセルからなり，ある状態では，鞘の中では1つのセルは隣接するセルの状態に影響をおよぼす規則によって"遺伝子"の情報を伝える．ラングトンのループでは，尾の部分が子孫のループ構築を行う付属器官として機能し，尾が伸びて一回りすると新しい個体が複製され，親から切り離される．

　1979年10月26日，ラングトンは，このループが自己増殖し，次々と子孫を作り出すことに成功し，その中から創発する秩序が生まれていることに気が付いた．新しいループが作られる中で，子孫に取り囲まれると，古いループがもう複製のための尾を外に伸ばすことができなくなり，死んだ状態となり，その外側では新しい世代が群集を作ってゆく．まるで，サンゴ礁の成長のようであった．やっとアリゾナ大学を卒業したが，彼の「人工生命」に興味を示す人は誰もいなかった．ようやく，ミシガン大学のコンピュータ論理グループに拾われ，そこで，博士研究として，さらに人工生命を研究することとなった．ここでは，仮想アリ（Virtual Ant：Vant）の研究を行い，社会性を持つ昆虫のシミュレーションを実施，簡単な規則が全体として群集の行動や環境を反映した複雑な振る舞いを起こさせることに成功した．それは，レビー（1996）によれば，「まったく中心的な設計図なしに，ボトムアップで，小さな作用が，集合的に上方に向かって波及し，しばしば作用が反作用を引き起こし，再帰的な形で他の作用と結び付き，大局的な行動パターンを創発するまで繰り返される」ことだった．

　さらにラングトンは，セル・オートマトンに基づき，全生命の一般的特性，それが成長できる範囲をはっきりさせようと考えた．この中で，生命は基本的には情報処理に根ざしていること，生きている有機体は，自己複製，エネルギーとなる餌探し，内部構造の維持のために情報を使っており，また，構造自身が情報を作り出すこと，すなわち，生命系では，情報の操作が主導権を握ってエネルギー操作を支配していることを明確にしようとした（図表5.13）．そこで，彼は「カオスの縁」という考えを提案した．**複雑力学系における情報の動きは，情報が固定している領域（何者も生きられない），周期的に状態が変化する領域（そこでは情報の移動は限られ，柔軟性がないので，生命は生きられない），カオスの領域（情報があまりにも**

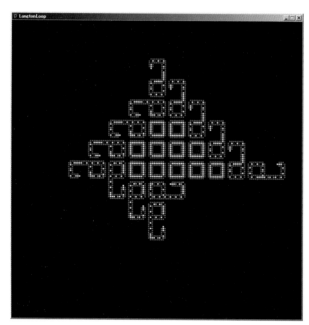

図表5.12　ラングトンのループ.
　1つのループが，尾を伸ばし，一周すると2つに分裂，さらに増殖して，周囲が囲まれるとその個体は活動を停止（死ぬ：図では白い四角形），周囲のループが増殖してゆく．このシステムに様々な変化をつけて，囲まれた時に周囲と相互作用をするタイプなどがある．インターネットで動画が投稿されている（Langton's Loops で検索するといつかの動画が見られる．また Langton's Ant Algorithm の動画もある）．（レビー，1996；服部桂訳『人工生命——デジタル生物の創造者たち——』．朝日新聞社）より．https://www.youtube.com/watch?v=y_gk1_5LibM

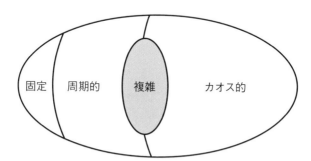

図表5.13　複雑系における情報の動きと生命の存在範囲の分類図.
　左側の固定域では，情報は凍りついており，生命は存在しない．周期的領域でも結晶構造のようなものができうるが生命は誕生できない．カオス領域では，情報が動きすぎて無秩序でありすぎるので生命は維持できない．複雑系では情報は，自己組織化できる程度に安定し，かつ発信できる程度に緩やかである．複雑系のカオスの縁に生命誕生の領域がある（レビー，1996；服部桂訳『人工生命——デジタル生物の創造者たち——』．朝日新聞社）．

自由に動きすぎて構造の維持が不可能：熱力学の第二法則であるエントロピー最大の法則に支配されている）の中で，カオスの縁にある複雑領域が，生命を維持するために適当な複雑さが存在し，かつ情報の相転移（情報の急な流動，パーコレーションが起こる）が起こる領域であり，自己組織化の結果，生命が誕生すると考えた.

　ラングトンの研究は，当初は理解されなかったが，サンタフェ研究所にポストを得ることができた．ラングトンは，1987年，人工生命分野の初めての集会をロスアラモス研究所で主宰，熱気に包まれた集会では，これまで個々バラバラに，あるいは，十分な助成が受けられずにやっていた研究者同士の結束が作られ，この分野の研究起点となったのである．現在では，ソフトウェア分野（コンピュータを用いた分野），ハードウェア分野（ロボット，自律機械），そして前述したバイオテクノロジーを主とした生物科学分野に大別でき，さらにそれらを統合した分野も発達してきた．人工生命の研究は，生命活動の本質の理解を求めて，技術とアートの境界，哲学と技術，ゲームなどの幅広い領域に人間の知的活動を拡大しつつある.

コンピュータ・ウイルスは人工生命か

　1983年，南カリフォルニア大学のコンピュータ学科の大学院生，フレッド・コーエンは，彼の指導教官であるレオナルド・エーデルマンや仲間の学生たちとコンピュータの並列処理の研究を行っていた．並列処理はある計算問題を部分に分けて，1つのコンピュータのいくつかの部分，あるいは何台ものコンピュータに割り振って処理を行わせることである．コーエンは，これに取り組むには，自己複製プログラムを介して行う方法があると考えていた．その過程で，ある簡単なプログラムを，トロイの木馬のように他のプログラムに潜り込ませて，そのプログラムの制御を支配したらどうなるだろうか，ということを考え始めた．彼は，コンピュータのセキュリティーにも大いに関心があったので，これがきわめて大きなインパクトを持つことは理解していた．このことをエーデルマン教授に話すと，「それは生物学でいうウイルスと同じではないか」といったらしい．彼らは，これを実際に試験することにし，大学の管理者から許可を取って実施した．コーエンは，科学的に追跡できる形での情報を食べる生物を野外へ放った最初のコンピュータ科学者となった．このプログラムは強力で，コーエンのコンピュータ・ウイルスは，南カリフォルニア大学の計算機システムを制圧してしまった.

　コーエンは，その後，セキュリティーの面から，ウイルスの制圧を目指す研究を実施していったが，彼の研究は，同時に世界で多くのハッカーを生み出していった．1980年代後半から，インターネットの普及とともに悪質な（悪ふざけを含む）ウイルスが流されるようになり，また，様々な機密情報・個人情報にアクセスしようと

する動きが広がった．同時に，ウイルス対策に国家機関や民間会社も乗り出し，それ自体が1つの産業となっていった．数億というウイルスが作成されており，日々100万件の新種が作り出されていると報告されている．コンピュータ・ウイルスは，全体を「マルウェア」とよぶことが多い．その定義においては，ウイルス，ワーム，トロイの木馬と3つの大別をすることがある．この定義によれば，ウイルスは他のファイルに寄生し，自己増殖し，ファイルを消したり，変更したりする．ワームは，単体で存続が可能で，自己増殖し，ネットワーク共有ファイルやUSBに仕込んでおいて個人情報を盗み出したり，データを破壊したりする．トロイの木馬は，自己増殖できないが，誰でも関心のありそうなメールに添付したファイルに仕込んでデータを盗んだりする．

　このようにマルウェアの中には，自己複製だけでなく，コンピュータ内の変化を察知して子孫を残すもの，さらに進化能力があり，初期状態をはるかに超えるものが出現している．悪質なウイルスに対抗する役に立つウイルス，すなわちウイルス免疫システムももちろん考えられており，そのための産業も拡大している．インターネット中には，すでに知能を持ったマルウェアが解き放たれており，予期せぬ形で社会・軍事インフラ（送電網，原発，軍事施設など）を攻撃する可能性も否定できない．さらに悪質マルウェアと生物学的な人工感染症スーパーウイルスの両方を用いれば，世界のインフラ，人体そして生態系を同時に破壊することが可能となる．恐るべき時代が到来した．

　このように**コンピュータウイルスは，まさにラングトンのいう人工生命そのものであり，人工知能の発展とともに，生命進化・ヒトの進化の根本的な問題へと続いている**．これについては，本章の最後で考えていこう．その前にヒトがどのように母親の体内で誕生するのか，人間の心はどのように発達するかについて見てみよう．これこそが生命の最大神秘であり，人間を「共感」で結び付ける知の最前線でもあるからだ．

5.3　ヒトの発生と環境適応

受精卵からの発生

　私たちがどのように母親の体内で発生し誕生，そして新生児から大人へと成長して行くのかという過程の研究は，近年目覚ましい発展を遂げている．この分野は，発生学という分野で主に扱われるが，人間の場合には，肉体的な変化・成長と同時に精神的な変化・成長も重要な対象となる．そのためには，遺伝学，生化学，脳科学，さらに神経科学，認知科学，精神科学などの分野が重要となり，それらが統合

して「人間学」ともいうべき分野を形成しつつある．これは，まさに「人間とは何か」という問いへの探求そのものである．

人新世を理解するためには，その主役である人間の本質を理解することが重要であるのは当然だ．私は，この分野について勉強を始めた時に発生学に関するジェイミー・A. デイヴィス（2018）によるすばらしい本と出会い，さらに，山科正平によるカラー図解人体誕生（2019）を参考とすることができた[26]．ここでは，それらの本を下敷きにしながら，さらに腸内細菌，脳の機能，認知科学そして人工知能と，人間の発生・成長・発展そして機械（コンピュータ）との共生への道筋をたどって行くことにしよう．

たった1つの直径およそ0.1mm の受精卵から，細胞数約60兆個からなるヒトの体が作られるということは，驚嘆すべき出来事といわざるをえない．しかし，同時に，私たちは普段そのことをあまり考えてはいないし，また，ヒトの発生について十分な知識を持っているとは思えない．かくいう私もその1人である．

受精卵（これを胚という）において最初に起こることは，卵割とよばれる細胞の分裂である．卵割では，細胞の内容が2等分されるが，染色体（DNAとタンパク質の複合体）は，正確に複製されなければならない．始めの受精卵には，母親からの23本，父親からの23本を合わせて46本の染色体があるが，分裂後の2つの細胞（娘細胞という）に，それぞれ46本の染色体が複製される．この時，まず，46本×2＝92本の染色体を作り，次にできる2つの娘細胞の中心に揃えて並べた後，細胞を分離するというプロセスが起こる．これを稼働させるのは，様々な種類のタンパク質である．**タンパク質は，誰かの指令を受けて動くのではなく，タンパク質あるいはその複合体のそれぞれが持つ機能が，お互いに，また遺伝子と相互作用をし，フィードバックを繰り返しながら，過程を実行していくのである．これは，全体としてみれば，単独では何もできないものが，情報交換・相互作用をして全体を最適化する作用，適応的自己組織化現象であるということができる．**この精緻な細胞分裂プロセスは真核細胞の誕生以来行われてきたものであり，実に25億年の歴史がある．

卵割では，細胞分裂によって同じ細胞が増えただけであり，各々の細胞に特徴があるわけではなく，また，細胞が必要とするエネルギーを獲得してきたわけでもない．受精卵（胚）は，普通の体細胞よりかなり大きく，細胞の多分裂を可能としている．64分割になると，胚の細胞は，外部で体液と接している細胞と，他の細胞に囲まれている細胞にわかれる．この時，体液と自由表面で接している細胞の遺伝子のスイッチがオンとなり（遺伝子が発現するという），胚の最初の特殊化した組織，栄養外胚葉となる（図表5.14）．胚の細胞は，このような物理的な環境を手掛かりに自分の位置を知り遺伝子を発現させる．栄養外胚葉は，胚の内部に体液を送

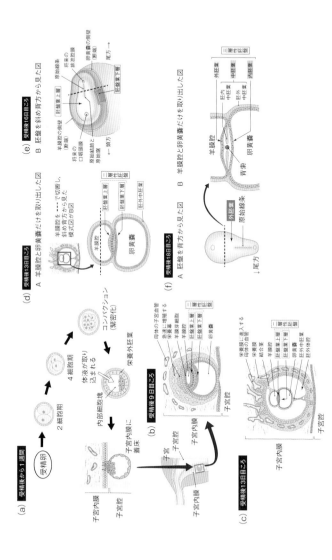

図表5.14 人の発生の初期段階。受精後から18日目頃まで胚の変化を示す（デイヴィス、2018；橘美訳『人体はこうしてつくられる——ひとつの細胞から始まったわたしたち——』、紀伊國屋書店；山科正平『カラー図解 人体誕生——からだはこうして造られる——』、講談社ブルーバックス、2019）をベースに著者編集。

(a) 受精卵は、卵割によって２細胞、４細胞と増えていき、細胞が密に集まるコンパクション期を経て、体液が取り込まれ栄養外胚葉ができる。
(b) 受精後10日以内に胚は子宮に移動して着床する。
(c) 子宮内膜に食い込んで固定され、壁の細胞を栄養として育つ。
(d) 胚の内部に円盤状の細胞層ができる。
(e) 円盤に線状構造ができ、頭と尾となる方向が決まる。
(f) 断面では脊索が作られてゆく。

り，液体で満たされた内腔を作る．これによって，内腔内部の細胞は集まり，内部細胞塊を作る．

この頃（受精後約10日以内），胚は受精が行われた卵管を離れて子宮に入っている．子宮に入った胚は，子宮内膜と接すると特別な接着タンパク質を使って内膜にくっつき，やがて，胚細胞の一部が指のように突き出して子宮壁に食い込み（図表5.14c），胎盤が形成され始める．この過程で子宮細胞の多くが破壊され，栄養として胚に取り込まれる．子宮には母体側の反応によって大きな窪地ができ，そこに胚が収まり，子宮内膜が修復されて胚を包み込むようになる．胚と子宮は，お互いにシグナル伝達タンパク質を介して"対話"し，胎盤を作るのである．これが成立しないと妊娠は失敗する．

胚の分化

胚の中の内部細胞塊は，それ自体が分化し，やがて胎児ができる．しかし，分化の前段階では，それぞれの細胞に役割があるわけではなく，体のあらゆる部分の細胞にもなれる可能性を持っている．体のどの部分にもなれる可能性のある，あるいは，ある程度分化が進んだ段階で，ある組織のどの部分にもなれる可能性のある細胞を幹細胞（Stem Cell）とよぶ．内部細胞塊は，体を構成するあらゆる種類の細胞に分化でき（これを多能性：Pluripotency という），胚から取り出し培養器に入れても自己複製能力を維持できる．このような細胞を胚性幹細胞（Embryonic Stem Cell：頭文字をとって ES 細胞）という．一方，京都大学の山中伸弥は，ES 細胞の替りに，普通の体細胞に4種類の遺伝子（山中因子）を入れることによって，それが多能性幹細胞（iPS 細胞：Induced Pluripotent Stem Cell）に変化することを発見，再生医療や新薬創生に新しい道を開いた（2012年ノーベル生理学・医学賞）．

さて，胚の中では内部細胞塊の分化が進むが，ここでも自由表面を持つ細胞群と周りを他の細胞に囲まれているもので違いが起こる．体液に面している層は胚盤葉下層となり，さらに上部に内腔ができて胚盤葉上層ができ，この二層性胚盤から胎児が作られる．この時点では，胚盤葉上層は円盤状であり，クラゲのような放射相称型をなし，胎児とは似ても似つかない．しかし，ここから一気に「体らしきもの」を作る原腸形成というプロセスが起こる．胚盤葉下層において，ある遺伝子が発現しシグナル伝達タンパク質を分泌する．それが引き金になり，胚盤葉上層の細胞は別なシグナル伝達タンパク質を合成し，周囲の細胞が引き寄せられ移動し，原始線条とよばれる"軸"ができあがる（図表5.14f）．さらにプロセスは進み，原始線条の中央端に原始結節とよばれるくぼみができる．原始結節の細胞は，何種類か

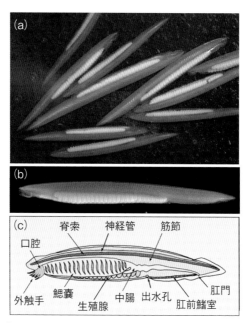

図表5.15　ナメクジウオ.
　脊椎動物の進化を研究する上で，きわめて重要な動物．無脊椎動物であるが，脊椎動物の個体発生過程で出現する脊索を終生もち，神経組織も脊椎動物に類似している．日本では，広島県と愛知県で天然記念物となっている.
（a）ナメクジウオの雌雄，（b）ナメクジウオの個体写真（a，bは窪川かおる提供），（c）ナメクジウオの形態と体制（環境省による）
https://www.env.go.jp/water/heisa/heisa_net/setouchiNet/seto/setonaikai/clm3.html

のシグナル伝達タンパク質を作り，それによって細胞が自由に動き，それぞれに組織を作ってゆく．最初に作られるのが，原始線条の軸沿いに並んだ細胞から構成される円柱状の脊索である．これによって体軸が作られたことになる．この後，脊索は非常に重要な働きをする.

　なぜ脊索が最初に作られるかは，動物の進化と関係している．ヒトは脊椎動物の一種である．無脊椎動物から脊索動物そして脊椎動物への進化は，カンブリア紀中期（5億500万年前）から起こった．カナダ・ブリティッシュコロンビア州から発掘されるバージェス頁岩に含まれる化石には，ピカイア（Pikaia）と名付けられた原始脊索動物が含まれる．体長は4 cmほどである．現在生きている脊索動物の一種，ナメクジウオは，呼吸器や摂食器官はより進化しているものの，ピカイアによく似ている．ナメクジウオは，"生きた化石"として有名で，日本では4種（すべて海棲）が知られており，愛知県や広島県では天然記念物に指定されている.

　ナメクジウオの脊索は，体を強固にし，筋肉の動きを支えるために，成長してか

らも一生，体の中軸となっている．ヒトの胚に脊索が最初にできるのは，この進化過程を繰り返していると考えられる．

　このように胚の中では，細胞の分化が進み原始線条に沿って，3つの主要な組織，背側に神経管，その下に脊索，腹側に腸管が伸び，脊索動物としての基本構造ができあがる．これが，受精後4週間ほどである．これからは，体節（頭，胸，腰など）を作り，それぞれの場所での骨組織，臓器，そして血管系を繋げていく．この段階では，脊索がシグナル伝達タンパク質の生成，そして伝達組織として主要な役割を果たす．そのシグナルをもとに，細胞どうしが"対話"をしながら，組織が作られる．この段階では，細胞の移動（ある場所からある場所へ自力で動く）も起こり，組織の形成に深く関与してくる．組織形成の中で最も複雑かつ大規模なものは中枢神経系である．数百億の神経細胞（ニューロン）の1つひとつが，数千の他の神経細胞と軸索そしてシナプスとよばれる"配線"でつながっている（図表5.17で詳しく説明する）．この配線接続に関しても，細胞移動と同じメカニズムが使われており，モータータンパク質，接着タンパク質などが活躍する．胎児の成長ともに脊索の必要性はなくなり，脊椎（体幹骨）に置き変わるが，その残骸は椎骨の間のクッション（椎間板）の材料となる．

　細胞の分化だけが胚で起こるプロセスではない．胚の半分ほどの細胞は，自らを選択的に死に至らしめる．すなわち，自分を破壊するタンパク質を活性化させ死に至る．このような選択的細胞死（アポトーシス：Apoptosis という）の例は，発生途中までは必要であるが最終的には不要となる組織を除去することである．たとえば，ヒトの手足の発生では，まずは鰭のような形をしているが，指の骨が形成され，骨と骨の間の組織の一部が細胞死して，個々の指となる．

　やがて，子宮の壁と胎児が繋がり，母親から血管を通じて栄養や酸素が補給され，胎児は成長してゆく．この過程で，生物進化の過程が繰り返される例がいくつかある．心臓の発生においては，1心房1心室（魚），2心房1心室（両生類，爬虫類），2心房2心室（哺乳類）へと形を変えながら発生が起こる．また，受精後，4〜5週間の胚では，魚のような鰓が発達してくる．鰓は呼吸をするわけではないが，その後，耳骨や舌骨などになって活用される．

　ここでは個々の組織発生の細部まで述べることはできないが，ヒトの発生（あるいは生物全体の発生にいえること）に関して，"遺伝子に生命の設計図がある"という表現は間違いであることを述べてきた．**受精卵から胎児が育つのは，生命のセントラル・ドグマである DNA → RNA →タンパク質のプロセスとエピジェネティックス（遺伝子，タンパク質そして環境の相互作用）を用いて個々の細胞がお互いに対話し，どのようなタンパク質をどのタイミングで作るのか，すなわち，情報の**

やり取りによって自らを組織化してゆくことに他ならない．それは，生命発生以来，38億年以上の長きにわたる生物進化のプロセスそのものであり，個体の発生でその仕組みが活用されているのだ．このことは，19世紀にドイツの生物学者エルンスト・ヘッケルの唱えた「個体発生は系統発生を反復する」という学説とほぼ同じ考え方である．

　ヒトの個体発生に関して，どこかに体の製作マニュアルがあるわけではないし，それが遺伝子に書き込まれているわけでもない．それにもかかわらず，このような複雑きわまりない発生から成長への道のりが，正確にたどれる（時にはうまくいかないこともあるが）ことは，「まさに驚くべきことであり，それを知ることが，敬意と畏怖の念でお互いを認めることへと導く」と参考にした本の著者，ジェイミー・ディヴィスは述べている．私もその通りだと思う．人間どうしが解り合えることの原点がそこにはある．第1章で，人間社会を駆動する「大きな物語」が必要である，と述べた．その物語の根本は，この驚くべき発生の過程を通じて私たちがこの世に生を受けているという共感である．

微生物・ウイルスとの共生

　ヒトは，母親から誕生し，オギャーと泣いた途端に肺呼吸を始め，すぐに"厳しい"外界にさらされる．そこで，様々な刺激を受け，時に，怪我をしたり，病気になったりしながら，生きてゆく．私たちはエネルギーをつねに補給しなければ生きられない．絶食状態にあると，数週間で死に至るといわれている．絶食を続けると，体の脂肪，筋肉がエネルギーに変換され，脳の認知機能が低下，免疫機能が落ち，感染症にかかることがあり，あるいは心臓発作を起こす．私たちは，通常，エネルギーを食べ物から得ており，それは消化器官で獲得・吸収される．消化器官は口腔から肛門まで繋がっており，まさに体の中にある外界ということができる．ヒトと外界の相互作用で，最も顕著で複雑な営みは，消化器官で起きている．

　ヒトの食性は"超雑食"である．ありとあらゆるものを食べる．これには，火や塩，コショウなどを使った料理という技法が，ヒトの食への好奇心を発達させてきたことが挙げられるが，体の中では，もう1つの驚くべき機能が存在する．腸内に共生する細菌叢（腸内フローラあるいはマイクロ・バイオームともいう）であり，大部分が真正細菌，一部にアーケア，原生生物を含む[27]．

　私たちは，誕生と同時に，まず，外界の微生物と出会う．胚が育つ子宮の環境は，何層もの幕に囲まれた無菌環境であるが，新生児は，産道を通って外界に出る途中で，膣，腸，尿道，皮膚にいる微生物たちと出会う．微生物は，口から唾液，乳と共に飲み込まれ腸に届く．腸に入ると共生菌は，腸壁が感知できる分子シグナルを分泌

する．一方，腸壁を構成する細胞は，そのシグナルを感知し共生菌が栄養として摂取できる物質（糖鎖類）を与えて，お互いに共生関係に入る．共生菌は，腸壁細胞が取り入れることのできない物質を栄養として腸に与え，お互いに利用し合う．共生菌は，腸内ではエネルギーと原料を豊富に得ることができ，増殖も早い．だが，ほとんどは，食べ物の残りとともに排泄される．ヒトの通常の排泄物のおよそ3/5は，共生菌細胞である（これは驚きである！）．

腸の内面は広げるとテニスコート一面ほどの面積となり，そこに数百種類の微生物が1000兆個ほど生息しており，重量にして1.5〜2 kgになる．ヒトの細胞数は60兆〜70兆個といわれており，共生菌の方が数ははるかに多い．ただし，共生菌はヒトの細胞よりはずっとサイズが小さいので，全重量としては小さい．それでも，自分の体重のうち約2 kgが細菌であるというのは，すごいことである．

腸内共生菌は，次の役割を果たしている．

① 病原体の侵入を防ぐ

② 食物繊維を分解して酢酸，プロピオン酸，酪酸などの脂肪酸を生成する

③ ビタミン類を生成する

④ セロトニン（食欲，気分などに関係する）などの神経伝達物質を合成し，脳に伝える

⑤ 免疫力を作り出す

これらは，ヒトが生きて行く上で非常に重要なものであり，私たちは，腸内細菌との共生，すなわち外環境との相互作用によって初めて生きて行くことができることを示している．

近年，さらに凄い発見が続いている．人体の各部（皮膚，口腔，胃腸内，肺，神経，血液，脳脊髄液など）からウイルスの存在が確認されてきた（プライド，2021）．そのほとんどは無害であり，また，細胞の中でタンパク質カプシドから遺伝情報を発することなく潜んでいる．爆発的な増殖と感染症をひき起すウイルスのイメージとは大きく異なる．その総数，実に380兆個．それらが何をしているのか，よくわかっていない．**人体には，菌類，アーケア，真正細菌，そしてウイルスが共生しており，人体はまさに地球生態系の一部である．**生物の進化は，他の生物との共生によって行われてきた．ヒトもまったく同じ地球生命なのである．

脳の機能と成長

ヒトは誕生と同時に外界から刺激を受け，また，親や他のヒトとも接触するようになる．その刺激を受け止め，それを情報として整理し，次第に知的な活動の範囲を広め，感情，意識，そして心とよんでいるような精神的な領域を広げてゆく．そ

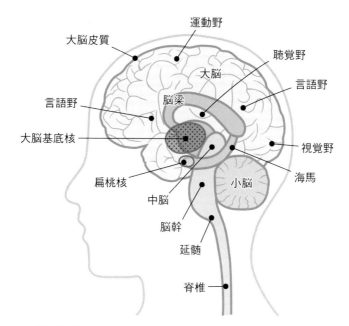

図表5.16　ヒトの脳の構造概略図.
　脳は，3つの部分，脳幹，小脳，大脳からなり，ほとんどが液体からなる脳梁が左右の脳の連絡と水分補給や形状維持の役割をしている．脳幹は，身体の生命維持装置ともいうべき機能を持ち，呼吸などの自律神経機能の中枢であり，視覚や眼球の運動を担当する中脳もその一部である．小脳は，知覚と運動制御をつかさどっている．大脳は，大脳皮質，海馬，大脳基底核，扁桃核などの部位からなり，高次の精神機能は大脳にて生じる．また，運動野，視覚野，聴覚野，言語野などの専門機能を持つ領域がある．この図は脳の中心部の概念的断面であり，立体的に分布する左右の脳の部分（たとえば大脳基底核や運動野などの専門的機能の領域）は投影して大体の位置を示してある．（甘利俊一『脳・心・人工知能──数理で脳を解き明かす──』．講談社ブルーバックス，2016：インターネット情報：https://human-relation.net/psychology/brain/）から編集.

　して自己というものに目覚める．脳は多くの動物が持っている器官であり，その組織の基本は，たとえばヒトとマウスとでほとんど違いはない．しかし，ヒトは他の動物とは知的・精神的な活動レベルがまったく異なっている．なぜ，そうなのだろうか．

　ヒトの脳は，頭蓋骨の中にあり，重さ約1.4kg，容積1400ccほどであり，その中味は，1000億個のニューロン（神経細胞）から構成されている．脳は，3つの部分，脳幹，小脳，大脳に区分できる（図表5.16）[28]．脳幹は，身体の生命維持装置ともいうべき機能を持ち，呼吸などの自律神経機能の中枢であり，また，外部と大脳との情報のやり取りを延髄と脊髄を通して中継している．小脳は，脳の10％ほどの重さであるが，ニューロンの数はここが一番多く，800億個といわれており，知覚と運動制御をつかさどっている．

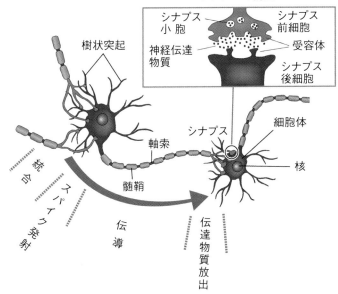

図表5.17　ニューロン（神経細胞）の構造.
　ニューロンは，基本的には，細胞体，樹状突起，軸索からなる．軸索とその先端にあるシナプスが，他のニューロンの樹状突起と結合しており，ニューロンからニューロンへと神経伝達物質を通じて電気信号が送られ，情報が伝達される．シナプスで受ける信号には“重み”がついており，これがデジタル信号の役割をしており，1つの神経細胞はそれを統合して次の細胞へと発射・伝導し，伝導物質に変えて送り込む．（甘利俊一『脳・心・人工知能——数理で脳を解き明かす——』．講談社ブルーバックス，2016）から編集.

　大脳は，大脳皮質，海馬，大脳基底核，扁桃核などの部位からなり，高次の精神機能と関連している．大脳皮質は，広げると新聞紙1枚程度，厚さ2〜3mmのシートであり，思考を担うきわめて重要な部分である．右脳と左脳にわかれ，両者は脳梁を構成する連絡線維で繋がれている．大脳皮質は，視覚野，聴覚野，言語野，運動野などの多くの“専門”領域から構成され，外部からの情報は，これらの部位を用いて処理し，また，各部位の情報を統合して結論を出力するという高度の並列コンピュータということができる．海馬は大脳の中央部に記憶をつかさどる重要な部位として存在している（形が海馬：タツノオトシゴに似ている）．大脳基底核は，大脳皮質と脳幹の連絡路であり，運動や視覚情報処理の機能を持つ．扁桃核は，情動に深く関連する．

　ニューロン（神経細胞）は，多種多様な形状と大きさからなるが，基本的には，細胞体，樹状突起，軸索からなる．軸索とその先端にあるシナプスという部分が，他のニューロンの樹状突起を結合しており，ニューロンからニューロンへと電気信

号が送られる．ニューロンからの電気信号は，シナプス小胞とよばれる神経伝達物質を通じて，他のニューロンの受容体に伝達される．脳は，無数のニューロン伝達網から構成されており，それらが，刻々と働き，ヒトの生活を支えている．

　発生に伴う神経ネットワークの連結は，ほぼランダムに枝を伸ばし，結合ができていく．そして，誕生後にネットワークの自己組織化が起こる．外界の情報，あるいは身体内部からの情報を利用しながら，情報処理に最適な形にネットワークを変化させてゆく．この過程で不要なニューロンは死滅してゆく．この主要ネットワーク形成のためには，視覚においては，生後数週間の間に外界からの刺激を必要とし，聴覚（言語）は，数カ月の感受性を持つまでの時間が必要とされている．このような自己組織化に必要な期間を臨界期とよんでいる．ただし，脳はきわめて柔軟な組織であり，ネットワークの形成はある時期で固定されるのでなく，その後も起こることがわかっている．記憶は，海馬と大脳皮質が相互にコミュニケーションを繰り返しながら，結果としてある部分のシナプスの増強あるいは減弱が起こり，これが記憶の源となる．同様に学習もまたネットワークの動作が最適になるようにシナプスの効率を変化させる．学習には，次の3つの方法があると考えられている．

① 　教師あり学習

② 　教師なし学習

③ 　強化学習

　強化学習では，ドーパミンが重要な役割を果たしている．ドーパミンは，意欲，快感，気持ちいい！　という感覚に直結した物質，すなわち達成感を作り出す物質であり，腸内共生菌によって作られている．この3つの学習方法で，知能を構成する神経ネットワークの最適化に結び付いてゆく．神経系もまた，ウェストの3原理，すなわちシナプスという端末，神経細胞（ニューロン）の連結による空間充填，そして成長とともに起こる最適化によって形成される．これをコンピュータにおいて再現しているのが，後で述べる人工知能である．

心の発達

　心とは何かという定義，あるいはその答えは非常に難しい．心は，人の感情と密接に関係があり，感情は身体の受容する感覚によって大きな影響を受けている．人間の身体が持つ感覚は，大きく3つあるとされている[29]．それらは，

① 　外受容感覚（視覚，聴覚，触覚，嗅覚，味覚）

② 　自己受容感覚（関節・筋肉などから生じる運動感覚，前庭器官から生じる平衡感覚）

③ 　内受容感覚（空腹感，尿意などの内臓器官から伝えられる感覚）

これらの感覚を脳は統合して，周囲に何が起こっていて，それに自分がどのように反応しているのか，感じることができる．たとえば，吊り橋を渡る時に風が強くなり，恐怖心が強まり友人に掴まり，ホッとした途端その人が好きになった，ということは，一連の感覚を統合しつつ，好きという感情が生まれたことになる．感情には，好き嫌いというように意識が可能なレベルのものと，恐怖心から心拍数が高まり，汗が出て，泣きたくなるといった意識的に制御できない感情もあり，これを情動という．人間は，生後1年半〜2年で感情を意識するようになり，それを言葉や態度で表すようになる．言葉を覚えることが感情意識の形成と同じ時期であることは，両者が密接に関連していることを示唆する．4歳頃まで脳のシナプスの密度が最も高くなるのも，言語と感情の相互作用のピークを表している可能性がある．

　さらに，外界の出来事（広く対人関係を含む）に関して感情を持つようになると，次第にそれに対して予測を行い，その外界の反応を感覚で捉え，さらに行動を修正するようになる．感情の意識を深めたり，制御したりすることにより，自己の存在を他のものから区別し，自我が生まれてくる．この自己意識の総体を「心」とよぶことができる．心の形成は，一生続くものであるが，14〜15歳までに心形成の臨界期とよぶべき時期があり，脳のシナプスが減少し，よりその人の自己意識に適合した脳システムへとスリム化し変化していく．そして，その人の性格が出来上がってゆき，「あいつ，いつまで経っても，あいつのままだな」ということになる．**心の形成と脳機能の形成（シナプス系の個性化）が相互作用をしている，ということは驚くべきことである．**

5.4　人工知能の驚異的進歩

ダートマス会議

　人工知能（Artificial Intelligence：AI）という言葉の創始者の1人，ジョン・マッカーシー（1988年の京都賞を受賞）もまた，フォン・ノイマンの影響を受けたという．彼自身の述べたところによれば，1948年カリフォニア工科大学でのノイマンのオートマトンの講演に影響を受け，次の年に彼を訪ね，機械と脳についてのアイデアを語ったという．ノイマンは，マッカーシーに対して，「早く論文に書きなさい，Write it up!」といったという．その後，MITの教授となり，同僚には「サイバネティックス」の概念を主導していたノーバート・ウィーナーがいた．

　マッカーシーは，マービン・ミンスキーらとともに，1956年，米国ニューハンプシャー州のダートマス大学において機械と知能という命題のもと，2カ月に渡るワークショップを開催した（ダートマス会議とよばれる）．中心となったのは，11人

の参加者である．そこでは，コンピュータ，言語処理，ニューラル・ネットワーク（脳のニューロンのネットワーク機能を，コンピュータ上で構築して作動させること），計算理論などに関しての幅広い分野の討論がなされ，人工知能という分野を生み出した[30]．このワークショップの参加者は，将来展望に楽観的であり，人間に匹敵する人工知能は，10〜20年程度に生み出せると思っていた．第1次の人工知能ブームが起こり，巨額の投資がなされた．この間，ミンスキーらを中心とした MIT 人工知能研究所，スタンフォード人工知能研究所などが，機械と人間の自然言語（たとえば英語）によるコミュニケーションなどの研究を行った．たとえば，イライザ（ELIZA）は対話型の自然言語処理プログラムであるが，人間の思考についての情報は持たずとも，驚くほど人間的な対話を行った．しかし，彼らは，人間の知能の高度な能力を過小評価しすぎた．過大な宣伝もネガティブな効果をもたらし，投資は縮小され，1970年代には，人工知能の第1次冬の時代が訪れ，1980年代まで続いた（図表5.18）．

　1982年，日本の通産省によって第5世代コンピュータプロジェクトが発足した．このプロジェクトは，次世代のコンピュータ技術で世界のトップになるという壮大なものだった．次世代とは，第1世代（真空管），第2世代（半導体），第3世代（集積回路），第4世代（大規模集積回路）に対して第5世代（人工知能）というものだった．これは不思議な定義である．第4世代までは，ハードウェアの話であり，いきなり第5世代はソフトウェアの話あるいはその時点でほとんど定義ができていないものを目標としていた．まず，出発点から間違っていた．リーダーである渕一博の熱意は分散し，何をやるのかが失われていった．10年で520億円を費やし，汎用性のほとんどない並列コンピュータが作られた．脳が並列コンピュータであることは上述した．したがって，これは正しい方向である．当時，それを動かすソフトウェアはエキスパート・システムというものだった．エキスパート・システムは特定の分野に関して知識ベースと推論エンジンから構成され，利用者と対話しながら問題の処理を行う．並列コンピュータとエキスパートシステムを組み合わせて，何をするのか，明確な目標設定と計画管理がされないままプロジェクトは終わった．第2次人工知能ブームの終焉でもあった．

　この間，人工知能の実現には，はるかに複雑かつ高度の技術的なイノベーションが必要なことがはっきりしてきた．そして，人間の脳をより良く知ることに，人工知能を実現するヒントがあると考えられ，次のことがより所となった．

1．人間の脳は莫大な数のニューロンから成り立っており，それらが互いに情報のやり取りをしている．ニューラル・ネットワークにおいては，実用的なニューロンの数学的モデルを作ることが重要である．

	人工知能研究	主な技術・出来事

1950年代		● チューリングテスト（1950）
		● ダートマス会議（1956）
1960年代	第1次人工知能ブーム	◆ ニュートラルネットワーク
		◆ 自然言語処理
1970年代		◆ イライザ（1965）
	冬の時代	
1980年代		● 第5世代コンピュータ プロジェクト（1982~92）
	第2次人工知能ブーム	◆ 並列コンピュータ
1990年代		◆ エキスパートシステム
2000年代	冬の時代	● AIBO（1999~2006）
2010年代		◆ ディープラーニング
	第3次人工知能ブーム	◆ 機械学習
2020年代		● AlphaGo（2016~）

●：主なでき事
◆：技術的取り組み

図表5.18 人工知能の研究史．1956年のダートマス会議が出発点である．ニューラルネットワークの考え方が第一次ブームを作った．1970年代にエキスパートシステムとよばれる複雑な問題を解く情報解析システムが誕生した．第2次ブームでは通産省主導の第5世代コンピュータプロジェクトに570億円が投入されたが大きな成果は生み出せなかった．その後，ロボットの発展が起こった（たとえばAIBO）．第3次ブームはディープラーニングそしてアルファ碁の登場である．（森川幸人編著『僕らのAI論――9名の識者が語る人工知能と「こころ」――』．SBクリエイティブ，2019）より．

2．人間の脳は，強力なパターン認識装置であるということがはっきりしてきた．したがって，視覚系の研究は，人工知能に直結すると考えられた．

3．ヒトの脳は学習をする，という点である．学習によって高度化・最適化されるシステムを設計すべきである．

以上のことが人工知能の実現に向けた基本的考え方となった．

21世紀になり，人工知能研究は，劇的な復活をした．その基礎となったのは深層学習（ディープ・ラーニング）の発達である．また，各種センサー類がインターネットと繋がって取得できる膨大なデータ（ビッグ・データとよばれる）が，ディープ・ラーニングに最適な活躍環境を提供することとなった．

深層学習の発達

ニューロンの情報伝達の仕組みを詳しく見てみよう（図表5.17参照）．ニューロ

ンでは樹状突起に信号が入力され，その情報を細胞体で情報処理し，軸索からシナプシスを通じて次のニューロンに出力される．この時に重要なのは，あるニューロンＡが複数のニューロンから受ける出力信号には樹状突起ごとに"重み"がつき，その総和がニューロンＡの受信する信号になることである．細胞体では，信号の大きさがある値（閾値）を超すと出力信号を送り，小さいと反応しない．すなわち０か１かのデジタル信号で，さらに隣のニューロンに出力する．この細胞体の閾値は，ニューロンＡの感度と考えることができる．このような感度を持つニューロンがネットワークを作り，学習を行うと考え，これを数理モデル化して，ニューラル・ネットワークが作られていった．

　ニューラル・ネットワークの発展に最も貢献したことの１つは，視覚系から学んだパターン認識の仕組みである．サルを用いた実験などから，脳の視覚系における情報の流れは，網膜から脳の一次視覚野で単純な形状を把握し，いくつかの段階を経て高次の表現を認識し，前頭前野で判断を行う．この経路では，物体の認識はボトムアップにだけで行われるのではなく，トップダウンで記憶の情報が流れ，各段階での情報処理を効率化していることがわかってきた．この脳の機能は，ニューラル・ネットワークにて再現される．その基本は，入力層，隠れ層，そして出力層からなるネットワークの３層構造である．たとえば，ある画像があったとして，入力層では，それを画素に分解して信号化し，隠れ層に出力する．隠れ層は，画像の画素とネットワークで繋がっており，ある特徴あるパターンが検出できた時（重みがつけられる）に感度が働き，信号が出力される．出力層では，この隠れ層からの信号を統合して画像識別の判断をする．

　画像の識別をする場合に，初めから画像を分類し，この画像はネコ，これはイヌ，これはウマ，というように解答を与えておき，未知の画像を判断する，という学習方法がある．これは「教師あり学習」であり，この場合には，隠れ層の感度と出力層の判断は，既知のデータを使って最適化するように決める．すなわち，画像の判断誤差が最も小さくなるように逆方向に情報を流し，隠れ層の重みつけを変えてゆく（これを誤差逆伝播法という）．この作業を繰り返し，最終的な画像の判断を行う．ニューラル・ネットワークでは，多数の教師がデータを繰り返し学習することで，精度を上げる努力が続いた．

　このようなニューラル・ネットワークの研究は，1980年代に一挙にブームとなった（日本は第５世代コンピュータプロジェクトで井の中のカエル状態だった）が，なかなか成果が上がらず，2000年までには下火になってしまった．しかし，ジェフリー・ヒントン，ヤン・ルカン[31]などの研究者は，我慢強く，かつ，脳の研究とニューラル・ネットワークの研究を同時進行で進めつつ，教師あり学習か

ら，さらに人工知能が自発的・創発的に判断を行う深層学習（ディープ・ラーニング）という手法の開発を行っていった．そして，それをサポートしたのが，インターネットの普及である．イメージネット（ImageNet）データベースには，1500万枚以上のラベル付き高画質画像が2万2000以上のカテゴリーに分類されて収録されている．ヒントンらのディープ・ラーニング・システムであるアレックスネット（AlexNet）は，画像内物体認識についてエラー率を15.3％に下げ衝撃を与えた．そして，2012年，Googleは，人工知能が人の助けなしに，ネコを自発的に識別することに成功したと発表した．

　2017年5月，イギリスの人工知能企業ディープマインド社（Googleの傘下にある）の人工知能囲碁ゲームソフト「アルファ碁」が世界最強といわれる名人との対局に4勝1敗で勝ちをおさめ，世界を驚嘆させた．「アルファ碁」では，次の一手予測をつかさどるポリシー・ネットワークと，局面における勝率予測をつかさどるバリュー・ネットワークを統合した2重（デュアル）ディープ・ラーニングモデルが用いられている．そして，プロ棋士による1000万回以上の棋譜教師データと，「アルファ碁」間の100万回にものぼる対戦データの両方を用いて，強化学習が行われた．これはプロ棋士でも到底こなすことのできない学習量である．しかし，さらに驚くべきは，その後に発表された「アルファ碁ゼロ」である．アルファ碁ゼロでは，2重ディープ・ラーニングモデルをさらに改良，人間の教師データなしに碁盤と囲碁のルール以外何も知らないところからスタートしてアルファ碁ゼロどうしが数百万回の対局を行い，モデルの強化を行った．その結果，アルファ碁ゼロはアルファ碁に100戦100勝したという．人間を完全に超越したのである．さらにそれを改良した「アルファゼロ」は，囲碁のみならず，将棋やチェスなどにも応用できる最高の"棋士ソフト"だといわれている．

　アルファ碁ゼロは，人工知能の可能性について新たな扉を開いたといえよう．囲碁の世界も複雑系の1つだ．そこは，無数の局面における確率の世界であり，人間の歴史以来の対局は，その世界のほんの一部を経験したにすぎない．しかし，コンピュータは，その歴史をはるかに超える対局数を1カ月で実行できる．アルファ碁ゼロ自体は人間が作った数学モデルであるが，それ自体は，人間が経験したことがないほどの戦いをしたことになる．これは非常に示唆に富んでいる．**人工知能を用いると，人間が到底経験できない，様々な実験が可能である．複雑な社会現象を理解し，それに対する対応策を得ようとするとき，しばしば"社会実験"という試みがなされるが（たとえば，ある道路の規制で何が起こるのか，起こったことにどう対応すれば良いのか，を試すなど），人工知能を用いて現象のある局面とその対応策を何回でも実験できる．これは単なる数理モデルを作るだけではなく，そのモデ**

ルを多数の局面に関して深層学習し，まったく新しい社会モデルに作りかえること
ができることを示している．これから私たちが直面するであろう複雑で，予測が難
しい将来の問題に関して，人工知能は強力なツールとして私たちを支援してくれる
はずである．

　一方，人間の脳には驚くべき能力も備わっていることもわかってきた．それは，
並列計算機として，圧倒的に省エネルギーであるということだ．脳を動かすエネル
ギーは20W程度と推定されている．LEDの電球1つ程度である．一方，スーパー
コンピュータは少なくとも現在のレベルでは，恐ろしく電力を消費する．たとえば，
理化学研究所の「京」は，12M（メガ）Wであり，人間の脳60万人分に相当する．
そして，「京」では行えない様々なことを人間の脳は実行できる．すなわち，人間
の脳と人工知能は，共存すべき存在であることが明らかだ．

人工知能・人工生命とゲーム

　ジョン・マッカーシーとマービン・ミンスキーに大きな影響を受け，コンピュー
タ・ゲームを始めて作った学生らが現れたのは1962年のことだ．スティーブ・ラッ
セルらは，世界始めてのシューティング・ゲーム，宇宙船どうしが闘う「スペース
ウォー」をオープンソースのプログラムとして開発，遊びながら，皆が参加して，
より楽しい物に仕上げていった．これがコンピュータ・ゲームの始まりだった．

　その後，ゲームはリアリティーを追求し，モニターもモノクロから8色，16色，
そしてフルカラーになり，キャラクターもドット画から，3Dモデルにと進化した．
また，ゲームの中での様々な出来事にも，重力や摩擦などの物理作用や炎，雨など
の効果も加わり，現実世界を表現できるようになってきた．近年，キャラクターの
思考やゲームの操作性に人工知能（ゲームAI）が活用されるようになった[32]．

　ゲームのキャラクターは，今では，より自律性・創発性を持つ方向へと進んでい
る．キャラクター自体が，周囲の環境を感じ，状況を判断し，自らが行動する．ゲー
ムの広大な世界で，決まり事に基づいて攻撃や防御したり，あるいは消えたり，
現れたりするのではなく，人工知能（キャラクターAI）が的確な判断をする．も
ちろん，ゲームはプレーヤーが楽しむものなので，そのプレーヤーに応じて，ゲー
ムをコントロールする人工知能（メタAI）が，プレーヤーの特徴やスキルに応じ
て，場面をコントロールし，よりエンターテインメント性が高まるように進行を行
う．すなわち，現在のコンピュータ・ゲームでは，プレーヤーが，自律性を持った
キャラクターと，ゲーム製作者がチューンナップしたゲーム全体をコントロールす
る人工知能とインタアクティブに繋がっており，まさに人間と人工知能が会話をし
ているということだ．そして，その全体の構想や設計もまた人工知能を活用して行

う．ラングトンの人工生命も，マッカーシーの人工知能も，今やゲームの中で人間と深く繋がっており，人間の考え方や生き方に大きな影響を与えるようになった．

　コンピュータ・ゲームとVR（ヴァーチャル・リアリティ）空間は，科学技術に非常に大きな影響を与えつつある．まず，この分野こそが人間と人工知能インターアクションの最前線であり，そこから得られるデータや技術経験は，これからの世界を作る基礎となる．同時に現実社会で得られた様々なデータや事象について，“ゲーム”において社会実験をすることができる．さらに，ゲームやVR空間を通じて，人間の思考や知能の本質に迫ることができる．「人間と機械の共生」が日々進化している場所，それがコンピュータ・ゲームだ．

私たちは何ものか

　今，人工知能は，人間の脳のような普遍的な知能の可能性に向けて進んでいる．現在のニューラル・ネットワークは，脳に比較して，スケール（ニューロンの数）がまだまだ小さい．将来，超高速のコンピュータと今のディープラーニングを基礎に，あるいは，別なアルゴリズムも用いて，人間の脳に比較できるものが生まれるだろう．そして，カーツワイルがいうように，人間の脳は生物学的に有限であり，その情報処理にはニューロンの電極と伝達物質の移動など複雑なプロセスが必要で，コンピュータの処理速度に比べれば格段に遅い．一方，コンピュータは疲れを知らない．そして，必要なら何台でも仕事に投入できる．そのコストもエネルギーも，ムーアの法則で効率化させていけるだろう．

　高度に発達した人工知能は，意識を持つのか，あるいは人間に敵対するようになるのか，さらにロボットと一体となって物理的な敵対行為に出ることはないのか，などその将来を不安視する意見も多い．

　「Life3.0」の著者マックス・テグマークによれば [33]，地球生命は，3つの段階を踏んで進化してきたという．Life1.0は，ヒトが出現するまでの生命体を指す．これをテグマークは，「ハードウェア（細胞）とソフトウェア（情報伝達システム）の両方が，設計されるのではなく進化する生命」と言い表している．Life2.0はヒトであり，知能を持つ．すなわち，様々な学習を経て，脳機能を高度化させ（デザインさせ），言語，芸術，科学，技術，スポーツ，すなわち文化を発展させ，それがさらに集団として高度な文明を作り出した．しかし，私たちの身体そのものの本質は，人間の発生でみたように生物進化の歩みを取り入れて自己組織化したものである．これは「ハードウェアは生物として進化するが，ソフトウェアの大部分はデザインされる」ということである．さて，Life3.0はまだ誕生していないが，今世紀中に誕生するかもしれない．それは，「ハードウェアとソフトウェアがデザインされ

自我	自我
知能	知能
ソフトウェア	機能
機械(マシン)	身体
人工知能	人間

図表5.19 自然知能（人間）と人工知能の構成.
知能から生まれる自我は人間と人工知能では大きく異なるだろうか.
（三宅陽一郎・大山匠『人工知能のための哲学塾　未来社会篇――響きあう社会，他者，自己――』．ビー・エヌ・エヌ新社，2020）より.

る」という生命である．これは人間のレベルをはるかに超えた人工知能である．ハードウェアがどのようなものかは，まだわからない．現在のコンピュータの単なる延長ではなさそうだ．それは人間の脳を超えた計算能力（ある入力に対してある函数によりそれを変換する）を有し，生物学的なハードウェアの制約を超越したものである．それはインターネットのようなネットワークに居住し，情報を学習し，超越した処理能力と知的判断能力を有し，独自の進化をする生命体かもしれない．その根本にある考え方が，「知能は物質に依存しない」ということだ．知能は情報の整理，統合，予測そして学習のシステムであり，人間の脳は，たまたま高分子化合物と電気信号を使うシステムから成り立っており，それだけが知能を創出する場ではない，と考えられる．

　現在，人工知能と人間の間には，大きな違いが存在していると考えられている．それは"自我"の問題である．ここで，今までの議論に戻って，知能の構造について，まとめて見よう（図表5.19）．人間は，身体があり，それを支配する脳・神経系（図表5.19では機能としてまとめた）があり，脳の中に知識そして知能が作られ，知能の中に自らの存在を認識する自我が生まれる．自我は，他人，外界と自分との関係に対して様々な感情を持ち，自分の行動を決定・制御し，また，それに対する外界の反応に対応する，という繰り返しによって自我もまた変化して行く．

　人工知能では，身体に相当するものは機械（マシン）であり，コンピュータや様々なセンサー，そしてそれらが繋がったネットワークである．機械は，ソフトウェアによって支配され，様々な情報が処理・記憶され，知能によって自らが判断して，何らかの決断や結果を創生する．それでは，人工知能は，人間のように創発的に自我を持つだろうか．人間の自我も学習，経験や体験から生まれたものであり，その意味では，人工知能が学習や経験（人間との対話や接触経験あるいは人工知能どうしから）からある種の自我を持つであろう．そして，そのこと自体を人間の認

244　●

知機能というメカニズムや精神活動の起源を探るための“実験”として研究しようとする分野も誕生している．人工知能が自我を持つのかどうか，持つとしてそれはどのようなものなのか，ということはきわめて興味深い問題である．さらに，人工知能どうしが，人間が経験したことのないレベルでの知的闘いや，あるいは知能協力などを経て，次なる知能へと進化して行くかもしれない．Life3.0が誕生するかどうかはわからないが（私は誕生すると思っている），人工生命・人工知能は人間の知的進化そのものであり，人間の知能の一部と考えるべきものである．すなわち，生物としての知能と機械的知能は，本来，融合するべきものだ．問題は，その融合によって私たちは何を目指すのか，ということである．

　生物進化のすべての過程が凝縮されボトムアップで作られる人間の体，微生物と共生し地球生命と一緒でなければ生きていけない人間，そして精緻だがきわめて“人間的な脳”（経験，刺激など外界との相互作用で発達する），これらは私たちの特徴である．しかし，一方，**人間では克服困難な計算能力を持った機械（人工知能）もまた，私たちが作ったものであり，私たちの進化の延長にあるものだ．人間と機械は，力を合わせて，私たちの居住地，地球と私たち自身の未来，すなわちアース・ソサエティ3.0の建設に向かうべきである．**

　その先には，私たちには想像もつかないような世界が待ち受けているかもしれない．図表1.2を眺めてみよう．古生代・中生代・新生代は，ひとまとめにして顕生代（Phanerozoic）とよばれている．生物の発展が顕著になり，地球の主役となってきた時代であるという意味である．このような長期的な観点から人新世の先を見通すという考え方が，デビッド・グリンスプーン（Grinspoon, 2016）によって提案されている[34]．彼はコロラド大学の惑星研究所長であり，カール・セーガン，リン・マーギュリスそしてジェームス・ラブロックらの考えを人新世以降の世界に拡張し，地質時代を，冥王代，太古代，原生代，顕生代，そして知生代（Sapiezoic）に分けられると提案している．人新世は知生代の始まりであり，さらに人工知能，さらにLife3.0に相当する知性（人間とは限らない）が地球と一体となり，知性を持つ惑星，すなわち知球（Terra Sapiens）を作り出すと考える．太陽系外惑星にも知球は存在するかもしれない．このような考えは，シングラリティーの先に知性が宇宙に広がるとしたカーツワイルの考えや，アーサー・C・クラークとスタンリー・キューブリックの「2001年宇宙の旅」[35]で語られている人類と宇宙知性の共進化とも共鳴する．人新世という言葉が，時空を超えて宇宙規模で議論されるようになったということだ．しかし，これ以上のことは，この本では語ることはしない．明日のことを考えよう．

　アース・ソサエティ3.0を達成するためには，人間が地球とどのように関わって

きたのかを，長い時間スケールにおいて理解することも必要である．第6章では，それをアメリカ大陸における人類史，特に農業と食の視点で見てみよう．

BOX5.1

フェルミ・パラドックス

　フェルミ・パラドックスは，ノーベル賞物理学者エンリコ・フェルミ（Enrico Fermi）の名前を取ったもので，「地球外生命が存在するとしたら，なぜ，その証拠が見つからないのか？」というものである．フェルミは，イタリア生まれの物理学者で，中性子による元素の人工転換で多くの放射性同位元素を生成，またベータ崩壊理論とニュートリノの存在を予想したことで有名であり，原子爆弾，原子炉製造の理論と実験のリーダーの1人でもあった．フェルミは，学生に物事を推定する質問を度々していて（これもフェルミ推定とよばれている），たとえば「シカゴにはピアノの調律師が何人いるか？」というものも知られている．1950年にニューヨークでは，公共の場所のゴミ箱が度々消失する事件が起こっていた．雑誌「ニューヨーカー」ではこれは空飛ぶ円盤でやってきた宇宙人が持ち去ったという漫画をのせた．当時，ロスアラモス研究所にいたフェルミは，昼食時に友人たちと空とぶ円盤の話をしていて，1960年までに超高速移動の証拠が得られる確率はどのくらいだろうと皆に問いかけ議論していた．話はそこで途切れたが，昼食の終わる頃，フェルミは突然，「みんな，どこにいるんだろうね」と問い，フェルミ推定を行って，地球にはとっくに誰かが何度もきているはずであるとの結論を出した．その後，1961年にフェルミ推定はフランク・ドレイクによって確率計算式として学会でプレゼンされ（ドレイクの式といわれる），その確率は，知的地球外生命は存在するというものであった．この「みんな，どこにいるんだろうね」という言葉がフェルミ・パラドックスである．

　スティーヴン・ウェッブ（松浦俊輔訳）（2004）広い宇宙に地球人しか見当たらない50の理由——フェルミのパラドックス——．青土社．（フェルミパラドックスの課題に1つひとつチャレンジ．やはり，私たちしかいないのでは？）

BOX5.2
人類の進化

　最古の人類と推定される化石は，アフリカから出土している．それは，チャドやアフリカ地溝帯から発見された化石であり，500～700万年前のものである．これらは，発達した犬歯などチンパンジーに似た特徴を持っているが，大腿骨の一部が発見されており，二足歩行をしていたと推定されている．いわば，類人猿と人類の中間的な性質を示す．

　タンザニア北部ラエトリから発見された380万年前の足跡化石には二足歩行の状態がくっきりと残っていた．この足跡化石は，他の動物の足跡化石とともに火山灰層の上に残っており，その放射年代測定によって年代が決定された．同時代の地層からはアウストラロピテクス・アフェレンシスと命名された人類化石が発見されており，これが確定した最古の人類である．この人類は，見かけはチンパンジーのようであるが，両手で道具を使いこなしたと考えられている．

　250万年～200万年前には，簡単な石器を使うホモ・ハビリスが出現，動物のハンティング，あるいは屍肉あさりによって栄養価の高い食事ができるようになった．ホモ・ハビリスの化石層からは食事の跡を示す他の動物の破砕された骨が多数見つかっている．同時期には，大きな臼歯を持つパラントロプス・ロブストウスのような木の実などを主食とする人類化石も見つかっているが，その系列は200万年前には絶滅した．

　200万年前から，ホモ・エレクトウスが出現し，東アフリカを出て，ヨーロッパからアジアへの移住していった．この人類は，焚き火を操るようになり，食事が多様となり栄養が増え，そして脳の容積も大きくなった．石器作成，集団ハンティング，焚き火や料理によって社会性も生まれ，知的なレベルも向上していったと考えられる．アジアでは北京原人，ジャワ原人とよばれる化石は，この仲間である．

　この後，30万年前から20万年前にホモ・ネアンデルターレンシスとホモ・サピエンスが誕生した．また，インドネシアのフローレス島から小型人類ホモ・フロレシエンシスが発見されている．この小型人類の起源については論争が続いている．

　人類史は，化石発見のたびに歴史が書き換えられてきた．人類の化石は，これからも新しいものが発見されるに違いない．私たちは先祖のことをまだ十分にはわかっていないのだ（文献については第6章注2を参照）．

BOX5.3
微生物の星

　地球を「何々の星」ということがある．たとえば，生命の星，青い惑星，水の惑星，そしてプラスチックの星ということもできる．生命という点では，地球は微生物の星である．微生物は至るところにいる．普通微生物とはいわないがウイルスも一種の生命体とすれば，さらにその範囲は広がる．地下生命圏は地表から，あるいは海底から数キロメートルまで確認されており，地殻下部からさらにマントルの一部まで生息範囲が広がっている可能性がある．

　微生物が密に存在している場所が地球には，4つ存在する．それは，動物の腸内，植物の根と土壌，海底表層（泥底や熱水噴出地帯）そして海中を漂うマリンスノーである．ヒトのみならず，ミミズから昆虫，ネズミ，トリ，ヒツジ，ウシ，などの腸内に微生物は共生している．微生物は動物や植物の間の物質循環の橋わたしの役割を果たしており，微生物の存在無くして生物の進化と発展はあり得なかった．

　地上の生産を支える植物は，土壌に生息する微生物（真正細菌・アーケアそしてウイルスも）と根の周りに共生する菌類そして線虫やミミズが土壌を攪拌し，水通しの良い環境にすることにより，バランスの良い栄養をもらう．このようにして育った植物は，豊富な栄養に富んでおり，それを食べる草食動物に，さらにそれを捕食する肉食動物にもバランス良い栄養を補給する．

　動物には草食であれ，肉食であれ，または雑食であれ，それぞれに適した腸内細菌叢（マイクロバイオーム）が存在し，土壌生物が植物にバランス良い栄養を与えるように，マイクロバイオームの活躍で人間も含めて動物は生きていることができる．それは，海中や海底の世界でも同じである．植物プランクトン，動物プランクトン，魚，カニ，エビ，クジラすべての生き物が微生物と共生関係にある．

　人新世になり，大量の化学肥料の消費，薬剤の撒布は土壌微生物相を一変させた．除菌＝清潔・健康との怪しげな宣伝によって至る所に消毒剤を巻く社会は，環境の微生物相を大きく変化させた．偏った栄養と食生活は皮膚や腸内マイクロバイオームを変え，人体に深刻な影響を与えつつある．皮膚病，がん，精神疾患などが蔓延し，それを治療するためにまた薬剤を使うという果てしなき薬漬けのループに落ち込んでいる．確かに人間の寿命は伸びた．それは，医学や教育によって幼児時代の死亡率が劇的に減ったからである．人間は本当に健康になったのかどうかは，これからの取り組みによってわかってくるであろう．そもそも，その微生物と環境そして私たちの関係は，ようやくわかり始めたばかりだから

だ．（モントゴメリー＆ビクレー　土と内蔵——微生物がつくる世界——．築地書館．片岡夏実訳，2016；エイミィ・ステュワート（今西康子訳）（2010）ミミズの話——人類にとって重要な生きもの——．飛鳥新社．）

BOX5.4
電磁気の星

　宇宙から地球を眺めると自然観・人生観が変わるという．ましてや月を前景にして地球を最初に見たアポロ11号の宇宙飛行士の体験はいかなるものだったのか，本人にしかわからない．

　国際宇宙ステーションにはすでに250人の宇宙飛行士が長期滞在している．NHKスペシャル「宇宙の渚」では，地球に関連する電磁気現象を超感度カメラで撮影した映像を特集した．この映像は人間の目では解像できない分解能があり，それこそ，地上に居ても興奮できるすばらしいものだった．まず，その背景となるのは地球の夜景であり，人間の活動範囲とその密度が明瞭に分かる．そして，オーロラ，流れ星，これらを下に見るという地上からはあり得ない映像のその美しさに見入ってしまう．しかし，私が釘付けになったのは，雷である．積乱雲の中での雷の発生は凄まじい．人工衛星を用いた電波雑音観測から推定した雷の発生回数は，季節変化はあるものの北半球で約60個/秒なので，全球で年間40億回となる．

　1953年，シカゴ大学のスタンリー・ミラーは水，メタン，アンモニア，水素を含んだフラスコに一週間にわたって放電を行い，アミノ酸の生成が起こることを立証した．これは当時，原始大気と考えられていた成分と原始海洋を想定，そこに雷が多発すると何が起こるかを模した実験であり，生命の起源に必要な物質が作られ得ることを示した．この実験に関しては，現在，原始大気の成分に関して様々な議論があり，この実験の提示した仮説はそのままでは受け入れられてはいないが，電気の星の考え方は，宇宙からの映像が見事に教えてくれる．

　地球には磁場がある．地球の中心核は，液体の鉄の部分があり，これが対流して磁場を作り出している．雷やオーロラが発生すると電離層に電流が流れ，電磁誘導によって地球磁場が変動，その変動によって導電体である鉱物や岩石の隙間の水を伝って電流が流れる．これを地電流という．宇宙から雷やオーロラを見たとき，見えない地殻やマントルの中に電流が流れていることが想像できる．この電流は微弱なものであるが，もしかすると大きな役目をしているかもしれない．地下に広大な微生物圏が存在する．岩石の隙間に存在する微生物は，エネルギー

供給が極端に乏しい状態で"生存"している．どのように，生体を維持しているのか？　まだ分かっていないが，1つのエネルギー源として地電流は候補となる．宇宙の映像から，地下世界を想うことは，想像には境界はないことが理解できよう．微生物の星と電磁気の星が結びついているかもしれないことは，ワクワクすることである．

注

（1）　ジョージ・ガモフらの予想を証明した宇宙マイクロ波背景放射の発見は，20世紀天文学・宇宙論における最大の功績の1つであり，私が最も好きな科学史のエピソードの1つでもある．次の著作がその話を見事に伝えている．

サイモン・シン（青木薫訳）（2009）宇宙創成（上，下巻）．新潮文庫（シンの科学史ものは，すべて傑作．ペンジアスとウィルソンの発見の話はここから引用した．私はガモフ好きなのでこの本が欲しい）．

ガモフは，一般読者向けの普及書を書かせても超一流であった．私が子供の頃愛読していた次の本（理解していたとは思っていないが）が復刻されている．

ジョージ・ガモフ（伏見康治訳）（2016）不思議の国のトムキンス．白揚社（銀行員のトムキンス氏が，物理定数の異なる世界を旅する）．

宇宙創成に関して実験室でそれを再現するというアイデアがある．次の本にて紹介されている．

ジーヤ・メラリ（青木薫訳）（坂井伸之解説）（2019）ユニバース2.0——実験室で宇宙を創造する——．文藝春秋（原題は，A Big Bang in a Little Room: the Quest to Create New Universes．ユニバース2.0というタイトルは編集者のアイデアらしい．解説の坂井伸之は，本文で取り上げられている日本の宇宙論研究者．宇宙が超急速に拡大したという佐藤勝彦のインフレーション理論の共同研究者．磁気単粒子（まだ未発見のN極，あるいはS極だけからなる仮想の粒子）から宇宙が創成できるという．もしそうなら，パラレル宇宙論は現実的なことかもしれない）．

（2）　宇宙創成期から元素の生成までは，宇宙史の最も劇的な瞬間である．

マーカス・チャウン（糸川洋訳）（2000）僕らは星のかけら——原子をつくった魔法の炉を探して——．無名舎（天文学者でもあるサイエンスライターによる原子の起源探究の科学史，ガモフも出てくる）．

吉田直紀（2011）宇宙で最初の星はどうやって生まれたのか．宝島社新書（著者セレクトの現代天文学5大発見とは，宇宙の膨張（ハッブルの法則），宇宙マイクロ波放射（ペンジアスとウィルソン），宇宙大構造（マーガレット・ゲラーの論文と探査計画），系外惑星（マイヨールとケロー），褐色矮星（木星と恒星の中間のような星の発見，中島紀のチームによる発見：これは知らなかった））．

村山斉（2010）宇宙は何でできているのか——素粒子物理学で解く宇宙の謎．幻冬舎新書（宇宙という書物は数学の言葉で書かれている，とガリレオがいったと，東大数物連携宇宙研究機構の初代機構長，村山斉がいっている）．

（3）　太陽系の形成理論は，進化し続けている．

井田茂（2003）異形の惑星——系外惑星形成理論から——．NHKブックス（著者は，惑星形成論をシミュレーションで解くことに挑戦し続けている）．

（4）　太陽系の惑星・衛星の解説は，

田近英一監修（2013）ビジュアル版惑星・太陽の大発見——46億年目の真実——．新星出版社（わかりやすい）．

宮本英昭，橘省吾，平田成，杉田精司（編）（2008）惑星地質学．東京大学出版会（地球地質学の真髄は惑星地質学で発揮できる）．

松田佳久（2011）惑星気象学入門——金星に吹く風の謎——．岩波科学ライブラリー．
（5） NASA の火星探査ローバー計画については，https://mars.nasa.gov/# また，関係者の著作としては，
　スティーヴ・スクワイヤーズ（桃井緑美子訳）（2007）ローバー，火星を駆ける——僕らがスピリットとオポチュニティに託した夢——．早川書房（NASA ジェット推進研究所では，公募によってプロジェクトを動かす．著者はコーネル大学の教授でローバー計画を主導した）．
（6） 太陽系の地球以外の惑星・衛星において生命の可能性を探る探査や研究が行われている．次の著作がある．
　関根康人（2013）土星の衛星タイタンに生命体がいる！——「地球外生命」を探す最新研究——．小学館新書（系外惑星にも言及している）．
　井田茂・長沼毅（2014）地球外生命——われわれは孤独か——．岩波新書（宇宙全体において生命の起源を研究する分野をアストロバイオロジー（Astrobiology）という）．
　小林憲正（2008）アストロバイオロジー——宇宙が語る〈生命の起源〉——．岩波科学ライブラリー．
　海部宣男，星元紀，丸山茂徳（2015）宇宙生命論．東京大学出版会（幅広い分野をカバーしているが，生命科学の比重がややもの足りないか）．
（7） ワトソンとクリックの偉業については，次のワトソンの自伝本がある．
　ジェームス・D・ワトソンほか（青木薫訳）（2015）二重螺旋・完全版．新潮社（1968年の初版をコールドスプリングハーバー研究所のアレキサンダー・ガンとジャン・ウィトコウスキーが新たに発見されたフランシス・クリックの書簡と様々な当時の資料を突き合わせ，多くの写真を含めた注釈を入れ復刻した書物．きわめておもしろい）．
（8） クリックの伝記としては，
　マット・リドレー（田村浩二訳）（2015）フランシス・クリック——遺伝暗号を発見した男——．勁草書房（クリックが強烈な個性を持った研究者であったことがわかる）．
（9） キャベンディッシュ研究所は，ケンブリッジ大学の物理学科であり，1871年にヘンリー・キャベンディッシュを記念して創設され，20世紀の物理学，化学，医学生理学の分野で無二の貢献をしたまさに科学の殿堂である．ノーベル賞受賞者は実に29人，所長は，マックスウェル，レイリー，ラザフォード，W.L. ブラッグなどが歴任した．
　小山慶太（1995）ケンブリッジの天才科学者たち．新潮選書．
（10） カール・ウーズとその時代の研究者による遺伝進化学の発展を俯瞰した書．
　デイヴィッド・クォメン（的場知之訳）（2020）生命の〈系統樹〉は，からみあう——ゲノムに刻まれたまったく新しい進化史．作品社．
　　ウーズに関しての楽しい高井節が炸裂しているのは，
　高井研（2011）生命はなぜ生まれたのか——地球生物の起源の謎に迫る——．幻冬社新書．
（11） 生命の系統樹については，
　ピーター・D・ウォード（2008）生命と非生命のあいだ—— NASA と地球外生命研究——．青土社（ウイルスを生命として扱いゲノムとして RNA を持つ細胞的生命の存在を予言．まあ，色々と生命についての考え方はある．ウイルスの存在は，COVID-19パンデミックで，生物学の分野でも大きく注目され始めた）．
（12） 西オーストラリアの地層とそれから読み取れる地球の歴史については，
　平朝彦（2007）地球史の探究——地質学3——．岩波書店．
　平朝彦・海洋研究開発機構（2020）地球科学入門——地球の観察地質・地形・地球史を読み解く——．講談社．
（13） 細胞共生説は，強烈なインパクトを持った仮説である．生命の分類に根本的な変革を迫った．今では定説となりつつある．
　リン・マーギュリス（中村桂子訳）（2000）生命共生体の30億年．草思社．
（14） 真核細胞に近いアーケアの培養は，世界を驚かせた．
　Imachi, H. et al. (2020) Isolation of an archaeon at the prokaryote-eukaryote interface. *Nature* 577, 519-525.

　　この論文の解説は，JAMSTEC のプレスリリースにも掲載されている．
　http://www.jamstec.go.jp/j/about/press_release/20200116/
（15）　初期生命の進化については，
　アンドルー・H・ノール（斎藤隆央訳）（2005）生命最初の30億年──地球に刻まれた進化の足跡──．紀伊國屋書店（口絵の写真が印象的）．
（16）　伊庭斉志（2013）人工知能と人工生命の基礎．オーム社（基礎的な概念から説明して実践的なプログラム学習ができるような教科書．基礎概念の勉強をさせてもらった）．
（17）　本川達雄は，生物学の普及に大きな貢献をした．歌う生物学者としても（一部の人に）知られている．
　本川達雄（1992）ゾウの時間ネズミの時間──サイズの生物学──．中公新書．
（18）　サンタフェ研究所では，第1章で述べたジェフリー・ウェストの他に複雑系によって，生物進化を解明しようとしたカウフマンが有名である．
　スチュアート・カウフマン（米沢富美子監訳）（2008）自己組織化と進化の論理──宇宙を貫く複雑系の法則．ちくま学芸文庫（やや冗舌でフォローが難しいところが多い）．
（19）　デビット・A・シンクレア，マシュー・D・ラプラント（梶山あゆみ訳）（2020）ライフスパン──老いなき世界──．東洋経済新報社（老化現象は病気であるので，それを直すことが可能である．老化のメカニズムが次第にわかってきた．人間は超長寿の人生を送ることができる．本書には，非常に良く工夫された一貫したスタイルのまとめの図が多数入っている．これは見事である）．
（20）　鈴木志野の論文は，
　Suzuki, S. et al. (2017) Unusual metabolic diversity of hyperalkaliphilic microbial communities associated with subterranean serpentinization at The Cedars. *The ISME Journal* 11, 2584-2598.
　　この論文については，JAMSTEC のプレスリリースの解説がある．
　http://www.jamstec.go.jp/j/about/press_release/20170721_2/
（21）　クレイグ・ベンターは分厚い自伝を書いている．サイン入りの原書をもらった．
　J・クレイグ・ベンター（野中香方子訳）（2008）ヒトゲノムを解読した男──クレイグ・ベンター自伝．化学同人（あまりに分厚つく全部を読み切ることは困難だが，辛辣なことが色々書かれている．私が，ベンターが好きなのは，ヒトゲノム解読の後，世界の海洋環境ゲノムを自分のヨットで調べたことである．とにかく凄いエネルギー．それを可能としている米国の研究環境も良い）．
　ケヴィン・デイヴィース（中村桂子監訳・中村友子訳）（2001）ゲノムを支配する者は誰か──クレイグ・ベンターとヒトゲノム解読競争──．日本経済新聞社（ベンターと公的な国際チームのリーダーだったフランシス・コリンズとの競争．日本も国際チームの一員だが，あまり取り上げられていない）．
（22）　合成生物学・人工生命については，次の取材本がある．
　須田桃子（2018）合成生物学の衝撃．文藝春秋（著者は，小保方晴子の STAP 細胞事件の報道をリードした）．
（23）　ウイルスの分類については次の図鑑がすばらしい．
　マリリン・J・ルーシック（布施晃監修・北川玲訳）（2018）ウイルス図鑑101──美しい電子顕微鏡写真と構造図で見る──．創元社（麻疹ウイルスの粒子が壊れて遺伝物質にタンパク質が絡まったヌクレオカプシドが放出されている写真が凄い！）．
（24）　ウイルスとは何者なのか，という議論が続いている．巨大ウイルスについては，
　武村政春（2017）生物はウイルスが進化させた──巨大ウイルスが語る新たな生命像──．講談社ブルーバックス（ウイルス大好き著者の大胆な仮説）．
　　海底下の地層中のウイルスは，
　Yanagawa, K. et al. (2014) Variability of subseafloor viral abundance at the geographically and geologically distinct continental margins. *FEMS Microbiology Ecology* 88, 60-68.
　　ウイルスとは何者かにチャレンジした著作は，
　山内一也（2018）ウイルスの意味──生命の定義を超えた存在──．みすず書房．

最新の知見をまとめたものとして,

河岡義裕編（2021）ネオウイルス学. 集英社新書.

新型コロナウイルスの人工合成については，次の記者発表がある.

https://resou.osaka-u.ac.jp/ja/research/2021/20210413_1

(25)　空想上，あるいは工学上の人工生命の考え方は古くから存在していたが，数理的な基礎はフォン・ノイマンのセル・オートマトン理論の上に作られ，コンピュータの発達により発展，人工知能の理論と融合していった．その最大の成果は，生命は「情報である」ということだ．次の著作でそれを知ることができる.

スティーブン・レビー（服部桂訳）（1996）人工生命——デジタル生物の創造者たち. 朝日新聞社（人工生命黎明期の科学技術史書として大変優れている．特にラングトンのストーリーとコーエンのコンピュータウイルスについて本書で大いに参考にした).

ラングトンのループについてはインターネット上で動画が見られる．たとえば,

https://www.youtube.com/watch?v=y_gk1_5LibM

(26)　人体の発生に関しては，次の2つの著作でかなり深く知ることができる.

ジェイミー・A・デイヴィス（橘明美訳）（2018）人体はこうしてつくられる——ひとつの細胞から始まったわたしたち——. 紀伊國屋書店（発生を知れば知るほど生命に対する畏怖の念が増すと著者はいう．この驚嘆と畏怖の念こそが，人新世の大きな物語の根本かも知れない).

山科正平（2019）カラー図解人体誕生からだはこうして造られる. 講談社ブルーバックス（イラストが良くできている).

デイヴィスの著作には，個体発生は系統発生を繰り返す，というヘッケルの概念が発生学の新知見の中で再認識されたことが述べてある．エルンスト・ヘッケル（Ernst Haeckel）は，チャールズ・ダーウィンの進化論をドイツで広めるのに貢献した医者・生物学者・哲学者である．「個体発生は系統発生を繰り返す」という独自の発生学の学説を唱えた．これは多くの批判に晒されてきたが，最近の研究で，発生の各段階に，動物進化の痕跡が残されていることが確認されてきた．ヘッケルは，優生学的な思想を持っており，それがナチスドイツのファシズムのベースの1つとなったとされている．ヘッケルはまた生物画家としても知られており，美しい動物の図解を出版している.

(27)　腸はヒトが地球生命である，ということを明確に示す器官である．いかに人工知能が進み，バイオテクノロジーが発展しても，微生物とヒトを切り離すことはできない.

エムラン・メイヤー（高橋洋訳）（2018）腸と脳——体内の会話はいかにあなたの気分や選択や健康を左右するか. 紀伊國屋書店（腸と脳が常に会話をしているというのは驚き).

上野川修一（2013）からだの中の外界・腸のふしぎ——最大の免疫器官にして第二のゲノム格納庫——. 講談社ブルーバックス（まさに人間が他の生命体と共生していることを示す).

腸内フローラと土壌の微生物と植物の共生関係が基本的には同じであるという考えについては,

デイヴィッド・モントゴメリー，アン・ビクレー（片桐夏実訳）（2016）土と内臓——微生物がつくる世界——. 築地書館（土壌の喪失は，地球生態系にきわめて大きな影響がある).

微生物だけでなくミミズも大切.

エイミイ・スチュワート（今野康子訳）（2010）ミミズの話——人類にとって重要な生き物——. 飛鳥新社（土壌はミミズの腸内を何回もくぐり抜けて作られる).

土とは何か.

藤井一至（2018）土　地球最後のナゾ——100億人を養う土壌を求めて——. 光文社新書（新書もカラー図版が良い．内容も豊富).

(28)　脳の働きについては,

甘利俊一（2016）脳・心・人工知能——数理で脳を解き明かす——. 講談社ブルーバックス（脳は，どうもきわめてフレキシブルな記憶・計算・判断システムらしい．それが良いね).

脳科学総合研究センター編（2016）つながる脳科学——「心のしくみ」に迫る脳研究の最前線. 講談社ブルーバックス.

高橋宏和（2016）メカ屋のための脳科学入門——脳をリバースエンジニアリングする——．日刊工業新聞社（設計図として脳の機能を理解する）．

(29)　心の形成についての著作としては，

明和政子（2019）ヒトの発達の謎を解く——胎児期から人類の未来まで——．ちくま新書

櫻井武（2018）「こころ」はいかにして生まれるのか——最新脳科学で解き明かす「情動」．講談社ブルーバックス（情動から心が生まれる，でも，自分のことは自分でわからない）．

(30)　人工知能研究の歴史については，次の著作がある．

森川幸人（編著）（2019）僕らのAI論．SBクリエイティブ（人工知能に関しての課題の全体を見るのに大変役に立った．人工知能史とゲーム人工知能について引用）．

テレンス・J・セイノフスキー（銅谷賢治監訳）（2019）ディープラーニング革命．Newton Press（人工知能の発達史について，その中核となってきた研究者による解説．歴史を踏まえたしっかりした書が出ることが分野の広がりに貢献する）．

(31)　ヒントンとルカンのインタビューが次の本に掲載されている．

松尾豊（編著）（2019）超AI入門——ディープラーニングはどこまで進化するのか——．NHK出版．

(32)　コンピュータ・ゲームと人工知能については，

三宅陽一郎・山本貴光（2018）高校生のためのゲームで考える人工知能．ちくまプリマー新書（三宅陽一郎はゲーム人工知能の第一人者．内容は結構高度である）．

　　次の本は哲学と人工知能についての講義録．三宅陽一郎は，人工知能の実装には哲学が必要である，との信念を持つ．このような人がいるということは驚きだ．

三宅陽一郎・大山匠（2020）人工知能のための哲学塾　未来社会編——響きあう社会，他者，自己——．ビー・エヌ・エヌ新社．

(33)　生命のパラダイムシフト，Life3.0は，

マックス・テグマーク（水谷淳訳）（2019）Life 3.0——人工知能時代に人間であるということ——．紀伊國屋書店（現代人は，Life2.2くらいに位置付け？　人工知能が制御できなくなる可能性について良く理解する必要性も）．

ジェイムス・バラット（水谷淳訳）（2015）人工知能——人類最悪にして最後の発明——．ダイヤモンド社（人工知能の悪魔性を指摘，核爆弾より危険かもしれない）．

(34)　Grinspoon, D. (2016) Earth in Human Hands-Shaping Our Planet's Future. Grand Central Publishing.

(35)　「2001年宇宙の旅：2001：A Space Odessey」は，アーサー・C・クラークの著作とスタンリー・キューブリック監督の映画が同時進行的に作られた稀有な作品であるが，絡み合いつつもそれぞれが独自の作品ということもできる．作品の構想が練られたのが1964年，実に50年以上も前に，「宇宙に広がる超知性」と「人類の進化」そして「自我を持つ人工知能」を結び付けた壮大なストーリーを考えたのは凄いです（実は難解で，よく理解できないところが多くありますが，それも魅力か）．

　　映画のコンセプト作りに協力したのが，序章の注（16）で述べたフリーマン・ダイソンだという．この人の活躍も凄い．

アーサー・C・クラーク（伊藤典夫訳）（1993）2001年宇宙の旅——決定版——．ハヤカワ文庫．

第6章

アメリカ大陸の人類史
—食をめぐる興亡—

　近年，人骨化石に含まれる DNA の分析技術が発展，人類史が書き換えられてきた．ヒト（ホモ・サピエンス）はアフリカから誕生，ヨーロッパでネアンデルタール人と交配，さらに世界各地に移動していった．1万5000年前にベーリンジア地峡を通り，北米大陸に入ったヒトは，そこで巨大哺乳動物群と出会った．さらに1000年足らずで南米大陸を縦断し，その間に両大陸で大量狩猟が行われ，動物群の多くは絶滅した．ヒトが行った最初の自然大改造である．やがて，南北アメリカ大陸ではトウモロコシを主作物とする農業が始まり，6000年前には都市文明も栄え，世界最大の農業生産地域として繁栄していった．

　15世紀末からヨーロッパ人の侵略が始まり，彼らの持ち込んだ天然痘が大流行し，5000万人の先住民が死亡した．天然痘の流行は，南北アメリカ大陸に牧畜業がほとんど存在していなかったことが理由である．人口の激減により，莫大な農地は放棄され森林に変わった．アマゾンもまたそうである．森林の復興によって大気 CO_2 は吸収され，一時期，世界に小氷期とよばれる寒冷化が起こった．ヒトが起こした最初のグローバルな気候変動である．

　アメリカ大陸やカリブ海地域の金銀，砂糖キビ，綿花などの開発のため，西アフリカより1000万人以上の黒人奴隷が運ばれてきた．ヨーロッパの物品・奴隷・砂糖を結ぶ三角貿易で巨大な富がヨーロッパに流れ，その富によって18世紀の産業革命が起こった．20世紀にハーバー＆ボッシュ法による窒素からアンモニアの生産技術は窒素肥料を生み出し，農業生産に革命（緑の革命）を起こし，巨大機械化農業が広まった．その主役は，アメリカ先住民が育種したトウモロコシであり，この作物が畜産業を支え食の世界における人新世の覇者となった．しかし，今，地下水の枯渇，環境の汚染など農畜産業は深刻な問題を抱えている．アメリカ大陸における食をめぐる人類史は，食のパラダイムシフトが人間の未来開拓に必須であることを示している．

6.1　アメリカ大陸への人類の移住

南北アメリカ大陸の地史

　南北アメリカ大陸とその間の中央アメリカ地峡は，北はアラスカ・カナダの北極

圏そして南はドレーク海峡まで，南北1万3000km の陸地をなしている．その地形には共通した特徴があり，北アメリカ大陸の西側にはロッキー山脈からメキシコのシェラマドレ山脈に連なる4000m 級のピークを持つ大山脈，南アメリカ大陸の同じく西側では，コロンビアのオリエンタル山脈から6960m の最高峰アコンカグアを持つアンデス山脈への連なる大山脈が存在する．北アメリカ大陸では，ロッキー山脈の隆起は新生代の初めに起こり，さらに中新世から鮮新世にかけて山脈の東縁部で断層・褶曲構造を作る運動があった．アンデス山脈においても同様な歴史が起こった．この両大陸は，西に大山脈があるという地形は同じであるが，その位置している気候帯が異なる．ロッキー山脈は偏西風帯にあり，東側は乾燥地帯となった．一方，アンデス山脈の北半分は貿易風帯で，東側は降雨地帯となっている．

　北アメリカ大陸では，中新世から鮮新世の断層・褶曲活動によって山脈は浸食され，礫，砂，泥などが，扇状地，河川の地層として丘陵の東側に広く堆積した．その地層をオガララ層（Ogallala Formation）という．第四紀の氷河時代，北米大陸の北を覆ったローレンタイド氷床は今のカナダと米国の境界より南に達し（五大湖も覆われた：図表3.11），またロッキー山脈には山岳氷河が発達した．これらの氷河は成長，衰退を繰り返し，その間に膨大な量の地下水がオガララ層中に滞留していった[1]．帯水層の厚さは，最大160m ほどもあり，地表から地下水面までの深さは，北部で120m ほど，南部では30〜60m ほどである．帯水層の総面積は日本の国土の1.2倍にもなり米国の中西部から南西部の8州にまたがって存在している．**地下にオガララ帯水層が分布している一帯は，グレート・プレーズとよばれており，さらにその東で，山脈から流れ出た河川が集まり，ミシシッピ川やミズリー川とその支流が平野を作っている一帯をプレーリーという．**

　一方，南アメリカ大陸では，アンデス山脈の隆起と東側の降雨によって巨大な河川盆地が作られた．アマゾン盆地である．そこには，森林が茂り，湿地ができ，世界最大の緑の大地が作られていった．

　中生代（約2億年前），ゴンドワナ大陸が分裂し，アフリカと南アメリカ，ヨーロッパと北アメリカが分離し，その間に大西洋が誕生した．南北アメリカ大陸では，有袋類やナマケモノの仲間，アルマジロの仲間などが独自の進化を遂げていった．中新世に中央アメリカの地峡ができ，南北アメリカで動物の移動，混合が起こった．さらに鮮新世から第四紀において，ベーリング海峡は何回か陸橋となり，そこを通って哺乳動物がユーラシア大陸から移住してきた．最終氷期には，ベーリンジアとよばれる大きな陸地が出現し，そこを通ってマンモスなどが移動してきた．2万年前までに，南北アメリカにはアフリカ大陸に匹敵する大型哺乳動物の大群集が存在していた．そこに，ヒト（ホモ・サピエンス）が移住してきたのである．

化石 DNA 革命──ヒトとネアンデルタール人

　人類（ホモ属）はアフリカで700万年前頃に誕生し，多数の種に分化しつつ進化したと考えられている（BOX5.2参照）．今から15〜5万年前には，4種のホモ属が共存していた可能性がある．それらは，ホモ・エレクトウス，ホモ・フロレシエンシス（インドネシアのフロレス島で発見された小人：ホビット），ホモ・ネアンデルターレンシス，ホモ・サピエンスである．現在，地球上のホモ属はヒト（ホモ・サピエンス）の1種だけである．ヒトの祖先は，20万〜15万年前，アフリカ地溝帯で誕生したと考えられる．そこから，ヨーロッパ，アジア，オーストラリアへと移住し（出アフリカ），ベーリンジアを経て，北米大陸から中央アメリカ，南米大陸へと進出，約1.5万年前には，南米最南端のフェゴ島に達したといわれてきた[2]．

　探検家であり医師でもある関野吉晴は，1993〜2002年まで，10年かけて，ヒトのたどった道を逆行するジャニーを開始した[3]．出発地はチリの南端ナバリーノ島（フェゴ島の南，先住民族ヤマナ人の子孫が居住している）からシーカヤックで漕ぎ出し，フェゴ島を横断，さらにマゼラン海峡を渡って，南米大陸に上陸し，自分の脚と腕，犬ゾリやラクダも使って，北米，アジア，中東，そしてアフリカ大地溝帯タンザニアのラエトリまで5万 km を踏破した．ラエトリは，古人類学者メアリー・リーキーが発見した初期人類（アウストラロピテクス・アファレンシス）の足跡化石が保存されている場所である（今は埋め戻されている）．まさに，人類の足跡をたどるにふさわしい出発点と終着点である．関野は，各地で先住民族や土着の人々と交流し，彼らの生活や風習にも観察の目を向けている．特に南米のインカの村，アマゾンのマチゲンガ，ヤノマミの人々と交流した．すばらしい探検と貴重な紀行記録である．

　1953年のジェイムス・ワトソン，フランシス・クリック，ロザリンド・フランクリン，モーリス・ウィルキンスによる DNA 二重らせん構造の発見後，多くの研究者の努力によって，人の DNA 全体の構造（ヒトゲノム）が，遺伝暗号を綴る文字である4つの塩基（A，C，T，G）の約30億対によって構成されていることが明らかになった（第5章を参照）．通常，1つの「遺伝子」とよぶものは，このうち数千ほどの文字からなり，細胞の活動を維持するためのタンパク質を作り出す暗号（コード）として用いられる．遺伝子と遺伝子の間には，ジャンク（不要物）DNAとよばれる遺伝子の役割を果たしていない，あるいはどのような役割なのかわかっていない部分がある．DNA の塩基の配列順序は，遺伝子解析装置（シークエンサー）によって読み取り，それを統計解析し，遺伝子の特徴を描き出す．シーケンサーや解析手法そしてデータベースは，ここ10年，指数関数的に進歩した．

　たとえば，ヒトゲノムの解読にかかるコストを見てみると，2003年のヒトゲノム

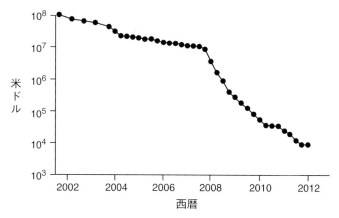

図表6.1 ヒトゲノム解読コストの指数関数的発展.
2008年頃から第2世代のゲノム解読装置シーケンサーが発達し、急激にコストが低下した。一般にシーケンサーでは、DNA の複製酵素である DNA ポリメラーゼを用いて、末端が特定の塩基に対応する DNA 断片を合成する。この基礎はフレデリック・サンガーが発明したのでサンガー法ともいわれる（第5章を参照）。サンガー法をさらに少量のサンプルから検出できるように応用したのが、ポリメラーゼ連鎖反応法（PCR：Polymerase Chain Reaction）である。PCR 検査法はウイルスの検出などに応用されている。その他、多様なゲノム解読手法が開発されており、その発展は今でも続いている。(Kurzweil, 2016) より.

計画の完了時には、実に1人当たり100〜50億円程度かかっているが、第1世代シーケンサーの開発によって10億円程度となり、2007年ごろから導入された第2世代シーケンサーによって劇的な向上が起こり、さらに2015年からの第3世代機導入によって、100万円以下になっていった（図表6.1）.

その結果、今や医学、生理学、生物学、農学、環境科学などにおける巨大な研究分野・産業分野として発展し、遺伝子治療などの医療応用も発達、さらに、ゲノム編集による合成生物学という新しい領域が開けてきた.

また、**過去の人類化石から、化石 DNA を解読し、古代人の集団、移動、交雑さらに生態などの人類学・考古学の分野における革命が起こりつつある**。ヒトの DNA 配列は基本的には同じだが、地域や民族による多少の違いも認められる。これはゲノムをコピーする際にランダムなエラーが起こるためで、1000文字に1個程度の率で存在する。親族関係にないヒトのゲノム間の違いは、全ゲノムで300万個程度になる。変異は時間とともに一定の割合で蓄積されていくので、どの区画の遺伝子においても、共通の祖先から誕生した後の時間経過によって、違いが大きくなってゆく。すなわち、遺伝子の差異は時計として使うことができるし、人の交雑がどのように行われたのか知ることもできる.

1987年、カリフォルニア大学バークレー校のアラン・ウィルソンらは、世界中の

人々から採取したミトコンドリアDNAの数百文字からなる配列を解読した．ミトコンドリアDNAは，母から娘さらに孫娘と，母系に沿って受け継がれてゆく．この配列の変異が生じている部位をベースにグループ分けを行い，現代人の系統樹を再現した．すると，一番古い枝に入るのはアフリカのサハラ以南の人たちであり，ヒトの祖先がアフリカに住んでいたことを示していた．これは，当時，数少ない化石の証拠に基づいた1つの仮説に過ぎなかったホモ・サピエンスの「出アフリカ説」を強力にサポートするものであり，人類学に大きな進歩がもたらされた．その祖先は「ミトコンドリア・イヴ」と名付けられ，一大センセーションを巻き起こした[4]．

2001年，ヒトゲノムの全塩基配列が初めて決定された（第5章で述べたようにジェームス・ワトソンがリーダーであったヒトゲノム計画とクレイグ・ベンターのショットガン法の競争が起こった）．その後，化石人類の骨からゲノムを解析するという手法が開発されていった．その中心となったのは，スヴェンテ・ペーボ（2020年日本国際賞を受賞した）と，その共同研究者によって立ち上げられたドイツのマックス・プランク進化人類学研究所である．この研究所では，少量の骨サンプルから，古人類DNAの有用情報を選択的に"釣り上げる"DNA分離法を開発していった．2013年には，ハーバード大学にデイヴィッド・ライクが高度に自動化した研究ユニットを立ち上げ，工場のように古人類のDNAシーケンスができるようになり，データは爆発的に増加していった．2018年には4000サンプル以上のデータが蓄積された[5]．

その中で，最初に注目を浴びたのが，ネアンデルタール人とホモ・サピエンス（ヒト）の関係である．ネアンデルタール人はドイツのネアンデル渓谷（タールは渓谷の意味）で1856年に発見された．その由来については様々な議論があったが，その後150年間に各地で多くの同様な人骨が見つかり，人類学的な特徴が分かってきた．約40万年前にヨーロッパに住み着いており，がっちりした体格と高度な狩猟能力があり，また仲間を埋葬したり，装身具，ストーンサークルを作り出しており，高い精神活動を伴った文化を持っていた．ネアンデルタール人とヒトとの遭遇は，最低2つの時期であったとの証拠がある．13〜10万年前そして5万年〜4万年前である．南西ヨーロッパでは4万4000年前から3万9000年前のネアンデルタール人の遺跡からヒトの特徴を示す石器が見つかっている．ネアンデルタール人は3万9000年前には絶滅したようだ．

このようにネアンデルタール人とヒトは，遭遇し何らかの関係があったことが推定される．それでは，交雑した可能性はあるのだろうか．古代DNAの解析が唯一の方法だが，古い時代の骨は，様々に汚染されており，解析手法を確立するまで多

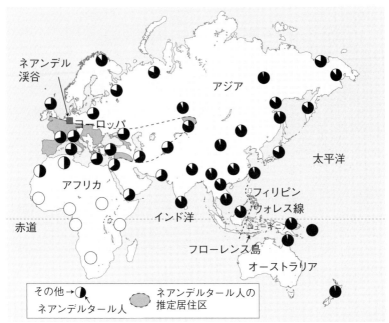

図表6.2　現代のヒトの集団に関してのネアンデルタール人由来の DNA の割合.
円グラフの全部が黒であれば2％含む. ホモ・サピエンスがネアンデルタール人と交配したのは, 確実となった. 一方, アフリカの南部で痕跡がないのが特徴である. ネアンデルタール人の居住範囲と推定されている東端がアルタイ山脈の麓の化石産地で, 保存の良い足指化石が産出した. この点だけが離れているので, ネアンデルタール人はもっと東方にも居住していた可能性がある. ウォレス線は氷河期にインドネシア域（スンダランド）で深い海（陸上動物移動のバリア）があった場所. それを境に割合が異なるが理由は色々議論されており, 定説はない（ライク, 2018：日向やよい訳『交雑する人類——古代 DNA が解き明かす新サピエンス史——』. NHK 出版).

くの時間と手間を必要とした. 発掘時の汚染, また地層中にあってもすでにバクテリアや菌類が生息しており, その影響を除去する必要があった. もちろん実験室での汚染についても慎重に扱わなければならない. 2007年から多くの努力が積み重ねられてきた. そして次第にネアンデルタール人ゲノムの全貌が明らかになってきた. **2013年には, アルタイ山脈麓で発見されたきわめて保存の良いネアンデルタール人の足指骨のサンプルからゲノムが解読され, 以前のデータと統合してほぼ完全なネアンデルタール人のゲノムが復元された. ネアンデルタール人絶滅後のホモ・サピエンスの化石, そして現代人との比較がなされ, 両者に交配があったことがほぼ確実になった. **現代人で, 交配の痕跡が残っているのは, 非アフリカ人であり, そのゲノムの1.5〜2.1％がネアンデルタール人起源であることがわかってきた（図表6.2).

それでは, 私たちは, ネアンデルタール人から何を受け継いだのだろうか. これ

についてはまだ十分なことはわかっていないが，1つの例として，皮膚や体毛，毛髪を構成するファイバー組織のタンパク質ケラチンの働きに関係する遺伝子の部位にはネアンデルタール人由来のものが多く受け継がれているという．ネアンデルタール人は寒冷な気候やより過酷な環境で生きていたので，ヒトの環境対応の上でこれらの部位が自然選択されたと考えられる．

　ヒトは，ネアンデルタール人のみならず，最近発見されたシベリア南部のアルタイ山脈のデニソワ洞窟から発掘されたデニソワ人とも交配していた可能性がある．ヒトの進化は，他の人類との交配を行い，かつ，ヒトの集団が移動を繰り返し，別の集団と交配するという，今まで考えられていたよりはるかに複雑な歴史をたどってきた．

　では，なぜネアンデルタール人は絶滅し，ヒトは繁栄したのだろうか．原因は，よくわからない，というのが本当であろうが，以下のような考えも提案されている．ヒトの遺跡や遺物を観察すると，グループ間そして時に長距離の交易が盛んに行われた可能性が指摘されている．もしかすると，他の人類との交雑もまた，このようなヒトの活動の中で行われたのかもしれない．すなわち，ヒトはネットワークを作り発展させ，その中から物資や知識を交換し，石器などの道具も洗練させ，より高度な社会性を発達させていった．一方，ネアンデルタール人の石器は，ほとんど変化がない．彼らの生活様式は，ある環境には最適であったが，多様な環境（自然環境だけでなく他の人類との関係）への適応性と交流による情報の共有がヒトに比べてあまりなかったのかもしれない[6]．

　ヒトの拡散・移住の歴史の中で，最も劇的かつ人新世に繋がるヒトと自然，ヒトとヒトの関係の歴史を読み取ることができるのがアメリカ大陸の人類史である．

巨大哺乳動物群の絶滅

　最終氷期にヒトは，主に狩猟に頼って生活していた．約3万年前のフランスのショーベ洞窟の壁画には，マンモス，バイソン，ライオン，ホラアナグマ，ウマなどが実に生き生きと描かれている[7]．当時のヒトが，大型哺乳動物を狩猟の対象として，かつその存在に対して畏敬の念を持っていたことがうかがえる．狩猟の道具は投げ槍が主であったが（落とし穴などの罠も用いたらしい），やがて投槍器（アトラトル）をへて，弓矢が発明された．これらの発明の年代については議論があるが，多くの研究者は2万～1.5万年前と考えている．投槍器や弓矢の発明は，おそらく狩猟技術に革命をもたらしたに違いない．

　南北アメリカ大陸へのヒトの移住については，近年の新たな考古学・遺伝人類学の進展によって，かなり詳しいことがわかってきた．特に最近のヒトゲノム研究の

発展により，最初に北アメリカ大陸に移住してきた集団は，2万3000年前にユーラシア人から分岐したとされる．最初の移住は，2万年前〜1.5万年前（それ以前の可能性もあるので今後の研究が待たれる）に，アジアからベーリンジアの海岸沿いに移住してきた一団があった（図表6.3a）．その次は，大陸氷床の融氷が進んで，海岸山脈と内陸氷床の間にできた回廊を伝って移住してきた一団が続いた．南北アメリカ大陸の人類遺跡の最も古いものは，1万5000年前〜1万4000年前（北米ベイズリー洞窟群，南米チリのモンテ・ベルデ遺跡）なので，2万年前から1.5万年前までにヒトの移動・移住が大陸全域に起こっていたと考えられる．

　当時，北アメリカ大陸のグレート・プレーズやプレーリーは，巨大哺乳動物群（メガフォーナ）のまさに天国だった．マンモス，マストドンなどのゾウ類，多様な地上性ナマケモノ（巨大なメガテリウムは小型のゾウに匹敵），アルマジロに似た巨大なクリプトドン，ショートフェイス・ベア，ジャイアント・バイソン（巨大な角を持ち現生バイソンの2倍もある），巨大ラクダ，シカ，サイ，巨大ビーバー，サーベルタイガー（剣歯虎），ライオン，チーターなどである（図表6.4）．南米でも巨大メガテリウムやクリプトドンなどの化石がアルゼンチンから出土している．

　驚くべきことには，これらのメガフォーナは，1.2万年前にはほとんど絶滅したのである．この絶滅が，ヒトによる大量狩猟（オーバーキル）であるとの説を最初に唱えたのは，アリゾナ大学のポール・マーチンである[8]．ニューメキシコ州のクロービス遺跡からは，巨大な槍の穂先（石器）が出土しており，このような石器とマンモスの骨などが一緒に見つかっていた．マーチンは，1973年の論文で，メガフォーナの絶滅とヒトの遺跡の出現時期の一致を指摘したのである．これに対し，多くの研究者は絶滅が寒冷期から温暖期への気候変動が原因であると考えた．しかし，もしそうであるなら氷期−間氷期サイクルに伴う気候変動はすでに何回も起こっていたはず（第3章を参照）であり，その間，これらのメガフォーナが生存し続けていたことは説明が困難である．最近の炭素14年代測定を集計した研究によると，その絶滅は，東部ベーリンジアから始まり（1.4万年前），北米そして南米へ（1.2万年前）と移っていった．マーチンのオーバーキル仮説は，当初は年代の精度から反論が出されたが，最新のデータで補強され再び復活しつつある[9]．

　ユーラシア大陸からの移住集団は，それまでヒトとまったく接触したことのないメガフォーナを大量狩猟し，潤沢な栄養によって，おそらく人口を急激に伸ばしていったと考えられる．人口の急増はさらに狩猟を加速させ，1000年間で南北両大陸におけるメガフォーナ絶滅と生態系の崩壊が始まった．このようなメガフォーナの崩壊はネットワーク安定性の考え方で説明できる．ヒトが，メガフォーナ，おそらく大型の草食哺乳動物を最初に集中的に狩猟すると，それを捕食する肉食獣に大き

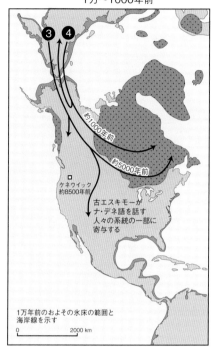

(a) 1万5000〜1万年前

アジア
① ②
北極海
北アメリカ
同志一巨泉
約1万2600年前 幼児
フォールサム
ニューメキシコ州
クローヴィス
ベイズリー
洞窟群
約1万4200
年前
太平洋
太平洋
アマゾン川
アンデス
南アメリカ
モンテ・ベルデ
約1万4600年前

➡ 海岸ルート
　1万6000年前までに開通
┅➤ 無氷回廊ルート
　1万3000年前までに開通
➡ 最初のアメリカ人
➡ 集団Y
➡ 両方
　古代の海岸線
　氷床
1万3000年前のおよその
氷床の範囲と
古代の海岸線を示す
0 ──── 2000 km

(b) 1万〜1000年前

③ ④
約1000年前
約5000年前
ケネウィック
約8500年前
古エスキモーが
ナ・デネ語を話す
人々の系統の一部に
寄与する

1万年前のおよその氷床の範囲と
海岸線を示す
0 ──── 2000 km

❶ 最近縁のユーラシア人からの分岐
　約2万3000年前

② 集団Yの期限
　到来時期は不詳

❸ アジアからの移住で古エスキモー系統が形成される
　約5000年前

❹ アジアからの最後の移住者が新エスキモー系統に
　寄与し，古エスキモーに取って代わる
　1000年前

図表6.3 アメリカ大陸へのヒトの移住（ライク，2018：日向やよい訳『交雑する人類——古代DNAが解き明かす新サピエンス史——』，NHK出版）より．
(a) 最近のヒトゲノムの研究によれば，最初に北アメリカ大陸に移住してきた集団は，2万3000年前にベーリンジアの近辺でユーラシアから分岐したとされる．最初の移住は，2万年前〜1.5万年前に，アジアからベーリンジア陸橋そして北アメリカ大陸の海岸沿いに移住してきた一団があった．この一団は，さらに南アメリカ大陸に移住していったと推定される．アマゾンに移住した集団については集団Yとしている．その次は，大陸氷床の融氷が進んで，海岸山脈と内陸氷床の間にできた回廊を伝って移住し北アメリカに広がった．
(b) 約5000年前と約1000年前にエスキモー（イヌイット）の移住が起こった．

な打撃を与え，さらに草食動物が食べていた植生そして土壌にも影響を与えたであろう．大型草食哺乳動物が生態系ネットワークのハブ（キーストーン種）だった可能性が高い．メガフォーナの絶滅によって，哺乳動物の種構成に大きな変化が生じ，小型種が生き残っていったと考えられる．実際，遺跡からは，初期の大型石器から小型石器への変化が起こっている．この生態系の変化が，やがて，狩猟から農業への生活様式の転換を引き起こした原因でもある．

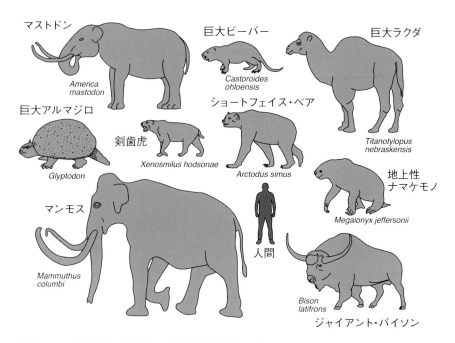

マストドン

America mastodon

巨大ビーバー

Castoroides ohloensis

巨大ラクダ

巨大アルマジロ

ショートフェイス・ベア

剣歯虎

Xenosmilus hodsonae

Glyptodon

Arctodus simus

Titanotylopus nebraskensis

地上性 ナマケモノ

Megaionyx jeffersonii

マンモス

人間

Mammuthus columbi

Bison latifrons

ジャイアント・バイソン

図表6.4　アメリカ大陸の更新世末の巨大哺乳動物群（メガフォーナ）.
最終氷期から融氷期に入った１万5000年前までに南北アメリカ大陸には，多様な巨大哺乳動物群が生息していた．この図には，そのうち９種を示す．スケールには身長180cm のヒトがイラストされている．これらの動物群は，いずれも１万2000年前には絶滅した．その理由は，ヒトによる過剰狩猟によると考えられる（ソウゼンバーグ，2010；野中香方子訳・高槻成紀解説『捕食者なき世界』．文芸春秋とインターネットの情報による）．たとえば，https://prehistoric-fauna.com

　同様な大量狩猟は，人類の移住の過程で，アフリカやヨーロッパ，アジアでも起こったが，アメリカ大陸ほど，集中的かつ広汎ではなかった．というのも，旧大陸では，ヒトの祖先は，他人類とともにこれらの哺乳類と共進化していたからである．哺乳動物は人類を十分に警戒し，人類も彼らと共存する知恵が発達していた．お互いが上手に利用し合う現在のアフリカサバンナの住民のような生活が根付いていたと考えられる．

　メガフォーナの絶滅は，地球の気候にも大きな影響を与えた可能性が指摘されている．草食動物の消化器官の中に，莫大な量の微生物（細菌や繊毛虫類）が共生している．これらの共生微生物は，餌の植物繊維（セルロース）を発酵分解し，最終的には，酢酸などの揮発性脂肪酸とメタン（CH_4）を生成する．宿主の動物は揮発性脂肪酸を栄養として活用，メタンはゲップやオナラとして体外に放出する．ウシの場合，この量は，１日160〜320 ℓ に達する．メタンは，強力な温室効果ガスであり，現在の地球では，温室効果全体の約18%はメタンの効果とされ，大気メタンの

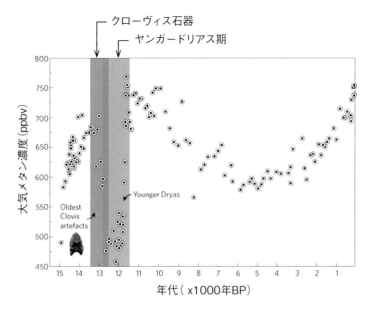

図表6.5 大型哺乳動物群（メガフォーナ）絶滅と大気メタン濃度低下.
グリーンランド氷床コアに記録されていた1万5000年前からの大気メタン濃度の変遷. ヤンガードリアス期に700ppb〜450ppbvまでメタン濃度が低下しており, 急激な寒冷化に拍車をかけた可能性がある（ppbvはパーツ・パー・ビリオンの容積比）. 絶滅前に北アメリカ大陸の大型草食動物は年間約9.6Tg（10^{12}g）メタンを放出していた. メガフォーナの絶滅は, メタン濃度低下の12.5%〜100%までを説明できるとされる. これは, 人類最初の大規模自然改造イベントかもしれない（Smith et al., 2010）より.

うち, 1/4は家畜からの放出と推定されている. メタンの特徴は, 大気中での寿命が短いことで, 光化学反応によって12年で消滅する. Smith et al.（2010）[10] の研究によれば, メガフォーナ絶滅の前, アメリカ大陸の草食動物は, 年間9.6Tg（テラ＝10^{12}グラム）のメタンを放出していた. グリーンランド氷床のコアからは, 当時の大気メタン濃度の記録が詳細に読み取れる. それによれば, 1.3万年前からメタン濃度が急激に低下, 700ppb（パーツパービリオン：0.7ppm）から460ppbになった. その時期こそ, 更新世末期の寒の戻りであるヤンガードリアス期（ヤンガードリアス期の終焉が完新世の始まり）と一致している. Smithらは, メガフォーナの絶滅によってメタン放出の激減, 温室効果の低下, そして寒の戻りが起こったと推定している. これは大胆な1つの仮説にすぎないが, ヒトの営みが, すでに地球規模の気候変動を起こしうるレベルであった可能性がある.

　ヒトは, その生存のために地球を変え, 生物を移動させ（家畜や犬など）, また絶滅に追い込み, 生態系や気候を変えてきた. このことはすでに1万年以上前から起こってきたことである. 現在の地球においては, アフリカやアジアにおいて, ゾ

ウ，カバ，サイ，スイギュウ，キリンなどのメガフォーナが絶滅の危機にさらされている．これらの大型草食哺乳動物が地球環境・生態系にとってどのような役割を果たしていているのか，殆ど分かっていない．私たちは，それを理解するより前に，これらの動物を失うことが予想される．

1万年前以後，南北アメリカ大陸では，何が起こったのだろうか．

南北アメリカ大陸の文明

約5000年前には，また新たな移住の波がアジアから来て（図表6.3b），イヌイットの人たちの祖先となった．この人々は，それ以前の先住民と交雑し，北アメリカ先住民が形成されていった．南米では，太平洋を渡ってたどり着いた人々の可能性も指摘されている（トール・ヘイエルダールのコンチキ号探検が有名）．これらの先住民は，アメリカ大陸全土へと拡大し，各地で固有の文化を発達させた．最も古い大規模な遺跡がペルーから発見されている．**カラル文明**（Caral Civilization）**はペルー中部リマの北側の海岸地帯に発達したピラミッドを作る都市文明であり5000年前に遡る．トウモロコシ，カボチャ，アボガト，インゲン豆などの栽培が行われており，アンデス山脈を越したアマゾン川源流域とも交易があったと考えられている．世界四大文明と同時代に，アメリカ大陸でも大規模な都市文明が発達した．**その後，インカ，マヤ，アステカなどの文明が栄えたが，それらはすべて消滅し，あるいはヨーロッパ人によって征服された．

人類の誕生から移住の道のりの逆行を目的としていたグレートジャーニーの探検家関野吉晴は，南米フェゴ島を出発し，アマゾンで先住民の子孫と思われる人々と交流した．彼らは，森と川に生き，そして一生を終える．その地域から外へ出ることのない，隔離された人々であった．私は子供の頃から西部劇が好きで（今でもだが），「荒野の決闘」（ヘンリー・フォンダ主演）の舞台であるモニュメント・バレーや，「シェーン」（アラン・ラッド主演）のグランド・ティートン国立公園のすばらしい景観に圧倒されていた（その後，米国の大学院へ進んだ大きな理由の1つ）．同時に，映画に描かれている限りは，バイソンの大群が群れるこのすばらしい大地に，先住民の数があまりにも少ないことについて不思議に思っていた．特にグレート・プレーンズからプレーリーとよばれる平原地帯は，現在，米国の一大穀倉地帯である．もし，西部劇の描写が正しいのなら，なぜ，先住民はこの豊かな大地を十分に利用しなかったのか？

近年，南北アメリカ大陸における先住民の文化の全体像に関して，大きな発見が相次いでいる．**南北アメリカ大陸は，ヨーロッパ人との遭遇前には，5000万人から1億人の人口を擁する大農業地帯だったと推定される．**当時の世界の人口が4〜

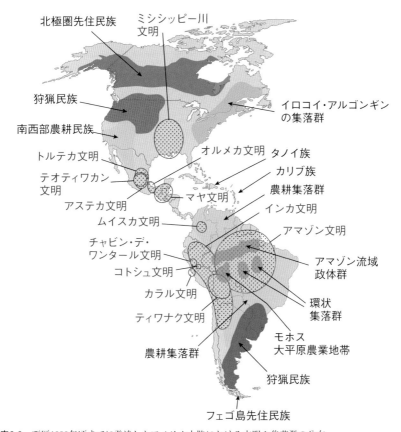

北極圏先住民族　ミシシッピー川文明

狩猟民族

南西部農耕民族

トルテカ文明

テオティワカン文明

アステカ文明

ムイスカ文明

チャビン・デ・ワンタール文明

コトシュ文明

カラル文明

ティワナク文明

農耕集落群

イロコイ・アルゴンギンの集落群

オルメカ文明　タノイ族

カリブ族

農耕集落群

マヤ文明

インカ文明

アマゾン文明

アマゾン流域政体群

環状集落群

モホス大平原農業地帯

狩猟民族

フェゴ島先住民族

図表6.6　西暦1000年頃までに発達したアメリカ大陸における文明や集落群の分布.
北アメリカ大陸のミシシッピ文化, メキシコ高地にティオティワカンの後に栄えたとされるトルテカ帝国, 中央アメリカではマヤ文明の最盛期は終わっていたが, 南アメリカ大陸ボリビアのチチカカ湖辺のティワナク文明, そしてアマゾン流域からボリビアのモホス大平原に農耕集落群が存在していた. 大陸全体で, トウモロコシ, キャッサバ, ジャガイモ, マメ, カボチャを主要作物とする農業が盛んに行われていた. アマゾン流域では, 開墾が進んでおり数百万の人口があった.（マン, 2007：布施由紀子訳『1491――先コロンブス期アメリカ大陸をめぐる新発見――』. NHK 出版. 実松克義『アマゾン文明の研究――古代人はいかにして自然との共生をなし遂げたのか――』現代書館, 2010）を合体して編集.

5億人と推定されているので, これは本当に驚きの数字である. 図表6.6は, マン（2007）ら[11]による西暦1000年頃までのアメリカ大陸先住民の様子である. 北アメリカ大陸では, ミシシッピ川に沿って, ミシシッピ文明とよばれる土塁（マウンド）を作り, その上に墳墓や家を建てる人々が繁栄していた. セントルイス郊外にあるカホキア遺跡（世界遺産：周辺には1万人以上の人口があった）は, 高さ30mの巨大なマウンドから構成される. このマウンドの上には, 豊作をもたらす神官王を奉る神殿が建てられていた. ミシシッピ人は, トウモロコシを主作物としており,

カホキアの一体は，見渡す限りの農耕地帯であった．その北には狩猟を主体とする先住民が住んでいた．彼らはマウンドなどは作らなかったが，英国のストーンヘンジに似た石の遺跡を多数残している．北米の南西部にもトウモロコシを主体とする農耕民族が住んでおり，東部にはイロコイ・アルゴンキン集落群とよばれる先住民の部族が，トウモロコシ，カボチャ，豆（これらの3つの作物は，メキシコから伝わった）の栽培と狩猟，漁撈をバランスよく営んでいた．大陸全体でも活発な交易が行われており，カナダでメキシコ湾産の貝が見つかっている．

　メキシコには，ピラミッドを作るような国家があり，西暦1000年頃にはマヤ文明は衰退していたが，海上交通や水路ネットワークにより栄えた"後マヤ期"の国家群があった．アンデス山脈の西側には，堤防や灌漑施設が整い，トウモロコシやジャガイモ，豆を栽培する文明が開けており，インカ帝国の前身となる国家群が存在していた．これらの人々の間では，交易が盛んに行われており，海の魚とアンデスの高原地帯（アルティ・プラーノ）のリャマ，果物，穀物などを交換し合っていた．

驚異のアマゾン農業地帯

　しかし，最も驚くべきはアマゾン盆地の一帯である．**このアマゾン流域政体群・環状集落群・モホス大平原農業地帯には，全体でアマゾン文明地帯ともよぶべき，森林農法（アグリフォレストリー）を主体とする数百万人の人口を抱える一帯があった**（マン，2007）．

　一般に，アマゾンなど熱帯雨林の土壌は，赤土で栄養が乏しく樹林は地表に浅く根を張っている．近年，アマゾンの各地の氾濫原の端，少し標高の高い台地に肥沃な黒土（テラ・プラーノ・インディオとよぶ）が見つかり，黒土の分布しているところでは，ピーチ・パーム（チョンタドーロ），アサイ，スターフルーツ（カランボラ）など多種の栽培果樹園跡が見つかっている．また，トウモロコシやキャッサバの栽培跡，土壌改良をした焼畑の跡や無数の陶器などが出土し，これらの耕作地の面積から，人口が割り出されたのである．黒土は，有機物が多く含まれているが，黒色の原因は木炭であり，これは低温で蒸し焼きにした木炭を土壌に中に入れ込んだ"焦がし畑耕作"とよばれる方法を使ったものであることがわかってきた．

　また，アマゾン盆地では，熱帯雨林の周辺にある平原地帯（サバンナ）においても，農業発展の詳しい歴史が追跡できる．たとえば，アマゾンの南西部の支流，ボリビア北部のマディラ川の上流域にはモホス大平原とよばれる本州ほどの面積を持つ広大な平野が存在する．モホス大平原には大きく5つのタイプの農耕・治水・交通・居住遺跡（ロマ，テラプレイン，サークル，農耕地跡，人造湖）が認められる（実松，2010）[12]．まず，ロマとよばれる円形の丘陵では，大量の土器が産出する

ことが多い．直径が数十メートルから1kmに達するものもあり，比高は最大20mになる．多くは樹木で覆われているが，発掘すると土器，貝殻，動物の骨などから構成される人工の盛土層が何層も重なっている．貝殻は，スクミリンゴガイの仲間がほとんどである．この南米原産の淡水性巻貝は，1980年代に日本にも食用として持ち込まれたが採算が上がらなかった．これは今や全国に広がっており，ジャンボタニシと命名されているが，タニシの仲間ではない．この地では古来，食用として活用されていた．ロマの多くは居住跡と考えられているが，その中の大きなものには宗教性があったと推定される．ロマとロマの間は多くの場所でテラプレインにより結ばれている．テラプレインは直線的な幅3〜5mの盛土で交通路・運搬路と考えられ，また，それに沿って水路が作られている場合もある．大平原全体にネットワーク状に分布し総延長は5000kmにもおよぶ．サークルは，直径数百メートルから大きいものは数キロメートルの円形あるいは楕円形の遺構で，地面を3〜5m掘り下げた幅6〜8mの溝からなる．内部には土器片が見つかることが多く，一部は居住跡あるいは砦跡と推定されているが，何の目的で作られたのかよくわかっていない．

　農耕地跡は，上空からの観察によってのみわかる並行に走る淡い濃淡の模様が広く分布している場所を指す．モホス大平原では，地表を覆う粘土質の表土を剝がし，その下の有機質の水はけの良い土と入れ替えると耕地として利用できることが知られており，今でも行われている（図表6.7）．農耕地跡は，このような土壌入れ替えを行った畝と推定される．この農法によって，トウモロコシ，キャッサバ，サツマイモ，バナナ，綿などが栽培されていた．

　モホス大平原には自然の河川水路が存在しているが，人口的に作られた水路・運河も無数にある．テラプレインと並行に走る運河は，特に乾季の時に運河として利用されていた．貯水池も各地に存在し，ロマの周囲を取り囲んでいることも多い．そして人工衛星の画像などでも顕著なものが人造湖である．大平原には，北東－南西に伸びた長方形の湖群が多く存在する．最大のロガグア湖は長辺が20kmもあり，その周辺には長方形，正方形あるいは楕円形の大小の湖が北東－南西に列を作っている（図表6.8）．その中には明らかに2つ並んでペアを作っているものもある．これらがそもそも人造湖なのか，という問題は以前から議論されてきた．しかし，あまりに形が不自然であること，深さが1〜2m程度と一定していること，それから湖を繋ぐ水路が巧妙に作られていることなどから，氾濫原の一部を掘り，周囲に盛土をして作った湖であると考えられるようになった．その用途は，もちろん，農業のための水利があるが，魚の養殖のためとも推理されている．ペアをなす湖では，繁茂するホテイアオイを水路を通じて一方の湖に移動させ，スクミリンゴガイの餌

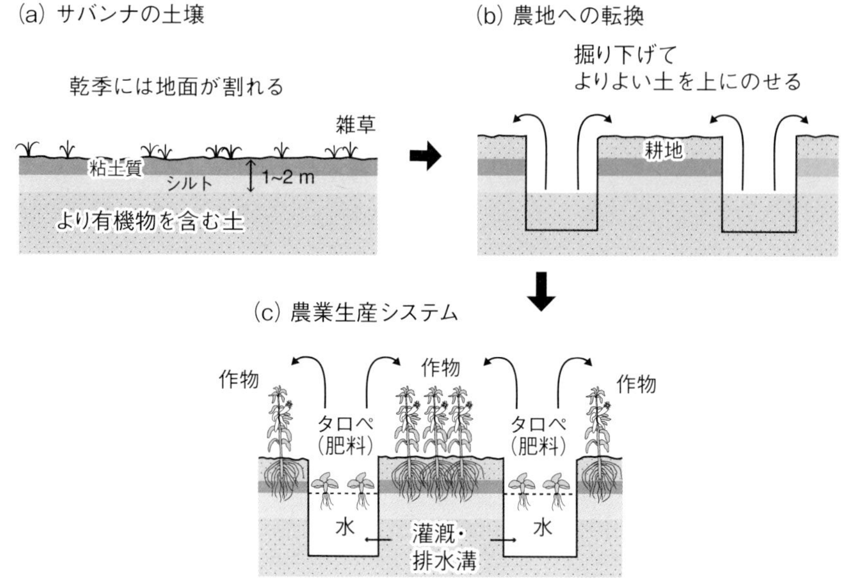

(a) サバンナの土壌

乾季には地面が割れる

雑草

粘土質

シルト　1~2 m

より有機物を含む土

(b) 農地への転換

掘り下げて
よりよい土を上にのせる

耕地

(c) 農業生産システム

作物　　作物　　作物

タロペ
（肥料）

タロペ
（肥料）

水　　灌漑・
排水溝　　水

図表6.7　土壌の入れ替えと盛り土によるサバンナの農法.
（a）モホス大平原のサバンナでは，表土として粘土質の層があり，貧栄養であり，乾季には干割れを起こす.
（b）表土の下位にある有機質の層を上にのせて畝を作る.
（c）畝の側溝は水路として使い作物を育てる. 水路に繁茂するタロペ（ホテイアオイ）を肥料として利用できる.
　このような農法は，アマゾン周辺全域に広がっていた可能性がある.（実松克義『アマゾン文明の研究——古代人はいかに自然との共生をなし遂げたのか——』. 現代書館, 2010）より.

とし，また，ホテイアオイそのものを肥料として農業に使うことも考えられている.
　この驚くべき集約的農耕・水産文明は，実松克義らの研究では，種々の年代測定の結果，4000年前から始まったとされる. しかし最近，驚愕の事実が明らかになった. ロマの発掘とコア試料の分析を行い，花粉やプラント・オパール（イネ科やナス科植物などの表皮細胞に含まれる含水珪酸で化石として残りやすい）の分析から，実に現在から1万年以上前にスクウォシュ，キャッサバ（マニオク）などの栽培が始まっていたことがわかった(13). これは，人類の農耕史の中でも最も初期のものの1つである. アマゾン文明への考え方は，根本から書き換える必要が出てきた.
　ヨーロッパ人の到着前には，アマゾン一帯には多くの人々が居住し，森林を開拓し，かつ，土壌改良を施した農園で品種改良をした果樹や作物を育てていた. もちろん，流域の河川や人造湖は絶好の漁撈場であるので，アマゾンでは農業と水産業によって豊かな生活が営まれていた. アマゾン河口の広大なマラジョー島では，大きな都市が建設され，数万人の人が暮らし，かつ，交易の場となっていた. この時

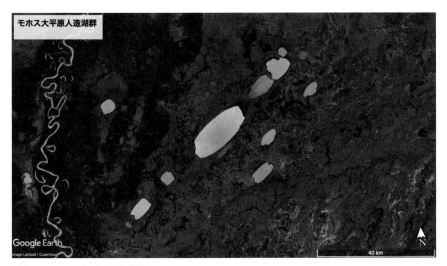

図表6.8 モホス大平原の人造湖.
ボリビアの北部，アマゾン川上流部に位置するモホス大平原には多数の人造湖が存在する．その中でもロガグア湖は最大級のもので長辺20km．周辺にも人造湖が並んでおり，これらは，農業水利の他に，魚や貝類の養殖にも使われたと考えられている．（Google Earth）より．

までにアマゾン流域の森林や平原には数千年に渡って人の手が加えられ，原生林や自然林とよぶような森林はほとんど残っていなかった.

アフリカ，ヨーロッパ，中東，アジアそして南米でも農耕が始まった1万年前から，世界各地で開墾は進み，それ以前の植生は失われ，動物相も劇的に変わった．人間が地球を変える営みは，その人間の拡散・移住と同時に起こり，頻繁な交易・交流を経て，今に至っている．その間，人間とともに植物も動物もそして微生物も一緒に拡散し，交雑し，進化していった．**しかし，新旧大陸では大きな違いがあった．南北アメリカの農業において，ユーラシアのウシ，ブタ，ウマ，ヒツジ，ラクダのような大型家畜が存在していなかったということだ．その理由は，祖先がメガフォーナを絶滅させたので，家畜に適した動物が少なかったという理由も考えられる．そして，このことが後に一大悲劇をもたらす原因となった．**

トウモロコシの起源

先住民の主食であったトウモロコシとは，どのような植物だろうか．植物は光合成を行い，水とCO_2から炭水化物を作り出し，炭素が植物の体に取り込まれる（これを炭素固定とよぶ）．光合成には，大きく2種類の炭素固定反応回路があり，その回路で最初に作られる化合物の炭素の数によってC3植物，C4植物とよぶ．多

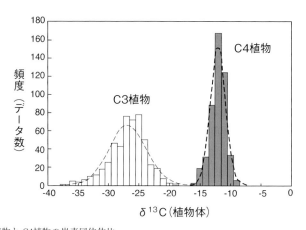

図表6.9　C3植物とC4植物の炭素同位体比.
　C4植物の方が，炭素同位体比が大きい（^{13}Cをより多く取り入れている）．C4植物を多く食べる草食動物は，同様にこの炭素同位体比を反映している．（Cerling and Harris, 1999）より.

くの植物はC3植物であるが，約800万年前からC4植物が，従来の植物の適応が難しかった高温，乾燥，貧窒素土壌などに進出し，地上の植生を大きく変えた．C4植物は，雑穀や草本類であり，乾燥地に大草原を作り出した．この大草原に大型草食哺乳動物が進出し，私たちに馴染みのある風景が出現したのである.

　その証拠は，動物の歯の化石に残っている．通常，炭素は原子数12であるが（^{12}C），中性子が1つ多い安定同位体である^{13}Cが存在する（BOX3.2参照）．光合成では，植物はCO_2を体内に取り込む際のエネルギーを小さくするために，選択的に^{12}Cから構成される軽いCO_2を使う．一方，C4植物は，C3植物より炭素を貪欲に吸収するので，^{13}Cも多く取り入れる．そのために両者では，植物生体の炭素同位体比に違いが生じている（図表6.9）．この違いはそれを食べる草食性の動物にも表れる．過去2000万年間の草食動物の化石歯エナメル質の炭素同位体比を測定した結果では，約800万年前から値が変化し，重くなる（^{13}Cが増えている）ことがわかる[14].これは，明らかにC4植物を多く食べ始めたことによる．C4植物の進化で，それまで植生の発達が十分でなかった乾燥地帯，湿地帯などに草本類が繁茂し，大草原を作るようになった．大型草食動物が大群をなして草原を移動する光景は，C4植物の進化によるものだ.

　C4植物の一種で，メキシコ，中米にテオシンテとよぶ穂を持つ植物が自生している．テオシンテは高さ1～2mほどで，穂先に10個ほどの硬い種子を実らせる．現在，栽培されているトウモロコシとは相当に見かけは違うが，遺伝子の研究から，これがトウモロコシの祖先であることはほぼ確実である．9000年前から，メキシ

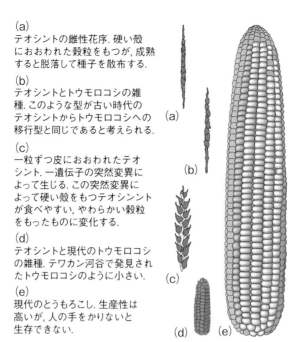

(a)
テオシントの雌性花序．硬い殻におおわれた穀粒をもつが，成熟すると脱落して種子を散布する．

(b)
テオシントとトウモロコシの雑種．このような型が古い時代のテオシントからトウモロコシへの移行型と同じであると考えられる．

(c)
一粒ずつ皮におおわれたテオシント．一遺伝子の突然変異によって生じる．この突然変異によって硬い殻をもつテオシントが食べやすい，やわらかい穀粒をもったものに変化する．

(d)
テオシントと現代のトウモロコシの雑種．テワカン河谷で発見されたトウモロコシのように小さい．

(e)
現代のとうもろこし．生産性は高いが，人の手をかりないと生存できない．

図表6.10　野生テオシンテからトウモロコシへの変化．
テオシンテ（a）は C4植物の一種で，メキシコ，中米に野生していた．9000年前から，メキシコ南部で，先住民が，これを栽培し始めたらしい（b），（c）．種子の大きい，また，丈夫で収量の大きな品種を作り出していった（d）．現在，トウモロコシ（e）は，世界で最も大量に生産されている穀物である．（山本紀夫『コロンブスの不平等交換――作物・奴隷・疫病の世界史――』．角川選書，2017）より．

コ南部で，先住民がこれを栽培し始めたらしい．メキシコ，中米，エクアドルなどにおける考古学や古環境学の調査によって，人類の遺物と同時にテオシンテの化石やデンプン粒，プラントオパール（葉や維管束などに含まれている珪酸質の植物組織）が見つかってきたからである[15]．

　テオシンテは，突然変異の大きな植物で，その中からより好ましい個体の種をまいて次の年に収穫すること，すなわち，育種をすることにより，種子の大きい，また，丈夫で収量の大きな品種（トウモロコシ）を作り出していった．ヨーロッパ人が到着する頃には，多くの品種が南北アメリカ大陸各地で栽培されており，先住民の主食として位置付けられ，また，神からの贈り物として大切にされていた．

　耕作品種としてのトウモロコシは自殖ができない．植え付けたままにしているとすぐに形質が変化し，作物として役に立たなくなる．人間が，種をまいて，毎年育てて収穫し，また種をまくことが必要である．まさに人間に依存する植物に変化し

ていったのだ.

6.2 ヨーロッパ人による新大陸の発見

ヒトと感染症

　ヒトは20〜15万年前にアフリカで誕生し,その後世界に拡散して行った.その間,様々な環境(熱帯から寒帯まで)に暮らし,多くの動植物に接触し,また,肉,魚,野菜,果物などを食してきた.その間,当然,病気にも悩まされたであろう.古代のヒトには寄生虫が多く取りついていたことは,糞石(ウンコの化石)から多種の寄生虫の卵の化石が見つかることからわかっている.また,食事に関しては,現代人のように洗浄や煮炊きは必ずしも十分ではなかったであろうから,病原微生物と腸内共生菌の戦いが常時行われており,その中から免疫が獲得されていった.狩猟を通じて,時に動物からヒトへ,そしてヒトからヒトへの感染を起こす動物由来感染症が猛威をふるったに違いない.チンパンジーからマラリア,オナガザルから黄熱病,イヌ科動物から狂犬病などに感染していたとの推定ができる.ただし,その感染の拡大は,一定規模の定住文化が発達する以前は,1つの集団が大きな被害を被っても,大規模に拡大することはなかったであろう.第1章で述べたようにネットワークがランダム性を持っていれば,個々の感染に対しては,大被害を出さずにすんだであろう.事態が大きく変わったのは,家畜・牧畜の文化が広まり始めた1万2000年前頃である.

　農耕発祥の地域の1つである中東チグリス・ユーフラテス川流域(肥沃な三日月地帯)では,1万年前からヒツジ,ヤギ,ブタなどの家畜化が始まった.さらに,牛は8000年前,そして馬はウクライナで6000年前,ラクダは4500年前に中央アジアやアラビヤで飼われるようになった.一方,アメリカ大陸では,イヌがやはり1万2000年前からヒトと行動を共にしていたらしい.したがって,ユーラシア大陸とアメリカ大陸で,家畜を飼うという行動は,ほぼ同時に起こった.しかし,アメリカ大陸では,5000年前頃からラマ・アルパカの仲間をアンデスで飼育することが始まった.しかし,それ以外では,家禽類(七面鳥など)を除けば,大型動物の家畜化は発展しなかった.ジャレット・ダイアモンドは,この理由について,家畜化できるような大型哺乳動物の種類がアメリカ大陸には少なかったと述べている[16].1万2000万年前にアメリカ大陸では,大型哺乳動物がヒトによって絶滅させられ,残ったのはバイソンとシカの仲間だけであった.

　このように,中東,ヨーロッパ,アジアでは,数千年前から家畜の飼育や放牧が始まり,それらと人は日常的に接して生活するようになった.家畜は,毛皮,肉,

種類（野生祖先種）	年代	場所
犬（オオカミ）	1万2000年	西南アジア，中国，北米
羊（ムフロン）	1万年	西南アジア
山羊（パサン）	1万年	西南アジア
豚（イノシシ）	1万年	中国，西南アジア
牛（オーロックス）	8000年	西南アジア，インド，北アフリカ（?）
馬（野生馬）	6000年	ウクライナ
ロバ（アフリカロバ）	6000年	エジプト
水牛（野生水牛）	6000年	中国
ラマ／アルパカ （野生ラマ：グアナゴ）	5500年	アンデス
フタコブラクダ（野生種）	4500年	中央アジア
ヒトコブラクダ（野生種）	4500年	アラビア

図表6.11　大型哺乳動物の家畜化された年代.
家畜の種類，野生祖先種，年代，場所を示す．南北アメリカ大陸では，犬，ラマ，アルパカ以外に家畜は存在しなかった．その理由として，1万2000年前の大型哺乳動物の絶滅があげられる（ダイアモンド，2000；倉骨彰訳『銃・病原菌・鉄——1万3000年にわたる人類史の謎——（上，下巻）．草思社）.

乳，そして動力（開墾力，運搬力）を提供．また，田畑の開墾が進むと，ヒトは定住し，村を作り，さらに都市を作っていった．古代文明の開花であり，ネットワークのハブが形成された．**農業・畜産業の発達とともに動物由来感染症（人獣共通感染症）が猛威を振るい始めた．牛やラクダから天然痘，麻疹（ハシカ），ジフテリア，結核，豚から百日咳，鴨・アヒルからインフルエンザなどである．中東，ヨーロッパ，アジアでは，天然痘，麻疹，インフルエンザなどの感染症の流行は度々起こり，多くの人々が罹患し免疫耐性ができあがっていき，感染症と人々の"共生"が成り立っていた．**それでも感染症の原因となるウイルスや細菌は変異し，それが流行を起こし，ヒトに耐性ができ，また変異するというサイクルが何年も続いていたのである．

　この感染症の中で最も恐ろしいものの1つが天然痘であった．天然痘ウイルスは，2本鎖DNAを持つ第1群に分類される大型のウイルスである（ウイルスの分類は第4章で記述）．ヒト天然痘ウイルスの起源は，ラクダあるいはウシの天然痘ウイルス（ラクダ痘あるいは牛痘）が，家畜化の過程でヒト天然痘ウイルスに変化したものと考えられる．ヒトとヒトの間で接触感染，飛沫感染を起こし，症状は，高熱と共に全身に膿疱を生じ（これが内臓にもできる），致死率は20〜50%ときわめて

病毒性が高い [(17)]．しかも，感染性は高く，感染者1人当たりの拡散数（第1章で述べた実行再生産数 R_0 の値）は5人である．これほど致死率が高く，かつ感染力の強い疾病は天然痘だけである．一方，免疫獲得性も高く，一度罹患すると，再感染することはほとんどない．古くは，紀元前1100年代に没したエジプトのラムセス5世のミイラに天然痘の痘痕が認められている．天然痘の流行はユーラシアでは何度も起こり，人々の間に抗体ができていった．流行が続いた旧大陸の人々は，多くの人が抗体を保持していたことになる．イギリスのエドワード・ジェンナーは，牛の乳搾りの女性に天然痘患者がほとんどいないことに気がつき，1798年に牛痘を用いた天然痘ワクチンを開発し，その後，天然痘はほぼ撲滅された（その6年前，日本の緒方洪庵が最初に人痘による種痘を開発していた）．

恐るべき悲劇の始まり

1492年8月3日，クリストファー・コロンブス（イタリアのジェノバ出身とされる）は，スペインのイザベル1世の支援を受けて，3隻の船で大西洋の東，インドを目指して出港した．10月11日にバハマにあるサン・サルバドル島に上陸，さらにキューバ島，イスパニューラ島を発見した．それ以降，計4回の航海を行い，小アンチル列島，中米，ベネズエラを発見した．その後，スペインによる探検は，1499年にアメリゴ・ヴェスプッチ（アメリカの名前は彼の名から来た）らによるベネズエラ，1513年にバスコ・ヌーニェス・デ・バルボアによるパナマ地峡，1517年のエルナン・コルテスによるアステカ帝国の征服の開始，1532年から始まったフランシスコ・ピサロによるインカ帝国の征服と続いた．北アメリカにも，スペイン人の到着は1513年から始まり，エルナンド・デ・ソトは，1539～42年に北アメリカ中南部の遠征を行った．**コロンブスの到来から50年間，ポルトガル，フランス，イタリア，イギリスなどからも多くのヨーロッパ人が遠征，探検を繰り返した．その結果，恐るべき事が起こった．天然痘を中心に，麻疹，インフルエンザなどの感染症が先住民の間に瞬く間に広がったのである．**

感染症流行のダイナミックスについては，第1章で述べた．当時のアステカ帝国やインカ帝国には，中核となる帝都が存在し，そこから交易路が縦横に繋がっているネットワーク国家を作っていた．たとえば，インカ帝国では，全長6万kmという「インカ道」が張り巡らされており，チャスキとよばれる飛脚が通信を担っていた．また，当時の南北アメリカ大陸は，一大農業文明地帯であり，水運も含めて各地間の交易は盛んにおこなわれていた．すなわち，先住民の社会は，ネットワークにハブを持つスケールフリー構造を持っていたと考えられる．ヨーロッパ人は，まず，このハブを侵略した．動機にはキリスト教の布教という名目があったが，実際

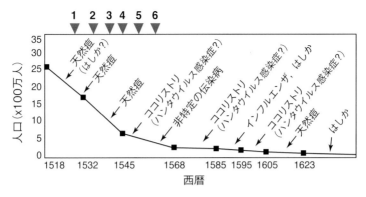

図表6.12　アステカ帝国の人口激減.
水上都市テノチティトランを帝都としたアステカは，エルナン・コルテスによって1521年に滅ぼされた．コルテスの上陸前，メキシコの中央部には2500万人の人が住んでいたが，天然痘の猛威によって100年後には，人口は70万になった．
黒三角は，アメリカ大陸で起こった主要なイベントを参考のために著者が加筆した．（マン，2007；布施由紀子訳『1491』．NHK出版）より．

は経済侵略・植民地化が目的であった．

　コルテスが，今のメキシコ・シティーが発達している盆地（当時は湖だった）の水上都市，テノチティトランを見たとき，その壮麗な巨大都市に驚嘆した．しかし，この帝国は，すでに天然痘に病み始めていた．コルテスは，内乱を起こし，インディオを大量虐殺し，アステカ帝国は，1521年に滅んだ[18]．コルテスの上陸前，メキシコの中央部には2500万人の人が住んでいたと推定される．天然痘は猛威を振るい続け100年後には，人口は70万になった（図表6.12）．この地域の人口が15世紀の水準に戻ったのは，1960年代になってからである．

　南北アメリカ大陸全体での人口減少については，議論が盛んに行われてきたが，**最近のKoch et al. (2019)[19] の研究では，ヨーロッパ人到着以前の人口は，6000万人と推定されている．Kochらは，ヨーロッパ人到着後，16世紀後半には，人口は600万人に減少した（90％の人が亡くなった）と推定した．この人口激減は，当時，世界最大規模であった南北アメリカ大陸の農業を崩壊させたのである．**たとえば，西暦1500年頃，北米大陸東岸地域はイロコイ・アルゴンキン部族の子孫など多くの部族が開拓しており，広大な農業地帯が存在していた．150年後，ヨーロッパ人は各地に入植地を作り要塞を建設したが，その当時，先住民族の開拓地は放棄され森林に変わっていた．

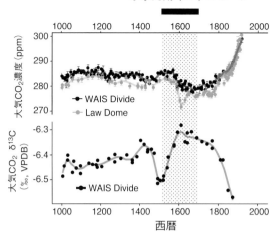

図表6.13　16〜17世紀のグローバル気候イベント.
A：南極の氷床コアからの大気 CO_2 濃度，B：CO_2 の炭素同位体比（VPDB は標準試料を指す）
　大気 CO_2 濃度の低下（10ppm）と炭素同位体比の上昇は，森林の拡大により炭素固定と光合成活動の活発化を表す．南北アメリカ大陸で天然痘などの疫病によって人口が6000万人から600万人に減少，農地が放棄され，各地で森林に変わっていった．その結果，大気 CO_2 濃度が低下，また，大気 CO_2 の炭素同位体比 $δ^{13}C$ が重くなった（軽い ^{12}C は植物に取り込まれた）．そして気温が低下したのである．この気温低下は，小氷期のピークと一致している．（Koch et al., 2019）より.

　Koch らは，農地放棄と森林復活が，気候に大きな影響を与えたと指摘している．16世紀後半〜17世紀前半にかけて，氷床のボーリングコアにおいて，大気 CO_2 濃度の10ppm の減少が認められる（図表6.13）．最新の統計手法を用いて彼らは，5400万人の人口減が，この農業大陸にどのような影響をもたらしたか計算した．森林復活による光合成活動の増加は，大気に炭素同位体比の上昇（軽い ^{12}C が森林に固定）をもたらし，大気 CO_2 濃度の減少，そして0.15℃の気温低下が起こったと考えた.

　16〜18世紀に起こったとされる小氷期時代の原因について，太陽活動の低下や気候システム長期的変動などの理由が挙げられている（第2章を参照）．しかし，最も直接的なのは氷床コアに記録されたデータであり（図表6.13），これを説明できる有力な仮説は，Koch らの南北アメリカ大陸で起こった農業の崩壊である．このことは同時に，大規模な森林の復活が気温の低下をもたらすということを示しており，先住民の悲劇から人新世を読み解く重要なポイントと考えられる.

　疫病で先住民の人口が激減した後，17世紀〜19世紀に，アマゾン人工林は，まったく放棄された状態になった．様々な植物がそこに根付き，かつ，先住民の活動の後を覆い隠していった．アマゾンに人々の開発の手が再び入りだしたのは19世

紀末からであり，そこには，孤立した先住民の部落が，“原生林”の中に点々と存在しているだけだった.

バイソンとリョコウバトの絶滅

　先住民の人口が激減し，耕作地が森林や草原に変わった後，17〜19世紀にかけて北米大陸では，生態系に大きな変化が現れた．グレート・プレーンズには，バイソンの大群が現れるようになった．それまで，先住民によって狩猟・管理されてきたバイソンやエルクなどの大型哺乳動物が復活し，急速に増殖していったのである．リョコウバト（*Passenger Pigeon*）とよばれる鳥は，太陽光を遮断するほどの大群で出現した．しかし，19世紀には，これらの動物もほぼ絶滅に追いやられる運命となった[20]．19世紀に行われた銃による暴力的とも思える狩猟のためである．バイソンは，18世紀には，6000万頭生息していたが，1890年には1000頭まで激減した．その後の保護やヨーロッパ種やウシとの交配によって3万頭まで増えているが，純粋血統はわずかといわれている．リョコウバトは，北米東海岸から内陸に生息していた大型のハトで，非常に美味であったらしく先住民も食料としていた（遺跡に骨の化石が残っている）．先住民の人口が激減し，作物や木の実などの農作物を管理することができなくなり，それらが鳥の餌となったため，このハトは18世紀初頭には大繁殖しており，50億羽が生息していたとされる．18世紀に，北米入植者の人口増加とともに，食料，飼料，羽毛利用のため無制限の乱獲が始まった．1906年に最後の野生個体は姿を消し，動物園で飼われていた一羽が，1914年9月1日に死にたえ，ここにリョコウバトは絶滅した．バイソンとリョコウバトのストーリーは，時代こそ違え，北米大陸で起こった1万2000年前の人間と野生動物の話を思い出させる．

　一方，ヨーロッパ人は，ウシ，ブタ，ウマ，ヒツジ，ヤギなどの家畜を新大陸に持ち込んだ．ウシ，ウマは瞬く間に広がり，17世紀には放牧での飼育と野生化で数を増やしていった．また，コムギ，コメなどの作物が持ち込まれた（図表6.14）．これを新大陸と旧大陸間での「コロンブスの交換」ということがあるが，新大陸は，まさに一方的に侵略されていった不平等交換であったといって良い[21]．

　しかし，それだけではない．アフリカ大陸を巻き込んだ驚くべき利益収奪のシステムが作られていった．アメリカ大陸では先住民が激減し，労働力が不足していたので，サトウキビの栽培をするために17〜19世紀にかけて1000万人以上の黒人奴隷が強制移住させられた．ヨーロッパ，西アフリカ，西インド諸島や南北アメリカ大陸を結ぶ非人道的な奴隷三角貿易によって諸国は莫大な利益を上げた（第2章を参照）．特にイギリスでは，産業革命を起こすに必要な資本は，この貿易によって得

	旧大陸	新大陸
穀 類	コムギ, オオムギ, ライムギ, イネ, モロコシ, キビ, ソバ	トウモロコシ, センニンコク, キヌア
イモ類	タロイモ, ヤムイモ	ジャガイモ, サツマイモ, マニオク
果物類	リンゴ, イチジク, ブドウ, オリーヴ, ナシ, 柑橘類	パイナップル, パパイヤ, アボカド
マメ類	ヒヨコマメ, エンドウ, ソラマメ, ダイズ, アズキ	インゲンマメ, ラッカセイ, ライマメ
果菜類	キュウリ, スイカ, ナス	カボチャ, トマト
野菜類	ニンジン, タマネギ, キャベツ	
香料・香辛料	コショウ, チョウジ, コエンドロ, ショウガ	トウガラシ
嗜好料	茶, コーヒー	タバコ, カカオ
その他の作物	サトウキビ, サトウダイコン, ワタ, バナナ, ヒョウタン	ゴム, ワタ, ヒョウタン
家 畜	ウシ, ウマ, ヒツジ, ヤギ, ブタ, ロバ, イヌ	リャマ, アルパカ, 七面鳥, クイ(テンジクネズミ), イヌ

図表6.14 コロンブス到着（1492年）以前の旧大陸と新大陸における主要な農作物と家畜. トウモロコシ, ジャガイモ, ラッカセイ, カボチャ, トマト, トウガラシ, カカオなどの作物は新大陸に起源を持つ. 一方, 家畜のほとんどが旧大陸起源である. 犬とワタに関しては, 両大陸で飼育・栽培されていた. (山本紀夫『コロンブスの不平等交換——作物・奴隷・疫病の世界史——』. 角川選書, 2017) より.

られたとされる [22]. 今日, ヨーロッパ各国を旅すれば, その優雅な街並みに感嘆する. この近代西欧社会の発展は, 新大陸の金銀, サトウキビそして黒人奴隷の血と汗によって初めて可能となったことに思い致すべきである.

植民地化と独立宣言

　メイフラワー号がイギリスのプリマスを出発し, 現在のマサチューセッツ州に到着したのは, 1690年11月のことだった. 乗船していたのは, イギリス国教会から迫害を受けていた清教徒（ピューリタン）であった. この時, すでにコロンブスのアメリカ発見から200年が経っていた. 入植者は, 農業や漁業などの食料調達技術はほとんど持ち合わせていなかったし, また, そこでの食料もまた彼らが見たこともないものだった. 当時, 北東部の先住民（人口は激減していたが）は, 森林地帯での動物の狩猟と飼育（七面鳥）, 沿岸での漁業, 木の実などの収穫, そして菜園農業を営んでいた. 農作物としては, トウモロコシ, カボチャ, 豆を中心にした, まさに合理的な有機農法であった. メキシコから伝わったこの三種は実に絶妙な組み合わせで, 共作が可能であり, 特に豆は根粒菌によって窒素を土壌にもたらす作用があり, また栄養価も高かった. 先住民には, 土地の私有という概念がなかったの

で，彼らは入植者に農業技術を教えて耕作させ，生活を支援した．入植したピューリタンたちは，先住民の手助けで生き残り，ようやく1年後に先住民を招いて感謝祭（Thanks Giving）の宴を開くことができた．そのレシピは詳しくは分かっていないが，ターキーのロースト，コーンブレッド，パンプキンパイがその後の定番になった．

　入植者は，また，先住民の生き方にヨーロッパの文化とはまったく異なる点を見出した．東部には，イロコイ連合とよばれる部族の連合体があり，そこでは，部族は自治権があり，また連合体全体での意思決定には合議制の政治が行われていた．それは，個人の"自立・自由"の大きさと，社会に浸透していた"民主主義"に基礎を置いていた．男性と女性には，別個であるが平等な権利が与えられており，たとえば，戦いは男性，財政および集団のリーダーは女性に分権されていた．

　1776年の独立宣言によってアメリカ合衆国は誕生したが，国家の統治制度などについては何も決められていなかった．そこに大きな影響を与えたのが先住民の統治制度を模倣することだった．**ベンジャミン・フランクリン，トマス・ジェーファーソンなど独立を推進した人々は，先住民から受け継いだ「自由」と「民主主義」の理想を掲げ，独立した州には連邦制が採用されていった**[23]．だが，実際には，女性の政治参加権，黒人奴隷の解放，先住民の権利の確保などは実現できず，理想にはほど遠い社会体制が作られていった．アメリカ合衆国は，広大な土地を利用した農業，自由と民主主義の理念などを先住民から学び受け継いだが，先住民は次第に駆逐され，居留地に閉じ込められていった．しかし，その後も，世界の人々が自由を求めて，この広大な大陸に移住してきた．その移民が，人新世を形作る主役となっていった．

　1960〜70年代にアメリカでは，ヒッピー運動など中央の権威に対抗するカウンターカルチャーのうねりが起こった．その中では，先住民のカルチャーに影響を受けたものがあった．たとえばLSDを使った"トリップ体験"は，毒キノコを使った霊媒師の儀式にヒントを得ていた．有機農法やベジタリアン運動もそうであり，そのような運動の中から，スチュアート・ブランド，スティーブ・ジョブズなど個人の力で世界を変えようと考える人々が現れた（第1章を参照）．アメリカ先住民は，人新世の根幹に大きな影響を与えたのである．

6.3　米国農畜産業の発展

西部の開拓

　アメリカ大陸の歴史は，"食"をめぐる自然史・人類史であったと言ってよい．

その根幹が農畜産業である．独立宣言の後，西部開拓が進み，米国では公有地の売却が進められていったが，農業の基礎が法的に定められたのは，1862年であった．この年に3つの重要な法案がリンカーン大統領によって署名された[24]．

① 農業教育を目指し，公有地を無償譲渡してカレッジの設立を行った（モリル法）．これが現在，各州にある州立大学となった．
② 農業政策の拠点となる農務省設立のための組織法
③ 自営農場創出のための土地の無償譲渡に道を開いたホームステッド法

である．

　州立大学は，モリル法の適用を受けた土地付与大学（Land-Grant University）として発足し，農業や工業に関する職業訓練，人材育成，技術開発のために作られた組織であり，今は総合大学として発展しているところが多いが，それでも農業に関して大きな影響力を持っている．多くの大学が広大な農業試験所を有しており，また，各種の研究が活発に行われている．アイオワ州立大学は"トウモロコシ大学"として通っており，テキサスA＆M大学は，その名の通り（A = Agriculture，M = Mechanics）で広大な農業研究用の試験場を持っている．

　ホームステッド法による入植は1930年代まで続き，その間に300万件以上の申請があった．この法律の評価については，色々議論されており，土地ブローカーの暗躍や借地への転換など問題があったとしても，この法律によって自営農業の基礎が作られていった．1930年までに，トラクターの普及が進み，農業の機械化が進んでいった．第二次大戦前には，米国農業は世界に先駆けて大きく発展していたのである．

緑の革命

　農業の最大の問題は，生産向上のためには，土壌中の限りある窒素を利用しなければならないことである．一方，窒素は空気中にガスとしてほぼ無尽蔵に存在している．しかし，窒素ガスは非常に安定しているので，そのままでは利用できない．土壌中のある種のバクテリア，特に豆類の根に共生する根粒菌は窒素ガスからアンモニアイオン（NH_4^+）を作り出す．自然界や"有機農法"では，これを利用して窒素が生態系を循環している．1908年，ドイツの化学者フリッツ・ハーバーとカール・ボッシュは，窒素ガスと水素ガスを鉄触媒を介して高温高圧で反応させ，アンモニアを作る方法を開発した．これによって，窒素肥料が大量に作られるようになった．窒素肥料と穀物の単位面積あたりの収穫量は，比例関係にあり，いかに窒素肥料が有効であるかよくわかる（図表6.15）．まさに世界を変えた発明の1つであった．

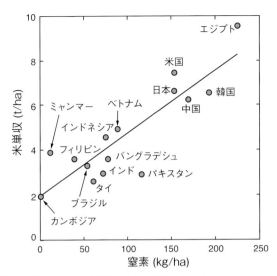

図表6.15 窒素肥料投入量とコメの単位面積当たりの収量（トン / ヘクタール）.
良い相関関係にある. 発展途上国は一般に窒素肥料投入量が少なく, 収量も低い. したがって, 窒素
肥料の投入だけで見れば, 農業にはまだポテンシャルが残っていると考えらえる.（川島博之『世界
の食料生産とバイオマスエネルギー――2050年の展望――』. 東京大学出版会, 2008）[25] より.

　1945年, ルーズベルト大統領は, 戦後世界の復興を目指した計画を立てていた.
その根幹は, 戦争の原因となる飢餓や食料不足をなくすために, 農業の大規模化と
生産性の向上を図り, その生産物を世界に輸出することであった. そして, 世界を
経済的に自立させるために通商の自由を確保しようとしていた.
　第二次大戦の戦時中に使用されていた米国の工場群は, 化学肥料, 農薬, 除草剤
などの製造に転用され, また機械耕作に向いた品種改良がなされ, 大規模農業によ
る生産革命（緑の革命）が起こった. 農業規模の拡大は, ホームステッド法によっ
て設立された小規模経営の自営農家を次第に駆逐し, 大規模経営から穀物メジャー
とよばれる大企業による経営へと変化していった. この結果, 米国農業は大発展を
遂げた. ロッキー山脈の東側のグレートプレーンズ一帯で牧畜や小麦の栽培が行わ
れ, さらにその東のプレーリーには巨大なトウモロコシ地帯が発展, 南部は綿花が
主体, 五大湖周辺は酪農, そしてカリフォルニアは果物・ナッツ・アボカドなどの
地中海式農業が発達していった.
　**東西冷戦の時代, 米国は, 食料不足・飢饉よって第三世界の社会・政治が不安定
となり共産化することを恐れ, 大規模農業を世界に展開することを推進した.** そ
れを指導し, 実行していったのが, ノーマン・ボーローグである. ボーローグは,
1942年にミネソタ大学で博士号を取り, デュポン社に入り, 戦後, メキシコにてロ

ックフェラー財団とメキシコ政府の共同コムギ増産プロジェクトに参画，そこで
コムギの二期作，病気に強い品種改良，そして風雨で倒れにくい品種改良を行っ
た．その品種には，**日本で稲塚権次郎によって作られた小麦農林10号が使われて
いた** [26]．ボーローグの指導によってメキシコのコムギ生産は急増し，さらにイン
ド，パキスタンの要請によりこれらの国でも増産に成功した．彼は，この功績で，
1970年のノーベル平和賞を受賞した．

アメリカが主導した緑の革命により，1950年代～90年代後半までに世界のトウモ
ロコシやコムギなどの穀類の生産量が3倍に増えた．そのおかげで，世界人口が25
億人～60億人に増えた分を賄ったのである．

人新世の覇者

米国，および世界で最も大量に作られている農産物はトウモロコシである．しか
し，それはトウモロコシを人間が直接食べるためではない．家畜を養うためと工業
的な生産に用いるためである [27]．米国のトウモロコシ畑は，日本全土に匹敵する
広さである．特に，コーンベルトとよばれるアイオワ，イリノイ，ネブラスカ，ミ
ネソタ州で全米の50%を生産している．

トウモロコシの工業的利用については，まず，エタノールの生産が挙げられる．
これはバイオ燃料として用いられている．その他の工業製品としては，コーン油や
果糖の生産が重要である．果糖は，フルクトースとよばれる糖で，デンプンから
イソメラーゼという酵素を用いて作られる．このイソメラーゼの生成方法は，日本
の旧通産省工業技術院高橋義幸らのグループによって1960年代に発明されたのだが，
日本では用途が発展しなかった．この特許は米国の会社が取得，清涼飲料水に大々
的に使用するようになった．フルクトースは，砂糖に比べて低温で甘みが強く，ま
た，キレが良いためである．その飲料の代表がコーラである．

米国では，ファストフードを食べれば，そのほとんどがトウモロコシからできて
いるといわれている．ビーフ，ポーク，チキンもコーンで育てられており，チキン
ナゲットは，コーン原料を身にまとっており，コーラを飲めばコーンのデンプンを
飲んでいることになる．

米国のトウモロコシ畑は，単一品目，巨大栽培の象徴である．そこでは，トウモ
ロコシは高密度に植えられ，刈り取りやすいように同じ高さに育つよう改良されて
おり，収穫されたコーン粒は穀物エレベータでミックスされ，大型トラックで家畜
の肥育場あるいは艀（バージ）でミシシッピ川を下り，メキシコ湾から世界へと輸
出される．すべて機械化されているが，儲けは大企業に入り，農家はひたすらトラ
クターやコンバインを動かすのみで儲からない．したがって農家の数は減っている．

それでも米国農業がやっていけるのは，莫大な政府補助金が出されているからだ．

　米国が先住民から受け継いだ貴重な作物，トウモロコシは，今や米国そして世界を支配する人新世の覇者として君臨するようになった．

米国畜産業の現状

　米国で生産されたコーン粒の60%は家畜の飼料となっている．その現場の状況は凄まじい（ポーラン，2015）．カンサス州などの畜産が盛んな所では，見渡す限りの肉牛肥育場が広がる．牛は，子牛の時期を別な農場で過ごした後，柵に囲まれた狭い場所に100頭程度の単位で押し込められ，ひたすら高カロリーのコーン飼料を食べさせられる．飼料には，牛の脂（牛の共食い？），尿素などの化学製品，そして抗生物質が混ぜられており，1年半ほどで肉牛として出荷される．牧草飼育での生育速度の2～3倍に無理やり上げているのだ．肥育場は糞尿だらけであり，超高カロリーの食事のためにほとんどの牛はいわば病気にかかっており，抗生物質の使用は不可欠である．まさにこれ以上は生きられないという頃に出荷されているということになる．大量の糞尿による環境への負荷も非常に大きく，事情はブタやニワトリでも同じである．

　畜産業は，地球に莫大な負担をかけている．農業用地の70%は家畜の生産に使われており，家畜は温室効果ガスの排出源であり，これは世界のすべての自動車の排出量に匹敵する．家畜・家禽の不健康な状態は，食の安全上も大変心配な要素であり，家畜・家禽自身の大規模疾病感染のリスクと，鳥インフルエンザ，エボラ出血熱，コロナウイルス肺炎などの人獣共通感染症の温床となりうる．

　食肉を作るためのコストは莫大である．そのコストは，米国では政府補助金で補償されており，事情はそのほかの国でも同じである．1 kgの牛肉を育てるためは，その10倍の餌が必要である．水の使用も莫大である．1 kgの牛肉を生産するために1万5000ℓという驚くべき量の水を必要とする．

　家畜を肉にするために処理工場も巨大な規模となっており，たとえば，ノースカロライナ州にある世界最大規模の食肉工場では，1日3万2000頭の豚を処理する．畜産は，人間の行っている最大規模の複雑な産業活動である．広大な場所を開墾，確保し，地下水をくみ上げ，化学肥料を使い，莫大な量の穀物を餌として育成，病気の抑制に抗生物質を投入，糞を処理し（しかし，大部分は地下水を汚染する），家畜を運搬し巨大な工場でそれを肉に加工，冷凍保存し，スーパーマーケットに運び，それを私たちが買う．

　私たちは，その肉にどれほどの資源，エネルギーが使われているのか，ほとんど意識しない．そして，新興国・発展途上国でも食肉の需要は高まる一方であり，こ

れからも増え続けるだろう．

オーガニック農業

　1970年代に，米国でカウンター・カルチャー運動が起こり，また，パーソナル・コンピュータが社会改革のツールとして広がり始めた時，コンミューン（共同体）を作って自給自足を目指した人々がいた．その中から，化学肥料を使わない地産地消型の農業を目指す運動が起こり，会社を起こしてオーガニック（有機）作物を販売する人々が現れた．やがて消費者は，敏感に反応，1990年までにオーガニックは安全，健康，エコなどの代名詞となり，米国農務省もオーガニックの基準づくりに乗り出した．もちろん，大手食品会社がその機会を見逃すはずもなく，小規模農家との間で大論争が起こったが，基準は妥協の産物であった．オーガニック食品に合成添加物や保存料の使用が認められたからだ．今や，有機農法もオーガニック食品も大規模産業化し，かつ世界に広まっている．

　米国のオーガニック・スーパーマーケットのホール・フーズ（Whole Foods Market：私も何度か買い物したことがある）[28] に行けば，ほとんどの食品にいかに“オーガニックか”の説明がついており，このスーパーはすべての食品は添加物や保存料は使用していないと謳っている．ホール・フーズは，1978年にテキサス州オースチンでジョン・マッキーとレニー・ローソンの2人が4万5000ドルを家族や友人から借りて起こした個人オーガニック販売所が始まりだ．1980年代から90年代にかけて多数のオーガニック生産会社や販売会社を買収して急成長し，500店舗を展開，カナダや英国にも出店するようになった．やがて，オーガニックを売りにする食品は巷に溢れ，価格競争が激しくなり売り上げが落ち，2017年にアマゾンによって1.5兆円で買収された．オーガニックな食料生産もまた巨大な生産の仕組みの一部となり，グローバル化し，そこに大量の化石燃料が使われている．その点では，地産地消という初期のコンセプトとは異なり，工業化したコーン農業と大きな差が無くなったといえる．しかし，オーガニックというセールスポイントが，消費者に農畜産業がどうあるべきか，ということを目覚めさせてきたという点では，重要な役割を果たしている．それでは，本来のオーガニック農業とはどうあるべきなのか，米国のフードジャーナリスト，マイケル・ポーランは次のような個人経営農場の例を紹介している（ポーラン，2015）．

　そこは，バージニア州にある個人農場だが100エーカー（0.4km^2）の牧草地と450エーカー（1.8km^2）の森林からなる．日本の1戸当たり農地面積が5エーカー程度なのでその100倍ある．

　そこでは，牧草をウシに食べさせ，その糞についたハエなどの幼虫（3日後が良

いらしい）がニワトリの餌となる．ニワトリを飼育し採卵するためのワゴン車を放牧地にタイミング良く移動させるのである．ウシが草を食べた後の放牧地は2週間ほど休ませ，牧草が再び育つのを待つ．ウシ，採卵用のニワトリ，肉用のニワトリも計画的に牧草地を巡回し，動物の糞が過不足なく牧草地に肥料として撒かれるように工夫されている．冬は，ウシもブタも厩舎に入れるが，その糞は厩舎の床に堆肥として蓄積する．それにトウモロコシ粒を入れておくと発酵し，厩舎内は発酵熱で暖かくなり，暖房がいらない．そして春にウシを放牧地に放ち，厩舎をブタに開放すると豚は堆肥の中の発酵トウモロコシが大好きなので，堆肥をかき混ぜ，柔らかくする．それを畑にまいて野菜などを栽培する．

　このような循環農法により，動物たちは健康に伸び伸び育ち，年間に卵3万ダース，ニワトリ1万羽，肉牛50頭，ブタ250頭，七面鳥1000羽を生産する．農場内の森林は，水をきれいに保ち，夏は涼しく，間伐材はおが屑として堆肥の生産に使われる．野菜などは多くは出荷していないが，家族と研修生2人の食事を十分以上に賄うことができる．このような農場は，知恵と工夫の塊である．労働はきついが，農業をする本当の喜びが得られ，そして生産されたものは安全であり，きわめて美味しい（らしい）．

現代農畜産業の課題

　2000年代に入ってから，最強とも思えた米国農業モデルに大きな問題が見え始めた．長年にわたる化学肥料の大量使用と品種改良，遺伝子組換え作物による増産は限界に近づいてきた．

　土壌の劣化が進み，増産を続けるには，化学肥料をさらに大量に使用しなければならない．そして，**最大の危機は農業用水の確保である．米国のグレート・プレーンズの地下にあるオガララ帯水層が劣化し始めた**のである．この地下水は，電気を使った揚水ポンプの登場によって1930年代から大規模に汲み上げられ，コムギ，ダイズ，トウモロコシ，畜産の巨大な農業地帯を形成した．この帯水層の地下水総量は約3500km^{3}と見積もられている．しかし，総量のすべてが利用できるわけではなく，水位が下がればそれだけポンプへの負荷が高くなり，また水質の変化が起こってくる．オガララ帯水層の地下水は化石地下水なので降雨で涵養される量はほとんどなく，使った分だけ総量が減る．毎年25km^{3}以上の地下水が灌漑に用いられ，地下水位の低下が著しい．数十年で枯渇する可能性も指摘され，特に帯水層が薄いテキサス州やニューメキシコ州では化学肥料による汚染・水質の悪化も心配されている．

　地下水の枯渇は，カリフォルニア州のセントラルバレーでも深刻である．ここは，

東のシェラネバダ山脈からの水が帯水層を形成しているが，北部では水が豊富であるのに対して，南部は乏しい．そのために南北を貫く灌漑水路が作られ，ブドウ，アーモンド，オレンジ，アボカドなどの栽培が行われている．地下水の過度な汲み上げにより各地で地盤沈下が起こっている．気候変化による旱魃も農業に大きな影響を与えており，数十年で帯水層の枯渇が懸念されている．また，汚染された農業用水は，セントラルバレーの南へと流れ，ここでは帯水層そのものを汚染し，塩害や汚染が深刻となってきた．セントラルバレー南部では，25年程度で農業ができなくなる可能性が指摘されている．

　地下水の枯渇は，世界各地で問題となっている．というのも世界の食料生産の40％は地下水に頼っているからである．その多くが化石地下水，すなわち，長い時間をかけて蓄積滞留した地下水を使っているからであり，地下水が短い時間に涵養されないからである．この事情は，中国，インド，中東，アフリカ，オーストラリアなどでも顕著である．中国では黄河の水がほとんど利用され尽くされているし，メコン川では下流の流量が減っている．また，カザフスタンとウズベキスタンにまたがるアラル海は，1960年代まで世界第4位の広さの内陸湖であった．ソ連では，アラル海に注ぐ2つの川，アムダリヤ川，シルダリア川を綿花栽培のために灌漑用水として使い始めた．その結果，アラル海はほとんどが干上がってしまった．

　地球は水惑星であるといわれている．地球表層の水の96.5％は海水であり，その残りの3.5％のほとんどは氷床と地下水である．人間が利用しやすい淡水資源は，全体のたった0.01％である．淡水のうち，陸に降る雨（天水）と表層の地下水が利用可能であり，その総量は，年間4〜5万km^{3}と推定さている．1995年時点で，年間に農業用水として約2500km^3，工業用水として約750km^3，生活用水（水道）として約350km^3，合計3800km^{3}を利用している[29]．

　人間は，肉や野菜，果物などを食べ，栄養を得ている．標準的には毎日2700kcalが必要とされており，それに必要な水は，毎日1500〜3000ℓと推計される．家庭のバスタブが約200ℓほどなので，毎日，バスタブ10杯分程度の水を，直接ではないが飲んでいることになる．ある物の生成に必要な水の総量を「水のフットプリント（足跡）」とよぶ．農産物のフットプリントは，たとえばハンバーガー1個（150g）の水フットプリントは2400ℓ，コットンのTシャツ一枚（250g）で2000ℓとなる．私たちは毎日，莫大な水のフットプリントとともに生きている．

　今後数十年，世界の人口が80〜90億人のレベルであり，その人口を今までの農業・畜産業のやり方で支えて行くためには，大量の化学肥料，抗生物質を使用，そして農業用水の消費を続けて行かねばならない．

　農業・畜産業は，広大な土地，エネルギー，水，物資を必要とする人間最大の営

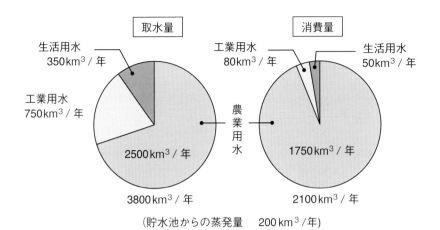

図表6.16 世界の年間水資源取水量（左）と消費量（右）.
　取水量（左）の約70%，消費量（右）の95%は農業用水のためである．農業用水には，作物の栽培だけでなく家畜飼育のための穀物栽培などの農畜産業全体が含まれている．（沖大幹『水の危機——ほんとうの話——』，新潮選書，2012）より．

みである．米国では，1970年代からのカウンターカルチャー運動と連携したスローフード，ベジタリアンフード，有機農法の希求，そして，2000年代からの食の安全・安心を自らの手で確保しようとする地域支援型農業や都市農業などコミュニティーのネットワークを通じて，社会体制，食，農業・畜産・水産業をトータルに変えてゆこうとする動きが起こっている[30]．**アメリカ大陸で起こった食をめぐる壮絶な人類史は，食料をどのように確保してゆくのか，すなわち，食のイノベーションに私たちの未来がかかっていることを明確に教えている．**

BOX6.1

古代農業遺跡

　アマゾン盆地の"原始熱帯雨林"地帯に農耕文明が栄えていたということは驚愕の事実であるが，同様な歴史がアフリカ・コンゴ盆地の熱帯雨林地帯にもあった可能性が指摘されている．ナイジェリアとカメルーンの境界から中央アフリカの西部にかけて，3000年〜2000年前に熱帯雨林が後退した時期があることが，地層の記録から知られていた．このイベントは，この地域の乾燥によって熱帯雨林が衰退した気候変動によるものと考えられていた．しかし，最近のカメルーンの湖底堆積物の研究により，この熱帯雨林の衰退が，人の手によるものである可能性が指摘されている．それは，花粉，地球生物化学的な指標，安定同位体比な

どを組み合わせ，乾燥化の気候変動はなかったこと，森林伐採と農耕によってこの地域の環境が変わったことが指摘されている．

　近年の遺伝子研究に基づき，アフリカにおける人類の移住・交雑の歴史が分かってきた．ホモ・サピエンスが誕生した後，アフリカでは，何回か大規模な集団の移動が起こったが，それには言語と農業技術の拡散を伴っていた．最も大きな影響を与えたのが上記のナイジェリアとカメルーン境界付近で栄えた集団で，バントゥー語族とよばれる人たちが，2500年〜1700年前頃に中央アフリカからビクトリア湖畔さらに南アフリカへと拡散したことである（これがルワンダの悲劇と関係することは第2章で述べた）．これによって農業技術や鉄器の生産技術が各地に伝わった．

　コンゴ盆地の熱帯雨林地帯を Google Earth で観察すると，コンゴ川の中流流域には広域に自然堤防と思われる高地が存在している（たとえば1°46′N，20°24′7E）．そこでは，帯状に農耕地帯と村落が400km以上連なっている．その北側は中央アフリカから続く高地で農耕地帯となっている．またコンゴ川の中流域の南の雨林地帯でも網目状に村落と農耕地が連結している．特に自然堤防の村落は，アマゾンの例を見れば，古代農耕がそこで行われたと考えてもまったく不思議ではない．

　すでに National Geographic 誌では，アンゴラ国境域，コンゴ国境域，中央アフリカにおいて，農耕地の遺跡（現在も使われている？）を Google Earth から指摘している．西アフリカでは，8世紀頃からサハラ砂漠を越えてきたアラブ人との交易が始まり，ガーナ，マリ，ソンガイ帝国とよばれるイスラム教の影響を受けた国家が作られた．また東アフリカでも，ザンジバル島から大地溝帯にかけて8〜10世紀にアラブ人，ペルシャ人が交易のため移住，イスラム化が進んだ．

　15世紀には，ポルトガル人が大航海時代を開き大西洋とインド洋の沿岸で交易が始まり，さらにギニア湾岸を拠点とする奴隷貿易が始まった．そして19世紀後半になってヘンリー・スタンレイがアフリカを横断，コンゴ川の源流から大西洋までを探検した．その探検記には「暗黒の大陸」が強調され，アラブ系アフリカ人を使用人として，野蛮で戦闘的な現地人と戦いながら川を下る冒険が描かれている．しかし，農耕文明の記述はまったく無い．何時，どのようにしてコンゴ熱帯雨林地帯の高度な農耕文明が消えたのかわかっていないが，やはり，奴隷貿易と関連すると考えられる．というのもコンゴ川が内陸への交通路になっており，多数の人々が奴隷として連れ去られた可能性があるからだ．スタンレーの探検の時，現地人がもし戦闘的だったとしたら，それは奴隷狩りへの抵抗であったのだろう．

　驚きの古代農業遺跡がパプアニューギニアに存在する．ニューギニア島の南

部山岳州1500mの高地にあるクック湿地（Kuk）の一帯は，1万年〜7000年前から農業が始まったことを示す考古学的な証拠が見つかっている．作物はタロイモ，ヤムイモ，バナナなどで木製農具を使い，灌漑水路や品種改良の痕跡も残っている．この場所は現在も農業が行われており，1万年にもおよぶ独立した農耕文明の歴史を残す貴重な場所として世界遺産に指定されている．

　農業は，中東の「肥沃な三日月地帯」と中国の「黄河・揚子江地帯」が発祥で，それが世界に広まったというのが歴史の常識であったが，アマゾン川やパプアニューギニアそしてコンゴ川などで独立に始まっていたことが分かってきた．農業がどのように始まったのか，その起源が再考されている．

　National Geographic 誌のコンゴ盆地文明については

　https://blog.nationalgeographic.org/2018/09/26/lost-civilization-in-the-congo-basin-by-mike-fay-and-richard-oslisly/

　クック湿地帯の農業遺跡については

　https://whc.unesco.org/en/list/887/

注

（1）　オガララ帯水層に関しては，インターネットに良い解説や動画が掲載されている．
https://ja.wikipedia.org/wiki/ オガララ帯水層（英文の Wikipedia を読むことを勧める）
https://www.youtube.com/watch?v=XXFsS94HF08（帯水層枯渇の様子が良く報告されている）

（2）　化石を証拠として見た人類進化史はつねに書き換えられているが，BOX5.2を参照してもらうとともに，次の著作をあげておく．
クリストファー・ストリンガー，クライブ・ギャンブル（河合信和訳）（1997）ネアンデルタール人とは誰か．朝日選書．
クリストファー・ストリンガー，ロビン・マッキー（河合信和訳）（2001）出アフリカ記——人類の起源——．岩波書店（人類学の第一人者の一人，ストリンガーの「イースト・サイド・ストーリー」が語られている．アフリカ大地溝帯の東側が新生代後期に気候変動により森林地帯から乾燥地帯になり木から降りた人類の祖先がやがて人類としての発展を遂げたとする考え）．
河合信和（2010）ヒトの進化700万年史．ちくま新書（上記図書の訳者でジャーナリストによる著作．人類史が年代別に，また，発掘史的にまとめられている）．

（3）　関野吉晴のグレートジャーニーについては多くの著作があるが，全体像を見るには，次の著作が好適である．
関野吉晴（2013）グレートジャーニー探検記．徳間書店（探検の全体を写真で簡潔に俯瞰した本）．

（4）　ゲノム解読のデータが大量に出てくる以前の遺伝子人類学の成果は，
ブライアン・サイクス（大野晶子訳）（2001）イブの七人の娘たち．ソニー・マガジンズ．
ジョン・リレスフォード（沼尻由紀子訳）（2005）遺伝子で探る人類史—— DNA が語る私たちの祖先——．講談社ブルーバックス（遺伝子解析の結果は，ヒトは20万年前頃にアフリカで誕生したらしいという化石人類学の証拠と一致した）．

（5）　大量のデータはやはり強い！
デイヴィッド・ライク（日向やよい訳）（2018）交雑する人類——古代 DNA が解き明かす新サピエンス史．NHK出版（古人骨と現代人のゲノムを比較してホモ・サピエンスの起源，

交雑，移住などの人類史を明らかにした画期的著作！　大変参考になった）．

（６）　ネアンデルタール人はヒトのネットワークに飲み込まれてしまったというのが回答か
　　赤澤威（編著）（2005）ネアンデルタール人の正体——彼の「悩み」に迫る——．朝日選書（ネアンデルタール人発掘研究チームによる報告，先住民ネアンデルタール人がアフリカから移住してきたヒトによって殺戮，滅亡（感染症もある）させられたという考え方と共存・混血し，併呑されていったという考えがある．本書の片山一道の考えは，後者で，上記のライクのゲノム解析と一致する）．

（７）　ショーベ洞窟の壁画は，まさに芸術といって良い．すばらしい構図と生き生きした描写．ヒトの持つ芸術・科学・技術のポテンシャルが感じられる．
　　Chauvet, J.-M., et al. (1996) *Dawn of Art: Chauvet Cave*. Harry N. Abrahams, Inc., New York.
　　　平（2007）でも取り上げられている．

（８）　マーチンのオーバーキル仮説は
　　Martin, P.S. (1973) The Discovery of America: The first American may have swept the Western Hemisphere and decimated its fauna within 1000 years. *Science* 179, 969-974（人類史の中で最大級の論争を呼び起こした論文．多くの人は，ヒト犯人説に反対，環境変化説を取った．生物の絶滅が"環境変化"で起こったことは誰もが考えることだ．しかし，北米大陸に至るまでのヒトの営みを見ると，ショーベ洞窟の壁画も，石器の高度化も，また，シベリアに残された大量のマンモスの骨も，ヒトの狩猟活動がいかに活発であり，技術的にも高度であったことを示している）．
　　　マンモスの絶滅については，
　　ヴェレシチャーギン（金子不二夫訳）（1981）マンモスはなぜ絶滅したのか．東海科学選書．東海大学出版会（この著者も大量狩猟が絶滅に導いたと考えている）．
　　　捕食網の頂点に立つものが生態系を支配するという考えに立つ著作は，
　　ウィリアム・ソウルゼンバーグ（野中香方子訳・高槻成紀解説）（2010）捕食者なき世界．文藝春秋（マーチンのオーバーキル仮説以降，北米大陸に野生生物を取り戻そうという運動が起こった．ハイイログマ，オオカミ，ピューマ，ジャガー，クズリ（イタチの一種）などの捕食者を復活させようとする計画についても記述されている．このような復活計画を Rewildering：再野生化という）．

（９）　マーチンのオーバーキル仮説に対しての炭素14年代測定値をコンパイルし解析し検証した結果の論文．マーチンは正しいという結論．
　　Surovell, T.A., et al. (2015) Test of Martin's overkill hypothesis using radiocarbon dates on extinct megafauna. *PNAS* 113, 896-891（炭素14年代測定のデータは，アラスカで1.4万年前，米国（アラスカ以外）で1.3万年前，南米で1.25万年前に絶滅が起こっており，これはヒトの移住とほぼ一致する．このような北から南への絶滅の推移は，気候変動では説明できない．データがもっと欲しい）．
　　　また，世界規模での第四紀の哺乳動物絶滅が気候変動かヒトによるものかをモデルで検討した論文もある．
　　Sandom, C., et al. (2014) Global late Quaternary megafauna extinctions linked to humans, not climate change. *Proc. R. Soc. B* 281, 20133254（グローバルな絶滅数の分布，ヒトの分布，温度変化，雨量の変化速度の関係を比較し，ヒトとの関連があるとの結論．まあ，全体の傾向はわかるがやや説得力が不足）．

（10）　大型草食哺乳動物がメタン発生工場であることはよく知られている．
　　Smith, F.A. et al. (2010) Methane emissions from extinct megafauna. *Nature Geoscience* 3, 374-375（ヤンガードリアス期のメタン減少ピークが哺乳動物の絶滅による可能性を指摘）．
　　　第四紀後期の大型哺乳動物の絶滅は，現在進行中のそれと比較されている．というより，大型哺乳動物の地球システムにおける役割がわかっていない．2014年にオックスフォード大学で，"Megafauna and ecosystem function: from the Pleistocene to the Anthropocene"という国際研究集会が開かれた．次の論文がそのサマリーである．
　　Smith, F.A. et al. (2016) Megafauna in the Earth system. *Ecography* 39, 99-108（再野生化の必要性が論じられている）．

(11) コロンブスが到着する前のアメリカ大陸の文明については,

　チャールズ・C・マン（布施由紀子訳）（2007）1491――先コロンブス期アメリカ大陸をめぐる新発見――. NHK 出版（アメリカ大陸人類史の驚愕ストーリー）.

　青山和夫（2007）古代メソアメリカ文明――マヤ・テオティワカン・アステカ――. 講談社選書メチエ（数少ない中央アメリカの考古学専門家による解説）.

　天野芳太郎・義井豊（1983）ペルーの天野博物館――古代アンデス文化案内――. 岩波グラフィックス（天野芳太郎は, 1892年に秋田県に生まれ, 秋田工業学校を卒業後, 天野商会を設立, 1928年に渡米に渡った. その後, 戦時中は苦労したが, 戦後ペルーで事業に成功し, 古代ペルーの文化に興味を持ち, 盗掘により散逸してゆく考古学的遺物の収集に務め1964年に天野博物館を設立した. これが東大の泉靖一など日本の学界がペルー人類学で大きな貢献をする足掛かりになった. この個人博物館は, 現在は, ペルーのリマに天野プレコロンビアン織物博物館として立派に再生している. 南米における日本人の文化活動の誇りだ）. http://jp.museoamano.org

(12) アマゾン文明に関しては, 次の本が著者の発掘研究を成果も含めてまとめてある.

　実松克義（2010）アマゾン文明の研究――古代人はいかに自然との共生をなし遂げたのか――. 現代書館（モホス大平原農業地帯の西縁は, アンデス山脈の褶曲帯が始まる所であり, マデラ川も源流はアンデスの山々から発している. モホス大平原は, ほぼ標高が200～140mであり, アマゾン川は, ここから2200km の河口まで, 100km で数メートル程度の勾配を流れてゆく. アマゾン盆地がいかに平坦な場所であるかがわかる. モホス大平原は, アンデス山脈から運搬された第四紀の地層を形成している無数の蛇行河川の流路と氾濫原が広く覆う沖積平野であり, 雨季（10月から３月頃まで）には至る所が冠水し巨大な氾濫湖（差し渡し300km 以上の大きさ）が出現する. 冠水する場所は, 主に草本類に覆われており, やや高い場所には樹木が林を作り, 北部では熱帯雨林に変化している. モホス大平原の地形や植生そして遺跡については, Google Earth で観察するのがお勧めである）.

　　次の論文はアマゾン川の南側が広域に居住地・耕作地になっていたことを示す.

　De Souza, J.G. , et al. (2018) Pre-Columbian earth-builders settled along the entire southern rim of the Amazon. *Nature Communications*: DOI: 10.1038/s41467-018-03510-7

(13) 約１万年前のアマゾン南西部における農業の開始については,

　Lombardo, U., et al., (2020) Early Holocene crop cultivation and landscape modification in Amazonia. *Nature* 581, 190-193（アマゾンの農業, そしておそらくアメリカ大陸の農業が, メガフォーナの絶滅以降, 1000～2000年後には始まっていたことは, 狩猟と農業はおそらく共存した営みであり, その比重が変わっていったことを示唆している）.

(14) C3植物から C4植物の変化を示す論文は,

　Cerling, TE and Harris, J.M. (1999) Carbon isotope fractionation between diet and bioapatite in ungulate mammals and implications for ecological and paleoecological studies. *Oecologia* 120, 347-363（炭素同位体比測定は, 生態系, 大気, 水, 土を繋ぐきわめて有力な解析手法である）.

　　平（2007）においても解説してある.

(15) トウモロコシの起源を探る研究史および農業・社会史については, 次の著作に詳しい.

　鵜飼保雄（2015）トウモロコシの世界史――神になった作物の9000年――. 悠書館.

(16) ジャレッド・ダイアモンド（倉骨彰訳）（2000）銃・病原菌・鉄――１万3000年にわたる人類史の謎. 草思社（この著作の大きな趣旨は, 温帯域に東西に延びるユーラシア大陸では文明交流が容易であった. したがって文明が発達した. 一方, アフリカや南北大陸では, それが容易ではなかった）.

(17) 天然痘については, ウィキペディアに良い記述が載っている. 英語版も見て欲しい.

　https://ja.wikipedia.org/wiki/天然痘

(18) アステカとインカの滅亡については,

　増田義郎（2020）アステカとインカ黄金帝国の滅亡. 講談社学術文庫.

　　インディオの虐殺は, それを当時に告発した司祭がいた.

　ラス・カサス（染田秀藤訳）（2013）インディアスの破壊についての簡潔な報告. 岩波文庫

（1542年に書かれたスペイン人の新大陸における非道を糾弾した報告書．様々な宗教的・政治的な試練を経て，古典となった）．

　また，ラス・カサスの小説も書かれた．

マルモンテル，J・F（湟野ゆり子訳）（1992）インカ帝国の滅亡．岩波文庫（ラス・カサスの報告を基にキリスト教の狂信が招いた悲劇を描いた1777年の小説）．

　コルテスの滅したテノチティトランはアステカ王国（後1350〜1521年）の首都であったが，それ以前にもテノチティトランにも匹敵する大都市がすぐ近くに存在していた．ティオティワカン文明（紀元前100〜後600年）である．この古代都市は，現在のメキシコ市の北東40kmに位置し，全部で600もの神殿・ピラミッドが立ち並ぶ．当時の人口は20万と推定されており，同時代でいえば，ローマに匹敵する都市であり，メキシコ盆地の政治・経済・宗教の中心であった．後にアステカ王国の人々は，現在，太陽の神殿，月の神殿とよばれる巨大なピラミッドの威容に感銘し，彼らの言葉でこの場所をティオティワカン（神々の場所）とよんだ．中央メキシコ高地では，このような文明の興亡が繰り返され，アステカ王国の壮麗な水上都市テノチティトランが建設されていった．これらの壮麗な建築物にどのようなメッセージが込められていたのか，遺跡から読み取るのみである．45年前，私はひたすら感動したのみで，深く思い至ることはできなかった．

(19)　次の論文は，南北アメリカ大陸における先住民の大量死が地球環境に大きな影響を与えた可能性を指摘している．

Koch, A., et al. (2019) Earth system impacts of the European arrival and Great Dying in the Americas after 1492. *Quaternary Science Reviews* 207, 13-36（この論文を基礎に，私は小氷期といわれる寒冷化イベントが，この大量死事件と結びついていると考えている）．

(20)　リョコウバトなどの人間によって絶滅させられた動物については，

ロバート・シルヴァーバーグ（佐藤高子訳）（1983）地上から消えた動物．ハヤカワ文庫．

　バイソンについては，ウィキペディア（英語版）に良い記事が載っている．

https://en.wikipedia.org/wiki/American_bison

(21)　コロンブスの交換については，チャールズ・マンが次の著作（1491の続編）を書いている．

チャールズ・C・マン（布施由紀子訳）（2016）1493——世界を変えた大陸間の「交換」——．紀伊國屋書店（コロンブスの交換後，銀貨幣が流通，タバコ貿易，奴隷経済によって世界が変わった）．

山本紀夫（2017）コロンブスの不平等交換——作物・奴隷・疫病の世界史——角川選書（要点をまとめた好著）．

(22)　ヨーロッパ人の南北アメリカ大陸侵略，疫病による先住民の大量死，アフリカからの奴隷輸入，は人間の歴史の中で起こった最大級の悲惨な出来事である．奴隷制については，上記の山本（2017）でも取り上げられている．次の著書は，産業革命が奴隷貿易によって可能になったことを示した．

エリック・ウィリアムズ（中山毅訳）（2020）資本主義と奴隷制．ちくま学芸文庫（著者はトリニダード・トバゴ共和国の初代首相になった）．

(23)　西部劇では，先住民は非常に戦闘的な民族として描かれているが，良い社会制度を築いていたらしい．

ドナルド・A・グリンデ・Jr.，ブルース・E・ジョハンセン（星川淳訳）（2006）アメリカ建国とイロコイ民主制．みすず書房．

　（上記の本には，次の記述があるので，まとめた．アメリカ合州国の設立に大きな貢献をしたベンジャミン・フランクリンとトマス・ジェファーソンは，先住民の社会に建国のビジョンを見出していた．

　フランクリンは，

　「ヨーロッパ各地を旅し，裕福で安楽な人びとの割合がどれほど少ないか見たことのある者なら，かの地の貧困と悲惨をそれに対比させられるであろう．ひと握りの富者と高慢な地主たちに対して，貧しく，惨めで，法外な地代と税を払わされる大勢の借地人たちや飢えた労働者たちの姿．それに比べて，わが植民地諸邦に広く見られる幸福な並の暮らし

ぶりは，農夫が自分のために働き，そこそこ豊かな家庭を支えている．われわれの方がずっと望ましい生き方をしていることは，明らかではなかろうか」．

ジェファーソンは，

「人類史のこの一幕全体がまったく新しいものだ．アメリカ植民地における国づくりの実験以前，歴史は旧世界の人間しか知らなかった．それは，あるいは小さすぎ，あるいは支配がきつすぎる領地にすし詰めで暮らし，そうした状態から生まれる種々の悪徳が蔓延する世界だった」．

著者らは，先住民社会をヨーロッパ社会と対比し，そこにない，あるいは失われた平等と幸福の理念を見出した．先住民社会がアメリカ独立の理念や合衆国憲法に影響をおよぼしていたという論考．先住民の"味方"である私としてはなぜか嬉しい）．

(24)　米国農業の現状と歴史については，

斎藤潔（2009）アメリカ農業を読む．農林統計出版（第Ⅱ部でホームステッド法や公有地政策について詳しい）．

石井勇人（2013）農業超大国アメリカの戦略―― TPP で問われる「食料安保」．新潮社（アメリカ農業への州立大学の役割を知った）．

(25)　以下の著作には，食料とバイオマスエネルギーの現状と展望が多数の図表で説明されている．

川島博之（2008）世界の食料生産とバイオマスエネルギー――2050年の展望――．東京大学出版会．

(26)　稲塚権次郎は，1897年に富山県に生まれ，東京帝国大学農学実科を卒業，農商務省の農事試験場に入所，冷害に強いコメ品種陸羽132号を完成させ，宮沢賢治もこのコメに感謝した．1935年に岩手県農事試験場にて小麦農林10号を完成させた．この小麦は，丈が低いが多収量でかつ倒れにくい性質を持っていた．この品種が戦後，ボーローグの注目するところとなり，さらに品種改良され，世界に広まった．ボーローグは，1990年，稲塚権次郎の生家を訪ね，記念講演をした．彼の生涯は，映画化されている．

「NORIN TEN 〜稲塚権次郎物語」（仲代達也・野村真美主演，2015）（どうでも良いことではありますが，妻役の野村真美がやや場違いな感じが）

(27)　トウモロコシ農業が世界を支配していることはマイケル・ポーランの次の著作に書かれている．トウモロコシがコンバインで刈り取りが最も効率良くできるように，同じ高さに実を結ぶように品種が作られているというのは驚きだ．また，以下の著書では，畜産業の苛烈な効率化も指摘している．畜産業は限界に近づいていることが明瞭だ．

マイケル・ポーラン（ラッセル秀子訳）（2009）雑食動物のジレンマ――ある４つの食事の自然史．上巻――．東洋経済新報社（筆者は米国のフードジャーナリスト．実体験に基づき楽しく興味深いリポートを発信している．トウモロコシのこと，オーガニックフードのことについて引用した）．

マイケル・ポーラン（小梨直訳）（2015）これ，食べていいの？――ハンバーガーから森のなかまで――食を選ぶ力――．河出書房新社（上記の本のコンパクト版）．

(28)　Whole Foods Market については，ウィキペディアの英語版に詳しい記載がある．
https://en.wikipedia.org/wiki/Whole_Foods_Market

(29)　水資源に関する問題については，次の著作がある．

沖大幹（2012）水の危機　ほんとうの話．新潮選書（水資源の利用・管理・経済・工学などの幅広い分野についてまとめてある）．

(30)　近年の米国における市民参加型農業については，

ジェニファー・コックラン＝キング（白井和宏訳）（2014）シティ・ファーマー――世界の都市で始まる食料自給革命――．白水社（巨大なアグリビジネス企業と工業化された農業から地産地消への転換を提唱）．

第7章

エネルギー・食料・都市
——アース・ソサエティ3.0への道——

　人間・地球・機械の持続的共生と融合を目指すアース・ソサエティ3.0においては，次の3つの課題を解決しなければならない．①化石燃料への依存を限りなく少なくし，安定したエネルギー源の確保，②地球への負担を軽減した食のパラダイムシフト，そして③人々が各々の豊かさのビジョンを追求し，生活を楽しむことのできる都市空間の再生・構築である．2011年の東北地方太平洋沖地震・津波は世界のエネルギー革命の起点となった人類史的な事件であり，それ以降，風力・太陽光エネルギーの低コスト化が進みとなり，今後，分散型エネルギー供給システムの主役となって行くだろう．垂直農場，あるいは細胞培養ミート工場など地産地消の都市型食料供給システムにより，多くの農地を森林へと解放できるようになるだろう．食のパラダイムシフトのためには，ゲノム編集技術が重要技術となりうる．これらが地球環境の維持・管理における切り札となりうる．都市は，最も効率良く人々が生活できる場所である．都市を作り直して行くためには，人工知能と次世代通信ネットワークを活用した取り組みがキーポイントになるだろう．同時に，海面上昇などの巨大リスクに対応するための長期的プランニングが必要となる．

7.1　エネルギーの大転換

東日本大震災——新たな時代の始まり——

　地球の歴史の中で，突発的に起こった事変（イベント）が，地球の生態系に大きな変化をもたらし，生物の絶滅を引き起こしたり，環境を激変させたことは多く知られている．その代表的な例が白亜紀末の隕石の衝突イベントである．今から6500万年前，巨大隕石（直径10kmと想定されている）が現在のメキシコ・ユカタン半島に落下，巨大なクレーター（直径200km）を残した．衝突場所は浅い海であったが，高さ数百メートルの巨大津波が沿岸部を襲った．衝突によって生じた高温反応によって地殻の岩石が溶けてガラス玉（スフェルールという）となり，上空に吹き上げられ，また，大量のエアロゾルが太陽放射を遮り，恐ろしく冷たい地球を現出させた．エアロゾルのミストが晴れ上がり，数百年にもおよぶ寒冷の時代が過ぎると，今度は灼熱の地球が待っていた．クレーター形成時の吹き上がったガスの中に

大量の CO_2 が含まれていたためである．この激烈な環境変化によって，恐竜を初めてとして生物の大量絶滅が起こった[1]．これが白亜紀と第三紀の境界と定義された．

　恐竜の絶滅に関しては，この事変の以前から，この生物の衰退が始まっていたとする考えも出されている．すでに9000万年前から種分化や新種の発生が少なくなり，個体数も減少しつつあったという．この大きな傾向の中で隕石衝突イベントにより，恐竜のほとんどは絶滅したが，鳥盤類から進化していた鳥類の祖先がすでに発展していた．また哺乳類も，白亜紀前期には，有袋類から有胎盤類が進化しており，すでにイヌほどの大きさで小型恐竜を捕食していたものも発見されている．これらの最近の化石の発見により，白亜紀末の隕石衝突イベントは王者恐竜を絶滅させたが，すでに自然界でニッチを獲得していた哺乳類・鳥類については，進化の流れを一挙に拡大・加速させた側面もあったと推定できる．

　2011年3月11日，マグニチュード9の巨大地震が東北地方太平洋沖で発生した．地震の震源は宮城県沖で深さ30kmほどの太平洋プレートと東北日本弧状列島（北米プレートの一部）の境界であったが，地震の破壊は日本海溝の海底にまで到達した．この海底変動は，JAMSTEC が調査をしていた日本海溝における地震前とその後の海底地形と地質構造を比較することによって明らかになった．日本海溝の陸側斜面は，最大60mも東へ移動し，それが史上最大級の地震津波を発生させた．地球深部探査船「ちきゅう」は，2012年に海溝陸側斜面の末端部，水深6800mの海底からさらに850mの掘削を行い，プレート境界断層の掘削に成功，断層帯がせん断強度のきわめて小さい粘土層からなり，その断層すべりが一挙に海底変動を起こし，巨大津波の原因になったことを明らかにした[2]．この津波の被害は凄まじく，三陸沿岸から仙台平野そして福島県，茨城県から千葉県沿岸部に甚大な犠牲と破壊をもたらした．

　この津波は，2段階のフェーズから構成されていたことが釜石沖の水圧計のデータからわかった．津波は，比較的ゆっくりした海面の上昇の後，7分後に急激な上昇を伴っていた．この様子は，南相馬で撮影された海岸の様子のビデオで認められる[3]．海面が上昇し始め，やがて，漁港の防波堤を越えた後，7分後にまさに海の壁が来襲してくる．この凄まじい海の壁は，このビデオ撮影地点から19km南の福島第一原子力発電所を襲った．定点ビデオでは，発電所に巨大な水柱が上がる様子が撮影されていた．

　地震発生時，福島第一原子力発電所では，1号機〜3号機が運転中，4号機〜7号機が定期点検のため運転を停止していた．地震直後に，運転中の炉は自動停止し外部電源を失ったが，非常用発電機が起動した．それから約50分後，遡上高15mの津波が発電所を襲い，地下に設置されていたディーゼル発電機が海水に浸かり機

能喪失し，さらにその他の設備も機能せず，全電源喪失という最悪の事態となった．このため原子炉や燃料プールへの注水が不可能となった．1～3号機はすべて炉心溶融を起こし，金属部分との反応で水素が発生，1，3，4号機がガス爆発を起こし，原子炉建屋と周辺部分が大破し，放射性物質が風に乗って北西方向に放散された[4].

この事故で大気に放出された放射性物質はチェルノブイリ原発事故の1/6に相当し，国際原子力事象評価尺度において最悪のレベル7に分類された．今なお，帰還困難区域が残っており，住民への影響は長く続く．そして，これから40年ともいわれる廃炉作業，汚染水の処理問題，除染土の処理など長く難しい問題が残された．この事故の持つ世界的な衝撃は大きかった．

一番反応が早かったのはドイツである．ドイツでは，2011年以前から，すでに脱原子力への政策転換が議論されていたが，福島の事故の後，国内原発17基のうち7基を暫定的に停止し，2022年までに17基すべて停止することを決定した．ドイツは送電線が周辺のEU各国と繋がっており，国境を越えれば原発大国フランスがあり，実際に2016年にドイツが輸入した電力の32％はフランスからだった．したがって，この方向転換は，他国の原発を利用したものとの批判もあった．しかし，今や，ドイツは給電と送電の完全分離，小規模給電（個人や企業）を繋ぐネットワークのスマート・グリット（人工知能を応用して電力の需要と供給を制御）運用など，本格的な電力システムの変革に先頭を切って取り組んでおり，**2019年には再生可能エネルギーが火力発電を上回り，最大の電力供給源となった．ここに世界的に見て原子力発電そして化石燃料発電の時代の終焉が始まったといって良い**[5]．**人新世のエネルギー大転換が起こったのである．東日本大震災は，それほどに大きな出来事**だった．

石油会社の衰退と産業の変化

石炭，石油，天然ガスの化石燃料は，これまでの産業を支えてきた最も重要なエネルギー源であった．19世紀の後半は石炭産業の時代であったが，その後，米国で石油の発見が相次ぎ，スタンダードオイル社が発展，一方，東南アジアに基盤をおくシェルオイルと2大勢力が競いあっていた．1908年，英国の地質技術者によって中東で巨大油田が始めて発見され，これによって英国の中東進出が始まった．また，メキシコ湾岸でも石油の発見が相次ぎ，スタンダードグループの反トラスト法による解体を契機に，7つの巨大石油企業が誕生した．いわゆる7メジャーズである．

第一次世界大戦は，オスマン・トルコの解体，ヨーロッパによる中東石油の独占をもたらし，その後，米国による巻き返しが起こり，メジャーズによる国際石油資

源の争奪が第二次世界大戦まで続いた.

　第二次世界大戦後, 世界の石油事情は一変した. 米国経済の躍進そして超大国化により, 米国は石油輸入国になったのである. 同時にその輸入先として中東の重要性が一挙に増大した. 1948年の中東の世界に占める石油生産量は12%であったが, 1960年には, 40%を超えた. しかし, 戦後のメジャーによる石油資源の独占は, 産油国の反発を招き, 独占状態は次第に弱化, 利益折半方式が採用されると同時に, 石油輸出国機構（OPEC）が1960年に設立された. この結果, 産油国の発言力が強まり, 資源ナショナリズムが台頭してきた.

　1973年に第四次中東戦争が勃発, アラブ諸国による親イスラエル国への原油輸出禁止措置によって第一次石油危機が起こった（日本では有名なトイレット・ペーパー買い占め狂乱が起こった）. 1979年のイランにおけるイスラム革命を経て, 1980年のイラン・イラク戦争時に第二次石油危機が起こった. これら一連の石油危機において, 石油価格は高騰し, 中東石油が世界の安定したエネルギーの主役であるという位置付けを揺るがした. この結果, 天然ガスの需要が伸びるとともに, 多様なエネルギー源を求めること, そして省エネルギー社会へと舵を切ることが世界的トレンドとなった. この2つの石油危機とそれと連動するように起こったスリーマイル島原発事故そしてチェルノブイリ原発事故が, 人新世エネルギー経済史の分岐点となり, 福島第一原発事故以降の大変換の伏線となったのである.

　石油危機の後, エクソン社を中心として石油メジャーズの再編が行われ, スーパーメジャーが誕生（エクソンモービル, シェル, BP, シェブロン）, また, 1990年代後半からは, 石油が市況商品化され, 価格が金融に大きく左右されるようになった[6]. 2005年頃から原油価格は上昇を続け, 2008年前半には石油危機以前の5倍（140ドル/バレル）に達した. 同年9月, リーマン・ショック（米国投資銀行最大手のリーマン・ブラザーズが不動産ローンの無節操な貸付で破綻, 株価の暴落が起こった）が起こり, 原油価格は暴落し, その後は, 価格の乱高下の時代が始まった. 米国では, 自国資源確保との方針の元に, 頁岩（シェール）に含まれる石油・ガス成分を地層の破砕（フラクチャリング）によって取り出すシェールオイルやシェールガスが開発されるようになったが, これは一時凌ぎの資源確保に過ぎない. 石油時代の終焉が始まったのである. この終焉の始まりは, 1970～80年代に, 地球の温暖化傾向がデータより捉えられるようになり, また, スモッグなど環境への汚染が広がり, 化石燃料を消費続けることへの危惧が世界的に認知されるようになった時代と一致している.

　この間の産業界の変化は著しい. 1957年, 1982年, 2019年の経済誌 Fortune の米国企業ランキングを見ると（図表7.1）, 1957年は, 自動車, 石油, 鉄鋼, 電気の国

Fortune 500 トップ 10 企業

年 ランク	1957	1982	2019
1	GM （自動車）	Exxon	Walmart （小売スーパー）
2	Exxon （石油）	Mobil	Exxon Mobil
3	Ford （自動車）	GM	Apple （デジタル産業）
4	US Steel （鉄鋼）	Texaco （石油）	Berkshire Hathaway （投資）
5	GE （電機）	Chevron （石油）	Amazon （通販）
6	Mobil （石油）	Ford	United Health （保険）
7	Chrysler （自動車）	Amoco （石油）	McKesson （医薬品）
8	Esmark （鉄鋼）	IBM （コンピュータ）	CVS Health （医薬品）
9	AT&T （通信）	Gulf	AT&T
10	Gulf （石油）	Atlantic Richfield （石油）	AmerisourceBergen （医薬品）

自動車 ☐　石油 ▨

図表7.1　Fortune 誌による米国企業ランキング（トップ10）.
それぞれ，1957年，1982年，2019年．1957年は，いわゆる重工業が主力であり，1982年は中東オイル
ショックの後で石油産業が大きく進出したが，後に再編される．2019年には，顔ぶれはガラッと変わ
っており，医薬品産業を中心に大きな変化が起こっていることがわかる．（Fortune 誌）による.

策重工業的な企業で占められ，1982年は，石油会社が7社トップテンに入っている．これは中東石油危機後の石油価格の高騰による一時的な増益を表しているが，これらの石油会社は80年代には統合されていった．IBM が入っているのは，コンピュータ時代の到来を告げている．2019年には様相がまったく変化し，伝統的な企業で残っているのは，エクソンモービルと AT & T のみ．小売業，投資，保険，医薬品企業に加え，アップルとアマゾンが入っている．アップルは，2013年にトップ10入りしているので，2010年代，産業構造に大きな変化，すなわちデジタル産業と健康産業（医薬品）時代の到来が起ったことがわかる．

原子力発電の盛衰

世界最初の原子力発電は，1951年，米国アイダホ州の EBR-1実験炉で行われた．

最初の実用炉は，1954年のソ連のオブニンスク発電所であり，民間への電力供給が行われたのは，1956年，英国のコールダーホール発電所である．1953年の国連総会で，アイゼンハワー大統領は，原子力平和利用を進めることを演説し，1957年には，国際原子力機関（IAEA）が設立された．1960年代〜70年代に原子力発電所の建設ブームが起り，米国では，80基もの原発が建造された．日本でも茨城県の東海発電所が1965年に初の商業用原子炉として稼働を始めた．福島第一原発は，1967年に着工，1971年に稼働を開始した．

　米国の電力システムは非常に複雑である．まず，2000以上の公営地域電力組織があり，870の農業共同組合系の電力組織，180程度の民間会社，6つの連邦機関（これは政府の所有する水力ダムからの電力供給を行う）から構成されている．発電，送電，小売などの業者が入り乱れているが，近年の電力自由化の方針によって発電と送電は分離されている．戦後，アイゼンハワー大統領の旗振りのもと，原子力発電によって電力供給を安定させ豊かな超大国を作る，という方針を実現して行ったのは民間の電力会社であり，GE（ジェネラル・エリクトリック）社，ウェスティングハウス社などのメーカーが売り上げを伸ばしていった．しかし，原発の拡大は，住民の反対運動を激化させ，各地で様々な摩擦と衝突を引き起こした[7]．

　1979年，米国ペンシルバニア州スリーマイル島原子力発電所で部分炉心融解事故が起こった．この事故は米国の原子力政策に決定的な影響を与えた．安全性の問題のみならず，建設費用の高騰，住民反対運動の激化により，原発のコストとリスクが急増し，発電所の新規建設がストップしたのである．さらに，1986年，ソ連のチェルノブイリ原発事故は，世界に深刻な影響を与え，原発事故の恐ろしさを伝えた[8]．それ以上に，この事故がソ連の国家体制そのものへの疑問を引き出し，1991年のソ連崩壊へと導いたのである．

　原子力発電は，1990年代〜2000年代に地球温暖化対策の切り札として再び喧伝された時期があり，米国では原発の復活が起こると思われた．しかし，福島第一原発の事故は，このエネルギー源は，あまりにリスクが大きく，かつ，国家の存続に関わるほどの影響があることを思い出させ，現在の世界の新規原発建設は，中東産油国（UAE，サウジアラビア）など数カ所に留まる．

　戦後，エネルギー事情は比較的シンプルであった．火力（石炭・石油）と原子力という2つの柱があった．しかし，1970年代の終わり頃から，石炭・石油や原子力は決して安定したものではなく，地政学的にも，安全管理の上でも，地球環境に対しても，そして金融市場においても，大きなリスクを抱えていることが明確になり，その後は多様なエネルギー源を模索する時代に入った．エネルギー問題は，いずれの国においても政治と密接な関係にあり抜き差しならぬ状況が続く．単なる技

術的ソリューションだけでは，なかなか進まない．しかし，大局的・長期的に見れば，再生可能エネルギーが中核となることは明確である．

再生可能エネルギーの時代

　世界では，2000年代に入り，再生可能エネルギー，主に太陽光・風力発電の導入は，徐々に進んでいたが，2011年が明らかなエポックになり，両者の総合導入量が増加しており，特に太陽光は発展が著しい．まさに指数関数的な成長が起こっている．そして2017年，太陽光発電の累積設備容量は，世界の全原子力発電のそれを抜き，さらに成長している．

　それでも2018年の世界の全体の電源構成を見ると石炭38％，ガス23.2％，水力15％，原子力10.2％，風力・太陽光7％である．この数字を見ると，再生可能エネルギーのシェアはまだ小さいと思える．しかし，実際には中国と米国の動向が未来を決定する（ただし，インドがどうなるのかまだわからない）．というのも，両国で世界の40％の電力を使っており，中国では67％が石炭，米国で62％が石炭・ガスの化石燃料中心の電源構成だからである．一方，EUでは，再生可能エネルギーが火力，原子力を抜いて最大の給電源となった．

　今，再生可能エネルギーの普及を牽引しているのは，中国である．国内では電気自動車や電気オートバイの普及は，凄まじいスピードで進展しており，電動ヴィークルの普及において世界のトップを走っている．太陽光パネルの生産もまた，中国が世界を圧倒している．注目すべきは，そのエネルギー戦略であり，全体の発電構成のうち，石炭比率を2030年までに全体の30％，2050年までに10％に減らす計画である．一方，再生可能エネルギーは，2030年までに約50％，2050年には80％まで増やすという，きわめて野心的な計画が立てられている．

　再生可能エネルギーの普及と利用促進を目的として国際機関である国際再生可能エネルギー機関（IRENA）は，2011年4月に発足した．現在，159カ国とEUが加盟している[9]．IRENAでは将来のエネルギー・シナリオであるRemap2019を発表しており，2050年までのシナリオとして全一次エネルギー供給の60％を再生可能エネルギーで賄うとしている．ただし，2050年の総一次エネルギー供給は550EJ/年で現在より少なくすることをシナリオに入れている．

　一方，2100年までのシナリオを考えている提案が，2018年に出された．石油大手ロイヤル・ダッチシェル社の「スカイ・シナリオ」である．このシナリオでは，再生可能エネルギーの急成長が2015年から始まり，2050年で化石燃料を追い越し，2100年にはエネルギー需要の90％は再生可能エネルギーとしている（図表7.2）．この図では，2030年から再生可能エネルギーの急成長が顕著となり，2070年までの40

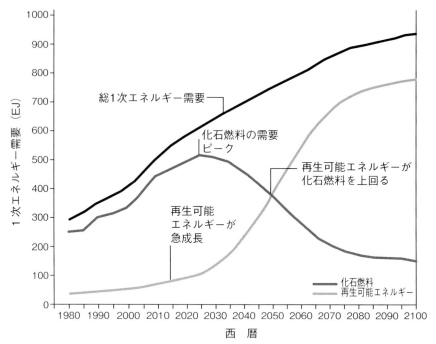

図表7.2　エネルギー転換の枠組み.
ロイヤル・ダッチシェル社「スカイ・シナリオ」2018による総一次エネルギー供給量が増え続ける中で、2020〜70年で再生可能エネルギー供給を急成長させるシナリオ. 化石燃料のピークは2025年頃であり、再生可能エネルギーが2050年に化石燃料を上回る. ユニバーサルエネルギー研究所、2018をベースに著者編集. EJ はエクサ（10^{18}）ジュール.
http://ueri.co.jp/pdf/news/commentary_1011_h180405.pdf

年間で再生可能エネルギー75％、化石燃料25％を達成する. ただし、この図では、一次エネルギー需要が2020年の600E J/年から2050年の750E J/年、そして2100年には900E J/年を越すと予想している.

　先進国には、エネルギー産業として確立された既存の基盤があり、これを変換してゆくのは容易ではない. しかし、原子力発電は、建設コストが急騰しており経済的に成り立たなくなっていること、もし事故が起こればその影響があまりに巨大であること、さらに核廃棄物処理に関して後の世代が大きな負担を背負うこと、などに関して莫大なコストとリスクの問題があり、これ以上の発展は難しい. 石炭、石油、ガスの火力発電もこれからさらに効率を上げ、温室効果ガスの排出をできるだけ抑えること、CCS（Carbon Capture and Storage：地層中に CO_2 を封入する技術）などの技術も向上してくることの期待もある[10]. スカイシナリオにもある通り、これからも集中給電やバックアップ給電の柱として高効率の天然ガス発電と

CCS の組み合わせは，今後数十年は必要と考える．

　太陽光発電は，将来を見越すと圧倒的に有利である．太陽光は無尽蔵でありかつ無料，世界のどこでも誰でも使え，太陽光発電のさらなる技術革新は確実であり，そして何より最もクリーンであることを考えると，これ以上のエネルギー源は考えられない．太陽放射エネルギーの大きさを考えるとエネルギー問題というのは，原理的には，そもそも存在していない．太陽から地球へ供給されて総エネルギーは10^{18}kW 時であるのに対して人間が使っている総エネルギーは10^{14}kW 時である．すなわち地球の受ける太陽放射エネルギーの1/1万分に過ぎない．地球システムは，その誕生以来，太陽放射エネルギーによって駆動されてきた．過去に蓄積された太陽放射エネルギー（化石燃料）ではなく，今，降り注いでいるものをようやく人間が使える時代が到来したということだ．人間進歩の一大革命といえる．

　太陽電池は，まず，変換効率をいかに良くするのか，という点で開発が進められてきた．変換効率は，2010年以降は20％に達するものが生産されてきた．太陽光発電モジュールのコストは，年々下がっており，生産量が２倍になるごとに20％コスト減少している．これは価格性能比が指数関数的な曲線に従うという新しい例であり，「スワンソンの法則」とよばれている（サン・パワー社の創業者でスタンフォード大学教授であった Richard Swanson の名前による）．この効果は，設備への投資が加速し累積容量が増大すると，コストもまた急速に低下しており，太陽光発電は2019年には，化石燃料発電コストと比較できる範囲となり，陸上風力発電はすでにその範囲に入っている（図表7.3）．

　現在の太陽電池は，大部分は，結晶系シリコンを用いたものであるが，アモルファス系，有機半導体系，カドミウム・テルル太陽電池，ペロブスカイト太陽電池などが研究されている．将来，交換効率30％以上のものが発明されるであろう．特に桐蔭横浜大学宮坂力の発明したペロブスカイト太陽電池は，薄く，柔軟性があり，ペイント状に塗るだけで良い（透明なものも開発されているので，ガラスに塗って窓にすることもできる）ので，設備投資がきわめて安く，車，建物，道路などから電気を得ることができる．開発が待たれる分野である[11]．

　太陽光発電は，多くの利点があることは明瞭である．必ずや，変換効率がさらに上がり，個人や地域単位の分散型発電設備として普及してゆくだろう．太陽光に限らず，再生可能エネルギーは，自然現象を対象とするので制御が難しいという側面がある．短期的には，確かにそうである．しかし，数年のスパンで見れば，これほど安定した電源はない．太陽光がなくなることはないし，風が吹かなくなることもない．人間の歴史を考え，たとえば今後1000年の間に，確実に存在し長期的に見れば最も変動の少ないエネルギー源は，太陽光と風力である．また，再生エネルギ

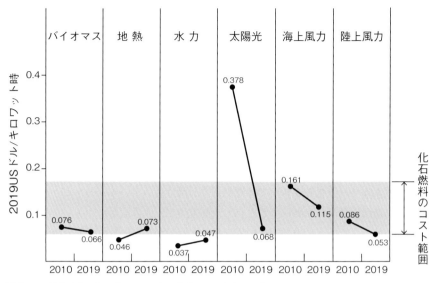

図表7.3 再生可能エネルギーのコストの比較：2010年と2019年.
バイオマス，地熱，水力，風力発電すでに2010年時点で化石燃料のコスト範囲にあったが，太陽光は
著しい進歩をしている．国際再生可能エネルギー機関（IRENA, 2019）より.

一の発電は分散型の設備によって供給される（1箇所に巨大な設備を作る必要がな
い）．したがって，設備はランダムネットワークとなり，攻撃に強いシステムとな
るであろう．すなわち，自然災害，テロなどでハブが破壊され，大規模なブラック
アウトが起こることもない．その意味でも最も安定・安全な電源といえる[12].

　短期的な電力供給の変動に関しては，蓄電技術との組み合わせが重要となる．蓄
電技術もまた，飛躍的発展が期待できる．2019年のノーベル物理学賞は，リチウム
イオン電池の開発者3人に授与され，その1人が吉野彰である．今，世界中で次世
代電池開発が進んでいる．数年後には，驚くべき電池（スーパーバッテリー，たと
えば固体リチウムイオン電池）が開発され，電気自動車・トラクターなどの電動車
両の性能も格段に向上し，電動車両自体が家庭や生産現場での蓄電設備の役割（モ
バイル蓄電設備）を果たすようになるだろう．実際，電気自動車は，当初問題とさ
れた走行距離は格段と進歩（1回充電で500km以上），また充電時間も5〜10分で
できるという（イスラエルの企業 StoreDot による）．2022〜23年には，価格もガソ
リン車に肩を並べると予想されている．2020年7月に米国テスラ社の時価総額は22
兆円を超え，トヨタ自動車の総額を超えた．テスラ社の2019年の年間販売台数は約
35万台で，1000万台超を売るトヨタの約1/30である．それでも時価総額がこれだ
け大きいのは，市場が自動車の未来は電池電気自動車であると確信している証拠で

ある．また，2020年時点で，世界第2位と第3位の電池電気自動車メーカーは中国の会社（BYD，BAIC）である．

太陽光・風力発電と次世代電池そして電気自動車などの電動移動・運搬システムの組み合わせは，近い将来の交通手段・流通システム，そしてエネルギー事情をまったく変えるに違いない．本章の後半で述べるように人口の増加は，2050年には頭打ちになり，その後，人口減少の世界に入ることは十分に考えられる．2030〜50年までの間にエネルギー変換をベースとした経済・社会の大変革（パラダイムシフト）が起こるだろう．

7.2　21世紀デジタル技術による社会革命

スマホの登場

今まで述べたエネルギー革命と時を同じくして，食料生産（フードテック），移動・運輸（モビリティー），都市改造・建設（スマートシティー）などにおいてパラダイムのシフトが起こり始めた．これらを可能としているのは，21世紀デジタル革命ともいうべきイノベーションで，それはスマートフォン（スマホ）の爆発的普及から始まった．

移動通信技術の進歩は1980年代に，持ち運びできて，どこでも話ができる移動電話が利用できるようになったことから始まった．しかし，アナログ音声通信なので肩から懸ける重い電話を持ち運びしなければならなかった．第2世代になり，パケット通信のデジタル方式が進化，ポケットに入れることのできるモバイル電話が誕生した．第3世代になると世界共通のデジタル方式が採用され，ブロードバンドの採用でカメラと一体となった静止画像を送れるようになった．第3世代では1996年にフィンランドのノキア社が発売した「ノキア9000コミュニケーター」が最初だといわれている（ノキアがこの機種をスマートフォンとよんだ）．日本では，1999年，携帯電話にeメール，ウェブページの閲覧機能，写真機能のついたNTTドコモの「iモード」が登場しており，スマート通信分野では世界の最先端を走っていた．これは，「どの場所でも誰とでも常時接続が可能な新しいネットワーク世界観」を人々に浸透させた大発明であった．そして，利用時間ではなく使ったデータ，すなわちパケット量で課金された．これは携帯電話事業者が行った電話回線と端末を結び付けた最良のサービスであり，2006年にNTTドコモは世界最大のインターネットプロバイダと認定された．

しかし，当時，世界ではすでに第4世代（4G）の高速回線の発達に向けたイノベーションが起こっていた．小型パソコンであるタブレットの延長と電話機能がつ

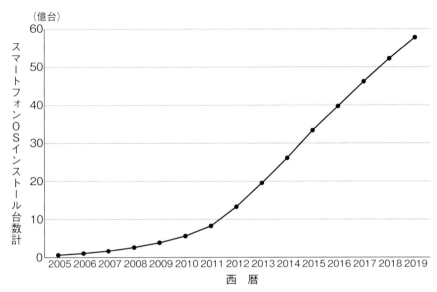

（億台）

図表7.4　世界のスマートフォン・オペレーションシステム（OS）のインストレーション台数の推移.
　　2011年より急増し，60億台に近づいた．世界のほとんどの人がスマホを持っている時代になった．（総
　　務省情報通信白書平成29年）より.

いたグラフィック・ユーザー・インターフェース（タッチスクリーン）を利用する
端末を起点に，インターネット上のサービスを利用し，より高度な機能を有するも
のへと発展した．2007年に誕生したiPhoneがその先駆けとなった．Googleが提供
するオペレーション・システムであるアンドロイドを搭載したスマホは，2007年に
登場したが，本格的な普及は2010年からであり，今や世界中に広まった（図表7.4）.
　スマホは，SNS（Social Networking Service）により，今までコンタクトのな
かった人々を歴史上始めてネットワークで繋げ，それによって行動を起こす事を可
能とした．たとえば，2011年の「アラブの春」では，フェイスブックを通じてエ
ジプトやリビヤで反政府運動が起こったとされている．人々の組織化，ネットワー
ク化があっという間に広がり，大きな力を持つことが認識された.
　スマホは，人工衛星を使った測位機能により居場所が瞬時に測定でき，映像や画
像が撮影でき，またそれをすぐに送受信できる．たとえば，東日本大震災時の津波
の映像は，史上始めて巨大津波の全貌を捉えた貴重な記録であり，かつ，スマホが
地球・社会・人間センサーとなりビッグデータ収集装置（位置情報，画像，地震動,
気象，音声，体調など）としてきわめて有用であることを示した．新型コロナ感染
症対策では，スマホの位置情報から人流を解析した情報が利用された.
　人工知能とスマホの連結も画期的なことである．自動顔認証，音声入力，自動翻

訳など，以前は研究・実験の対象であった技術が今や誰でも使えるアプリとなっている．さらに，健康管理のためのアプリも充実し，生活道具としても必須のものとなってきた．スマホはまた，ヴァーチャル・リアリティー（Virtual Reality：VR）技術とも密接に繋がり始めた．2014年にはグーグルが段ボール製の VR キット「カードボード」を発売（たった10ドル！），他社も種々の製品を出し，"VR 元年"ともいうべき年になり，その後，VR技術はゲームにも取り入れられ，急速に普及してきた．VR や AR（Augmented Reality：現実空間と仮想空間の融合）が個人，社会をどのように変えるのか，まだ予測がつかないが，ゲームや映画などの娯楽，教育，スポーツ，職業訓練，メタバースなど仮想社会の分野で大きなインパクトを持つことは間違いない．人間の認識の中で現実と仮想空間の世界の境界が次第に薄れていっている．これが人間の心に何をもたらすのか研究を進めてゆくことが大切だ [13]．そして，2020年は次の世代の通信，5G 元年であり，商業的なサービスが始まった．

5G 移動通信システムとスマートシティ

5G 移動通信では，「超高速」「同時多数接続」「超低遅延性・超高信頼性」の3つの柱から成り立っている（図表7.5）[14]．超高速では4G の10倍以上，同時接続されるデバイスの数は10〜100倍，遅延性はミリセカンドレベルという仕様となっている．図表7.5では，これらの柱を三角ダイヤグラムとして，主要な応用分野を示した．超高速技術は，スポーツ観戦・放送や VR，AR，3D 動画などに使われ，高度な情報の配信，あるいは教育現場での利用が見込まれる．遅延が小さく，信頼度の高い技術は，複雑なマシンのリアルタイム遠隔操作，救急患者の遠隔手術，車両の自動運転などに威力を発揮する．同時に多数のセンサーやデバイスを接続し，それを統合して工場，生産現場，流通などの管理を行うことができる．5G はローカルなエリアで独立したネットワークを構築すれば，そのエリア内部の高度なモニターや制御が可能となり，さらに全体のネットワークと繋げるとスマートホームからスマートシティへと全体を包括した移動通信技術が作れる．

大都市では，人口の過密化に伴って交通渋滞による通勤時間，大気汚染，健康の問題が起きている．これを従来の地下鉄などの公共交通システムだけでなく，個別の移動手段と統合し，より効率的で省エネと安全を追求した高度なシステムによって解決しようとするコンセプトを MaaS（Mobility as a Service：あるいはスマート・モビリティ）[15] とよぶ．従来の電車，地下鉄などの公共交通システムと，電気自動車，電気スクーターや電動スケートボードなどを核に，自動運転，自由レンタル，カーシアリング，ドローンによる宅配（将来はドローン自動車）など，端末と人工知能を駆使して都市での移動，運搬，流通を行うものである．この概念は，2012年

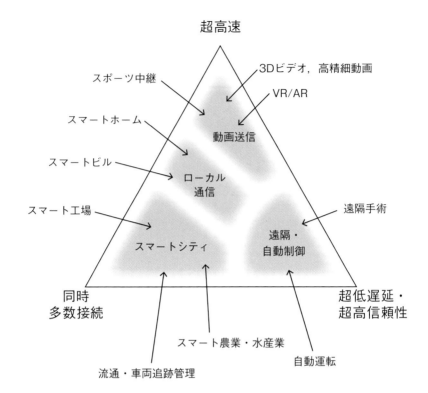

超高速

3Dビデオ，高精細動画

スポーツ中継

VR/AR

スマートホーム

動画送信

スマートビル

ローカル
通信

スマート工場

遠隔手術

遠隔・
自動制御

スマートシティ

同時
多数接続

超低遅延・
超高信頼性

スマート農業・水産業

自動運転

流通・車両追跡管理

図表7.5　5G 移動通信技術の 3 本柱と主要な応用分野.
　超高速通信による3D video，VR，AR，やゲーム，遅延が小さく信頼性が高いのでロボット，様々な
遠隔操作（医療手術など），多数デバイスの同時接続によりスマート・ホームやスマート・シティな
ど，今まで，個々に発達していたものが繋がり，相互に連動し，かつ，全体を統括できるシステムと
して進化するだろう．（藤岡雅宣『いちばんやさしい5G の基礎』．インプレス，2020）を参照.

頃から発達し，今，急速に浸透しつつある．スマート・モビリティを始め，都市の
エネルギーの大部分を電力で賄うとすると，大量電力消費社会が生まれ，その電力
が供給できないのではないか，との懸念がある．図表6.2のエネルギー予想で，総
一次エネルギー需要が増えると予想されるのは，そのためであり，分散型電力供給
システムの利点を生かすためのイノベーションが問われるところである．

　5G の普及は今まで，個々に発達していたものが，繋がり，相互に連動し，かつ，
全体を統括できるシステムとして進化するだろう．今まで，ICT（Information and
Communication Technology）や IoT（Internet of Things）という言葉で喧伝されて
いた技術革新が発展する時代に入った．しかし，本当の大発展は，おそらく6G の
時に起こるだろう．6G は，5G に比べて，さらに100倍の大容量と100倍の速度の通
信を目指しており，すでに研究開発が始まっている．指数関数的な成長が移動通信

システムとその統合の分野において起こっており，これがエネルギー供給，食料生産，新しい都市構築のベースライン技術として発展するに違いない．

7.3 食料生産のパラダイムシフト

水産業の危機

　私は，楽しみが「釣った魚で大吟醸」と称している．魚が大好きだ．しかし，漁獲量の減少がきわめて心配だ．ウナギ（ニホンウナギはすでに絶滅危惧種），マグロ，カツオ，サンマ，スルメイカなど日本人の食卓を支えてきた水産物の水揚げが減っている．スーパーマーケットには聞きなれない名前の魚が並んでいる．カラスガレイ（北西大西洋バフィン湾が主な漁場），アカウオ（北西大西洋），メロ（マジェランアイナメともいう，南極海と南東大西洋），オキカサゴ（天皇海山列），クサカリツボダイ（天皇海山列），ホキ（ニュージーランド海域）などで，世界の海からトロール底引きで漁獲されたものである．これらも今や過剰に漁獲されており資源の枯渇が心配されている．ヨーロッパで最も主要な魚であるアトランティック・コッド（大西洋タラ）は，漁獲量は半減しており，特に北米のグランドバンクにおいては，乱獲で資源が崩壊し，漁獲が停止され今も復活していない．世界の漁業は，過剰漁獲によって危機が進行，計画的な資源保護・管理が強く望まれている．その中で，サーモンの養殖は成功例として注目されている[16]．

　2万5000年前，ヨーロッパから北米大陸にかけて北半球を氷床が覆っていた（図表3.11）．現在のスカンジナビア半島も氷河に覆われており，地面は氷河の流動によっていくつもの深い谷地形が削られていた．氷河期が終わり，融氷期に入ると2000m以上の厚さの氷は無くなり，地殻にかかっていた氷の荷重が取れると地殻は隆起し始めた．地殻の下のマントルが流動したためである．氷河の下にあった深い谷が地表に顔を出すとともに，海面が上昇し切り立った断崖を持つ入江，フィヨルド地形が形成された．

　北大西洋では，野生のサーモンは，河川で産卵し，海に出て育つ生態が知られていたが，1950年代，デンマークとフェロー諸島の漁業者がグリーンランド沖に野生のアトランティック・サーモンが集まる海域を発見，これを大量捕獲することを始めた．1960年代にノルウェーとスウェーデンの漁師もこれに加わり，サーモンは激減していった．1960年代の始め，ノルウェーでサケの幼魚を集めてフィヨルドで養殖が始まり，ある程度の成功を収めていた．そこでノルウェーでは，国のプロジェクトとして養殖を進展させることに決めた．それをリードしたのが水産養殖研究所のトルグベ・ゲドレムらである．彼らは，40の河川系から捕獲したサケを交配し，

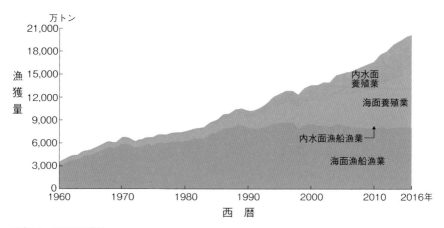

図表7.6 世界の漁獲量.
　漁船を使った漁業は，1990年からほぼ一定水準（0.9億トン程度）にある．1990年以降，養殖業が発展してきた．（水産庁水産白書，2017）より．

養殖に向いたサケを育種していった．この結果，野生のものに比べて2倍の速さで育ち，病気にも強い魚種を育成することに成功した．餌にも改良を加え，今では植物起源の飼料（コーンが主であり，餌の50％以上になる）に魚油や魚肉をブレンドしたもので，1kgの成長に1.2kgの餌という効率化をなして遂げている．

　そもそもサケは，大きな卵（イクラ）から育つので稚魚の時代が短く，すぐに餌を食べ始める．その点でまず養殖に非常に向いていた．また，かなり雑食性であり餌も植物性のものをブレンドすることが可能となり，コストを低く抑えることができた．さらにフィヨルドは波静かではあるが水深が大きく，養殖にとって致命的な貧酸素環境を避けることができるので，絶好の養殖場であった．卵から孵った稚魚は淡水で10〜16カ月飼育され，60〜100gに育った後，フィヨルドの養殖生け簀に入り，さらに14〜22カ月で4〜6kgに成長し出荷される．

　1978年，ノルウェーでは，国家事業としてサケの世界販売を展開，やがて市場で最もポピュラーな魚，そして世界で唯一生魚を食べる文化（寿司でも世界的には最も人気）の象徴としての地位を獲得した．さらに養殖拠点をスコットランド，カナダ太平洋，チリ（日本企業も出資：南半球にはサケ類はいなかった！）に展開していった．現在，養殖サケの水揚げは，240万トンであり，ノルウェーは130万トン，チリが90万トンである．ノルウェーではフィヨルドはもう満杯であり，沖合への展開，特に北海油田の施設を利用した取り組みがなされている．

　世界の魚業の趨勢をみると，サーモンのみならず養殖漁業の発展が著しい（図表7.6）．中国は実に6700万トンの水産漁獲があり（世界の40％），そのうち海面養殖

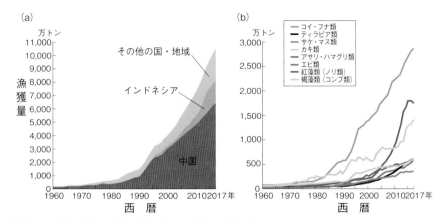

図表7.7 養殖水産業の国別生産量（a）と水産物の変遷（b）.
養殖業1億トンのうち3000万トンが内水面のコイ・フナ類であり中国で生産されている．また，海藻類が3000万トン養殖されており，これらは増粘剤やゲル化剤として用いられる粘質多糖類（カラギーナンなど）の原料となっている．インドネシアと中国が主要国である．その他に500万トン～200万トンの水揚げ量があるものとしては，アサリ・ハマグリ，カキ，エビ，ティラピア，サーモンがある．（水産庁水産白書，2017）より．

が1700万トン（これには海藻なども含まれる），内水面養殖が2800万トンを水揚げしている（図表7.7）．内水面養殖の半分は，ハクレン，コクレン，ソウギョ，アオウオ（これら4種を四大家魚という）などのコイ・フナ類であり各地で養殖されている．四大家魚はいずれもコイ科の魚であるが，古来，養魚という手法で，池沼で飼われてきた．これら4種は食性が違うので，混成すると自然に育つ．歴史的には，農作で刈り取った植物や養蚕の時に不要となったサナギ，し尿なども与えてきた．

　ナイル川流域が起源のティラピア（カワスズメの仲間）やメコン川流域のパンガシウス（ナマズの仲間）も世界中で養殖がされている．ティラピアは，中国，インドネシア，エジプトを中心に500万トン程度，パンガシウスはベトナムを中心に150万トン以上が水揚げされている．パンガシウスの最大の輸入国は中国，さらにタラの代用魚として米国やイギリスにも輸出され，フィッシュ・アンド・チップスとなっている．ちなみに，マックのフィレオフィッシュの魚フライはスケソウダラらしい．

　今や，沿岸のみならず，湖沼河川もまた養殖場として開拓されており，海洋そして淡水生態系にも大きな変化が起きている．そして，養殖場として使える水域もどんどん少なくなってきた．少ない品種（それも品種改良で野生のものとは大きく異なる）を大量に養殖し，それが生け簀から外界へ漏れ出すとどのような影響を生態系に与えるのか，そもそも海洋養殖や淡水養殖で環境汚染はどれほど進んでいるか，など水産養殖にはわからないことが多々ある．

今，これらを克服するために，**水産業，水産養殖にICTの導入が盛んに行われ
ている．**グローバルな漁業管理，海洋学と連結した水産学，養殖場での生け簀内や
周囲の環境・赤潮の発生予測など，海洋観測，種々のセンサーとコンピュータモデ
ルを組み合わせたスマート化へと向かっている．水産業・水産養殖業に新たな展開
が訪れていることは確かである．

スマート農業・植物工場

　作物を温室の中で栽培することには長い歴史がある．温室で養液を使って育てる
水耕栽培（ハイポニカ農法）も，30年以上の歴史がある．しかし，近年，LED照明，
各種センサー，デジタル端末による遠隔操作など，より高度なシステムを持つ"植
物工場"が盛んになったきた．特に2009年からは第３次ブームといわれており，日
本でも本格的な導入が進み，世界のリーダーも生まれつつある[17]．

　洪水や異常気象など，気候の不順が農業に大きな影響を与えるようになってきた．
コントロールされた環境で，災害に強く，高品質な作物を年中栽培できることは農
業の理想である．それを可能にするのが植物工場であるが，高額な設備投資を回収
できるか，というコストの問題がある．最近，それを克服し，利益を上げる例も出
てきた．植物工場は，ある程度の量を確保し，また，いつでも出荷できるという特
徴を生かし，タイミングを計って需要のある市場に流すという全体のシステムが稼
働しなければならない．ICTにより全自動化され，人工知能によってコントロール
された本格的な植物工場が日本で建設されている．

　米国コロンビア大学のディクソン・デポミエは，垂直農場というシステムを提案
している[18]．これは，植物工場を高層ビルの中に作るというものである．都市内，
あるいは郊外の高層ビル（もちろん，廃ビルの利用も可能）で水耕・空中栽培を
行い，閉鎖的，かつクリーンな環境でハイテク・スマート農業を行い，地産地消を
推進するという提案である．垂直農場の最大のポイントは，立地のための土地面積
が小さいので，その普及によって，現在の農地を開放し，その結果森林が増えれば，
大気CO_2削減にも貢献できる点だと提言している．

　イスラエルは国土が乾燥気候の下にあり，降雨量も日本の1/4程度しかない．地
下水も不足しており，また，地下水灌漑を行うと塩分が表土に残り，畑が塩に覆わ
れて耕作が不可能になる．このような厳しい自然環境の中，ドリップ農法とよばれ
る技法が開発され，大きな成果を上げている[19]．ドリップ農法は，表土下の数十
センチメートルにパイプを敷設，そのパイプに肥料を溶かした適量の水を，作物の
根にピンポイント注水する仕組みである．もちろん，コンピュータ制御であり，人
工衛星とセンサーで発育状況や土壌の状態を把握する．これにより収量を上げ，イ

314 ●

スラエルは農業輸出国としての地位を獲得している．今，世界中で，ICT を生かした農業改革が進行中だ．

肉を求める

　日本の精進料理は，元祖ベジタリアン・フードといって良い．特に，お麩は，小麦粉のタンパク質グルテンから作られるが，様々な味付けが可能で，うなぎ蒲焼風，ハンバーグ（豆腐と和える），車麩の焼肉風や酢豚風などが美味しい．今，米国，さらに世界各地では，**植物性材料を使ったハンバーグなどの代替肉（フェイク・ミート）が流行している．これには，豆タンパクを材料にして，それに肉の風味である"肉汁"（もちろん植物起源）を入れ込んだものがある．**本当の肉汁は肉の脂と血の混合したものであり，肉の旨味はこの血の味が重要であるという．血の風味は，ヘモグロビンに含まれるヘムという化合物から来る．ヘモグロビンと同類のタンパク質（レグヘモグロビン）が大豆の根粒（根粒菌との共生でできたコブ）に微量に存在しており，レグヘモグロビンを遺伝子改変された酵母で培養，それからヘムを製造する．それを大豆タンパク，小麦タンパク，ジャガイモタンパクと混合し，代替肉を作り出す[20]．このような食品は，2012年から市場に出回るようになった．さらに，植物起源の卵やミルクの製造も始まっている．

　一方，**培養肉（Cultured Meat：クリーン・ミート，ラボミートともよぶ）の研究が進んでいる．家畜の筋肉幹細胞から，肉細胞をバイオリアクターの中で生産，それを濃集して食用肉とする試みである．**

　最初のクリーン・ミートベンチャーの創業者ウマ・ヴァレディは，インドの大学で医学を学んだ後に，米国の最も優れた総合病院の1つ，メイヨー・クリニックで心臓医学をさらに学び，心臓医として独立しようとしていた．メイヨー・クリニックでは，心臓に幹細胞を注入して心筋を造成する技術を研究していた．この時に，「細胞を工場で培養して，心臓に良い，たとえばオメガ3脂肪酸を豊富に含んだ食肉を作る」，ということを思いついた．2006年のことだった．Google で，そのアイデアを検索してみると，ニュー・ハーヴェストという研究財団がすでに立ち上がっており，食用肉の培養について広報・助成を行っていた．中心人物は，ジェイソン・マシーニで2005年にすでにクリーン・ミートの可能性について論文を書いていた．ヴァレディは，ニュー・ハーヴェスト社の役員となり，細胞農業（Cellular Agriculture）の可能性を広げる活動を，医者としての仕事と並行して始めた．それから10年が過ぎ，ヴァレディはミネソタ大学の心臓専門医として活躍していたが，次第に細胞農業へ傾倒するようになり，幹細胞生物学者ニック・ジェノベーゼとともに2015年，世界初のクリーン・ミートベンチャー企業「クレビー・フーズ」

を立ち上げた[21]．クレビー・フーズはその後，アップサイド・フーズ（Upside Foods）となり，日本のソフトバンク社も投資している．実験室のバイオリアクターにおいて，牛の筋肉細胞を培養，2015年12月にミートボールの試食会が行われ好評であったという．当初，キログラム当たり400万円かかったコストも，2017年には50万円に下がった．牛，チキン，ダック肉クリーン・ミートの2021年の商業化を目指している．また，魚肉の培養も研究を進めている．

　実は，クリーン・ミートを培養し，これを試食した最初の試みは，オランダで行われた．マーストリヒ大学のマーク・ポストとピーター・フェアストラータはオランダ政府の補助を受けて，牛の筋肉繊維細胞の培養に成功し，2013年8月にロンドンでハンバーガーの公開試食会を開いた．このプロジェクトには，Googleなども支援していた．ハンバーグの肉は十分に美味しかったらしく試食会は大成功であった．その後，彼らはヴァレディらのクレビー・フーズに遅れて，2016年にベンチャー企業モサ・ミート（Mosa Meat）を立ち上げた．クリーン・ミートがこれからどう発展するのか，まだわからないが，このようなチャレンジが行われていることは注目すべきことだ．

　フェイク・ミートもクリーン・ミート（一括して人工ミートとよぶことにする）も，畜産業の抱える問題を解決するためのイノベーションである．畜産業の課題とは，すでに第6章で述べたが，莫大なエネルギー，水と用地を必要とし，病気予防のためのワクチンや抗生物質などの投与，人獣共通感染症の恐怖，糞尿汚染，温室効果ガス排出，さらに動物愛護の倫理的問題（アニマル・ウェルフェア）など，地球と人間社会への負荷がきわめて大きい．水産養殖もまた同様な問題を抱えている．

　一方，人間の肉食（家畜，家禽，魚など）への憧れは，20万年の歴史があり，私たちの進化と密接に結び付いており，非常に強いものがある．人工ミートが，この人間の欲望にどう応えることができるのか，そして世界が畜産業・水産業の抱える問題にこれからどう対応して行くのか，時間は限られている．今，多様な食料生産システムが誕生しつつあり，食の歴史そのものを変えるパラダイムのシフトが起こっている[22]．そこに，さらに新しい革命的技術が加わろうとしている．

ゲノム編集技術と食のパラダイムシフト

　2017年の日本国際賞は，フランスのエマニュエル・シャルパンティエと米国のジェニファー・ダウドナの女性ペアに与えられた．彼女らの受賞理由は，「CRISPR-Casによるゲノム編集機構の解明」である．

　第6章で見たように，人間は，たとえばテオシンテという植物からトウモロコシという品種を作り出した．これは，長い時間をかけて，実入りが良く，病気にも強

い個体の選別を繰り返し，育種していった結果であり，これを品種改良という．品種改良は自然の突然変異に頼っているので，なにせ時間がかかる．突然変異を起こすために放射線の照射を行う方法もあるが，それでも制御されたものではない．そこで，人工的に遺伝子を入れ替えて，品種改良を行う技術が発達した．遺伝子組換え技術である．1970年代，スタンリー・コーエン（スタンフォード大学）やハーバート・ボイヤー（カリフォルニア大学サンフランシスコ校）などによって発明され，その後，収穫の多いトウモロコシや病気に強い小麦などの品種改良に使われていった．しかし，遺伝子組換え技術では，狙った遺伝子を組替えるための精度は高くなく，種々の"副作用"が起こりうることが問題として指摘され，その品種や食品は米国以外では多くの場所で規制の対象となっていた．

スペインのバレンシア地方アリカンテ大学の博士課程学生だったフランシスコ・モヒカは，ある細菌のゲノム配列について研究，その結果の解析を行っていた．その時に奇妙な配列を発見した．それは，30対の同一の配列が，36対の異なった配列（これを後にスペーサーとよぶ）を挟んで何回も繰り返すというものだった．モヒカは，その後，アリカンテ大学にポストを得たが，この奇妙な配列の探究を継続し，それが真正細菌だけでなく，アーケアや真核細胞にも含まれることを発見した．さらにモヒカは，スペーサーに注目し，2003年に大腸菌のスペーサーがバクテリオファージ起源であり，その種の大腸菌は，そのファージに免疫があることを突き止めた．すなわち，このスペーサーは，大腸菌のファージに対する免疫システムの一部であると推定できた．この奇妙なゲノムの配列の特徴は Clustered Regularly Interspaced Short Palindromic Repeats（CRISPR）と名付けられた[23]．さらに，多くの研究者がこれに注目し，CRISPR配列の近傍にタンパク質（CRISPR Associated Sequence Proteins：Casタンパク質）をコードする配列があり，このタンパク質がファージのDNAを分解して細胞を守る役割をしていることがわかった．この発見は，CRISPRとCasが，ある種の免疫システムの獲得メカニズムの解明だけでなく，それを使えば，標的となるDNAを分解し，それを書き換えることが可能であることを示していた．

シャルパンティエとダウドナの方法は，CRISPR-Cas9とよばれるタンパク質（制限酵素）を用いて，正確にターゲットとなる遺伝子を探して，その部分を切り取る方法を編み出した．そのままでは，その遺伝子部分は働きが失われるので，別なある目的にデザインをしておいた遺伝子をその隙間に入れ込み修復することを可能にし，このような操作をきわめて簡単に行うことに成功した．この手法（ゲノム編集技術）を用いて，病気の原因になる遺伝子を除去したり，別な変異を作り出す遺伝子を組み込んだり，様々な操作が精度よく実行できるようになった．彼女らの

成果が京都賞を受けたのは，それだけの大きなインパクトがあったからである．

ゲノム編集技術は，遺伝子組換え技術よりはるかに精度が高いので，医療や健康の分野での応用が期待される．同時に，作物の品種改良においてはより安全性が高いと考えられ，市場に大きな影響を与えつつある．**この技術を用いて「植物工場」や「クリーンミート工場」への応用が進められると考える．これからの食糧生産では，ゲノム編集技術が大きな役割を果たして行くだろう**[24]．

7.4 都市の過去・現在・未来

ブロードストリート・コレラ・アウトブレイク

現在，世界では人口の60％が都市部に暮らしており，人口500万以上の都市が50ほどあり，さらに都市化が加速している．都市に人が集まるのは，経済の動いている所であり，雇用が創出され，イノベーションが起こっており，様々なサービスやインフラ（上下水道，ガスや電気，学校，病院，図書館などなど）が用意されており，生活がしやすいからに他ならない．しかし，都市の成長と進化には，これまでの多くの困難を克服してきた歴史が刻まれている．特に人口の集中と共に起こる上下水道の問題は，都市の最大の課題の1つである．その歴史をロンドンで見てみよう．

インドからバングラディシュにかけてのガンジス川流域とその周辺低地帯には，古くから風土病が知られていた．ひどい下痢と脱水症状から臓器不全を起こし，毛細血管が破裂して皮膚が青色や黒色になり，放置すれば約75％の死亡率となる．紀元前7世紀ともいわれるインド最古の医学書「ジャスルタサンヒータ」に症状の酷似した疾病が記載されている．この風土病はコレラである．コレラ菌は，淡水から汽水域の環境に生息している細菌であるが，人間がその環境に居住するようになり，水産物あるは飲料水から体内に入り，腸内環境で増殖するように変異していった．コレラ菌の一部には毒素をもたらすものがあり，腸管壁の粘膜細胞に障害を与え，体細胞の水が腸管内に急激に排出され，"コメのとぎ汁"のような白濁した下痢を起こし，脱水症状に至る．コレラ菌の毒素の起源としては，菌がウイルスに感染したことが考えられているが，まだ未解決である．コレラは，ヒトの排泄物に含まれるコレラ菌が，飲料水を汚染し伝染してゆく．治療は経口補水液を大量に飲むことであり，それにより死亡率を劇的に下げることができる．

コレラの世界的流行が始まったのは，イギリスのインド支配に深く関係している．18世紀に綿花や茶の輸入を目的として，東インド会社が実質的に統治するようになり，インドとイギリスの間，そして，それを通じてインドと世界の間で，人と物品

の交流が盛んになっていった．19世紀になり，コレラが世界的な流行をするようになり，アジア，アフリカ，ヨーロッパへと拡大していった．

　当時，イギリスは産業革命により経済の発展が著しく，ロンドンは半世紀足らずで人口が100万人から250万人（1851年の調査）に増加していった．世界から物産が集積し，一大商業拠点となり，コーヒーハウスが多数出現し，そこでは自由な議論が行われ，ありとあらゆる情報が集まり交換されていた．**イギリスは，織物工業を始め工業化が急速に進み世界の工場となり，ロンドンは「世界の港湾，世界の銀行」となった．その巨大な富に引かれて各地から人が集まり，19世紀に人口が急増した．この時のロンドンはまさに"不潔都市"だった**[25]．

　ロンドンシティーの中においても，ソーホーなどの貧民街には糞尿と廃棄物が溢れ，また，驚くべきことに家畜も市内で飼われており，さらにペットとして多数のイヌ，ネコ，ウサギもいた．1854年，ロンドンでコレラが発生し，貧民街で多くの人が犠牲となった．このアウトブレイク（局地的な疫病の大流行を指す）に対して，果敢にも疫学的なフィールド調査でコレラ発生の原因を突き止めようとした医者がいた．ジョン・スノウである[26]．スノウは，エタノールやクロロフィルムを用いた外科手術用麻酔法を改良・普及させた功績で知られており，探究心に溢れ，1840年代のコレラ流行時から，コレラの原因が飲料水にあるのではないかとの考えを持っていた．当時，医学は科学的知見が発展する以前の段階にあり，コレラの感染については伝染説と瘴気説とが考えられていた．伝染説は，ヒトからヒトへの伝染（今でいえば飛沫感染）であり，瘴気説は悪い空気を吸入することによって伝染するという考えであった．このうち，瘴気説が有力な考えとなっていた．コレラ菌の発見は，1884年にドイツのロベルト・コッホによるものであり（実は，1854年にイタリアのフィリッポ・パチーニによって発見されていたが，広く認知されなかった），それまではコレラの病原についての正確な知識はなかった．

　1854年にロンドン，特にソーホー地区の救貧院とゴールデン・スクエアの一帯で，8月末からアウトブレイクが発生し，9月8日までの10日間で500人以上の死者を出す大流行になった．スノウは，流行発生と同時に現地調査を始め，コレラ患者が当時，ブロード・ストリート（現在は，ブロードウィック・ストリート）とケンブリッジ・ストリート（現在は，レキシントン・ストリート）の角（40番地）周辺に集中していることを発見した（図表7.8）．

　角の40番地の家には20人ほどの人が住んでいたが，8月28日に警官家族の女児が最初に発症し，9月2日に亡くなっていた．スノウは，この家の正面横にあるポンプ付きの井戸に注目した．19世紀中頃のロンドンでは，上水道の普及は始まったばかりであり，いくつかの会社が上水を供給していた．しかし，一般には各地に掘ら

図表7.8　ジョン・スノウによる1854年，ロンドンのブロードストリート・コレラ・アウトブレイク時の死者の分布地図.
　　スノウは聞き込みから，コレラ大流行の原因が，ブロードストリート40番地の井戸を飲料とした人々が感染したと推理した．40番地井戸は美味しいと評判で，遠くから水を汲みにくる愛飲者がおり，彼らが犠牲者となった．また，近くの救貧院では500人以上の人々が滞在していたが，犠牲者は5人であった．この場所は，水道が設置されていた．スノウの仕事は，公衆衛生学の出発点とされ，また，ロンドンに上下水道を完備してゆくための起点ともなった．（By Tim Deak, Tableau Public）に加筆.
https://public.tableau.com/en-us/gallery/mapping-1854-cholera-outbreak

れた井戸から飲料水や生活水を得ている住民が大半だった．40番地の近くの井戸は，地下7mまで掘削されており氷河時代の砂礫層に達していたので，"冷涼で美味しい水"の井戸として愛飲されていた．したがって，人気の高いこの井戸の利用者は，井戸の周囲だけでなく，少し離れた所にも点在していた．調査の結果，この井戸の愛飲者の分布と感染者の分布が見事に一致した．また，この井戸の近くに救貧院があった．ここには535人の貧民が収容されており，当時の瘴気説によれば最悪の環境の一例であった．しかし，この場所からは，感染者はごく少数であった．ここでは，上水道が使われており，また，独自の井戸を設備していたのである．スノウは教区委員会に働きかけ，この40番地井戸のポンプの柄は9月8日に取り外されることとなった．この後，ソーホー地区の大流行は治まっていったのである．
　その後もスノウの井戸水説の検証が行われた．まず，井戸の周囲の発掘が行われ，40番地の汚水溜めから井戸への浸潤があったことが確かめられた．アウトブレイクの経緯は，次のように考えられている．女児が発症した後，おむつ洗濯を経由して

コレラ菌が井戸に混入した．脱水症状が激しかったと推定される8月中の井戸水はコレラ菌に汚染されていたが，女児が亡くなった9月2日（土曜日）以降は菌数が少なくなり，それ以降の水を飲んだ人にはコレラの発症は起きず，また大量に飲んだ患者は，逆に脱水症状の軽減に繋がったと考えられる．すなわち，1人の患者，1つの井戸が引き起こした局地的大流行だった．そもそも女児がどうして感染したのか，についてはわかっていない．また，女児が死亡した後に井戸水からコレラ菌がなぜ減少していったのかもわかってはいない．細菌を破壊するウイルス，バクテリオファージが原因かもしれない．ともかく，**この事件は，都市における水の衛生がいかに大切かを認識させ，ロンドンの都市大改造のきっかけとなった．**

ロンドンの下水道大改革

　ブロードストリートのコレラ・アウトブレイクが起こった当時のロンドンがきわめて不潔であったことはすでに述べたが，事態は深刻さを増していき，1858年の夏に，「大悪臭事件」（Great Stink）が起こった．テムズ川には，排水が直接に流れ込み，汚物や廃棄物，動物の死骸や果ては人間の死体そして工場からの危険な廃液まで，すべてが川に捨てられていた．政府は，これに対して対策を打たず，上流階級は見て見ぬふりをしていた．1858年の夏は猛暑で，ヘドロが露出し，ロンドン中が悪臭に襲われ，議会も停止された．事態を終息させるには，下水の大改革が必要であった．これに取り組んだのが，ジョセフ・バザルジェットである（ジャクソン，2016）．彼は首都事業委員会のチーフ・エンジニアとして下水道の設計・建設に携わり，テムズ川の北側と南側に幹線下水溝を建設した．この下水道は，雨水と汚水を一緒に処理する合流式で，周囲から集めた下水をテムズ川沿いに作った管渠に集め，ロンドンから離れた下流域で処理して流すシステムである．南岸系統は1865年に，北岸系統は1866年に稼働を始めている．現在なら1兆円はかかるといわれる大工事を完成させたのは，いかにロンドンの人々が困っていたかを表している．しかし，実際に，ロンドン市内が清潔さを取り戻し，テムズ川に魚が復活するまでには，さらに20年以上の年月が必要だった．

　バザルジェットの下水道は当時としては巨大な工事であったが，完成から150年たち，ロンドンの人口も800万人を超え，また，都市環境が変化し，雨水の地下への浸透が減少し直接に下水に流れ込む量が増え，下水道の処理容量が不足するようになった．設計時には，年1〜2回の越流イベント（雨水が大量に流れ込んで管渠から川へ越流する事態）が，今や年に50回以上起こっており，大きな問題となってきた．そこで，再び巨大下水道事業が立ち上がっている．これは，テムズ川沿いとその延長に全長30km，内径7.2mのトンネルを建設，さらに現在の5つの処理場の

能力を増大させる1兆円プロジェクトである．都市を守るためには，巨大な公共工事が必要なのは，時代を超えて変わらない．

ロンドンでは，シティー・オブ・ロンドンの東側，テームズ川の北側の部分をイーストエンドとよんでおり，以前はスラム街となっていた．1980年代から，テムズ川のドック島（Isle of Dogs）を中心に再開発が実施され，カナリーワーフ（Canary Warf）には高層ビルが立ち並ぶ金融センターが造られた．さらに2012年のロンドンオリンピックには，クイーン・エリザベス・オリンピック・パークとその周辺には商業地区，住宅地区を開発，自動運転のライトレールで全体が連結されている．1980年代は，ロンドン，パリ，ニューヨークなどで再開発が進み，これらの都市で人口が再増加している．

日本の上水道改善

日本でコレラが初めて発生したのは，1822年，下関からである．ブロードストリート・アウトブレイク当時には，長崎が発生の起点となり，1858年から3年間にわたって流行した[27]．江戸には神田上水，玉川上水とよばれる水源があり，水路，石樋や木樋そして上水井戸から住民へと水が供給されていた．一方，下水は主に生活排水と雨水が溝渠から川に流されており，し尿は有償化して農地に施肥されていた．幕府は，下水に汚物を捨てることを厳しく取り締まっていた．したがって，19世紀前半には人口100万を越す大都会であった江戸はロンドンと比べて清潔度は高かったと思われている．

しかし，明治になり，外国との交流が盛んになり，また，都市の西洋化が進むと，全国でコレラの大流行が起り，1879年と1886年には死者が10万人を超えたといわれている．コレラは，主に飲料水を介して伝染するが，同様に赤痢，腸チフスなどもそうであり，これらは水系消化器系伝染病として一括される．日本の上水道の普及率は長い間上昇せず，改善が進んだのは，戦後，1960年代からである．それまで，毎年，数万人の水系消化器系伝染病の患者が発生していた．**水道普及率は，1960年より急上昇し，1980年代には80%以上となり，水系消化器系伝染病の発生はほとんどなくなった**[28]．**清潔な上水道を供給することが，公衆衛生上いかに重要かはこのデータが明瞭に示している**．

東京では，1960年代に多摩川水系の水に加えて，利根川水系の水を導入することが行われた．八木沢ダム，下久保ダムなどが建設され，巨大な導水管と浄水場が整備され，両水系の水を相互に利用できる高度なシステムが構築され現在に至っている．また，これらのダムは東京の治水の上でも重要な働きをしている[29]．江戸時代に東京湾に流れていた利根川の流れを変えて，江戸を洪水から守る大工事がなさ

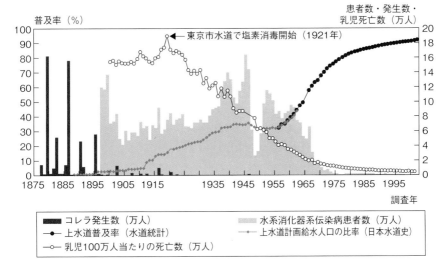

図表7.9 日本の上水道普及率と水系消化器系伝染病患者数.
明治初期には，水系消化器系伝染病患者数は十分にわかっていなかったが，コレラだけはその特徴的な症状から患者数が把握されていた．コレラは，20世紀になるとほとんど消滅したが，その他の水系消化器系伝染病患者数は数万人発生していた．特に第二次大戦中は患者が多く（1947～50年頃に少ないのはGHQによる統計の違いによると思われる），1960年代に減少する．これは，上水道の普及と一致している．（国土交通省）による．

れたが，現在では，利根川水系の水を上水道そして下水道を通じて再び東京湾に流していることになる．東京では，省水設備の導入によって，1人当たりの水供給量は2000年以降大きく減っており節水が進んだ．一方では，水道管の経年劣化も心配されている．それでも，水資源を天水に頼ることのできる東京は，水利用の立地としては非常に恵まれている．他の大都市では，水の確保はまさに生命線となっていることが多い．

シンガポールの発展と水事情

シンガポールは人口560万，面積（719km^2）は東京23区とほぼ同じ，沖積平野の上に国土が作られている．今やアジアの流通ハブともなったシンガポール港とチャンギ空港を有し，高い人材集中度と経済力を持つこの国のアキレス腱は水問題である[30]．現在，シンガポールは，4つの水システムを利用して資源を確保している．それらは，①ジョホールバル水道を通じて対岸のマレーシアから原水を購入している，②内陸，河口，沿岸の入江に貯水池を作り島に降った雨をすべて利用する，③下水の高度処理によって再利用を促進，④逆浸透膜による海水淡水化，である．マレーシアからの水輸入の契約期間は2061年までであり，今，残りの3つの手法によ

る水資源確保に国を挙げて取り組んでいる．③の技術は日米で開発されたものを取り入れている．さらに④も日本で開発されたシステムであり，非常に大きなエネルギーを必要とするために天然ガス発電を用いて，2008年から稼働している．これらの各システムを連携させ，人工知能で統合的に運用し，的確に無駄なく利用することが行われている．そして，重要なことは，シンガポールの1人当たりの水供給量が157ℓ/日ということであり，これは東京の半分以下である．水をリサイクルして大事に使うということが徹底して行われており，市民もそれを理解している．シンガポールは，未来都市における水利用のモデルケースとなる．

新型コロナウイルス感染症パンデミックは，水だけでなく，食料の供給についても，大きなインパクトをこの国に与えた．シンガポールは，食料の90％以上を輸入に頼っており，パンデミックの間に国際的な流通の停滞により食料確保に不安が出てきたためである．そのために，2030年までに自給率を30％まで上げようという計画を立ち上げた．今，力を入れているのが卵，魚，葉物野菜である．すなわち，スマート都市農業（垂直農場も）・養殖水産業の振興であり，魚はハタの仲間の養殖が進んでいるという（ハタの中華蒸料理，清蒸鮮魚は美味しい！）．

シンガポールの都市としての特徴は，きわめてコンパクトで集約されている事である．そのコンパクトの程度は，他の都市と比べると明瞭である．京阪神圏は1万1169km^2（面積が15倍）で人口1800万人，ロサンジェルス圏は8万7941km^2（面積が100倍），人口1760万人である．従って，人口密度は世界最高レベルであるが，美しい植物公園や4つの自然保護区を持ち，小さいながらも環境保護に力を入れている．**地産地消型のエネルギー，水，食料生産がさらに発達すれば，スマートシティー，ガーデンシティー，コンパクトシティーの3つの都市像が一体となった未来都市へと進化できる**．中国の広州市郊外では，シンガポールのノウハウを導入して，新たにこの3つの都市像をテーマとした新都市の建設が両国共同で行われている．このような実験都市を作り，そこから未来都市建設の科学技術を作り上げる試みが行われるようになってきた．中国のこのような未来社会実験への取り組みには，一党独裁の体制だから可能という点を差し引いても学ぶべきことがある．

パリの大改造

私が最もすばらしい都市であると思うのはパリである．パリの歴史は古く，ローマ時代の遺跡（サン・ミッチェル大通りやモンジュ通りにある）が残っているが，それ以前から（紀元前3世紀頃）から，セーヌ川のシテ島（ノートルダム寺院がある）あたりにケルト系民族の「パリシー族」が集落を作っており，パリという名はその種族の名前に起源を持つ．ユリウス・カエサル（シーザー）のガリア戦記にそ

のことが出てくる．その後，フランク王国の時代そして英国との百年戦争（ジャンヌ・ダルクの時代），そして太陽王とよばれたルイ14世の絶対君主の時代（1643〜1715）にフランスの基礎が作られ，あのベルサイユ宮殿が建てられた．フランス革命が起こり，その後，ナポレオン・ボナパルトによって王政が復古し，さらに1852年，ナポレオンの甥ルイ・ナポレオン（ナポレオン三世）が第二帝政を敷いた．今のパリは，ナポレオン・ボナパルトの時からナポレオン三世の時代にかけて，3人のセーヌ県知事による都市計画によって誕生した．特にナポレオン三世の時代，ジョルジュ・ウジェーヌ・オスマンによって，あばら家が密集し，下水道が整備されておらず，不潔な都市であったパリに次のような大改造がなされた[31]．

① 基幹となる幅広い歩道を持った道路（大通り）と統一された街並みを整備．
② 区画整理と，象徴となる建造物を作る（たとえば，シテ島の整備とオペラ・ガルニエの建造）．
③ 大規模な商業施設の発展（いわゆる百貨店ができた）．
④ 公園を多数作った．特に貴族の狩猟場だった広大なブローニュの森とヴァンセンヌの森を公園とした．
⑤ パリと地方を結ぶ鉄道を整備し，6つのターミナル駅を作った．
⑥ 上下水道の大改革（上水道と下水道を巨大な地下溝に通す大工事）．

その後も，パリ万博（エッフェル塔ができた），2回の世界大戦を経て，さらに空港，環状道路，高速鉄道（TGV）が整備された．ルーブル美術館の中庭からコンコルド広場そして凱旋門を見ると，その後ろに高層ビル群が見える．1989年の革命200年を期して立案されたパリの新都市であるビジネス地区，ラ・デファンスである．その中央に凱旋門と同じような形をした高層ビル，グラン・ダルシュがある．ルーブルからグラン・ダルシュまで8kmのほぼ直線道路が伸びており，これをパリの歴史軸という．1980年代後半〜1990年代前半に，新オペラ座（オペラ・バスティーユ），グラン・ルーブル，ピカソ博物館，国立自然史博物館など新たな建築物と再開発が行われ，街を刷新していった．

21世紀になり，パリでは，グラン・パリ・エキスプレス計画（2010年立案）というパリ郊外圏を結ぶ環状高速鉄道（ほとんどが地下）の建設と再開発，そしてスマート・モビリティー，特に自転車，電動スケートボード，電動スクーター，電気自動車のシェアリングを連結させる計画が企画・立案され，道路の改修や専用レーンの整備など，2040年を目指して着々と実行している．世界で，パリほどの長い歴史を持ちながら，19世紀の一大都市計画で作り直され，その伝統が21世紀まで受け継がれている都市は稀有である．

都市としてのパリの魅力は，その郊外にもある．パリは，パリ市とその周囲の3

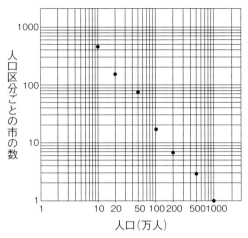

図表7.10　日本の市政都市の人口分布.
　両対数グラフの横軸に人口をとり，10万，20万，50万，100万，200万，500万，1000万人まで人口区分における市の数を縦軸にプロットした．このような都市人口のべき乗分布は世界の都市に普遍的に見られる．（ランキングデータ：日本の市の人口順位）より著者作成．
https://uub.jp/rnk/c_j.html

つの県が中核を作っており，その人口は660万人であり，さらにその周囲に４つの県が取り巻いており，全体で1100万人の人口となる．これら全域は，フランスの島（イル・ド・フランス）とよばれるパリ地域圏を構成しており，ヴェルサイユ宮殿，フォンテーヌブロー城，ミレーの絵画で有名なバルビゾンの村など，美しいシャトー，農村，森が各所に広がり，すばらしい環境を作り出している．もちろん，パリにも生活格差や治安など様々な問題がある．それでも，人間がこれだけ美しく，かつ，活気があり，技術の最先端を融合させて都市を作ることができる，という事実そのものが私たちを元気づけてくれる．

都市構造の共通性

　都市はその国あるいは地域の歴史や文化を反映し，また，地理的，環境的な制約を受けながら独自の発展をとげてきた．しかし，近年の研究では，このような発達の多様性・独自性にもかかわらず共通の構造を持っていることが明らかになってきた．まず，都市の大きさ（人口）の分布は，「べき乗則」にしたがっている．たとえば，日本の市政都市の人口とその順位を両対数のグラフにプロットすると直線になる（図表7.10）．市政都市は2020年現在で792存在する．最も人口の少ない市は北海道の歌志内市で3583人，ついで夕張市の8843人である．人口の多い都市は東京が最上位である．東京は市ではないが，この図では特別区部の人口がプロットしてあ

る.

　歌志内市はかって 4 万6000人，夕張市は10万以上の人口があった．この両市は石炭で栄えたが，炭鉱の閉鎖と共に人口が急減した．一方，札幌市は，北海道最大の都市であり，人口は200万人近くに達する．札幌は1873年（明治 6 年）に北海道開拓使庁舎が置かれ，さらに北海道庁が建てられた．また札幌農学校（後の北海道帝国大学）が開校し，まさに政治・文化の中心として都市が建設された．しかし，戦前に北海道で人口が最も多かった都市は函館であり，1940年頃まで青函連絡船を含む港湾・交通・物流の拠点として栄えていた．第二次大戦末期，1945年 7 月14，15日，北海道に米軍の空爆が行われた．正規空母と軽空母13隻からなる第38機動部隊から計1600機の航空機が各地を爆撃．しかし，札幌の中心部と千歳は爆撃から免れた．戦後，1950年代から札幌は行政や文化の中心としてだけでなく，広い魅力的な街並み，千歳空港とリンクできる全国への交通の便など，北海道の経済の中心として成長していった．都市は，それぞれ時代とともに盛衰の歴史を経てきたのだ．

　都市は人口から見れば，平均的な大きさの都市というのは存在していない．都市の人口の分布が「べき乗則」に従うということは，都市には，成長，衰退の複雑な歴史的な経緯によらず，一定の共通した構造の仕組みがあることを示唆している．また，このような社会経済規模の指標としては，図表2.3に示したように企業の規模もまた「べき乗則」に従う．平均的な企業の大きさというものも存在しない．これらは，人間の社会経済活動に普遍的な原則が働いていることを示す．

　都市に働く経済力学の例として図表7.11にはヨーロッパの都市における人口とガソリンスタンドの数の関係が示されている．この関係は「べき乗則」にしたがっており，いずれの国においても傾きは約0.85であり，人口が多いほど 1 人当たりのガソリンスタンドが少ないという関係が成り立っている．すなわち，このグラフからは，人口が10倍になったとして，ガソリンスタンドの数は8.5倍（15％減少）となっている．**この15％ルールは，ガソリンスタンドだけでなく水道管や下水管など管路，道路などの交通網，電線総延長などの都市インフラ設備の大きさや総数においても成り立つ**（ウエスト，2020）．**これは，驚きの結果である．要するに人口が多いほど，都市は効率化が進むということだ．**巨大都市は，莫大なエネルギーを消費し，CO_2排出の元凶と思われている．確かにそこでは様々な消費が集中している．しかし，たとえば 1 人当たりのCO_2排出量は，非都市域に比べれば格段に少ない．それをガソリンスタンドの数が物語っている．

　このことは，図表5.9に示した動物の体のサイズ（体重）と新陳代謝率の向上との関係と良く似ている．動物では，この関係は傾き0.75の「べき乗則」の関係にあり，体の構造ネットワークの共通性に起因していること，すなわち，**「ウェストの**

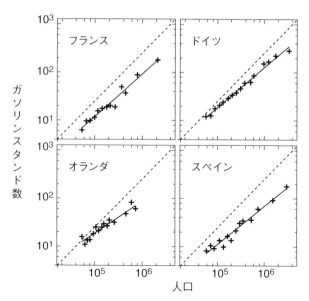

図表7.11 ヨーロッパ4カ国における都市の人口とガソリンスタンドの数の関係.
両対数グラフにプロットしてある. 点線は比例関係(人口が10倍ならガソリンスタンドも10倍). 傾きが約0.85のべき乗則が成り立っており, 都市が共通した構造を持っていることを示す.(ウェスト, 2020:山形浩生・森本正史訳『スケール——生命, 都市, 経済をめぐる普遍的法則——(下巻)』, 早川書房)より.

3原理」①端末ユニットの不変性, ②空間充填性, ③最適化の3つの要因で説明された. 都市の複雑系ネットワークでは, 端末ユニットはそこに住む市民とその住居である. 市民どうしは様々なネットワークで繋がっており, 市民の間でのエネルギー, 物品や情報交換などの流通ネットワークが空間を隙間なく満たしており(たとえば電線, 電波, 道路, など), そのやり取りを最適化するように都市の仕組みが作られてきた. ここでネットワークは, 行政が計画したり, 大規模公共工事で建設されたり, 企業が敷設したり, ボランティアベースで構築が進むなどの複雑な歴史をたどってきたとしても, 全体的にはそれが自己組織化し, 最適性を獲得していったということだ.

　都市における人間の活動は, ビジネスを通じて, そのネットワークを通じて経済的な生産を行っている. そして, 生産の効率は, 人口とは15%増加の傾向で増えることが立証されている. たとえば, 特許出願数, 平均賃金, 総資産などの指標である. すなわち, 人口に対して都市構造は, 経済効率を最適化するため発達・機能するということができる. ゆえに人々は都市に集まるのであり, その傾向が今後も続くと予想される. 一方, この効率性は犯罪数, 感染症流行など, 人と人の接触と流

動性によって引き起こされる負の側面についても働くことは当然である．このように都市の機能についての一般則の理解が進んだことは，人新世の世界を貫く経済力学の根幹に迫る上できわめて重要な発見である．

未来都市のデザイン

このように都市は，その経済効率を最適化するように発達してきた．しかし，アース・ソサエティ3.0の目指す都市は，経済効率だけでなく，人々の幸福度や自然との共生，そして持続性を目指した最適化特性を持つべきである．そのような都市のあり方をデザインしてみた（図表7.12）．

この都市は，National Geographic 誌に描かれた図を基に著者が編集し直し，改作したものである[32]．想定しているのは，人口100万〜300万人程度の中核都市である．その特徴は，

① 都市は5つ程度のビジネス・教育・居住拠点からなり，それぞれがコンパクトにまとまっている．

② 都市における電力は，再生可能エネルギーを中核として，大部分が近郊から供給できるように周囲に公園としても利用できるエネルギーパークを配置する．

③ 居住空間の共有，買い物の自動化，スマート・モビリティー（MaaS）などを通じて住みやすさと職住接近を追求し，人間の移動は最小限で住むようなデザインにする．

④ ゴミは徹底的に再利用する．エネルギー化，資源化を行い，廃棄物を最小限にする．水の再利用も徹底する．

⑤ 食料の生産は，都市を取り巻くように野菜果物・人工ミート・水産養殖ファクトリーを配置，さらに近郊の農業地区（工業生産区を含む）を使い，地産地消を徹底する．

⑥ 自然公園や海洋公園，各種博物館・レジャー施設が充実しており，そこでは伸び伸びと学び，スポーツ，トレッキング，散策などを楽しむことができる．また，保護林や海洋保護区など，人間の立ち入りを制限した区域を設定する．

⑦ 自然の中で，リモートで仕事をしたり，子育てをしたりすることができる共有公共リトリート施設が充実しており，ある年月の間（数ヵ月から数年），そこで過ごすことができる．

⑧ 都市空間には，日本庭園の思想を生かした造園や芸術表現が配置され，人間力の復権のための思索や交流拠点として利用される．

⑨ 災害へのレジリエンスを高めた環境調和型河川堤防，防潮堤，湿地など自然を生かした取り組みがデザインされている．

(a)

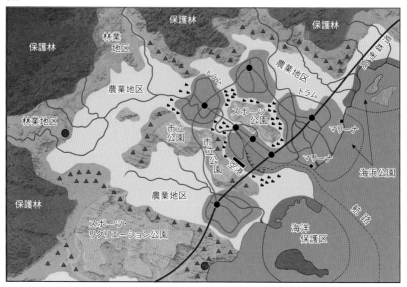

再生可能エネルギー生産区　　　　　　● 公共リトリート施設
植物・人工ミート・養殖ファクトリー地区　　● トラムのセントラル駅
市街地・居住区

(b)

ビジネス街・大学・居住区

環境測定用
ドローン

再生可能
エネルギー　　リクリエーション
パーク　　　　パーク

イベント用
ステーションドーム

垂直農場

垂直農場

保護林

地球・海洋
研究所

アリーナ・
多目的
ホール

居住
地区

海岸防潮堤

海洋モニター用　　湿地　　ショッピング街　　居住地区　　シティー・　　地下街　　データセンター・　　ミート・養殖　　農地　　人新世
自律ビークル　　　　　　　　　　　　　　　トラム　　　　　　　デジタルセンター　ファクトリー　　　　研究所
　　　　　　　　　　　　スマート　　　　　　　　　　　　　　　　　　　　　　　　　　　　高速鉄道
　　　　　　　　　　　　モビリティ

図表7.12　アース・ソサエティ3.0の目指す人口100万人規模の都市像.
（z）平面図．農業地区には工場も含まれる.
（b）拠点地区の俯瞰図
　（National Geographic 誌）を下敷きとして著者作成.

⑩　海水面の上昇に対応するために，都市は全体として水没の危機がないように建設されている．また，氷床の崩壊による急激な上昇に関しても対策が考えられている．

⑪　経済活動は，自然環境と都市環境の持続性を推進する政策に基づいて行われる．都市とその周囲の地域を管理するためのデータセンター，人工知能やロボットを活用するためのサイバー機能センターを作り，その機能を市民が共有する．

⑫　この地域全体の物質収支や環境レベル，あるいは生態系のモニターなど地域システム全体の状態と挙動，そして予測システムのデータを居住者全員が共有し，自らの行動指針として利用している．

⑬　これらの機能の利用とその実用化についてのグレードアップは，研究所（たとえば人新世研究センターと地球・海洋研究所）や大学において常時行われており，人材育成にも利用される．

⑭　政治や政策の参加や評価においては，この地域システムの改善への貢献が重要なポイントとなる．

　このような試みは，個々には，すでに起こっているが，それを包括的に実践するには，まだまだハードルが高い．そして大きな課題は，ある都市全体，他都市との連携そして地域全体をどのようにデザイン・建設・管理するのか，という都市の統合的科学技術がまだ十分に発達していないことである．たとえば，新型コロナウイルス感染症パンデミックによって，働き方や家庭のあり方に関して大きな変革が起こったとされる．リモートワークの普及，あるいは混雑した大都会からよりリラックスできる郊外あるいは"田舎"への移住など，都市への集中とは逆方向の動きがあるようにも見える．しかし，この傾向もまた，ネットワークの再構築と次なる最適化の動きであり，それ全体を地域構想の一環として理解すべきことである．このような都市の自己組織化のダイナミクスを包含した統合的知の体系の創造[33]こそが，アース・ソサエティ3.0構築への最大のチャレンジとなる．

BOX7.1

CCS（Carbon Capture and Storage）技術

　1970年代，北米の石油生産地帯では，油井からの収量が次第に低下していた．そのような油田では，高い粘性の原油が地層に残されていた．そこで，石油に伴って産する天然ガスに含まれる CO_2 を地上で回収し，それを別な孔井から圧入して，石油を増産する技術が発達した．これを Enhanced Oil Recovery という．

石油井戸の状態（深さ1～3kmで温度50℃以上）では，CO_2は気体と流体の中間のような超臨界という状態であり，石油に溶けやすく，またその粘性が下るので石油が増産される，というのがその仕組みであった．この方法によってCO_2を地下に圧入する技術が確立されていった．

1990年代に，大気CO_2濃度の増加傾向が顕著となり，CO_2を地層の中に貯留しようとする技術開発が始まった．最初の本格的な取り組みは，STATOIL社が操業していたノルウェー沖のスライプナー（Sleipner）海底ガス田で始まった．このガス田は，海底下2350mの地層から天然ガスを生産していたが，CO_2が含まれており，それは大気中に排出されていた．そこで，海底下650mにある帯水層中に分離したCO_2を注入し，年間100万トンを貯留，20年間の操業を目指して計画が実行された．注入したCO_2の行方については孔井を使ったモニタリングと3次元物理探査（海底下の地層の変化を音波によって立体的にイメージングする技術）で観測した．すでに1600万トン以上のCO_2が圧入された．

このように21世紀に入り，世界各地でCCSに関する本格的な取り組みが始まっている．日本では，日本CCS調査株式会社が，苫小牧沖において近隣の製油所から発生するガスに含まれるCO_2を分離・回収して，海底下の地層に圧入する試験を2016年より開始している．圧入井は，陸上から海底下にむけた傾斜井で水平方向に3kmで深さ1200mの孔井（砂岩層）と，水平方向に4.4kmで深さ2800mの孔井（火山岩層）の2本が使われている．また，観測井，海底ケーブル，海底観測装置などのモニタリングシステムを配置し，2019年11月には累積圧入量30万トンを達成した．CCSの全過程を一貫したシステムで立証したことは大きな成果である．

将来を考えると太平洋にある玄武岩海山を貯留層としたCCS技術開発が必要となる．太平洋の日本の排他的経済水域（EEZ）にある海山は，その体積が1000km^{3}を超すものが多数存在しており，また，岩石の隙間だけでなく，CO_2を炭酸塩鉱物（炭酸カルシウムなど）として固定・貯留できる可能性がある．火力発電所などから発生したCO_2をタンカーで運び，石油・天然ガスに用いられる浮体式生産貯蔵積出装置（FPSO：Floating Production, Storage and Offloading）と同様な技術を用いれば，圧入が可能であろう．また，海山の内部構造や岩石物性そして玄武岩の状態の探査には，「ちきゅう」を用いることができる．ぜひとも推進したい計画だ．

BOX7.2
海底資源の探査と開発

　戦時中から戦後初期の日本の経済を支えた重要な資源として東北地方の「黒鉱鉱山」がある．たとえば，秋田県の小坂鉱山，尾去沢鉱山，宮城県の細倉鉱山などである．黒鉱は，銅，鉛，亜鉛，鉄などの金属硫化鉱物（黄銅鉱，黄鉄鉱，方鉛鉱，閃亜鉛鉱など）から構成された鉱床からなり，約1500万年前の日本海拡大の海底火山活動によって形成されたと考えられた．黒鉱鉱山は，1980年代までにはほとんどが採掘されて廃鉱となってしまったため，海底で作られている同様な鉱床を探そうとする計画が，金属鉱業事業団（現在は石油公団と合併し，石油天然ガス・金属鉱物資源機構：JOGMEC）やJAMSTECによって進められた．海底火山には，伊豆大島から八丈島そして青ヶ島に連なる弧状列島海底火山列と，沖縄トラフ（南西諸島の大陸側にある細長い海盆状の海底）に存在する背弧海盆海底火山列が候補であった．これらの火山に伴う熱水活動（マグマで熱せられた海水が地層や岩石の中を対流する活動）地帯から有望な海域が沖縄トラフで発見された．JOGMECの資源探査船「白嶺」やJAMSTECの「しんかい6500」や無人探査機，「ちきゅう」による掘削によって地層中に鉱床が形成されていることがわかり，また，海底のチムニー（煙突状の硫化鉱物の構造物）の採掘と，船上へ鉱石を上げることに成功，開発のための基本技術が確立された．

　一方，海洋プレートの海山や海洋底の上にはマンガン，コバルトなどのレアメタルを含む酸化物の鉱石が存在している．マンガン団塊は直径10cm程度の球体で，それが海底を覆いつくしている海域は資源としての可能性がある．また，海山の表面を覆う殻状の酸化物はコバルトリッチ・クラストとよばれており，JOGMECが船上に資源として回収することに成功している．また，海洋底の堆積物には，レアアースに富んだ層（レアアース泥）が発見されており，これも資源として利用できる可能性がある．レアアースは，電池や磁石などの材料としての用途がある．水深が5000m以上あり，海底下数メートルのレアアース泥を洋上に効率良く上げる技術については，戦略的イノベーション創造プログラム（SIP）の1つとして取り組みがなされた．それには「ちきゅう」を使った実証実験が計画されている（2022年度）．これらのマンガン団塊，コバルトリッチ・クラストそしてレアアース泥は，南鳥島海域に存在しているので，排他的経済水域（EEZ）の資源開発と太平洋プレート上にある安定域としての南鳥島の深部掘削孔井地層処分を含む多角的利用は，日本の将来にとって重要である．

注
（1）　白亜紀末の隕石衝突と恐竜絶滅については，次の著作がある．
　　ウォルター・アルヴェレズ（月森佐知訳）（1997）絶滅のクレーター——T．レックス最後の
　　　日——．新評論（著者は，隕石衝突説の提示者．T.rex はティラノサウルス・レックスのこ
　　　と）．
　　ジェームス・ローレンス・パウエル（寺島英志・瀬戸口烈司訳）（2001）白亜紀に夜がくる
　　　——恐竜の絶滅と現代地質学——（隕石衝突説はどのように受け入れられていったかを展開
　　　した地質学史）．
　　　平（2007）にも取り上げられている．
（2）　東北地方太平洋沖地震・津波に関しては，平・海洋研究開発機構（2020）に解説がある．
（3）　東北地方太平洋沖地震・津波に関しては，その様子を記録した映像が YouTube に多数
　　残されている．そのうち，津波予報後から海の様子を連続して一定方向にカメラを向けた
　　“定点観測”に近い映像があり，相馬市原釜において収録されておりきわめて貴重である．
　　　福島県相馬市原釜
　　https://www.youtube.com/watch?v=fkmjXoILYto&feature=related
　　　ここでは，津波到着のち，7分後に巨大な波が襲ってくる．第2波である．
　　　上の地点のすぐ南の福島県松川浦
　　https://www.youtube.com/watch?v=3mOEjLjtY_c
　　　ここでは，やはり第2波が防風林を一挙になぎ倒す凄まじい映像がみられる．
　　　福島第一原子力発電所
　　https://www.youtube.com/watch?v=UVSZSaFTDfk
　　　ここでは，原発を襲った第2波の巨大水しぶきが撮影されており，これが第2波と思わ
　　　れる．
（4）　福島第一原子力発電所の事故については，いくつかの報告書が作成されている．それら
　　は，次のサイトにまとめられている．
　　　福島第一原子力発電所事故報告書まとめ
　　http://park.itc.u-tokyo.ac.jp/tkdlab/fukushimanpp/index.html
　　　これらは，国会事故調，政府事故調，民間事故調，IAEA 閣僚会議報告書，東京電力報
　　告書，などである．事故に関しては，強力な“権限”を持った組織が関わることが必要で
　　あるが，この中で，政府自身が行ったのは，IAEA 閣僚会議報告書であり，これは当時の
　　原子力災害対策本部長菅直人総理の命を受けた細野豪志内閣総理大臣補佐官が作成した．
　　　一方，独立性・公開性を担保するためという理由で，政府が別個に政府事故調（内閣総理
　　大臣任命）を設置した．国会では，国政調査権を基礎として国会事故調（法律で設置）を
　　立ち上げた．当事者である東京電力も報告書を出した．船橋洋一のリーダーシップで発足
　　した民間事故調（この事故調は権限がないが自由がある）の報告がドキュメンタータッチ
　　で興味深い．
　　福島原発事故独立検証委員会（2012）調査・検証報告書．日本再建イニシアティブ財団・ディ
　　　スカバー・トゥエンティワン．
　　　また，東京電力，経済産業省，官邸との暗闘を描いた次の著作が読ませる．
　　大鹿靖明（2012）メルトダウン——ドキュメント福島第一原子力事故——．講談社．
　　　NHK スペシャルでは数十編（詳しく数えていない）の関連した番組がある．それを総
　　まとめにした分厚い本が出版されている．これは凄い本だ．
　　NHK メルトダウン取材班（2021）福島第一原発事故の「真実」．講談社．
　　　また映画は，
　　「Fukushima 50」（渡辺謙・佐藤浩市主演）（2020）（現場で死に物狂いになって働いた人が
　　　いた）．
（5）　エネルギーの大転換は，
　　レスター・ブラウン（枝廣淳子訳）（2015）大転換——新しいエネルギー経済のかたち——．
　　　岩波書店（再生可能エネルギー転換への応援歌）．
　　ダニエル・ヤーギン（伏見威蕃訳）（2012）探究——エネルギーの世紀——（上，下巻）．日本

経済新聞出版（過去から福島原発事故後を見据えたエネルギー・システムの歴史と未来）．

（6）　メジャーの再編については，
　瀬川幸一編（2008）石油がわかれば世界が読める．朝日新書（メジャーからスーパーメジャーへの再編がわかる）．

（7）　アメリカの電力システムと原子力発電については，
　R・ルドルフ，S. リドレー（岩城淳子，斎藤叫，梅本哲也，蔵本喜久訳）（1991）アメリカ原子力産業の展開──電力をめぐる百年の抗争と90年代の展望──．御茶の水書房（アメリカの電力は民間と公的管理の戦いである．そのややこしい歴史をひも解く）．

　Alan E. Waltar（高木直行訳）（1999）衰退するアメリカ・原子力のジレンマに直面して．日刊工業新聞社（米国原子力の未来を心配．フクシマでその通りになった）．

（8）　次の HBO（米国のケーブル TV 社）が作ったチェルノブイリ原発事故の TV シリーズは，それがまさに人災であったことと，旧ソ連の隠蔽政策にあらがった人々の凄まじい戦いが描かれている．必見！
　「チェルノブイリ（CHERNOBYL）」2019，HBO

（9）　再生可能エネルギーに関する情報は，次の国際再生エネルギー機関（IRENA）が非常に良くまとめて発表している．ただし，日本の関与は少なく（報告書などに日本人をあまり見かけない），本気度が問われる．一方，中国は連携を強化している．
　https://www.irena.org
　　　　また，日本語で「再生可能エネルギーの展望──エネルギー転換2050」が翻訳されている．
　https://www.irena.org/-/media/Files/IRENA/Agency/Publication/2020/Apr/IRENA_GRO_2020_findings_JP.pdf?la=en&hash=F599D781E37D33D3905FCEAAB94F56D251882EC6

（10）　CCS については，
　（財）地球環境産業技術研究機構編（2006）図解 CO$_2$ 貯留テクノロジー．工業調査会．
　　　　また，日本 CCS 調査株式会社が設立されており，苫小牧にて実証試験を行い，成功させている．
　https://www.japanccs.com

（11）　ペロブスカイト太陽電池は，開発が加速している．たとえば次のサイトがある．
　https://www.nedo.go.jp/news/press/AA5_101261.html
　https://unit.aist.go.jp/rpd-envene/PV/ja/results/2019/oral/T1.pdf

（12）　再生可能エネルギーの課題の1つは，技術だけでなく電力システムとしての制度設計であるという点が次の本に指摘されている．
　安田陽（2019）世界の再生可能エネルギーと電力システム［経済・政策編］．インプレス R&D．

（13）　仮想現実は，急速に浸透しつつある．私は VR は気持ち悪くなるので嫌いである．
　ジェレミー・ベイレンソン（倉田幸信訳）（2018）VR は脳をどう変えるか？──仮想現実の心理学──．文藝春秋（もう現実と仮想現実は共存している）．
　　　　VR が社会を支配している未来を描いたエンターテインメント映画では，スティーブン・スピルバーグ監督の『レディー・プレイヤー 1（Ready Player 1）』がある．1980年代のゲームやアニメのキャラクターやガジェットが大量に出てくるし，ダンスシーンでは，『サタデイナイト・フィーバー』のビージーズソングも出て来る．ゴジラも，ガンダムも，AKIRA 二輪車も，何でもあり．まあ，VR ですからね．結構楽しめます．

（14）　5G の概要と MaaS については，
　藤岡雅宣（2020）いちばんやさしい5G の教本．インプレス．

（15）　MaaS については，
　安藤章（2019）近未来モビリティとまちづくり──幸福な都市のための交通システム──．工作舎（将来の都市は，今までよりさらに電力の大消費が必要となる）．
　　　　急速充電などのイスラエルのイノベーションが凄い．
　平戸慎太郎，繁田奈歩，矢野圭一郎（2019）ネクストシリコンバレー──「次の技術革新」

が生まれる街——．日経 BP．

(16)　4つの魚の漁業の歴史と養殖の現状についてと，鮭の食文化と漁業史については

ポール・グリーンバーグ（夏野徹也訳）(2013) 鮭鱸鱈鮪食べる魚の未来——最後に残った天然食料資源と養殖漁業への提言．地人書館（ノルウェーのトルグベ・ゲドレムのことはこの本で学んだ）．

ニコラース・ミンク（大間知知子訳）(2014)「食」の図書館鮭の歴史．原書房（本の巻末にインディアン史研究家が現地で取材したレシピが載っている．イクラのチーズ：イクラをアザラシの皮袋に入れて燻製する，という．ネットでレシピを探したらイクラの燻製が出ていた．醤油を先に燻製してイクラの醤油漬けを作るという手もあることがわかった．試してみます）．

(17)　日本農業の新展開を予感させるのは，

川内イオ (2019) 農業新時代——ネクストファーマーズの挑戦——．文春新書（国産バナナの話が面白い．ボルネオの高地古代農業遺跡から寒さに強いバナナが必ずあるはずだというヒントを得たという．BOX6.1で取り上げた遺跡の話と同じだ！）．

(18)　垂直農場は，

ディクソン・デポミエ（依田卓巳訳）(2011) 垂直農場——明日の都市・環境・食料—— NTT出版（イラストが素晴らしく本当にできると思ってしまう．デポミエの売り込みが凄い）．
　　垂直農場は，シンガポールで商用化が行われ，また，最近ではデンマークでも農場が稼働している．デンマークのニュースは，
https://nazology.net/archives/75792

(19)　イスラエルのドリップ灌漑については，

竹下正哲 (2019) 日本を救う未来の農業——イスラエルに学ぶ ICT 農法．ちくま新書（この本は学ぶことが多い．日本の農産物は値段が高い．品質が良いので高い，高いことは良いことだ，と刷り込まれてきた．国産が安心という神話が浸透している．著者は日本農業では，単に農業テクノロジーが進歩せず，生産効率が悪いためだ，と指摘している．したがって輸出もできない．1個1万円のメロンを香港のクールジャパン・ストアに出して富裕層を狙ったが見向きもされなかったという．世界では誰も1万円するメロンに価値は見出さない．役人の発想である．農業はイスラエルに学べという．イスラエルは常に戦っている．したがって，すべてが戦略として計画される．新型コロナウイルスの時も，ワクチンをまさに戦略的に確保したのはイスラエルであり，世界ダントツで国民全体への接種が早かった．日本には，ワクチンに関して"敗戦国"といわれている．国家戦略を立てる責任者がいない．太平洋戦争，バブル崩壊から何も学んでいないのだ）．

(20)　代替肉の作り方は，
https://wired.jp/2018/01/11/the-impossible-burger/

(21)　クリーンミートの技術革新の歴史については，

ポール・シャピロ（ユヴァル・ノア・ハラリ（序文），鈴木素子訳）クリーン・ミート——培養肉が世界を変える——．日経 BP（原理的には食肉革命を予感させる）．

(22)　食の革命が進行中だ！

田中宏隆・岡田亜希子・瀬川明秀（外村仁監修）(2020) フードテック革命——世界700兆円の新産業「食」の進化と再定義——．日経 BP（現在は，何にでもスマートを付けることが流行している．それには本当に重要なことと，そうではない一過性のものがある．スマートキッチン・サミットというイベントがあるそうだ．これは台所での自動化した料理システムの開発などが現在はテーマだが，その背後には本文で説明した食の革命がある．そして，著者らによれば，日本はまたまた，大きく出遅れているという．もの作りの伝統や職人芸を誇り，それを外国人に教える番組が放送されていたが，それは同時にあらゆる分野で技術改革に遅れていることも意味する）．

　　飢餓の危機が近いという著者，あるいは，巨大企業に支配され過ぎているという著者もいる．

ジュリアン・クリブ（片岡夏美訳，柴田明夫解説）(2011) 90億人の食料問題——世界的飢饉を回避するために——．シーエムシー出版（気候変動だけでなく，市場，紛争，飽食，肥

料資源の制限などによって食料問題は起こるとされる．少し煽りすぎかもしれない）．

ポール・ロバーツ（神保哲生訳）（2012）食の終焉——グローバル経済がもたらしたもうひとつの危機——．ダイヤモンド社（大企業が食料品を世界中に他の消費財と同じように流通させている．食のあるべき安全・健康の問題から，また飽食という課題からも，この巨大システムは問い直す必要があるという．でも，できるのだろうか．市場は自己組織化で発達するからである）．

鈴木透（2019）食の実験場アメリカ——ファーストフード帝国のゆくえ——．中公新書（すばらしい本．米国の食がその文化そのもののように，移民の食が融合し，発展したものであることを示す．終章を次の言葉で締め括っている．「20世紀の世界は，情報革命を経験した．食から社会を変革するというシナリオが国境を超えて広がるなら，21世紀の世界には農業革命が起こるだろう．新たな冒険へと向かう意志があるのかという問いは，アメリカ以外の国々の人々にも突きつけられている．食べ物が伝える記憶と真剣に向き合うことは，人々の意識を変える第一歩なのだ．」）．

(23)　フランシスコ・モヒカ（F. Mojica）の論文は，

Mojica, F.J.M. et al., (2009) Short motif sequence determine the targets of the prokaryotic CRISPAR defence system. *Microbiology* 155, 733-740.

　　モヒカの発見とゲノム編集については次の本が紹介している．

ネッサ・キャリー（中山潤一訳）（2020）動き始めたゲノム編集——食・医療・生殖の未来はどう変わる？——．丸善出版．

　　ゲノム編集をめぐる進展と全体的な課題については，

青野由利（2019）ゲノム編集の光と闇——人類の未来に何をもたらすのか——．ちくま新書（最大の問題は望み通りの子供を作るデザイナーベビーであろう．ヒトは受精卵から自己組織化によって誕生する．これのプロセスにヒト自身が介入することは，ヒトの発生そのものを変えることになる．人間社会に何をもたらすのか，深い洞察が求められる）．

(24)　ゲノム編集が食料生産に与えるインパクトについては，

松永和紀（2020）ゲノム編集食品が変える食の未来．ウェッジ（この分野でも日本は置いてきぼり，らしい．新しい科学技術の前に立ち止まりウロウロするこの国の姿が浮き彫りだ）．

(25)　不潔都市についての次の著作は英語で Dirty Old London という．

リー・ジャクソン（寺西のぶ子訳）（2016）不潔都市ロンドン——ヴィクトリア朝の都市浄化大作戦——．河出書房新社（19世紀のロンドンの不潔さは，本当に酷かったらしい．それを克服したこともある意味すごい．本書ではバザルジェットによる下水道建設が取り上げられている）．

(26)　ジョン・スノウによるコレラ感染源の探求は，公衆衛生学の始まりとして有名なストーリーである．

スティーブン・ジョンソン（矢野真千子訳）（2017）感染地図——歴史を変えた未知の病原体——．河出文庫．（推理小説を読むようにドキドキしながら読める．まずは現場の聞き取りから始めよ）

　　スノウの感染地図は，ネットに色んな形で掲載されているが，図表7.13には
https://public.tableau.com/en-us/gallery/mapping-1854-cholera-outbreak を用いた．

(27)　江戸におけるコレラ流行については，漫画 JIN ——仁——（村上もとか，集英社：現代の医師が江戸時代末期にタイムスリップという想定）にも描かれている．主人公南方仁は，コレラについてはどういう病気かはわかっているが，江戸時代の設定でこれと闘う．水を大量に飲ませることで脱水を防ぐ．この漫画はしっかりした医学監修が行われている．また，テレビドラマもある．TBS制作・大沢たかお主演．なかなか良い．

　　江戸の水源と上水開発に関しては，

門井慶喜（2018）家康，江戸を建てる．祥伝社文庫（この小説に関しては，佐々木蔵之助主演でNHKによるテレビ番組も作られている）．

(28)　日本の上下水道の歴史については
https://www.eiken.co.jp/uploads/modern_media/literature/MM0603-04.pdf

　　また日本の水資源全体を俯瞰するには
　https://www.mlit.go.jp/tochimizushigen/mizsei/hakusyo/h16/1.pdf が役に立つ.
　　上下水道の技術についての発展と未来像は,
　長澤靖之（2012）上下水道が一番わかるしくみ図解. 技術評論社.
（29）　利根川, 荒川など東京圏を流れる河川は洪水のリスクが高い. 2019年の台風19号は, 多
　　摩川が氾濫し, 千曲川, 阿武隈川で堤防が決壊した.
　土屋信行（2014）首都水没. 文春新書（江戸・東京に水利と水運をもたらした利根川の東遷
　　工事と近年の地盤沈下が洪水の危機を生んでいるという. 水の危機には洪水も含まれる）.
（30）　シンガポールの水問題や水利用全体の課題については,
　丹保憲仁（2012）水の危機をどう救うか――環境工学が変える未来――. PHP サイエンス・
　　ワールド新書（シンガポールの水利用で引用した）.
（31）　パリの大改造と1980年代からの新しいパリについては,
　高遠弘美（2020）物語パリの歴史. 講談社現代新書（大改造による新都市構築で今のパリが
　　できた. 自然発生的にできたのではない）.
　松葉一清（1998）パリの奇跡――都市と建築の最新案内――. 朝日文庫（パリの新しい建築文
　　化, 都市計画を紹介. 歴史軸が美しい）.
　　パリとロンドンの二都物語は,
　喜安朗・川北稔（2018）大都会の誕生――パリとロンドンの社会史――. ちくま学芸文庫（パ
　　リの歴史は主に19世紀を取り上げている）.
（32）　National Geographic 誌の都市の特集は, 日本版2019年 4 月号.
　　また別冊日経サイエンス189都市の力――古代から未来へ――も役に立つ.
（33）　都市に関しての新しい科学技術をジェフリー・ウェストは, A Quantitative and
　　Predictive Science of Cities とよんでいる.
　https://www.youtube.com/watch?v=ncDE_V5RAQc

大きな物語の創新と私たちの役割

　人新世は，1945年からの「機械の時代」（フェーズ１），1977年に Apple II が発売されて始まった「人間と機械の共生の時代」（フェーズ２），そして2011年を起点とする「地球・人間・機械の共生の時代」（フェーズ３）と区分することができる．フェーズ３の目標は，新しいパラダイム「アース・ソサエティ3.0」社会を実現することである．そこでは，人々の不平等と格差が解消され，科学技術に基づく持続ある地球の維持管理と経済活動の両立を可能とし，かつ，自らの豊かさとビジョンが実現できる社会である．このためには，地球・人間・機械システムの全体像を解析・予測し，それをグローバルな環境・経済，地域生活そして教育に活かす新たな知の体系を創成しなけらばならない．その知の体系は人類の共通言語として使われるべきだ．同時にそこに人間力を込めるべきだ．その人間力にとっては，アダム・スミスの「道徳感情論」が原点であり，そして「雪月花に友を思う」共感，すなわち日本人の心が，これから最も重要になると考える．

人新世の編年

　1957年10月４日，旧ソ連のバイコヌール宇宙基地（現在はカザフスタンにあるがロシアが管理）より人工衛星スプートニク１号が打ち上げられた．衛星は22日後に電池切れとなり，通信が途絶え，92日後に大気圏に突入し燃えつきた．人類初の偉業だった．

　1960年に NASA は初めての地球観測実験衛星タイロス１号を打ち上げ，78日間の運用で広角と望遠カメラから２万枚以上の雲画像の送信に成功した．これにより地球観測衛星から，非常に有用な情報が得られることが証明され，その後，世界で多数の衛星が打ち上げられた．

　その中で，長期にわたって観測を続けてきたのが米国の DMSP（Defense Meteorological Satellite Program）衛星である．この計画で撮影された地球の夜景については，「Google Earth：夜の地球」において全球データとして統合されている [1]．この画像を見ると社会経済活動の全体像が把握できる．まず，東アジア，インド，中東，ヨーロッパ，北米に都市と都市のネットワークを示す夜景が集中しているのがわかる．南米大西洋側，北アフリカ地中海沿岸，南アフリカにも光が集まっている．これらの地域の経済活動が高いのは，良く知られていることである．

一方，暗い場所をズームアップ（カメラ高度500km程度）して見てみると，やはり至る所で小さいながらも光の点が存在している．たとえば，極北のロシア・ヤマル半島，米国アラスカ州プルドーベイには光が見える．天然ガスなどの資源開発が行われているからだ．陸上だけではない．西アフリカ，ニジェールデルタの沖合には，光の集中が多数見られる．これは海底油田の開発リグが林立しているためである．

　また，宇宙から見た夜景は，その国の経済状態を如実に示す．北朝鮮には，平壌の他には大きな光が見えない．韓国との国境の光列と南北でのコントラストが国情を良く物語っている．**人工衛星からの映像により，人間が地球を征服し，改変したことが明瞭にわかる．**

　新たな人間の地質時代，**人新世の始まりは，1945年の原子爆弾の実験から始まったと本書では定義した．**人間が，自らを壊滅することのできるパワーを手にした瞬間だった．戦後世界の経済成長は，米国が牽引し科学技術が一斉に開花した．それは，米国が1945年にまとめた「サイエンス─果てしなきフロンティア」において周到に準備した軍産学複合体のシステムが機能したからである．原子力発電，核兵器，宇宙開発など機械中心の巨大科学技術により，冷戦においてソ連を圧倒し，超大国への道を開いた．資源開発においても陸地から海底へと石油・天然ガスの探査・開発技術が進み，地球の資源（化石燃料，鉱物資源，土壌，水）を使い，豊かな世界の建設にひた走った．**このアメリカモデルともいうべき科学技術・経済発展がスタンダードとなり，資本主義経済の黄金時代**を築いた．

　戦後の世界人口を支えたのは**「緑の革命」とよばれる農業・畜産業**である．広大な北米大陸の平原を使い，巨大な規模での単一作物の栽培が行われ，生産物が世界に広まっていった．ヨーロッパ人到着以前，南北アメリカ大陸には世界最大の農業地帯が発展しており，先住民が品種改良したトウモロコシが広域で栽培されていた．**緑の革命でトウモロコシは世界最大の生産物となり，畜産業を支え，世界の食を支えた．**

　1970年代，ベトナム戦争の挫折から，個人，自由，環境を意識したカウンター・カルチャー運動が起こり，中央政府や大企業が独占していた象徴的な機械，コンピュータに改革のツールを見出した人々がいた．**パーソナル・コンピュータの普及により，個人が自由な発想で，科学技術，社会，芸術を革新し，人々が繋がれば既得権力の壁を超え新たな力を得ることができる．**1977年の Apple II の発表は，まさにその大きな転換を象徴した出来事だった．**これを人新世フェーズ1（機械の時代）からフェーズ2（人間と機械の共生の時代）の始まり**とすることができる．パソコンとそれを動かすソフトウェアは瞬く間に広がり，さらにインターネットが拡

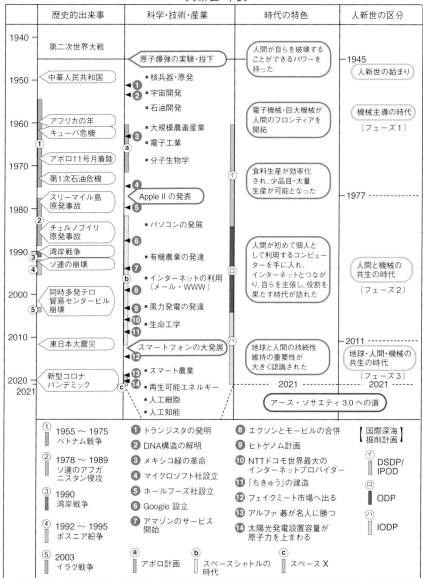

図表8.1 人新世の年表.
　人新世を3つのフェーズに分ける.機械の時代（フェーズ1），人間・機械の共生の時代（フェーズ2），地球・人間・機械の共生の時代（フェーズ3）である.これから，アース・ソサエティ3.0の時代を作っていかねばならない（著者作図）.

大，検索エンジンとして高度に発達した Google が使われるようになり，人間と機械が共生し，ネットワークで世界の人々が繋がる世界が作られていった．

　この新しい技術世界は，人新世フェーズ 1 において，国家安全保障を中核においた政府主導，あるいは，公的機能を持った研究所（たとえばベル研究所）主導で行われてきた成果の結集であることも忘れてはならない．トランジスタ，マイクロプロセッサー，インターネット，などがそうであり，米国には，これらを個人，民間で活用していく背景と活力があった．その中核を担ったのが，大学の研究と起業を密接に連携させたスタンフォード大学のような革新的な拠点であったし，シリコンバレーのイノベーティブな風土であり，ベンチャー企業を育成する制度全体がつながったネットワークであった．

　一方，生物・人間をめぐる科学技術は DNA 構造の解明によって分子生物学と生物工学（バイオテクノロジー）が開花した．この分野もまた，1980年のヒトゲノム解析の成功によって，一気に個人ベースの科学技術まで進歩，遺伝子治療，あるいは，iPS 細胞による再生医療など，医療・健康分野において革新が起こった．細胞分子生物学の発展は，人間が母親の胎内でどのように発生するのか，という仕組みを明らかにした．設計図の無い世界において，細胞どうしの対話が，自己組織化というメカニズムを通じて，脳を含め精緻なヒトの身体を作り上げることがわかってきた．そこには生命40億年の進化の歴史が再現されており，ヒトが地球生命であることを明確に認識させたのである．ヒトのゲノムには，ウイルスの影響が大きく残っており，人間もまた，ウイルスを含む地球生態系の一部であることがわかる．人工知能，人工生命の研究もまた，生命とは何か，人間とは何か，という根源的な問いへの希求がもたらしたものであり，それらによって，人間が新たな進化のフェーズに入ったといえる．

　この間，グローバルな経済活動の発展により，大気 CO_2 濃度は上昇をし続けた．初めは疑いの目で見られた地球温暖化現象も，絶え間ない努力が地球観測と気候モデルの精度向上に向けられた結果，今では人間の放出した温室効果ガスによるものであることがはっきりした．さらに，食糧確保のための大規模生産によって，水の不足・危機が次第に明瞭になり，土壌の流失，沿岸の富栄養化，海洋プラスチック汚染など環境は悪化していった．

　2011年3月11日の東日本大震災は，世界にあらためて地球の営みの大きさを知らせるとともに，津波のデブリは太平洋を横切って対岸に漂着，さらにそこからまた日本へ帰る，という海洋の大循環そして地球はつながっていることを認識させた．そして，福島第一原子力発電所の事故は，世界のエネルギー政策に大きなインパクトを与え，再生可能エネルギー時代の到来を示す人類史的な出来事となった．世界

が変わったのである．同時に，スマホと5G 移動通信による新たなデジタル革命が起こり，深層学習による人工知能の技術が発展し，スマート農業やスマート水産養殖そして人工ミートなど食料生産，スマート・モビリティによる輸送・移動などの分野でイノベーションが起こった．世界人口の60％は都市に居住しており，持続性のある都市の再生そして建設が喫緊の課題であり，それこそが，地球の新しい管理の中核となる．2011年は「地球・人間・機械の共生と融合の時代（アース・ソサエティ3.0）」，すなわち人新世フェーズ３の始まりといえるだろう．

　2020年，新型コロナウイルス感染症（COVID-19）のパンデミックが起こった．これは，まさに地球とその生態系そして人間の関係について重大な課題を突きつけた．ウイルスは地球生態系の一部であり，生物の進化，そして人間の進化にとっても重要な働きをしてきた．このパンデミックは，人間が自らの手で，地球生態系を改変してきたことが原因である．その兆候は，すでに人新世における新興感染症の台頭として現れていた．「地球・人間・機械の共生と融合の時代」の“地球”には，微生物やウイルスも含まれていることを忘れてはならない．同時に，新型コロナウイルス感染症の克服を目指したmRNAワクチンの発明は，30年以上の地道な研究蓄積と世界の英知結集の成果であり，総合的な知の体系を作ることが未来を開くことを明確に示した．

知の創新と大きな物語

　アース・ソサエティ3.0の時代における総合的な知に関して，広井良典（2013）の次の記述を引用しよう．「経済の成長・拡大あるいは産業化の時代においては，いわば単線的な“一本道”を社会は登っていくことになり，近代科学がそうであったように「ひとつの科学」が支配的となる．しかし，本来，科学や技術のあり方は決して「ひとつ」ではなく，それは根底にある自然観や生命観・人間観とともに，また，実現されるべき「豊かさ」のビジョンとともに，複数のものが存在するのだ」．一本道の社会では，“大きな物語”が語られ，信じられた時代であった．それは「経済的発展が人々に幸福をもたらす」という力強くシンプルな物語である．不平等と格差の拡大そして地球の変貌は，この大きな物語の喪失であり，“新たな物語の創出”が今，求められている．この本を通じて，私は，新たな物語の創出のためには，統合した科学技術が必要であることを述べてきた．それは，地球・人間・機械の相互作用を読み解く科学技術であり，これまでの理学，数学，工学，医学，経済学・社会科学などの専門的な分野の上に，それらを統合しつつ，新たな人間と地球の未来開拓を目指す知の体系である（図表8.2）．すなわち，

①　宇宙から地球の成り立ち，そして生命の起源と進化を網羅し，私たちの抱く自

然への根本的な問いに答えるべく，フロンティアの開拓を目指した宇宙惑星ハビタビリティー学．

② 人間圏を含む地球システムの相互作用と挙動を理解し，気候変動，生態系の動態，物質循環，地球管理のあり方と手法を研究開発する地球システム学．

③ エネルギー・食糧・水・都市・安全社会・リスク管理などグローバルな課題と社会経済のあり方や持続性を研究開発するサステナビリティー学．

④ 人間自身の理解，健康，疾病，心，人工知能，VR，ロボット，自然との共生を研究し，個人と社会の未来を開く社会人間学．

⑤ 以上の科学技術と人文学，社会学，思想・哲学さらに芸術や文学などを包含したリベラルアーツの創造と教育への展開．

　このような知の体系の創造においては，帰納，演繹，複雑系・ネットワーク科学，ビッグデータの解析やデータサイエンスもその手法の一部であるし，人工知能による知識の網羅的集約や解析そして社会・人間行動シミュレーションや仮想空間を利用した社会実験もその知の整理・実験の一部となろう．また，人新世を含む歴史を俯瞰するビッグ・ヒストリー編纂とそれを教育に活かすことも大きな柱になる．再生可能エネルギー開発や，細胞農業で発明された技術や，6G スマート技術は社会のベースとして活用され，経済に関しての数理科学や社会進化学の理論も重要なパーツとなるだろう．科学技術イノベーションを地球・社会システムの中にどのように導入してゆくのか，また，経済維持・成長政策による地球環境，社会変貌や人間進化をどのように評価して，フィードバックを受け入れるのか，政策的な議論と実行を同時進行的に進めなければならない．

　新しい知の体系が今までの個別的な科学技術と最も異なるのは，地球・人間・機械の相互作用とその影響を科学的に評価し，それを社会に役立てる力である．この知の体系の普及・教育と実践は，もちろん世界規模で進める必要があり，その時にネットワークが強力な原動力となる．SDGs は個別の努力目標であり，それぞれは社会的にわかりやすい取り組みのプラットフォームを提供している．しかし，それら全体を繋げ，統合し，理解し，実践する体系が必要である．それがアース・ソサエティ3.0の知の体系である．それは，人間が始めて手にする"共通言語"であり，それによって国家，宗教やイデオロギー，人種や民族などの壁を超えて対話することが可能となる．そして，その対話をベースに，新たな人間社会と地球のあり方への希求が続いて行くだろう．

　今までの1本道の大きな物語では，私たちは，人間のことだけを考えてきた．すなわち，良いお金もうけの"良い"には地球のことが考えられていなかった．その結果，私たちの住処である地球が大きく変貌し，人間と地球の関わりの重大性が見

図表8.2 アース・ソサエティ3.0への大きな物語の創新.
これから，温暖化した地球の上で，80億人の人口が長く幸福に暮らして行くためには，現在の"大きな物語"を新しいものにして行かねばならない．それは，エネルギー，食料，水，都市におけるイノベーションの上に成り立つものであり，経済を維持し，かつ，グローバルな枠組みの中での持続性の維持が求められる．この難しい課題を解決するためには，特に４つの領域を統合した知の体系創成が必要である．さらにそれを世界市民が，共通のリベラルアーツとして受け継ぎ，改革し，教育に生かし，そしてその中に人間，生命と地球の間での共感に基づく人間力を加えて行くことが大切だ．世界で最も厳しい自然環境の中で生きてきた日本がそのリーダーシップを取るべきである（著者原図）．

逃されてきた．今後は，地球システム変動，エネルギー，食料，そして都市に関連する次の課題に全力で取り組むべきである．

① CO₂排出を規制しても地球温暖化を止めることは難しいだろう．海洋の温暖化を考えると，今後数百年は温暖化した気候を想定すべきであり，鮮新世の気候がそのモデルになりうる．それを基本とした長期的な地球の管理手法を考えるべきである[2]．

② もし，鮮新世の世界を2100年代以降の地球気候のモデルと想定すると，最大

の困難は海面の上昇である．数メートルの上昇が見込まれ，かつ，グリーンランド氷床や西南極氷床などの氷床崩壊が起これば，数年スケールで急上昇するかもしれない．このような事態に備えた地球変動の予測と対応を講じておく必要がある．長期的な地球管理には，社会の巨大危機管理が含まれる．

③ これからのエネルギー供給には，分散化した発電拠点を多数有する再生可能エネルギーと高性能電池を中核として利用すべきである．

④ 地球に負荷をかけない食料生産のためのイノベーションを推進し，食のパラダイムシフトを起こすべきである．

⑤ 都市とそのコミュニティーのため，科学技術を基礎とした新たな経済の仕組みや平等社会を目指した構造改革に取り組み，都市を本当の豊かさの追求の場とすることが重要である．

⑥ 地球を管理してゆくということは，このような都市の改造・改良・建設を行っていくことと同じことである．エネルギー，食料，水の課題に挑戦できる持続ある都市とコミュニティーの建設こそが地球管理の中核的な部分を占めるだろう．

さらに，これらの課題に関して，新たな知の体系と共にインターネットで繋がったコミュニティーの力が融合すれば，持続性ある地球を管理し，社会格差の少ない世界を構築・維持していくことができると考える．そのためには，新自由主義的な競争経済の時代から脱却し，より市民参加型の組織・企業運営，民主的で透明性の高い政策決定，エッセンシャルワーカーなど社会を支える存在へのリスペクト，など共同協調主義が必要であり，それが，アース・ソサエティ3.0達成に向けた社会の目標となる．これを実現するためには，個々の人間力の復興が必要である．

人間力の復興と私たちの役割

それでは，これから必要な人間力とはどのようなものであろうか．国連で「世界トイレの日」（11月19日）の制定を推進したジャック・シム[3]は，次のように語っている．「シリコンバレーで私が感じるのは，イノベーションとテクノロジーに対する異常なまでの執着心だ．人や社会，環境に及ぼす潜在的なリスクに対する深い考慮と規制よりも，圧倒的にイノベーションやテクノロジーが優先されている」．シリコンバレーは巨大になった．あのカウンター・カルチャー運動やWhole Earth Catalogで表現された個人，自由，環境といった開拓精神に溢れた創成期から，今や苛烈で，競争の恐怖とパラノイアに突き動かされているビジネスの舞台となった．アース・ソサエティ3.0の世界では，シムのいうように「イノベーションに深い人間的な共感と共有の意識を持って関わり，社会の不平等や弱者などを，社会の重荷

と見るのではなく，これを新たな創造の力と見る，思いやりの力が加わること」が必要だ．

アダム・スミスは『国富論』の中で，公正な自由競争が保たれる市場が経済を動かす原動力になり，個人の利益追求が公益をもたらすと説いた（睦目，2008）．さらに，公正な競争が保たれるためには，社会秩序の保持が必要であり，その根幹が，人間が他人に持つ共感であると「道徳感情論」において説明した．そして，**人間の幸福には，平静（tranquility）と楽しみ（enjoyment）を得ることが大切であり，富と名声を得ることが目的ではないと述べている**[4]．

インド独立の父，マハトマ・ガンディーは非暴力による政治運動を指導した偉人として知られている．ガンディーの言葉は，しばしば，私たちへの警句として引用されることが多い[5]．その中でも有名なのが，暴力の根源として取り上げた7つの大罪である．それは，

労働なき富
良心なき快楽
人格なき知識
道徳なき商売
人間性なき科学
自己犠牲なき宗教
原則なき政治

である．1947年のインド独立後，ヒンドゥーとイスラムの宗教対立が激化，その融合を目指したガンディーではあったが，インドとパキスススタンの分離独立とカシミール地方の帰属をめぐる対立に巻き込まれていった．イスラムとの協調を目指したが，ヒンドゥー過激派の銃弾に倒れた．1948年のことである．ガンディーは，「君のことを敵とみなしている人と友達になることにこそ，真の宗教の本質がある．そうでない宗教は，単なるビジネスに過ぎない」といっている．宗教も，政治も，科学も，すべてがビジネスである現代社会をすでに見通していた．さらに「**大地は人間の必要を満足させてくれるが，貪欲に応えることはしない．大地を耕し農地を世話することを忘れることは，自分自身を忘れることだ．**」といっている．この「**大地**」を「**地球**」に置き換えれば，まさに**私たちが目指すべき社会の姿と個人の生き方を示している**．

川端康成は，1969年のノーベル文学賞の記念講演「美しい日本の私」[6]の冒頭で，道元禅師の次の和歌を引用している．

春は花　夏ほととぎす　秋は月
冬雪さえて　冷しかりけり

この歌は「本来の面目」と題されている．きわめて簡潔な，そして自然と心の原風景を詠んだ歌である．冷（すず）しかりけり，の部分に四季の変化とそれを愛でる心の平静，あるいは平静であるからこそ四季の美しさを楽しむことができる，ということが伝わってくる．

　講演では，さらに明恵上人の次の和歌，

　　雲を出でて　我にともなふ　冬の月
　　風や身にしむ　雪や冷たき

この歌は，「私と一緒に歩く「冬の月」よ，風が身にしみないか，雪が冷たくないか」，という自然，人間にたいする，あたたかく，深い，こまやかな思いやりの歌であるとして，川端は2つの歌を，揮毫を求められた時に特に書いてあげると述べている．さらに，講演の中で，日本美術の特質として「雪月花の時，最も友を思ふ」という矢代幸雄の言葉を引用している．四季折り折りの美に触れたとき，この喜びを親しい友と共有にしたいと願う，この「友」は，広く「人間」ともとれる，と述べた．

　道元は生まれが西暦1200年，24歳の時に宋に渡り，仏教の修行をして28歳の時に帰国した．日本では鎌倉幕府の時代であったが，源平の争乱の爪痕が未だに癒えず，人心の荒廃が深かった．特に荘園制の崩壊による自然の破壊が各地で起こり，武人政治による開発と経済優先の国造りが進められ，自然との共生を重んじた文化の喪失を嘆く憂国の人士が現れていた．明恵上人も道元禅師もまた，そのような人々であった．

　先人のたどった道は尊い．アダム・スミスの説いた社会秩序をもたらす道徳，ガンディーの説いた社会と個人のあり方は，"日本の心"にも通じる．**アース・ソサエティ3.0に必要な人間力は，暴力の根源を見極める揺るぎない信念，自然を楽しみ愛でる心，そして他人への思いやりと慈愛である．**

　人新世の始まりである1945年の悲劇，そして，フェーズ3の始まりである2011年の激動を直接経験した私たち日本人が，2020年の新型コロナウイルス・パンデミックを契機として，未来世界の地平を開くために，新しい物語創造のリーダーシップをとってゆくことは当然のことである．**そのためには，この日本列島という厳しい自然の中で，日本人が古来，最も大切にしてきた人間力，「雪月花の時，最も友を思ふ」を復興しなければならない** [7]．

注
（1）　夜の地球の画像は，きわめて興味深い．まずは Google Earth「夜の地球」をみてみると，夜と昼（地形画像）を任意のスケールで比較しながら見ることができる．NHK スペシャルの「宇宙の渚」にも夜景撮影用に開発した高感度カメラによる ISS（International Space

Station）からの夜景映像がある．また，大西卓也宇宙飛行士の撮影した次の動画が地球の昼と夜の映像として秀逸である．

https://www.youtube.com/watch?v=QOCfpmU749g

（２）　ここで，誤解のないようにCO₂排出量規制とエネルギー問題，温暖化に対する私の考えを追記しておく．2020年10月26日，菅義偉首相は，「我が国は2050年までに温室効果ガスの排出を全体としてゼロにする，すなわち脱炭素社会（カーボン・ニュートラル社会）の実現を目指す」と所信表明演説で述べた．菅首相だけではない．2020年から21年にかけて，バイデン大統領のリーダーシップのもと，米国や中国などこれまでCO₂排出量が差し引きゼロになる社会，すなわちカーボン・ニュートラルの早期達成に関してやや後ろ向きだった国々が一斉に2050年目標を国内法律や政策文書に記載を行い，実に120カ国が宣言を行った．これにより，パリ協定の定める地球平均気温1.5℃上昇段階で温暖化をくい止めるというシナリオが，世界の共通目標となったとされる．これを目標とすることに関して私はまったく異議はなく，ぜひ，世界で取り組んで欲しいと思う．しかし，その道筋は簡単ではない．カーボン・ニュートラルを目指すには，世界全体での産業・社会構造の大変革が必要であり，その変革自体に新たなインフラの整備など莫大な量の炭素排出を必要とするからである．さらに心配なのは，世界がそれを目標とすることへの"正義"が，巨大なビジネスチャンスとなっていることである．今，2020年を契機として凄まじい勢いで，投資マネーが再生可能エネルギーやスマート農業などの"グリーン・ビジネス"（海の場合はブルー・ビジネス）に流れている．これはこれで歓迎すべきことであろうが，地球・人間・機械の全体像が把握できないままに，ビジネスだけが独走状態だ．本当にこれで良いのだろうか．大きな過ちを犯していないのだろうか．気候変動だけでなく，地球全体の変化に対する研究体制をできるだけ早く整えるべきである．それは，カーボン・ニュートラルゲームに"遅れて参加"した日本の役割であると強く思う．

次の本が，2020年のゲームチェンジを取り上げている．

森川潤（2021）グリーン・ジャイアント──脱炭素ビジネスが世界経済を動かす──．文春新書．（世界最大の企業の１つエクソン・モービル社の株価総額を，ネクステラ・エナジー：NextEra Energy 社という聞いたこともない再生可能エネルギー電力会社のそれが上まわったことから本の記述が始まる．結構，ショッキング）

（３）　トイレの話は，人新世の象徴的な話題となる．

ジャック・シム（近藤奈香訳）（2019）トイレは世界を救う──ミスター・トイレが語る貧困と世界ウンチ情勢──．PHP新書（シムのいうことはおもしろい．NGOは募金者に向けて仕事をしているという．貧困層にはお金を渡して終わりではなく，ビジネスの機会を作れという）．

またまたトイレの話だが，

ローズ・ジョージ（大沢章子訳）（2009）トイレの話をしよう──世界65億人が抱える大問題──．NHK出版（第２章でスマホがアフリカの人口問題を解決すると述べたが，トイレをどうするのか，はまだまだ解決していない）．

（４）　私にはなぜか，アダム・スミスの考え方とジョン・レノンとヨーコ・オノが書いたイマジン（Imagine）の歌詞がなぜか重なる（本来は，まったく重ならないのだが）．

イマジンが発表されたのが1971年，ジョン・レノンが撃たれたのが，1980年12月8日．その３カ月前，エルトン・ジョンはニューヨークのセントラル・パークで伝説のコンサートを開催，コンサートの終了間際，親友でその頃，音楽活動をやめていたレノンのためにイマジンを歌った．友を励ますために歌っている．感動する．

https://www.youtube.com/watch?v=Wy2VmfgEaag

（５）　マハトマ・ガンディーの言葉は，

佐藤けんいち（2020）ガンディー強く生きる言葉．ディスカヴァー・トゥエンティワン（コンパクトに181のフレーズを選んである）．

（６）　川端康成のノーベル賞講演は，編集注釈とエドワード G. サイデンステッカーの英訳つきで，

川端康成（1969）美しい日本の私──その序説──．講談社現代新書．

道元の和歌については,

松本章男（2005）道元の和歌——春は花　夏ほととぎす——．中公新書．

私の父（平重通）の菩提寺は，仙台市向山にある曹洞宗大満寺である．先代住職西山廣宣大和尚（故人）は，道元の著作「正法眼蔵」の完全英訳を成し遂げ，またヨーロッパで曹洞宗の布教に尽力した人として知られている．また，私も東日本大震災の後に，大満寺で講演をしたこともあり，西山道環現住職ともお話をさせていただいている．私には「正法眼蔵」は読み込むことはとても困難だが，次の本が，その真髄に触れる入り口となる．

山田史生（2012）絶望しそうになったら道元を読め！——『正法眼蔵』の「現成公案」だけを熟読する——．光文社新書．

廣宣大和尚の英訳は，

Kosen Nishiyana (Translation)（1988）Shobogenzo by Dogen Zenshi – The Eye and Treasury of the True Law –．中山書房仏書林．

ここで，「現成公案」（The Actualization of Enlightenment）の一節で和英両文の比較しながら道元の心に触れてみよう．

「人のさとりをうる，水に月のやどるがごとし，月ぬれず，水やぶれず，ひろくおほきなるひかりにてあれど，寸尺の水にやどり，全月も弥天も，くさの露にもやどり，一滴の水にもやどる」

(When human beings attain enlightenment, it is like the moon reflected in the water. The moon appears in the water but does not get wet nor is the water disturbed by the moon. Furthermore, the light of the moon covers the earth and yet it can be contained in a small pool of water, a tiny dewdrop, or even one miniscule drop of water.)

私にはこの一節は，天空を照らす月，草露の中の月，そこから広がる友への想い，そして，この世のありようへの思い，悟りとは水中の月から，人々のその想いがどれだけ深いかを思いやることである，といっているよう思える．道元の言葉は人新世の人間力に繋がっている．

大満寺境内から階段を上ると虚空蔵堂があり，そこから見渡す仙台市と七つ森・泉ヶ岳（第四紀の火山群）の景観がなかなかの絶景である．ぜひ，観光に来てください．

さて，「雪月花に最も友を思う」という語句は，白居易の漢詩「殷協律に寄す」の次の一部が日本で親しまれるようになってから使われるようになったとされる．

　　　　「殷協律に寄す」　白居易
　　　　五歳の優游　同に日を過ごし
　　　　一朝消散して　浮雲に似たり
　　　　琴詩酒の伴　皆我を抛ち
　　　　雪月花の時　最も君を憶ふ

　　　（友人の殷協律を偲んで詠んだ詩である．5年の歳月を共に楽しく過ごした日々は，浮き雲のように消散してしまった．琴で詩を吟じ酒を酌み交わした友がらは，皆，離れてしまい，今は，雪月花の時，最も君のことを憶う）

　　　しかし，白居易以前に大伴家持が，

　　　雪の上に照れる月夜に梅の花折りて贈らむ愛しき子もがも

と詠っており（万葉集），それらを含めて，後世，この言葉が日本の心を代表する語句として人々に知られようになり，それを美術史家である矢代幸雄が取り上げたものとされている．まあ，出典は色々あっても，「雪月花の時，最も君を憶う」は，琴線に触れる語句であり，ネット上では，土方歳三までモチーフにされている．私は土方歳三の大ファン（ホトグラフの肖像がカッコ良すぎる）であるが，うーん，まあいいか，ファンといった途端に同列ですからね．

（7）　人間力の復興には人生を通じた研鑽を積みことを必要だ．それでも学校教育の役割は大きい．埼玉県秩父市立影森中学校の校長であった小嶋登は，音楽教諭の坂本（現在は高橋）浩美とともに合唱など音楽教育に力を入れ，当時荒れていた学校を「歌声の響く学校」にしようと努力していた．1991年2月，坂本は卒業する生徒に対して，「記念になる，世界に一つしかないものを残したい」との思いから，小嶋に作詞を依頼した．そして，た

った1日で「旅立ちの日に」が完成，教職員が卒業生にサプライズとしてこの曲を披露した．小嶋は，その年度で定年となり退職したが，曲は学校で歌い続けられた．やがて，この曲は全国に広まり，専門家による編曲を経て，卒業式の定番合唱ソングとして定着していった．インターネットでは，卒業式で涙を流しながら，この曲を歌う生徒たちの様子が動画で流されている．見ている方が，本当に泣けてくる．私が卒業式で歌った「仰げば尊し」も良いが，原曲は米国で作られたものだ．作曲の高橋浩美は，「この曲は，生徒への感謝の気持ちで作ったものであり，また，生徒には，ありがとうを伝えたい人のことを思って歌って欲しい」といっている．「旅立ちの日に」には先生と生徒の想いが凝縮されている．卒業式の合唱で，先生や父母を思い，友と自分のために涙を流す，この涙があるかぎり日本は大丈夫だと思える．だからまた，涙腺が崩壊してしまうのだ．

卒業式の合唱は，たとえば
https://www.youtube.com/watch?v=5Ac2d5vNxmg
国際的に知られてきており，台湾成功高級中学校のコーラスもある．
https://www.youtube.com/watch?v=RzqtHvbs2DM
高橋浩美については，
https://www.fukushi-saitama.or.jp/site/council/tokusyuu24.3.pdf
映画「フィールド・オブ・ドリームス」の中でケビン・コスナー主演の主人公が，ボストンの作家に会いに行く．その作家は，次のように言う．「アメリカは色々変わったが，全く変わっていないものがある．それが野球だ」．2021年，それを変えた日本の若人がいる．大谷翔平だ．二刀流選手（Two-way Player）としてメジャー・リーグのプレースタイルを根本から変えた．大谷翔平は，岩手県奥州市水沢の出身．子供の頃から，暖かい家庭と伸び伸びとした環境の中で才能を伸ばしていった．花巻東高校1年の時に書いた目標達成シートというのがある．これは，実に良く整理されていて，佐々木洋監督は，「書くことが大切である」と言っている．さらに日本ハムファイターズの栗山英樹監督の元で，実戦で夢を追いかけ投打の能力を磨いた．まさに，人は人によって育つ，ということだ．私も，おそらく誰もが，大谷選手のおかげで毎日がワクワクで楽しい．彼こそ，人新世のMVPだ！

佐々木享（2020）道ひらく，海わたる──大谷翔平の素顔──．扶桑社文庫．
岩手日報社編（2018）大谷翔平 挑戦．岩手日報社．
本書で私はしばしば，「日本列島という美しくも厳しい自然」ということを枕詞につけてきた．厳しい自然の中には，巨大な地震・津波の来襲が含まれる．東日本大震災の後，東北の復興が着手され，三陸沿岸の町々では宅地の高台への移動や，かさ上げ地の造成が行われた．津波に強い街づくりという長期的な視野に立ったものである．これに対して色んな批判もあった．しかし，この実験的ともいうべき街づくりは，実は，将来の気候変動・海水面上昇に対応する街づくりでもあるのだ．高い堤防，高台の宅地，そして低地に関しては，そのリスクを包含した土地利用を行ってゆく，さらにその中から海との共生をどのように計って行くのか，ということが，まさにアース・ソサエティ3.0への道筋をつけていることに他ならない．ガンバレ東北は，ガンバレ世界へと繋っている．だから，私たち日本人のリーダーシップが今，世界に必要なのだ．

おわりに

　本書の出版にあたっては，非常に多くの方々からご支援をいただいた．というのも，この本の内容が，私のこれまでの人生，そして研究・組織運営などの道のりを反映しているからである．

　まず，東海大学山田清志学長，稲津敏行副学長，辻中豊副学長，岩森暁教授（GM），山田吉彦清水キャンパス長，斎藤寛海洋学部長，川崎一平学部長補佐においては，東海大学としての取り組みの一環として，この本を位置付けていただくとともに，リベラルアーツ教育の重要性について終始，ご支援，激励をいただいた．そして東海大学創立者松前重義先生の建学の精神「若き日に汝じの希望を星につなげ」を活かすのが本書の目的でもあることが確信できた．深く感謝申し上げる．東海大学海洋研究所・海洋学部の石川智士，坂本泉，馬場久紀，小倉光雄，佐柳敬三，村崎謙太，秋山信彦，田中昭彦，長尾年恭，脇田和美，大久保彩子らの諸氏には，日頃から様々な議論をしていただくと共に特に駿河湾の海洋学についてご教示をいただいた．産業総合研究所の横山由香博士からは人新世のイベント堆積物についてご教示・ご議論をいただいた．2021年3月に海洋観測に関しての国際ワークショップを開催，Greg Moore（ハワイ大学），Mike Coffin（タスマニア大学），Charles Paull（モントレー湾水族館研究所），Margaret Leinen（スクリプス海洋研究所），有吉慶介（JAMSTEC）の各氏からは，海洋観測，特に海洋地質学の分野の課題と最先端技術について議論をいただいた．

　JAMSTECでは，2015年頃から地球生命科学・人間未来科学に関しての研究拠点形成事業への申請について議論が行われており，私もそれに加わっていた．惑星科学スケールの規模と時間において，地球と生命の未来を予測するというのが目標であった．その議論に加わったグループの中で，人新世の研究と近未来の地球・生命圏の観測と予測手法の開発を強化することも話し合われ，様々な側面から検討が行われた．それが本書のベースの一部になっている．この一連の作業において稲垣史生，島村道代，末廣潔，東垣，倉本真一，山田泰広，大河内直彦，高井研，小平秀一，白山義久，阪口秀らの各氏と議論を行った．阪口秀氏とは，三浦半島三崎町で，地層を見ながら，学問のあり方について終日議論したのは楽しい思い出である．また，稲垣史生博士においては，従前より一貫して議論を続けており，多くの刺激を受けてきたことに感謝をしたい．加藤康宏，今村努，今脇資郎，他谷康，堀田平，前田裕子，鷲尾幸久の各氏からは常に多くのご教示を得た．2019年に，ハワイ

州ホノルルで開催された海洋観測の国際会議（OceanObs2019）で，私は従来の海洋学に特化した観測から，その成果を惑星科学，生命科学，社会科学に発信し，新しい人間圏科学技術の知の体系を作るべきであるとの提案を行った．この考えを支援してくれた河野健，河宮未知生，千葉早苗氏に感謝を申し上げる．JAMSTECでは，非常に多くの方々と仕事をし，さらに常時，議論をさせていただいた．すべての方々を挙げることはできないが，特に「ちきゅう」の運用や，科学技術開発，普及広報に置いて，佐賀肇，小林照明，石井美孝，山尾正起，江口暢久，矢野健彦，山本富士夫，黒木一志，山田康夫，菊田宏之，菊池聡，大嶋真司，山西恒義，小原孝文，高橋桂子，長谷部喜八，田村貴正，伊部幸一，吉澤理，五味和宣，小西基彦，吉松あゆみ，廣瀬重之，野村陽，岡山裕一，磯崎芳男，高川真一，金田義行，田代省三，川口勝義，斎藤実篤，青池寛，小俣珠乃，川口慎介，木元克典，モー・キョー，阿部なつ江，肖楠，中村恭之，飯田満理子，糸瀬裕美，小原一美，中原裕幸，川原田信市，土橋久，篠崎資志，板倉周一郎，加藤美千彦，門馬大和，松永是理事長ら名前をすべて上げることはできないほどの多くの方々の支援があって初めて完成した．特に富田恵子氏には連絡調整の任にあたってもらい，島田由香氏には図面の作成で大変お世話になった．また，2021年のJAMSTEC50周年，おめでとう！これからも最先端を切り拓いていって欲しい．

革新的深海資源調査技術（SIP）プロジェクトチームの石井正一ディレクター，森本浩一事務局長，荒井晃作，大澤弘敬，川村義久，松川良夫の各氏およびチームメンバーにおいては，南鳥島周辺の海底資源についてご教示いただくと共に人新世の課題についてご議論をいただいた．また，木川栄一氏には南鳥島付近の地質情報収集と議論をいただいた．吉野やよい氏には原稿整理などでお世話になった．

高知大学と高知コア研究所の甲藤次郎教授（故人），田代正之，吉倉紳一，岡村真，小玉一人，徳山英一，村山雅史，岩井雅夫，池原実，氏家由利香，石川剛士，廣瀬丈洋，谷川亘，諸野祐樹，星野辰彦，井尻暁，阿波根直一，久保雄介，久光俊夫，多田井修らの各氏には講演会，野外巡検，記念展示などを通じて人新世の考え方について議論をしてもらい，また資料の提供に協力してもらった．高知大学時代の学生諸君とは，フィールド研究を一緒に行ったのが，最も楽しい思い出であり，それが地球を考える基礎となった．2020年に，甲南中高等学校で講演（リモート）を行い，「ちきゅう」掘削と人新世の話をした．生徒の関心が人新世について高かったことを山内守之校長からお聞きした．今も田尻薄片製作所長の田尻理恵，地質コンサルタントの青木隆弘や伊与田紀夫，吉田理在，高知の教育界で活躍してきた西山安彦，弘畑佳之，今城雅彦，岡村洋一郎氏らの各氏とは講演会などで交流が続いている．高知大学在職から今まで続く高知とその関係者のお付き合いは，まさに，

大吟醸を前にしたセレンデピティーの連続だった．ただし，問題は，その多くのすばらしいアイデアは，二日酔いとともに消え去ってしまったことだ．

　東京大学大気海洋研究所・地震研究所の同僚や後輩の諸君からは，議論や資料の提供でお世話になった．宮崎信之，蒲生俊敬，石井輝秋，藤岡換太郎，嶋村清，木下千鶴，植松光夫，小松輝久，窪川かおる（特にナメクジウオについて），川幡穂高，篠原雅尚，木下正高，望月公廣，沖野郷子，芦寿一郎，黒田潤一郎，横山祐典らの各氏においてはセミナーなどで日頃から議論をしてもらっている．また，岡田誠（茨城大学），菅沼悠介（極地研究所）らの各氏からはチバニアンも含めて地層の模式地設定などについて教えていただいた．九州大学の清川昌一氏とは地球史について日頃から議論をしてもらっている．森田澄人（産総研），五十嵐厚夫，池俊宏（JOGMEC）らの各氏とは海洋地質学について議論をしてきた．海洋技術・海洋調査に関して，山野澄雄，穴瀬成一，植木俊明，松田滋夫，小出泰裕，松岡洋の各氏らと仕事を一緒にしてきた．これらの方々に感謝します．本文で取り上げた故玉木賢策氏とは貴重で楽しい時間（電車の中で延々と人類の進化を議論したことがある）を過ごさせてもらったが，ニューヨークで帰らぬ人となったのは，誠に残念だった．

　斎藤靖二，新妻信明，三谷哲，北里洋，巽芳幸，原田憲一，木村学，鳥海光広，松井孝典，住明正，深尾良夫，藤本博己，浜野洋三，谷伸，浦環らの各氏とは，地球科学や地球観測についての幅広い議論をいただいてきた．杉村新，久城郁夫，上田誠也，河野長，木下肇，松野太郎，Xavier Le Pichon，Jean-Paul Cadet，Kevin Pickering，Mike Underwood，Peter Scholle 博士からは，研究とは，学問とは何かということを教えていただいた．中村道治，中鉢良治（仙台二高同窓生），久間和生，尾池和夫，阿部博之らの各氏とは，研究開発とはどうあるべきか，についてご議論，ご教示をいただいた．また，JAMSTEC フェロー真鍋淑郎氏のノーベル賞は本当にうれしかった．

　地球深部探査船「ちきゅう」の活動でお世話になった八戸市の関係者，特に小林真人前市長，坂本美洋市議，八戸市水産科学館マリエント吉井仁美館長（「ちきゅう」たんけんクラブを主催）においては，海洋地球科学の普及・広報と共に生徒諸君や市民の皆さんに直接話をする機会を多く作ってもらい，子供たちのキラキラした好奇心と出会った．また，静岡県清水港に「ちきゅう」が停泊をすることが多くなってから，清水の商工会議所などのお世話になり，「海のみらい静岡友の会」で講演をする機会を得た．その折に，地球と人間の関係について，そして私たちの未来をどのように切り開いて行くのか，という課題を「ちきゅう」の成果と織り交ぜながら語った．機会を与えて下さった「友の会」の村上光廣（鈴与），酒井公夫

（静岡鉄道），後藤康雄（はごろもフーズ），また，鈴木与平（鈴与），田辺信宏（静岡市長），また，「美しく豊かな静岡の海を未来につなぐ会」の川勝平太（静岡県知事）の各氏と関係者の方々に感謝します．静岡市教育委員会の渡邉聡，村松岳詩氏においては中高等学校における講演会で若い人たちへのメッセージ発信の機会を得ることができ感謝したい．「ちきゅう」の人気はどこでも高く，さらなる活躍をプロモートして行きたい．

　また，高知県室戸ジオパーク，和歌山県南紀熊野ジオパーク，青森県下北ジオパークの関係者には，講演会を通じた市民の方々との交流によって人新世の考え方を深めることができた．植田壮一郎（室戸市長），島田信雄（最御崎寺），田岡実千年（新宮市長），田畑紀實（三重県南伊勢町），宮下宗一郎（むつ市長），渡邉修一および田中武男（JAMSTEC むつ研究所長）の各氏に御礼いたします．仁坂吉伸知事から2021年和歌山県知事表彰をいただいて大いに感激した．

　私の出身の仙台二高同級会の親睦会において行った講演の折に人新世について話す機会があり，貴重なご議論をいただいた．出席されていた大井龍司前会長，同窓の犬飼健郎，佐藤裕洋，佐藤一郎（現同窓会長），高橋徹，高橋浩一，また日頃のメール通信で，和田信彦，平瀬清らの各氏の意見を読むのも有益だった．西澤潤一大先輩の物真似である「真理は机上にあらずしてフィールドにあり」は講演で良く使っています．感謝であります．

　私が住む浦安市の市民大学や町内自治会でも多くの講演をさせていただき，有意義な意見交換ができた．特に東日本大震災における液状化被害について，伊能隆男自治会長をはじめ町内の土木・建築・地盤の専門家の方々（グループ M3）と調査を実施，復興に向けた協力ができたのは大きな財産となった．

　原稿は，稲垣史生，島村道代，末廣潔，山田吉彦，坂本泉，大河内直彦，東垣，倉本真一，江口暢久，武田靖（チューリッヒ工科大学）の各氏にも読んでもらいコメントをいただいた．深く感謝したい．

　東海大学での出版に関しては，キャンパスサポート（出版担当）の原裕之氏が担当した．様々な事務作業を佐藤博恵，櫻井耀子，斎藤秀機らの各氏が行ってくれた．東海教育研究所の原田邦彦氏とダーウィンルームの稲英史氏が原稿の仕上げと本の編集・制作を担当した．装丁は岸和泉氏が担当した．また，サイエンス・イラストレーター金原富子氏には，図の制作，原稿の校正などをお願いした．この本が仕上がったのはこれらの方々のおかげである．

　また，妻の郁子をはじめ家族の支援と協力も本当にありがたかった．特に，日米で国際教育の教員をしてきた長女からは，ディープエコロジーやコンパッションの概念などホリスティックな環境教育の重要性を教えてもらった．孫の平塚海（大学

生）とは，彼がハワイ出身なので米国での地球環境への取り組みなどについて議論した。

　本書の執筆は，2019年の10月から開始したが，2020年になりCOVID-19のパンデミックが起こった．2021年に原稿を仕上げながら，この世界がいかに脆弱であり，かつ，未知のリスクが存在すること，そして被害者は常に弱者であることが理解できた．しかし，同時に科学技術の体系化と人間力の融合こそが，未来を切り開く唯一の手段であるとの確信も得た．本書を通じて，次世代を担う若者たちに，住みやすく，そして皆が幸せである世界を作って行こうという思いが浸透すれば，それに越した幸いはない．

　富士山が美しい！

2022年1月

平　朝彦

文献リスト：日本語文献

あ

アイザックソン，ウォルター（井口耕二訳）（2011）スティーブ・ジョブズ（上，下巻）．講談社．

アイザックソン，ウォルター（井口耕二訳）（2019）イノベーターズⅠ，Ⅱ——天才，ハッカー，ギークがおりなすデジタル革命史——．講談社．

赤澤威（編著）（2005）ネアンデルタール人の正体——彼の「悩み」に迫る——．朝日選書．

青野由利（2019）ゲノム編集の光と闇——人類の未来に何をもたらすのか——．ちくま新書．

青山和夫（2007）古代メソアメリカ文明——マヤ・テオティワカン・アステカ——．講談社選書メチエ．

明日香壽川ほか（2009）地球温暖化懐疑論批判．IR35/TIGS 叢書，No.1.，東京大学．

天野芳太郎，義井豊（1983）ペルーの天野博物館——古代アンデス文化案内——．岩波グラフィックス．

甘利俊一（2016）脳・心・人工知能——数理で脳を解き明かす——．講談社ブルーバックス．

荒田洋治（1998）水の書．共立出版．

アリストテレス（廣川洋一訳・解説）（2011）哲学のすすめ．講談社学術文庫．

アルヴァレズ，ウォルター（月森左知訳）（1997）絶滅のクレーター—— T. レックス最後の日——．新評論．

安藤章（2019）近未来モビリティとまちづくり——幸福な都市のための交通システム——．工作舎．

い

石弘之（1998）地球環境報告 II．岩波新書．

石弘之（2012）歴史を変えた火山噴火——自然災害の環境史——．刀水書房．

石弘之（2018）感染症の世界史．角川ソフィア文庫．

石井勇人（2013）農業超大国アメリカの戦略—— TPP で問われる「食料安保」——．新潮社．

石田勇治，武内進一編（2011）ジェノサイドと現代世界．勉誠出版．

井田茂（2003）異形の惑星——系外惑星形成理論から——．NHK ブックス．

井田茂，長沼毅（2014）地球外生命——われわれは孤独か——．岩波新書．

稲垣史生，井尻暁，北田数也，町山栄章（2018）海底下の微生物起源ガスと生命活動との関わり——海洋科学掘削の最前線——．石油技術協会誌．83，130-137．

伊庭斉志（2013）人工知能と人工生命の基礎．オーム社．

猪木武徳（2009）戦後世界経済史——自由と平等の視点から——．中公新書．

井深大（2012）井深大自由闊達にして愉快なる——私の履歴書．日経ビジネス人文庫．

岩手日報社編（2018）大谷翔平挑戦．岩手日報社．

インブリー，J.，K.P. インブリー（小泉格訳）（1982）氷河時代の謎をとく．岩波現代選書．

う

ウィーナー，ノーバート（池原止戈夫ほか訳）（2011）ウィーナー　サイバネティックス——動物と機械における制御と通信——．岩波文庫．

ウィリアムズ，エリック（中山毅訳）（2020）資本主義と奴隷制．ちくま学芸文庫．

ウィルキンソン，リチャード，ケイト・ピケット（川島睦保訳）（2020）格差は心を壊す——比較という呪縛——．東洋経済新報社．

ウェザーフォード，ジャック（星川淳監訳，横堀冨佐子訳）（2006）パックス・モンゴリカ——チンギス・ハンがつくった新世界——．NHK 出版．

ウェスト，ジョフリー（山形浩生，森本正史訳）（2020）スケール——生命，都市，経済をめぐる普遍的法則——（上，下巻）．早川書房．

ウェッブ，スティーヴン（松浦俊輔訳）（2004）広い宇宙に地球人しか見当たらない50の理由——フェルミのパラドックス——．青土社．

上野川修一（2013）からだの中の外界・腸のふしぎ——最大の免疫器官にして第二のゲノム格納庫——．講談社ブルーバックス．

ウェルズ，デイビッド・ウォレス（藤井留美訳）（2020）地球に住めなくなる日——「気候崩壊」の避けられない真実——．NHK出版．

ヴェレシチャーギン（金子不二夫訳）（1981）マンモスはなぜ絶滅したのか．東海科学選書．東海大学出版会．

ヴォーゲル，エズラ・F.（広中和歌子，木本彰子訳）（2004）ジャパンアズナンバーワン．CCCメディアハウス．

ウォズニアック，スティーブ（井口耕二訳）（2008）アップルを創った怪物——もうひとりの創業者，ウォズニアック自伝．ダイヤモンド社．

魚豊（2020～）チ．——地球の運動について——．ビッグコミックスピリッツ．小学館．

ウォードピーター・D.（長野敬，野村尚子訳）（2008）生命と非生命のあいだ——NASAと地球外生命研究——．青土社．

ウォルター，アラン・E.（高木直行訳）（1999）衰退するアメリカ・原子力のジレンマに直面して．日刊工業新聞社．

ウォルターズ，マーク・J.（村山寿美子訳）（2004）誰がつくりだしたのか？　エマージングウイルス——21世紀の人類を襲う新興感染症の恐怖——．発行：VIENT，発売：現代書館．

鵜飼保雄（2015）トウモロコシの世界史——神になった作物の9000年——．悠書館．

うめ（漫画），松永肇一（原作）（2017完）スティーブズ全6巻．小学館ビックコミックス．

え

NHKメルトダウン取材班（2021）福島第一原発事故の「真実」．講談社．

お

大河内直彦（2003）アルケノン古水温計．地質ニュース585号，37-41．
　　https://www.gsi.jp/date/chishitsunews/03_05.06.pdf

大河内直彦（2008）チェンジング・ブルー——気候変動の謎に迫る——．岩波書店．

大西康之（2021）起業の天才！——江副浩正　8兆円企業リクルートを作った男——．東洋経済新報社．

大鹿靖明（2012）メルトダウン——ドキュメント福島第一原発事故——．講談社．

大鹿靖明（2017）東芝の悲劇．幻冬舎．

沖大幹（2012）水の危機　ほんとうの話．新潮選書．

奥津春生（1964）天然記念物雲尾下セコイヤ化石林調査報告書．仙台市教育委員会．

小俣珠乃（文），田中利枝（絵）（2019）津波の日の絆——地球深部探査船「ちきゅう」で過ごした子どもたち．富山房インターナショナル．

か

海部宣男，星元紀，丸山茂徳（2015）宇宙生命論．東京大学出版会．

海洋研究開発機構（2015）地球深部探査船「ちきゅう」誕生10周年記念誌．Blue Earth（海と地球の情報誌）．海洋研究開発機構．

カウフマン，スチュアート（米沢富美子監訳）（2008）自己組織化と進化の論理——宇宙を貫く複雑系の法則．ちくま学芸文庫．

カク，ミチオ（斎藤隆央訳）（2012）2100年の科学ライフ．NHK出版．

カサス，ラス（染田秀藤訳）（2013）インディアスの破壊についての簡潔な報告．岩波文庫．

柏野祐二（2016）海の教科書——波の不思議から海洋大循環まで．講談社ブルーバックス．

カスティ，ジョン・L.（寺嶋英志訳）（2004）プリンストン高等研究所物語．青土社．

加藤碩一（2006）宮澤賢治の地的世界．愛智出版．

カーツワイル，レイ（井上健監訳）（2007）ポスト・ヒューマン誕生——コンピュータが人類の知性を超えるとき——．NHK出版．

ガートナー，ジョン（土方奈美訳，成毛眞解説）（2013）世界の技術を支配するベル研究所の興亡．文藝春秋．

神山恒夫（2004）これだけは知っておきたい人獣共通感染症——ヒトと動物がよりよい関係を築くために——．地人書館．

蒲生俊敬（2016）日本海——その深層で起こっていること——．講談社ブルーバックス．

ガモフ，ジョージ（伏見康治訳）（2016）不思議の国のトムキンス．白楊社．

ガリー，グレゴリー（佐復秀樹訳）（2014）宮澤賢治とディープエコロジー——見えないもののリアリズム．平凡社ライブラリー．

ガルヴォ，ラファエル・A．ドリアン・ピーターズ（渡邉淳司・ドミニク・チェン監訳）（2017）ウェルビーイングの設計論——人がよりよく生きるための情報技術——．ビー・エヌ・エス新社（原書のタイトルは，Positive Computing-Technology for Wellbeing and Human Potential）．

河合信和（2010）ヒトの進化700万年史．ちくま新書．

川内イオ（2019）農業新時代——ネクストファーマーズの挑戦——．文春新書．

河岡義裕編（2021）ネオウイルス学．集英社新書．

川島博之（2008）世界の食料生産とバイオマスエネルギー——2050年の展望——．東京大学出版会．

川端康成（サイデンステッカー，エドワード，G. 英訳）（1969）美しい日本の私——その序説——．講談社現代新書．

河宮未知生（2018）シミュレート・ジ・アース——未来を予測する地球科学——．ベレ出版．

き

喜安朗，川北稔（2018）大都会の誕生——ロンドンとパリの社会史——．ちくま学芸文庫．

北野康（1995）新版水の科学．NHKブックス．

木元寛明（2019）気象と戦術——天候は勝敗を左右し，歴史を変える——．SBクリエイティブ．

キャリー，ネッサ（中山潤一訳）（2020）動き始めたゲノム編集——食・医療・生殖の未来はどう変わる？——．丸善出版．

く

クォメン，デイヴィッド（的場知之訳）（2020）生命の〈系統樹〉はからみあう——ゲノムに刻まれたまったく新しい進化史．作品社．

グテル，フレッド（夏目大訳）（2013）人類が絶滅する6つのシナリオ——もはや空想ではない終焉の科学——．河出書房新社．

クライン，ナオミ（中野真紀子，関房江訳）（2020）地球が燃えている——気候崩壊から人類を救うグリーン・ニューディールの提言——．大月書店．

クラーク，アーサー・C.（伊藤典夫訳）（1993）2001年宇宙の旅 決定版．ハヤカワ文庫．

クリスチャンセン，デビッドほか（長沼毅監修，石井克哉，ほか翻訳）（2016）ビッグヒストリー われわれはどこから来て，どこへ行くのか——宇宙開闢から138億年の「人間」史——．明石書店．

クリブ，ジュリアン（片岡夏美訳，柴田昭夫解説）（2011）90億人の食糧問題——世界的飢饉を回避するために——．シーエムシー出版．

グリンデ・Jr.，ドナルド・A，ブルース・E・ジョハンセン（星川淳訳）（2006）アメリカ建国とイロコイ民主制．みすず書房．

グリーンバーグ，ポール（夏野徹也訳）（2013）鮭鱸鱈鮪食べる魚の未来——最後に残った天然食料資源と養殖漁業への提言．地人書館．

こ

ゴア，アル（枝廣淳子訳）（2017）不都合な真実2．実業之日本社．

小泉格（2014）鮮新世から更新世の古海洋学——珪藻化石から読み解く環境変動——．東京大学出版会．

後藤和久（2008）Google Earthでみる地球の歴史．岩波科学ライブラリー．

ゴードン，ロバート・J（高遠裕子，山岡由美訳）（2018）アメリカ経済——成長の終焉——（上・下巻）．日経BP．

コックラン＝キング，ジェニファー（白井和宏訳）（2014）シティ・ファーマー——世界の都市で始まる食料自給革命——．白水社．

小西雅子（2016）地球温暖化は解決できるのか——パリ協定から未来へ！——．岩波ジュニア新書．

コープランド，B・ジャック（服部桂訳）（2013）チューリング——情報時代のパイオニア——．NTT出版．

小林憲正（2008）アストロバイオロジー——宇宙が語る〈生命の起源〉——．岩波科学ライブラリー．

小山慶太（1995）ケンブリッジの天才科学者たち．新潮選書．

コルバート，エリザベス（鍛原多恵子訳）（2015）The Sixth Extinction 6度目の大絶滅．NHK出版．

さ

サイクス，ブライアン（大野晶子訳）（2001）イブの七人の娘たち．ソニー・マガジンズ．

斎藤潔（2009）アメリカ農業を読む．農林統計出版．

斎藤幸平（2020）人新世の「資本論」．集英社新書．

斎藤有，田村亨，増田富士雄（2005）タービダイト・パラダイムの革新的要素としてのハイパーピクナル流とその堆積物の特徴．地学雑誌114（5）687-704．

酒井治孝（2021）新装版地球学入門——惑星地球と大気・海洋のシステム——．東海教育研究所．

坂村健（張仁誠イラストレーション）（1985）電脳都市——SFと未来コンピュータ——．冬樹社．

櫻井武（2018）「こころ」はいかにして生まれるのか——最新脳科学で解き明かす「情動」——．講談社ブルーバックス．

佐藤けんいち（2020）ガンディー強く生きる言葉．ディスカヴァー・トゥエンティワン．

佐藤靖（2014）NASA——宇宙開発の60年——．中公新書．

佐藤靖（2019）科学技術の現代史——システム，リスク，イノベーション——．中公新書．

佐々木亨（2020）道ひらく，海わたる——大谷翔平の素顔——，扶桑社文庫．

（財）地球環境産業技術研究機構編（2006）図解CO₂貯留テクノロジー．工業調査会．

実松克義（2010）アマゾン文明の研究——古代人はいかに自然との共生をなし遂げたのか——．現代書館．

し

柴正博（2017）駿河湾の形成——島弧の大規模隆起と海水準上昇——．東海大学出版部．

シム，ジャック（近藤奈香訳）（2019）トイレは世界を救う——ミスター・トイレが語る貧困と世界ウンコ情勢——．PHP新書．

ジャクソン，リー（寺西のぶ子訳）（2016）不潔都市ロンドン——ヴィクトリア朝の都市浄化大作戦——．河出書房新社．

シャピロ，ポール（ユヴァル・ノア・ハラリ　序文，鈴木素子訳）（2020）クリーン・ミート——培養肉が世界を変える——．日経BP．

ジョージ，ローズ（大沢章子訳）（2009）トイレの話をしよう——世界65億人が抱える大問題——．NHK出版．

ジョンソン，スティーブン（矢野真千子訳）（2017）感染地図——歴史を変えた未知の病原体——．河出文庫．

シルヴァーバーグ，ロバート（佐藤高子訳）（1983）地上から消えた動物．ハヤカワ文庫．

シン，サイモン（青木薫訳）（2007）暗号解読（上，下巻）．新潮文庫．

シン，サイモン（青木薫訳）（2009）宇宙創成（上，下巻）．新潮文庫．

シンクレア，デビット・A．マシュー・D・ラプラント（梶山あゆみ訳）（2020）ライフスパン
　　——老いなき世界——．東洋経済新報社．

す

菅沼悠介（2020）地球磁場逆転と「チバニアン」——地球の磁場は，なぜ逆転するのか——．講
　　談社ブルーバックス．

杉山昌広（2011）気候工学入門——新たな温暖化対策ジオエンジニアリング——．日刊工業新聞
　　社．

スクワイヤーズ，スティーブ（桃井緑美子訳）（2007）ローバー，火星を駆ける——僕らがスピ
　　リットとオポチュニティに託した夢——．早川書房．

鈴木透（2019）食の実験場アメリカ——ファーストフード帝国のゆくえ——．中公新書．

須田桃子（2018）合成生物学の衝撃．文藝春秋．

スチュワート，エイミイ（今野康子訳）（2010）ミミズの話——人類にとって重要な生き物——．
　　飛鳥新社．

須藤斎（2011）海底ごりごり地球史発掘．PHPサイエンスワールド新書．

ストリンガー，クリストファー，クライブ・ギャンブル（河合信和訳）（1997）ネアンデルタ
　　ール人とは誰か．朝日選書．

ストリンガー，クリストファー，ロビン・マッキー（河合信和訳）（2001）出アフリカ記——人
　　類の起源——．岩波書店．

ストーン，ブラッド（滑川海彦解説，井口耕二訳）（2014）ジェフ・ベゾス——果なき野望——．
　　日経BP．

スヒルトハウゼン，メノ（岸由二，小宮繁訳）（2020）都市で進化する生物たち——“ダーウィ
　　ン”が街にやってくる——．草思社．

住明正（2003）エルニーニョと地球温暖化．オーム社．

住明正（2007）さらに進む地球温暖化．ウェッジ．

せ

セイノフスキー，テレンス・J（銅谷賢治監訳）（2019）ディープラーニング革命．ニュートン
　　プレス．

瀬川幸一編（2008）石油がわかれば世界が読める．朝日新書．

関根康人（2013）土星の衛星タイタンに生命体がいる！——「地球外生命」を探す最新研究——．
　　小学館新書．

関野吉晴（2013）グレートジャーニー探検記．徳間書店．

セルヴィーニュ，パブロ，ラファエル・スティーヴンス（鳥取絹子訳）（2019）崩壊学——人類
　　が直面している脅威の実態——．草思社．

そ

ソウルゼンバーグ，ウィリアム（野中香方子訳，高槻成紀解説）（2010）捕食者なき世界．文
　　藝春秋．

た

ダイヤモンド，ジャレド（倉骨彰訳）（2000）銃・病原菌・鉄——1万3000年にわたる人類史の
　　謎（上，下巻）——．草思社．

平朝彦，徐垣，末廣潔，木下肇（2005）地球の内部で何が起こっているのか？　光文社新書．

平朝彦（2001）地球のダイナミックス——地質学1——．岩波書店．

平朝彦（2004）地層の解読——地質学2——．岩波書店．

平朝彦（2007）地球史の探究——地質学3——．岩波書店．

平朝彦（2020）地球科学入門——地球の観察地質・地形・地球史を読み解く——．講談社．

埒野堯（2019）ソニー成功の原点――SONY SPIRIT 井深大，盛田昭夫の企業家精神．ロングセラーズ．

高井研（2011）生命はなぜ生まれたのか――地球生物の起源の謎に迫る――．幻冬社新書．

高須正和，高口康太編（2020）プロトタイプシティー――深圳と世界的イノベーション――KADOKAWA．

高遠弘美（2020）物語パリの歴史．講談社現代新書．

高橋昌一郎（2014）ノイマン・ゲーデル・チューリング．筑摩選書．

高橋昌一郎（2021）フォン・ノイマンの哲学――人間のフリをした悪魔――．講談社現代新書．

高橋宏和（2016）メカ屋のための脳科学入門――脳をリバースエンジニアリングする――．日刊工業新聞社．

竹下正哲（2019）日本を救う未来の農業――イスラエルに学ぶICT農法――．ちくま新書．

武村政春（2017）生物はウイルスが進化させた――巨大ウイルスが語る新たな生命像――．講談社ブルーバックス．

竹林修一（2019）カウンターカルチャーのアメリカ（第2版）――希望と失望の1960年代――．大学教育出版．

田近英一（監修）（2013）ビジュアル版 惑星・太陽の大発見――46億年目の真実――．新星出版社．

田近英一（2009）凍った地球――スノーボールアースと生命進化の物語――．新潮選書．

田中仁ほか（2020）新・図説中国近現代史（改訂版）――日中新時代の見取り図――．法律文化社．

田中宏隆，岡田亜希子，瀬川明秀（外村仁監修）（2020）フードテック革命――世界700兆円の新産業「食」の進化と再定義．日経BP．

丹保憲仁（2012）水の危機をどう救うか――環境工学が変える未来――．PHPサイエンス・ワールド新書．

ち

チャウン，マーカス（糸川洋訳）（2000）僕らは星のかけら――原子をつくった魔法の炉を探して――．無名舎．

つ

土屋信行（2014）首都水没．文春新書．

筒井哲也（2015）マンホール 新装版（上，下巻）．ヤングジャンプコミックス．集英社．

坪木和久（2015）高解像度ダウンスケーリングによる将来台風の強度予測．日本風工学誌，40，380-390．

て

ディアマンディス，ピーター・H，スティーヴン・コトラー（熊谷玲美訳）（2014）楽観主義者の未来予測――テクノロジーの爆発的進化が世界を豊かにする――（上，下巻）．早川書房．

デイヴィース，ケヴィン（中村桂子監訳，中村友子訳）（2001）ゲノムを支配する者は誰か――クレイグ・ベンターとヒトゲノム解読競争――．日本経済新聞社．

デイヴィス，ジェイミー・A（橘明美訳）（2018）人体はこうしてつくられる――ひとつの細胞から始まったわたしたち――．紀伊國屋書店．

デイヴィス，ピート（高橋健次訳）（1999）四千万人を殺したインフルエンザ――スペイン風邪の正体を追って――．文藝春秋．

テグマーク，マックス（水谷淳訳）（2019）Life3.0――人工知能時代に人間であるということ――．紀伊國屋書店．

デポミエ，ディクソン（依田卓巳訳）（2011）垂直農場――明日の都市・環境・食料――NTT出版．

と

堂目卓生（2008）アダム・スミス──『感情道徳論』と『国富論』の世界──．中公新書．

トマス，クリス・D（上原ゆうこ訳）（2018）なぜわれわれは外来生物を受け入れる必要があるのか．原書房．

鳥海光広ほか（1996）地球システム科学．岩波講座地球惑星科学２．岩波書店．

鳥海光広，松井孝典，住明正，平朝彦ほか（1998）社会地球科学．岩波講座地球惑星科学14．岩波書店．

ドレングソン，アラン，井上有一共編（井上有一監訳）（2001）ディープ・エコロジー──生き方から考える環境の思想──．昭和堂．

豊田長康（2019）科学立国の危機──失速する日本の研究力──．東洋経済新報社．

な

長澤靖之（2012）上下水道が一番わかる〈しくみ図鑑〉．技術評論社．

中野明（2017）IT 全史──情報技術の250年を読む──．祥伝社．

永野健二（2016）バブル──日本迷走の原点──．新潮社．

長沼伸一郎（2020）現代経済学の直観的方法．講談社．

中村隆之（2018）はじめての経済思想史──アダム・スミスから現在まで──．講談社現代新書．

に

新妻信明（1976）房総半島における古地磁気層位学．地質学雑誌82，163-181．

西浦博，稲葉寿（2006）感染症流行の予測：感染症数理モデルにおける定量的課題．統計数理，54，461-480．

西村吉雄（2014）電子立国は，なぜ凋落したか．日経 BP．

日経ビジネス編（2019）世界を戦慄させるチャイノベーション．日経 BP．

日本環境化学会（編著）（2019）地球をめぐる不都合な物質──拡散する化学物質がもたらすもの──．講談社ブルーバックス．

の

脳科学総合研究センター編（2016）つながる脳科学──「心のしくみ」に迫る脳研究の最前線．講談社ブルーバックス．

野家啓一（2008）パラダイムとは何か──クーンの科学史革命──．講談社学術文庫．

ノール，H．アンドレー（斎藤隆央訳）（2005）生命最初の30億年──地球に刻まれた進化の足跡──．紀伊國屋書店．

野崎義行（1994）地球温暖化と海──炭素の循環から探る──．東京大学出版会．

は

パウエル，ジェームス・ローレンス（寺島英志，瀬戸口烈司訳）（2001）白亜紀に夜がくる──恐竜の絶滅と現代地質学──．青土社

馬場久紀ほか（2021）海底地震計記録に捕らえられた台風24号の通過に伴う駿河湾北部の混濁流．地震，73，197-207．

林幸秀（2020）中国における科学技術の歴史的変遷──清朝末から現代までの科学技術政策の流れを中心として──．ライフサイエンス振興財団．

バラット，ジェイムス（水谷淳訳）（2015）人工知能──人類最悪にして最後の発明──．ダイヤモンド社．

バラバシ，アルバート・ラズロ（青木薫訳）（2002）新ネットワーク思考──世界のしくみを読み解く──．NHK 出版．

ハラリ，ユヴァル・ノア（柴田裕之訳）（2016）サピエンス全史──文明の構造と人類の幸福（上，下巻）──．河出書房新社．

ハラリ，ユヴァル・ノア（柴田裕之訳）（2018）ホモ・デウス──テクノロジーとサピエンスの未来（上，下巻）──．河出書房新社．

ハリファックス，ジョアン（一般社団法人マインドフルリーダーシップインスティテュート監修，海野桂訳）コンパッション——状況にのみこまれずに，本当に必要な変容を導く，「共にいる」力．英治出版．

ひ

ピアス，フレッド（藤井留美訳）（2019）外来種は本当に悪者か？——新しい野生 THE NEW WILD ——．草思社文庫．

平戸慎太郎，繁田奈歩，矢野圭一郎（2019）ネクストシリコンバレー——「次の技術革新」が生まれる街——．日経 BP．

広井良典（2013）人口減少社会という希望——コミュニティ経済の生成と地球倫理．朝日選書．

ふ

ファリアー，デイビッド（東郷えりか訳）（2021）FOOTPRINTS（フットプリント）未来からみた私たちの痕跡．東洋経済新報社．

フェイガン，ブライアン（東郷えりか訳）（2008）千年前の人類を襲った大温暖化——文明を崩壊させた気候大変動——．河出書房新社．

フェイガン，ブライアン（東郷えりか，桃井緑美子訳）（2001）歴史を変えた気候大変動．河出書房新社．

フォーバス，ピーター（田中昌太郎訳）（1979）コンゴ河——その発見，探検，開発の物語——．草思社．

ブキャナン，マーク（阪本芳久訳）（2005）複雑な世界，単純な法則——ネットワーク科学の最前線——．草思社．

ブキャナン，マーク（水谷淳訳）（2009）歴史は「べき乗則」で動く．ハヤカワ文庫 NF．

藤井一至（2018）土　地球最後のナゾ——100億人を養う土壌を求めて——．光文社新書．

藤岡雅宣（2020）いちばんやさしい 5G の教本．インプレス．

福島原発事故独立検証委員会（2012）調査・検証報告書．日本再建イニシアティブ財団・ディスカバー・トゥエンティワン．

フラー，バックミンスター（芹沢高志訳）（2000）宇宙船地球号操縦マニュアル．ちくま学芸文庫．

プライド，D.（2021）あなたの中にいる380兆個のウイルス．日経サイエンス 7 月号．

ブラウン，レスター・R. ほか（枝廣淳子訳）（2015）大転換——新しいエネルギー経済のかたち——．岩波書店．

ブリッカー，ダリル，ジョン・イビットソン（河合雅司解説，倉田幸信訳）（2020）2050年世界人口大減少．文藝春秋．

古川武彦，大木勇人（2011）図解気象学入門——原理からわかる雪・雨・気温・風・天気図——．講談社ブルーバックス．

プレオン，フランソワ＝マリー，ジル・リュノー（鳥取絹子訳）（2019）地図とデータで見る気象の世界ハンドブック．原書房．

フレミング，ジェイムス・ロジャー（鬼澤忍訳）（2012）気候を操作したいと願った人間の歴史．紀伊國屋書店．

へ

ベイレンソン，ジェレミー（倉田幸信訳）（2018）VR は脳をどう変えるか？——仮想現実の心理学——．文藝春秋．

ベンター，J・クレイグ（野中香方子訳）（2008）ヒトゲノムを解読した男——クレイグ・ベンター——自伝．化学同人．

ほ

ホーケン，ポール編著（江守正多監訳，東出顕子訳）（2021）ドローダウン——地球温暖化を逆転させる100の方法——．山と渓谷社．

ポーラン，マイケル（ラッセル秀子訳）（2009）雑食動物のジレンマ——ある4つの食事の自然史，上巻——．東洋経済新報社．

ポーラン，マイケル（小梨直訳）（2015）これ，食べていいの？——ハンバーガーから森のなかまで——食を選ぶ力——．河出書房新社．

本田宗一郎（1996）俺の考え．新潮文庫．

本田宗一郎（2001）夢を力に——私の履歴書——．日経ビジネス人文庫．

ま

毎日新聞「幻の科学技術立国」取材班（2019）誰が科学を殺すのか——科学技術立国「崩壊」の衝撃——．毎日新聞出版．

前野ウルド浩太郎（2017）バッタを倒しにアフリカへ．光文社新書．

前間孝則（2019）ホンダジェット——開発リーダーが語る30年の全軌跡——．新潮文庫．

マーギュリス，リン（中村桂子訳）（2000）生命共生体の30億年．草思社．

増田直紀，今野紀雄（2005）複雑系ネットワークの科学．産業図書．

増田ユリヤ（2011）世界を救うmRNAワクチンの開発者カタリン・カリコ．ポプラ新書．

増田義郎（2020）アステカとインカ黄金帝国の滅亡．講談社学術文庫．

松井孝典（2017）文明は〈見えない世界〉がつくる．岩波新書．

松尾豊，NHK「人間ってナンダ？　超AI入門」制作班（2019）超AI入門——ディープラーニングはどこまで進化するのか——．NHK出版．

松岡圭祐（2017）八月十五日に吹く風．講談社文庫．

松田佳久（2011）惑星気象学入門——金星に吹く風の謎——．岩波科学ライブラリー．

松葉一清（1998）パリの奇跡——都市と建築の最新案内——．朝日文庫．

松本章男（2005）道元の和歌——春は花夏ほととぎす——．中公新書．

松本良，奥田義久，青木豊（1994）メタンハイドレート——21世紀の巨大天然ガス資源——．日経サイエンス社．

松永和紀（2020）ゲノム編集食品が変える食の未来．ウェッジ．

マリス，エマ（岸由二，小宮繁訳）（2018）自然という幻想——多自然ガーデニングによる新しい自然保護——．草思社．

マルクス，ジョルジュ（森田常夫編訳）（2001）異星人伝説——20世紀を創ったハンガリー人——．日本評論社．

マルモンテル，J・F．（湟野ゆり子訳）（1992）インカ帝国の滅亡．岩波文庫．

マン，チャールズ・C（布施由紀子訳）（2007）1491——先コロンブス期アメリカ大陸をめぐる新発見——．NHK出版．

マン，チャールズ・C（布施由紀子訳）（2016）1493——世界を変えた大陸間の「交換」——．紀伊國屋書店．

み

水谷広（2016）気候を人工的に操作する——地球温暖化に挑むジオエンジニアリング——．東京化学同人．

水谷哲也（2020）新型コロナウイルス——脅威を制する正しい知識．東京化学同人．

宮城教育大学歴史研究会編（1968）仙台湾周辺の考古学的研究（宮城県の地理と歴史　第3集）．宝文堂．

三宅陽一郎，山本貴光（2018）高校生のためのゲームで考える人工知能．ちくまプリマー新書．

三宅陽一郎，大山匠（2020）人工知能のための哲学塾 未来社会編——響きあう社会，他者，自己——．ビー・エヌ・エヌ新社．

宮沢賢治「グスコーブドリの伝記」は「新編風の又三郎」（1989）新潮文庫に収録．

宮本英昭，橘省吾，平田成，杉田精司（編）（2008）惑星地質学．東京大学出版会．

ミラー，ジュディスほか（高橋則明ほか訳）（2002）バイオテロ！——細菌兵器の恐怖が迫る——．朝日新聞社．

ミラノヴィッチ，ブランコ（西川美樹訳）（2021）資本主義だけ残った——世界を制するシステ

ムの未来——．みすず書房．

明和政子（2019）ヒトの発達の謎を解く——胎児期から人類の未来まで——．ちくま新書．

ミンク，ニコラース（大間知知子訳）（2014）鮭の歴史 「食」の図書館．原書房．

む

村山斉（2010）宇宙は何でできているのか——素粒子物理学で解く宇宙の謎——．幻冬舎新書．

め

メイシー，ジョアンナ，クリス・ジョンストン（三木直子訳）アクティブ・ホープ．春秋社．

メイヤー，エムラン（高橋洋訳）（2018）腸と脳——体内の会話はいかにあなたの気分や選択や健康を左右するか．紀伊國屋書店．

メラリ，ジーヤ（青木薫訳，坂井伸之解説）（2019）ユニバース2.0——実験室で宇宙を創造する——．文藝春秋．

も

本川達雄（1992）ゾウの時間ネズミの時間——サイズの生物学——．中公新書．

森川幸人（編著）（2019）僕らのAI論．SBクリエイティブ．

モントゴメリー，デイヴィッド，アン・ビクレー（片桐夏実訳）（2016）土と内臓——微生物がつくる世界——．築地書館．

や

ヤーギン，ダニエル（伏見威蕃訳）（2012）探究——エネルギーの世紀（上巻）——．日本経済新聞社．

安田陽（2019）世界の再生可能エネルギーと電力システム［経済・政策編］．インプレスR&D.

山内一也（2018）ウイルスの意味——生命の定義を超えた存在——．みすず書房．

山口栄一（2016）イノベーションはなぜ途絶えたか——科学立国日本の危機——．ちくま新書．

山科正平（2019）カラー図解 人体誕生からだはこうして造られる．講談社ブルーバックス．

山田克哉（1996）原子爆弾——その理論と歴史——．講談社ブルーバックス．

山本智之（2015）海洋大異変——日本の魚食文化に迫る危機——．朝日選書．

山本智之（2020）温暖化で日本の海に何が起こるのか——水面下で変わりゆく海の生態系．講談社ブルーバックス．

山本紀夫（2017）コロンブスの不平等交換——作物・奴隷・疫病の世界史——角川選書．

山本省三，友永たろ（絵）（2016）深く，深く掘りすすめ！〈ちきゅう〉——世界にほこる地球深部探査船の秘密．くもん出版．

山本良一，Think the Earth Project（編集）（2006）気候変動＋2℃．ダイヤモンド社．

山崎雅弘（2004）歴史で読み解くアメリカの戦争．学研プラス．

山崎雅弘（2016）［新版］中東戦争全史．朝日文庫．

山家悠紀夫（2019）日本経済30年史——バブルからアベノミクスまで——．岩波新書．

ゆ

幸村誠（刊行中）ヴィンランド・サガ．アフタヌーンKC．講談社．

湯之上隆（2013）日本型モノづくりの敗北——零戦・半導体・テレビ——．文春新書．

よ

読売新聞東京本社調査研究本部編（2021）報道記録新型コロナウイルス感染症．読売新聞社．

吉田直紀（2011）宇宙で最初の星はどうやって生まれたのか．宝島社新書．

吉崎正憲，野田彰（2013）図説 地球環境の事典．朝倉書店．

ら

ライク，デイヴィッド（日向やよい訳）（2018）交雑する人類——古代DNAが解き明かす新サ

ピエンス史．NHK 出版．

ラビノウ，ポール（渡辺政隆訳）（2020）新装版 PCR の誕生——バイオテクノロジーのエスノグラフィー．みすず書房．

Lalli, C.M., and Parsons, T.M.（關文威監訳，長沼毅訳）（1996）生物海洋学入門．講談社．

り

リドレー，マット（田村浩二訳）（2015）フランシス・クリック——遺伝暗号を発見した男——．勁草書房．

リレスフォード，ジョン（沼尻由紀子訳）（2005）遺伝子で探る人類史—— DNA が語る私たちの祖先——．講談社ブルーバックス．

劉慈欣（立原透耶監修，大森望ほか訳）（2019）三体．早川書房（三体 II 黒暗森林も2020年，三体 III 死神永生は2021年に出版）．

る

ルーシック，マリリン・J（布施晃監修，北川玲訳）（2018）ウイルス図鑑101——美しい電子顕微鏡写真と構造図で見る——．創元社．

ルドルフ，R．S. リドレー（岩城淳子，斎藤叫，梅本哲也，蔵本喜久訳）（1991）アメリカ原子力産業の展開——電力をめぐる百年の抗争と九〇年代の展望——．お茶の水書房．

ろ

ロイド，クリストファー（野中香方子訳）（2012）137億年の物語　宇宙が始まってから今日までの全歴史．文藝春秋．

ロスリング，ハンス，オーラ・ロスリング，アンナ・ロスリング・ロンランド（上杉周作，関美和訳）（2019）FACT FULNESS（ファクトフルネス）——10の思い込みを乗り越え，データを基に世界を正しく見る習慣——．日経 BP．

ロックストローム，J．，M．クルム（武内和彦，石井菜穂子監修，谷淳也，森秀行訳）（2018）小さな地球の大きな世界——プラネタリー・バウンダリーと持続可能な開発．丸善出版．

ロバーツ，ポール（神保哲生訳）（2012）食の終焉——グローバル経済がもたらしたもうひとつの危機——．ダイヤモンド社．

れ

レビー，スティーブン（服部桂訳）（1996）人工生命——デジタル生物の創造者たち——．朝日新聞社．

わ

ワトソン，ジェームス・D．アレクサンダー，ガン，ジャン，ウィスコウスキー（青木薫訳）（2015）二重螺旋・完全版．新潮社．

文献リスト：英文文献

Abe-Ouchi, A. et al. (2013) Insolation-driven 100,000-year glacial cycles and hysteresis of ice-sheet volume. *Nature* 500(7461), 190-193.

Broecker, W.S., and Peng, T.S. (1983) Tracers in the Sea. Eldigio Publications. Lamont-Doherty Earth Observatory.

Broecker, W.S. (1991) The Great Ocean Conveyor. *Oceanography* 4, 79-89.

Broecker, W.S. (2002) The Glacial World According to Wally. Eldigio Publications. Lamont-Doherty Earth Observatory.

Broecker, W.S. (2003) Fossil Fuel CO_2 and the Angry Climate Beast. Eldigio Publications. Lamont-Doherty Earth Observatory.

Burke, K.D. et al. (2018) Pliocene and Eocene provide best analogs for near-future climates. *PNAS* 115, 13288-13293.

Cerling, TE and Harris, J.M. (1999) Carbon isotope fractionation between diet and bioapatite in ungulate mammals and implications for ecological and paleoecological studies. *Oecologia* 120, 347-363.

Chauvet, J.-M., et al. (1996) *Dawn of Art: Chauvet Cave.* Harry N. Abrahams, Inc., New York.

Cohat, Y. (1987) The Vikings – Lords of the Seas – Thames and Hudson.

Crutzen, P., (2006) Albedo enhancement by stratospheric sulfur injections: A contribution to resolve a policy dilemma? *Climate Change*, 77, 211-219.

De Souza, J.G., et al. (2018) Pre-Columbian earth-builders settled along the entire southern rim of the Amazon. *Nature Communications*: DOI: 10.1038/s41467-018-03510-7.

Elhacham, E. et al. (2020) Global human-made mass exceeds all living biomass. *Nature* 588, 442-444. https://www.nature.com/articles/s41586-020-3010-5.

Garrison, T. (1999) *Oceanography*, Brooks/Cole and Wadsworth.

Grinspoon, D. (2016) Earth in Human Hands: Shaping Our Planet's Future. Grand Central Publishing.

Hahn, D.G., and S. Manabe (1975) The role of mountains in the south Asian monsoon circulation. *Jour. Atmos. Sci.* 32, 1515-1541.

Hoshino, T. and Inagaki, F. (2019) Abundance and distribution of Archaea in the subseafloor sedimentary biosphere. *The ISME journal* 13, 227-231.

Ijiri, A., et al. (2018) Deep-biosphere methane production stimulated by geofluids in the Nankai accretionary complex. *Science advances*, 6, eaao4631.

Imachi, H. et al. (2020) Isolation of an archaeon at the prokaryote-eukaryote interface. *Nature* 577, 519-525.

Inagaki, F. et al. (2015) Exploring deep microbial life in coal-bearing sediment down to ~2.5km below the ocean floor. *Science* 349, 420-424.

Jouzel, J. (2013) A brief history of ice core science over the last 50yr. *Climate of the Past*, 9, 2525-2547.

Kawaguchi, S. et al. (2020) Deep-sea water displacement from a turbidity current induced by the Super Typhoon Hagibis. *PeerJ* 8:e10429. http://doi.org/10.7717/peerj.10429.

Koch, A. et al. (2019) Earth system impacts of the European arrival and Great Dying in the Americas after 1492. *Quaternary Science Reviews* 207, 13-36.

Kurzweil, Ray (2012) How To Create A Mind – The Secret of Human Thought Revealed –. Penguin Books.

Kvenvolden, K. and Barnard, L.A. (1982) Hydrates of Natural Gas in Continental Margins:

Environmental Processes: Model Investigations of Margin Environmental and Tectonic Processes. *Am. Assoc. Petroleum Geologists Special Volumes M34: Studies in Continental Margin Geology*, 631-640.

Lombardo, U., et al., (2020) Early Holocene crop cultivation and landscape modification in Amazonia. *Nature* 581, 190-193.

Martin, P.S. (1973) The Discovery of America: The first American may have swept the Western Hemisphere and decimated its fauna within 1000 years. *Science* 179, 969-974.

Manabe, S. and T.B. Terpstra (1974) The effects of mountains on the general circulation of the atmosphere as identified by numerical experiments. *Jour. Atmos. Sci.* 31, 3-42.

Mojica, F.J.M. et al., (2009) Short motif sequence determine the targets of the prokaryotic CRISPAR defence system. *Microbiology* 155, 733-740.

Ohkouchi, N., Kuroda, J., and Taira, A. (2015) The origin of Cretaceous black shales: a change in the surface ocean ecosystem and its triggers. *Proceedings of the Japan Academy*, Series B. 91, 273-291.

Rae, J. W.B., et al. (2021) Atmospheric CO_2 over the Past 66 Million Years from Marine Archives. *Annu. Rev. Earth Planet. Sci. 2021*, 49: 609-642.

Sandom, C., et al. (2014) Global late Quaternary megafauna extinctions linked to humans, not climate change. *Proc. R. Soc. B* 281, 20133254.

Schwagerl, C. (2014) The Anthropocene – The Human Era and How It Shapes Our Planet –. Synergetic Press. Santa Fe and London.

Smith, F.A. et al. (2010) Methane emissions from extinct megafauna. *Nature Geoscience* 3, 374-375.

Smith, F.A. et al. (2016) Megafauna in the Earth system. *Ecography* 39, 99-108.

Solomon, S. et al. (2009) Irreversible climate change due to carbon dioxide emissions. *Proceedings of National Academy of Sciences*, 106, 1704-1709.

Steffen, W., et al. (2015) Planetary boundaries: Guiding human development on a changing planet. *Science*, v.347, 1259855.

Steffen, W. et al. (2018) Trajectories of the Earth System in the Anthropocene. *PNAS* 115(33), 8252-8259.

Steffen, W. et al. (2020) The emergence and evolution of Earth System Science. www.nature.com/natrevearthenviron

Surovell, T.A., et al. (2015) Test of Martin's overkill hypothesis using radiocarbon dates on extinct megafauna. *PNAS* 113, 896-891.

Suzuki, S. et al. (2017) Unusual metabolic diversity of hyperalkaliphilic microbial communities associated with subterranean serpentinization at The Cedars. *The ISME Journal* 11, 2584-2598.

The Open University (1989) Ocean Circulation. Pergamon Press.

Volset, S.E. et al. (2020) Fertility, mortality, migration, and population scenarios for 195 countries and territories from 2017 to 2100: a forecasting analysis for the Global Burden of Disease Study. *The Lancet* 396, 1285-1306. https://www.sciencedirect.com/science/article/pii/S0140673620306772.

Wang, L. (2020) Floating Cities: It's an unsinkable idea. *Anthropocene* Issue 5, 26-29.

Yanagawa, K. et al. (2014) Variability of subseafloor viral abundance at the geographically and geologically distinct continental margins. *FEMS Microbiology Ecology* 88, 60-68.

Google Earth で見る人新世

　Google Earth は，地球，月，火星を居ながらにしてツアーできるすばらしいコンテンツである．地球の画像においては，1980年代からの画像が連続して観察できる場所があるので，人新世に何が起こったのかを知る上でも非常に有用である．ここでは，本文の理解の助けになるいくつかの事象について簡単な説明を付けて画像の紹介を行っている．さらに詳しくは，読者自身が様々なテーマで観察をすることをお勧めする．Google Earth の場所検索ですぐに位置がわかるものについては，特に緯度・経度を表示しなかった．

1．地球の変化

1.1　タンザニアのキリマンジャロ火山の万年雪（1986/12，2016/12）

　標高5895m でアフリカ最高峰．山頂部は万年雪に覆われていたが，2010年ごろには万年雪はほぼ消滅した．世界では山岳氷河の衰退が場所により顕著であり，アルプスやヒマラヤでも氷河末端が人新世に数キロメートル以上後退した場所があり，また，氷河の溶けた水が湖水となり，さらに氷河ダムの決壊によって洪水や土石流を起こし，被害をもたらすという事象も起きている．

　https://www.jstage.jst.go.jp/article/seppyo1941/62/2/62_2_137/_pdf

1.2　アラル海の消滅（1986/12，2016/12）

　アラル海はウズベキスタンとカザフスタンにまたがる南北200km 以上の広大な湖であった．旧ソ連時代に，流入する河川水（アムダリア，シムダリア）が灌漑に使用され，湖の塩分が上昇，淡水漁業が衰退し，今はほとんど干上がってしまった．

２．干拓・埋立地・都市

2.1 東京湾羽田沖の埋め立て（1985/12，2016/12）

中央防波堤外側埋立地の造成と羽田空港Ｄ滑走路の建設が行われた．東京湾の埋立スペースは満杯となりつつある．横浜ベイブリッジや若洲と中央埋立地を繋ぐ東京ゲートブリッジが作られた．

https://www.kankyo.metro.tokyo.lg.jp/resource/landfill/chubou/index.html

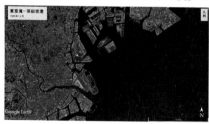
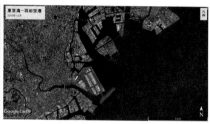

2.2 韓国仁川国際空港（1986/12，2016/12）

韓国の西海岸は，湿地・干潟が広がっている．仁川の沖合にあった島を利用して巨大な国際空港が作られた．西海岸の干潟地帯は，各地で次第に姿を消しつつある．

https://www.asahi.com/international/aan/hatsu/hatsu020824d.html

374 •

2.3 上海，浦東地区の埋め立てと空港建設（画像は東を上にしてある．1984/12, 2016/12）

　上海では40km以上に渡って長江デルタ海岸部を埋め立てし，浦東国際空港と滴水湖を中心とする研究都市・工業団地が作られた．浦東国際空港と上海郊外の駅を結ぶリニアモーター鉄道が作られている．

　https://www.youtube.com/watch?v=9b4c1RHKT0w

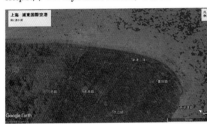

2.4 ドバイとその海上住宅地（1986/12, 2016/12）

　まさにまったく何もなかったペルシャ湾岸に人口300万の都市と海上住宅地が作られた．世界最大級の太陽光発電施設も建設中である．

　https://xtech.nikkei.com/dm/atcl/news/16/013010645/

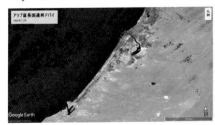

2.5 リオデジャネイロのスラム地区（2020/10）

　ロシーニャはコパカバーナ海岸の山際にあり，周囲はプールを持つ豪邸に取り囲まれている．スラム地区はブラジルではファベーラ（Favela）とよぶ．（南緯22度59分，西経43度15分）

3. 農業，鉱業の発展

3.1 米国アイオワ州の農業地帯 （2019/9）

　東西南北の農道と風力発電が発達している．整然と区画され，農家や農業施設が一定の間隔で配置されている．作物はトウモロコシ．（図中央付近が北緯42度36分，西経94度42分）アイオワ州のトウモロコシ畑は，ケヴィン・コスナーの野球夢物語『フィールド・オブ・ドリームス』の中で描かれている．2021年8月13日，本当のMLBゲームが映画ロケ地に球場を作り，シカゴ・ホワイトソックスとニューヨーク・ヤンキースの間で行われた．夢のような話だ．

　https://www.youtube.com/watch?v=ei3_trKkNd8

3.2 サウジアラビアの円形灌漑 （サークル・スプリンクラー） 農場群 （1984/12, 2016/12）

　半径300m程度のスプリンクラーを回転させて灌漑する農場．地下水を使うので，その枯渇が心配される．地下水の分布は地下の地質構造に依存しているのがわかる．（画像の中心が北緯27度56分，東経42度2分）．

 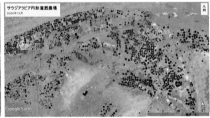

3.3 カナダ　アルバータ州のオイルサンド開発 （1994/12, 2016/12）

　オイルサンドは21世紀になり急速に開発が進んだ石油資源．砂岩層に含まれる瀝青分を水蒸気で溶かし回収する．深刻な環境問題が懸念されている．（画像の中心が北緯57度19分，西経111度36分）

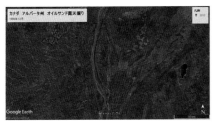

3.4 ボリビア ウユニ塩湖のリチウム塩田 (2016/12)

ハイテク技術に必要なリチウムは，塩湖の地下水に含まれており，これを塩田で濃集し回収している.

乾燥したアンデス山脈中の火山台地に存在する盆地では，周辺の温泉水や火山岩類を浸食した地下水から岩塩が堆積し塩湖を形成している. リチウムは温泉水に多く含まれるので，岩塩層中の高塩分水に濃集している. https://www.gsj.jp/data/chishitsunews/2010_06_10.pdf

4. 原子力発電所の事故

4.1 米国ペンシルバニア州スリーマイル島原子力発電所 (2016/11)

1973年3月に2号機がメルトダウンの事故を起こした. 1号機はその後稼働を再開したが2019年には停止と廃炉が決まった. この画像では1号機からの水蒸気が見える.

4.2 ウクライナのチェルノブイリ原子力発電所 (2002/3, 2017/8)

1986年4月に事故が発生，原子炉が著しく破壊され，大量の放射性物質が放出された．Google Earth で解像度を上げて見ることができるのは2002年からの画像である．原子炉は建物に覆われていたが，その後，巨大なドームが建設され現在はそれが覆っている．

4.3 福島第一原子力発電所 (2011/3 津波前 (a), 2011/3 津波後 (b), 2020/3 (c))

2011年3月11日の東北日本太平洋沖地震・津波で被災し，メルトダウンと水素爆発で大破した福島第一原子力発電所の3つの画像．被災直前，直後，2020年である．構内は汚染処理水タンクがびっしりと並んでいる．

(a)

(b)   (c)

5．核爆発実験の爪痕

東西冷戦の頃，米ソは競うように核爆発の実験を実施した．特に大気核爆発においてはクレーターがその爪痕として残っている．その例を見てみよう．

5.1　米国によるエニウェタック環礁における水爆実験クレーター（2016/4）

1948～62年まで米国による水爆実験が行われ，環礁の北部にはクレーターが残されている．（北緯11度40分，西経162度11分30秒）

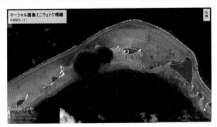

5.2　カザフスタンの旧ソ連核実験場チャガン湖クレーター（2010/9）

1965年1月の核実験で作られたクレーター．（北緯49度56分，東経79度00分）

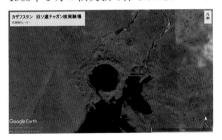

人名索引 （歴史上の人物や故人に関しては知り得る限り生没年を（）で示した）

事項索引

394 ●

著者紹介

平　朝彦（たいら　あさひこ）
東海大学教授・海洋研究所長
国立研究開発法人・海洋研究開発機構・顧問
東京大学名誉教授

　1946年宮城県生まれ．宮城教育大学附属小中学校，仙台第二高等学校，東北大学理学部を卒業．テキサス大学ダラス校で博士課程修了，Ph.D.．1978年から高知大学理学部助教授，1985年から東京大学海洋研究所教授，2002年から海洋研究開発機構の地球深部探査センター長，理事を経て2012年4月〜19年8月まで理事長を歴任．現，同機構顧問．2020年4月から東海大学教授・海洋研究所長に就任．

　四万十帯および南海トラフを中心としたプレート沈み込み帯の付加作用の研究で地質学に新分野を創成した．「ちきゅう」を用いた深海科学掘削に参画，海洋地球科学での最先端分野と学際領域の開拓を目指してきた．1994年アメリカ地質学会フェロー，2006年に日本地質学会賞，2007年に日本学士院賞，2015年英国王立天文学会名誉フェロー，2018年に仏国レジオン・ドヌール勲章シュバリエを受賞．楽しみは釣った魚で大吟醸．著書に『日本列島の誕生』（岩波新書），『地球のダイナミックス』，『地層の解読』，『地球史の探究』（以上，岩波書店），『地球科学入門―地球の観察』（講談社）など．千葉県浦安市在住．

じんしんせい
人新世　科学技術史で読み解く人間の地質時代

2022年3月20日　第1版第1刷発行

著　者　平　朝彦
発行者　村田信一
発行所　東海大学出版部
　　　　〒259-1292 神奈川県平塚市北金目4-1-1
　　　　TEL：0463-58-7811
　　　　URL：https://www.u-tokai.ac.jp/network/publishing-department/
　　　　振替　00100-5-46614
印刷所　港北出版印刷株式会社
製本所　誠製本株式会社